광기의
날개

산투스두몽과 비행기의 발명

광기의 날개

폴 호프먼 지음 · 이광일 옮김

문학동네

차례

프롤로그

공중 만찬

— 파리 샹젤리제, 1903년

1903년 12월의 어느 휴일, 파리에 머문 지 11년째인 항공술의 개척자 브라질 출신 아우베르투 산투스두몽이 샹젤리제의 자택에서 조촐한 파티를 열었다. 높은 천장이 이채로운 아파트에 모인 이들은 보석세공사 루이 카르티에와 브라질 마지막 황제의 딸 이자베우 황녀를 비롯한 여러 명이었다. 나머지 참석자의 면면은 초청명단 인쇄물이 남아 있지 않아 추정만 가능하다. 그러나 산투스두몽과 정기적으로 저녁 만찬을 한 협력자와 친구들을 보면 몇몇 인물이 떠오른다. 특이한 프랑스 저술가이자 만화가로 파리 고급 레스토랑 벽에 그려놓은 부자나 명사 캐리커처로 유명한 조르주 구르사, 프랑스 건축기술자로 기념비적인 에펠탑을 건설한 인물 귀스타브 에펠, 파리 주재 브라질 대사의 아들 안토니우 프라두 2세가 있다. 또 유대계 영국인 대자본가 로쉴드(로스차일드) 가문 사람 두세 명도 자리를 함께했을 것이다. 로쉴드가 사람들이 이 서른 살의 집주인과 첫 인연을 맺은 건 산투스두몽이 시험하던 비행선이 저택 정원에 추락했을 때였다. 끝으로 당시 은둔해 살던 나폴레옹 3세의 부인 외제니 황후도 있었다. 이 밖에도 산투스두몽이 평소 교류하던 유명 인사는 이런저런 왕과 왕비, 대공과 대공비 등 손에 꼽기 어려울 정도로 많았다.

집사의 안내에 따라 만찬장에 들어선 손님들은 사다리처럼 생긴 발판을 딛고 올라가 앉아야 하는 높다란 의자에 흥미를 감추지 못했다. 식탁은 의자보다 더 높이 있었다. 그러나 놀라는 기색은 없었다. 산투스두몽은 이 '공중 만찬'을 1890년대부터 베풀었기 때문이다. 맨 처음에 공중 만찬은 평범한 식탁과 의자를 천장에 쇠줄로 매달아 했고, 그 정도라면 몸무게 45킬로그램에 불과한 산투스두몽이 혼자서 식사를 하는 데는 전혀 문제가 없었다. 그러나 사람 수가 많아지자 그 하중을 이기지 못하고 끝내 천장이 무너지고 말았다. 산투스두몽은 어려서 아버지가 경영하는 커피농장 일꾼들한테 목공을 배운 터라 어느 '장인' 못지않은 탁월한 손재주를 지니고 있었다. 그는 곧 긴 다리를 제작해 손수 탁자와 의자에 붙였고 이것은 그 아파트의 명물이 되었다.

이렇게 높이 마련된 자리에서 모임을 가지면 손님들은 우윳빛 감도는 녹색 압생트 술을 홀짝이면서 식탁을 왜 이렇게 높게 해놓았느냐고 묻곤 했다. 주로 손님의 대화를 듣는 유형인 얌전한 주인은 보석 반지를 주렁주렁 낀 손가락으로 (당시 여자들의 헤어스타일이던) 가운데 가르마를 탄 까만 머리칼을 쓸어올리며, 장난기 어린 표정으로 "하늘 나는 기계에 올라탄 기분을 상상이라도 하려면 이렇게 높은 데서 밥 먹어야지요" 하고 설명했다. 이런 이야기를 들은 손님들은 한바탕 웃음을 터뜨렸다. 1890년대에는 하늘을 나는 기계 같은 것은 있지도 않았다. 당시 과학 상식으로는 그런 기계는 있을 수 없었다. 산투스두몽은 그런 비웃음에도 전혀 아랑곳하지 않고 머잖아 하늘을 나는 기계는 흔히 볼 수 있는 물건이 될 거라고 열변을 토했다.

물론 19세기 말 파리 하늘에 열기구가 떠 있는 풍경은 흔했다. 하지만 기구가 하늘을 나는 기계는 아니었다. 엔진 즉 동력장치를 달지 않았으므로 그 둥둥 떠다니는 커다란 구체―엄밀히 말하면 구체가 아니라 과일 배를 거꾸로 세운 모양새―는 바람에 좌지우지됐다. 19세기 말 전환기에 이러한 상황을 극적으로 뒤바꿔놓은 인물이 산투스두몽이었다. 그는 자동차엔진과 프로펠러를 기구에 부착하고 공기역학의 효율성을 높이기 위해 기구의 모양을 변형시켰다. 중앙은 불룩하고 양끝은 갸름하게 빠지는 시가 형상이 되도록 한 것이다.

1901년 10월 19일, 파리 시민 수천 명이 산투스두몽의 비행선이 에펠탑 둘레를 도는 광경을 구경하려고 몰려들었다. 센강의 다리마다 인파가 들끓었다. 비행하는 모습을 더 잘 보려고 난간에 올라섰다가 떠밀려 강에 떨어지는 사람도 있었다. 에펠탑 꼭대기에 있는 귀스타브 에펠의 방에서 비행을 관찰하던 과학자들은 산투스두몽이 성공하지 못하리라고 확신하면서 혹시나 예기치 못한 풍향 변화로 비행선이 첨탑에 찔려 터지지나 않을까 우려했다. 보나마나 기구가 폭발할 거라고 장담하기도 했다. 그러나 산투스두몽이 그들의 우려가 모두 기우에 불과한 것이었음을 증명했을 때, 프랑스 작가 쥘 베른과 영국 작가 H. G. 웰스 같은 과학소설가들이 보낸 축전이 그에게 쏟아졌다.

카르티에와 이자베우 황녀를 초대해 저녁 만찬을 연 1903년 말경, 산투스두몽은 이미 파리 하늘의 터줏대감이 되어 있었다. 그는 소형 비행선을 고안했다. 열광적인 지지자들은 이 비행선을 '방랑자'라는 의미에서 '발라되즈Baladeuse'라고 불렀다. 산투스두몽은 이 자가용 소형 비행선을 타고 이 술집 저 술집을 다녔다. 그리고 땅에 내려앉으면 휘황찬란한 나이트클럽 앞 가스등 기둥에 비행선을 매어놓았다. 발라되즈호는 당시의 최신 발명품인 자동차만큼 조작이 쉬우면서도, 파리 시내를 털털거리며 돌아다니는 자동차와 달리 비행시 마차나 행인을 놀라게 하지 않는다는 장점이 있었다. 산투스두몽은 이 소형 비행선보다 더 크고 빠른 비행선을 만들려면 더 많은 사람의 관심이 있어야 한다고 생각했다. 그는 보석세공사 카르티에에게 비행중 시간을 측정하기가 어렵다고 불만을 토로했다. 조종간을 놓고 주머니에서 회중시계를 낚아 끄집어내는 행동은 위험하기 짝이 없었으니까 말이다. 카르티에는 해결책을 찾아보겠다고 약속했고, 그 얼마 뒤에 산투스두몽이 착용할 '손목시계'라는 것을 세계 최초로 발명해냈다. 이후 상업화 과정을 거치면서 손목시계는 위신을 중시하는 파리 신사라면 누구나 소지하는 액세서리가 되었다.

산투스두몽에겐 낭만적인 꿈이 있었다. 그것은 지구상의 모든 이가 자신만의 발라되즈호를 소유하고 글자 그대로 새처럼 자유롭게 원하는 때에 원하는 곳 어디로든 날아가는 것이었다. 그는 하늘을 나는 기계의 미래는 공기보다 가벼운 기구balloon에 있지 공기보다 무거운 비행기plane에 있지 않다고 생각했다. 그가 아는 한 비행기는 무동력 글라이더 이상으로 발전할 수 없었다. 그는 거대 비행선—독일 체펠린비행선처럼 가벼운 합금 뼈대를 만들고 그 안에 가스주머니를 설치하는 경식 비행선이 아니라, 몸집은 크지만 가스주머니가 바로 선체를 이루는 연식 비행선—이 여행자들을 태우고 파리, 뉴욕, 베를린, 콜카타, 모스크바, 리우데자네이루 등지로 휘젓고 다닐 거라고 보았다.

산투스두몽은 특허라는 개념에 찬동하지 않았다. 자신이 개발한 비행선의 설계도를 원하는 사람이면 누구나 쓸 수 있게 무료로 공개했다. 그는 하늘을 나는 기계를 '평화의 전차'로 보고, 서로 잘 모르는 문화가 서로 접촉함으로써 상대방을 잘 알게 되어 적대감이 없어질 거라고 여겼다.

돌아보면 참 순진한 발상이 아닌가 싶다. 그로부터 십 년 뒤 일차대전이 발발하니 말이다. 그러나 이 낙관주의는 전기등, 자동차, 전화기 등 온갖 발명품이 사회를 바닥부터 뒤바꾼 19세기 말 20세기 초, 세기의 전환기 과학도들에겐 비상식적인 게 아니었다.

12월의 그날 밤 산투스두몽과 손님들은 1903년이 산투스두몽에게 얼마나 대단한 해였는지를 화제에 올렸다. 산투스두몽은 비행을 시도하다 각종 사고로 수차례 죽을 고비를 넘긴 인물로 유명했다. 하지만 그해에는 단 한 건의 사건사고도 없었다. 비행선이 삐죽삐죽한 호텔 지붕에 처박히는 일도 없었고, 느닷없이 지중해로 수직 강하하는 일도 없었으며, 낯선 사람의 집 마당에 곤두박질치는 불상사도 없었다. 그야말로 평온한 한해였다. 발라되즈호만 타면 프랑스 하늘은 그의 것이었다. 하늘을 나는 기계를 타고 유유자적하는 인간은 오직 그밖에 없었다. 집사가 손님에게 와인을 따라주는 동안 카르티에와 이자베우 황녀가 주인의 천재적 재능에 경의를 표하며 건배를 나누자고 했다. 세상 어느 누구도 산투스두몽보다 공기를 잘 다루는 사람은 없다. 다들 그렇게 여겼다.

새로운 도전을 열망하던 산투스두몽은 세계 최초의 비행기 제작과 비행을 두고 벌이는 경쟁에 합류했다. 몇 개월 동안은 잘나가는 듯했지만 치열한 선두경쟁 끝에, 몰래 시험비행을 해왔던 미국의 윌버 라이트와 오빌 라이트 형제에게 그 영광이 돌아갔다. 그 대신 산투스두몽은 최초로 유럽 하늘을 날아다녔다는 기록을 갖게 되었고, 도약하려는 그의 의지와 끈기는 유럽 대륙의 비행사들에게 큰 영감과 신념을 불어넣었다.

초창기 유럽의 비행술은 신사들이 클럽에서 즐기는 취미와 같은 것이었다. 일요일 아침의 열기구 모임이 폴로 경기나 여우 사냥을 대신했다. 하늘을 나는 기계는 당시 처음 소개된 자동차를 소유할 정도의 엄청난 부자들이 즐기는 오락기구였다. 석유 재벌, 돈 많은 변호사, 신문사 소유주

같은 부자들 말이다. 이들은 산투스두몽을 같은 부류로 인정했다. 산투스두몽 역시 대규모 커피 농장주의 아들로 예절도 흠잡을 데가 없었다. 그런 부호들이 비행선과 비행기 발명을 지원했다. 제작비를 직접 대면서 동력장치를 단 기구를 타고 에펠탑 한 바퀴 돌기 대회, 46미터 비행 대회, 영불해협 횡단 비행 대회 같은 온갖 대회를 열어 비행 관련 '최초의 기록'을 세운 사람에게 막대한 상금을 주었다.

이처럼 비행 대회의 오락적 측면이 강하다보니 사람들은 비행이 얼마나 위험한지 곧잘 잊곤 했다. 비행하는 과정에서 무려 200명 이상이 목숨을 잃었다. 부인과 자식이 있는 사망자도 많았는데 이들 중 일부는 당대 최고의 기술자이거나 발명가였다. 그런 희생을 치르고서야 산투스두몽의 비행이 이뤄진 것이다. 비행술 개척자들은 하늘을 나는 기계가 비행에 적합한지 측정할 만한 현대적인 수단이 없었다. 확인 방법은 직접 타고 날아보는 것뿐이었다. 하늘을 난다는 기발한 기계는 대개 이륙도 못하거나 공중에 떠 있지도 안전한 착륙도 못했다. 산투스두몽은 비행의 위험을 잘 알고 있었다. 친구들한테는 인생 최고의 기쁨이라고 했지만 '운송과 교통에 혁명을 일으킬 기술을 개발하고 세계평화를 촉진한다'는 숭고한 목적이 없었다면 위험을 감수하지 않았을 것이다.

산투스두몽이 세운 목표의 반은 생전에 이루어졌다. 오늘날 하늘을 나는 기계는 사람들을 멀리 실어나르는 가장 기본적인 수단이다. 미국에서만 하루에 9만 700편의 항공기가 운항된다. 브라질에서도 매주 157대의 비행기가 유럽으로 날아간다. 산투스두몽의 시절에는 증기선과 기차로 일주일 이상이 걸렸지만 지금은 비행기로 열한 시간이면 도착한다. 목표의 나머지 반은 많은 진전을 보았지만 섣불리 결론짓기는 어렵다. 비행기는 전화, 라디오, 텔레비전, 인터넷과 더불어 세계를 하나의 지구촌으로 바꿔놓았다. 엘살바도르에서 지진이 나면 영국에서 보낸 식량이 항공편으로 몇 시간 만에 현지에 닿는다. 콩고에서 에볼라 바이러스가 출현하면 미국 질병통제예방센터의 의사들이 하루 만에 콩고 현지에 도착한다. 반면에 군사용 항공기는 숱한 사상자를 냈다. 원자폭탄이 투하된 히로시마와 나가사키만이 아니라 전쟁이 일어난 곳 어디서나 마찬가지였다. 더욱이 2001년 9월 11일 아침에는 이제껏 상상조차 할 수 없었던 일까지 터졌다. 항공여객기 두 대가 마천루를 폭파하는 미사일로 돌변했던 것이다. 20세기의 위대한 발명품이 21세기의 악몽으로 뒤바뀐 셈이다.

라이트 형제의 비행기 개발 동기는 산투스두몽과 사뭇 달랐다. 그들은 이상주의자가 아니었다. 멀리 떨어져 사는 사람들을 하나로 묶자는 비전 같은 것은 없었다. 스릴을 추구하는 유형도 아니었다. 하늘을 나는 즐거움이나 공중에 머물 때 느끼는 정신적 안정감 같은 것을 떠들어대지도 않았다. 장난기가 있거나 익살스럽지도 않았고 당연히 천장에 매달아놓은 식탁으로 손님을 초대하지도 않았다. 그들은 돈벌이로 비행기를 만들었다. 미국 정부가 제작비 지원을 거절하자 외국군에 사업 제안을 하면서도 전혀 죄책감을 느끼지 않았다.

제1차 세계대전 종전 후 비행기를 대량살상 무기로 쓸 수 있다는 사실이 명확해졌다. 그때 산투스두몽은 비행사로는 최초로 군용 비행기를 없애자고 촉구했다. 외로운 목소리로 세계 각국 정상에게 폭격기 사용을 포기하자고 호소했다. 오빌 라이트—형 윌버 라이트는 죽고 없었다—는 그 호소에 동조하지 않았다.

산투스두몽은 20세기 초 파리에서 감탄과 사랑을 한몸에 받은 인물이었다. 시가박스나 종이성냥 겉면에, 또는 만찬용 접시 표면에 자그맣고 마른 산투스두몽의 모습을 담은 사진이 인쇄되어 있었다. 패션디자이너들은 그의 트레이드마크인 파나마모자와 턱밑까지 올린 빳빳한 셔츠칼라를 모방하기에 바빴다. 장난감 제조업체들은 산투스두몽이 타던 열기구를 본뜬 미니어처 비행선을 불티나게 찍어냈다. 프랑스 제빵업자들도 브라질 국기 색깔로 장식한 시가형 비행선 모양의 페이스트리 빵을 구워냄으로써 그에게 경의를 표했다.

산투스두몽은 영불해협 양쪽, 아니 대서양 양쪽에서 유명세를 치렀다. 1901년 런던에서 발행되는 일간지 『더 타임스』에는 그것을 확인시켜주는 기사가 실렸다. "세계적으로 탁월한 위치에 있던 이들의 이름이 다 망각된다 해도 우리의 기억에 '아우베르투 산투스두몽!' 이 한 사람만큼은 영원히 남을 것이다."[1]

그러나 아이러니하게도 『더 타임스』의 예언과 달리, 오늘날 브라질이 아닌 다른 나라에서 산투스두몽이란 이름을 기억하는 사람은 거의 없다. 물론 조국 브라질에서 그는 여전히 국민적 영웅이다. 산투스두몽이란 이름을 딴 도시, 국내선 공항, 도로, 거리도 있다. 그의 이름을 운만 떼도 브라질인들은 흐뭇해한다. 한때 엄청났던 자신의 동포가 작은 기구를 타고 늠름히 하늘을 누비던 시절을 회상한다. 나머지 세계는 산투스두몽을 기억하지 못하는 상황에서 브라질인은 시와 노래, 동상과 흉상, 그림과 전기, 기념식으로 그를 낭만적으로 채색한다.

하지만 그들은 그의 이면을 알지 못한다. 고통에 시달리는 천재이자 자유로운 영혼을 모른다. 그는 중력의 사슬에서, 그리고 동료 비행사와의 경쟁에서 벗어나고자 했다. 고립된 시골 환경, 과학계를 쥐락펴락하는 권위자의 편견, 결혼 생활의 질곡, 상투적인 성 역할, 심지어 소중한 발명품의 운명에서도 벗어나고자 했다.

인간은 오랜 세월 하늘을 날고자 했다. 수많은 사내아이가 자기 소유의 비행기를 타고 하늘을 날아다니는 꿈을 꾸었다. 활주로 없이 아무 데나 뜨고 내리는 날개가 달린 자동차 같은 것을 상상하곤 했다. 그러나 21세기가 되었음에도 그러한 꿈을 실현한 사람은 거의 없다. 저택 뒤뜰 이착륙장에서 고층빌딩 사무실 옥상을 날아다니며 헬리콥터를 타고 출퇴근하는 극소수의 대기업 최고 경영자가 있기는 하지만, 제아무리 세계를 누비는 최고 경영자라 할지라도 단골 레스토랑이나 극장, 상점 앞까지 비행기로 가지는 못한다. 그러한 자유를 누린 사람은 역사상 단 한 사람, 바로 아우베르투 산투스두몽뿐이다. 하늘을 날아다니는 그의 자가용 비행선은 엔진으로 움직였다.

1
브라질의 외딴곳, 미나스제라이스
— 산투스두몽의 출생, 1873년

18세기 말, 전문직 중심의 브라질 중상류층은 삼백 년간 지속된 포르투갈의 지배에 염증을 내고 있었다. 리스본의 왕실에서는 식민지 브라질 사람들이 왕정주의에 반기를 들 것을 우려해 책과 신문의 판매마저 금지했다. 그러나 브라질 중상류층은 미국 독립혁명은 물론 프랑스 계몽주의 평등사상도 잘 알고 있었다. 1789년 치과의사 출신의 육군 소위 주아킹 주제다 시우바 사비에르, 이른바 '이 뽑는 자'라는 뜻의 별칭으로 더 유명한 '치라덴치스'가 브라질 최초로 독립운동을 시작했다. 장교들, 금광 소유주들, 사제들, 법률가들과 합심해 브라질 남동부 미나스제라이스주를 통치하던 포르투갈 총독 바르바세나 남작을 축출하려 했던 것이다. 그러나 밀고자가 이를 당국에 고발해버리는 바람에 치라덴치스는 거사를 치르기도 전에 체포되고 말았다.

반란자의 재출현을 우려한 총독부는 치라덴치스를 목매달아 공개처형하고 그의 머리는 물론 사지를 갈가리 찢어 도로의 이정표 위에 널어 전시했다. 그런 뒤 총독부는 포르투갈 여왕 마리아 1세에게 충성을 다짐했다. 마리아 1세가 우울증이 극심해 '미치광이'로 소문이 나 사실상 통치에서 손을 놓았을 때였다.

치라덴치스 사건을 확실히 처리한 포르투갈 왕실은 브라질에서 이제 반란은 불가능하리란 착각에 사로잡혔다. 왕실의 골머리를 썩이는 문제는 다른 데 있었다. 나폴레옹 보나파르트가 이끄는 프랑스군의 서유럽 침공이 시작된 것이다. 나폴레옹군은 1807년에 포르투갈에 들어왔다. 당시 나폴레옹군은 숙적 영국을 제압하기 위해 대륙 봉쇄정책을 펼쳤지만 포르투갈만은 손아귀에 넣지 못했다. 어머니 마리아 1세가 정신이상임이 공식 확인된 1792년부터 포르투갈을 통치하던 섭정 왕자—이후 주앙 6세가 되는—동 주앙은 화를 면하고자 포르투갈 왕실을 리스본에서 브라질 리우데자네이루로 옮기기로 결정했다. 영국 해군이 호위하는 선단이 왕실과 1만 명가량의 포르투갈 고위층을 수송했다. 그 무리 중에는 최고재판소 판사, 은행가, 성직자, 의사는 물론 주아킹 주제 두스 산투스라는 이름의 외과의사도 있었다. 이 사람이 우리의 주인공 아우베르투 산투스두몽의 외할아버지였다.

1816년 미치광이 마리아 1세가 사망하자 동 주앙은 정식으로 왕좌에 올랐다. 주앙 6세는 포르투갈은 물론 스페인, 프랑스, 영국의 주민들에게 브라질 이민을 권장했다. 그는 책과 신문의 판금 조치를 해제해 브라질을 전문직 종사자가 매력을 느낄 만한 나라로 만들었다. 여러 곳에 극장과 도서관을 세우고 학문과 문학예술 아카데미를 설립했다. 주앙 6세는 유럽보다 훨씬 쾌적한 기후에서 유럽 문화의 정수를 더 잘 체험할 수 있는 나라로 브라질을 발전시켰다. 브라질에는 풍요로운 이국적인 동식물과 온종일 걸어도 사람 하나 눈에 안 띄는 광활한 대지가 있었다. 이 모습에 반해 브라질로 이주한 수만 명의 유럽인 중에는 프랑수아 오노레 뒤몽도 끼여 있었다. 프랑스 파리에서 아내와 함께 브라질로 건너온 이 보석세공업자 뒤몽이 바로 산투스두몽의 친할아버지였다.

브라질에 정착한 이민자들과 포르투갈계 이주민들은 리우데자네이루로 옮긴 왕실 덕을 톡톡히 보았다. 그러나 치라덴치스의 사도들은 여전히 브라질 토착민에게 반란을 부추겼다. 토착민은 스스로 이등시민이라 느끼고 있었다. 간간이 반란이 일었지만 주앙 6세의 통치를 실제로 위협할 정도는 아니었다. 주앙 6세를 위협한 심각한 도전은 본국에서 진행되었다. 1815년 6월 18일 워털루전투에서 나폴레옹이 패하자 리스본에 권력 공백이 생겼다. 1821년 4월 주앙 6세는 왕위 찬탈을 우려해 충직한 지지자 5,000명을 거느리고 본국으로 향했다. 브라질에는 아들 페드루를 섭정 왕자로 남겨둔 채로 말이다. 곧 땅을 치고 후회하게 될 선택이었다.

페드루 왕자는 브라질 독립운동 기세가 강해지는 것에 당황했다. 그래서 아버지가 있는 본국 포르투갈 제국과의 관계를 단절하는 현실적인 조치를 취했고, 마침내 브라질을 독립국으로 선언했다. 1821년 12월 1일 불충한 아들은 스물넷의 나이에 브라질 최초의 황제 페드루 1세가 되어 왕관을 썼다. 이로써 브라질은 라틴아메리카 유일의 군주국이 되었다. 당시 라틴아메리카의 국가 대부분은 스페인 제국에서 독립한 공화국 체제였지만, 브라질은 1899년까지 왕정 체제를 유지한다.

브라질 황제 페드루 1세 집정체제는 십 년간 지속됐다. 페드루 1세는 아버지보다 훨씬 더한 전제 권력을 휘둘렀다. 또한 브라질의 새로운 헌법이 승인한 의회와 협력하는 일에 별 관심이 없었다. 1831년 국회의원들이 반기를 들자 페드루 1세는 왕좌에서 물러나 도망치듯 브라질을 떠났다. 남은 것은 다섯 살짜리 아들로 그의 이름 역시 페드루였다. 헌법에 따르면 '꼬마 페드루'는 열여덟 살까지 즉위할 수 없었다. 그러나 의회는 황제 자리가 비어 있는 동안 정치 불안이 확산되자 이를 기회로 사 년 먼저 그를 황제에 즉위시켜 페드루 2세로 세웠다.

아우베르투 산투스두몽은 페드루 2세 집권기인 1873년 7월 20일 치라덴치스의 고향 미나스제라이스주의 외딴 마을에서 태어났다. 아버지 엔히크 두몽과 어머니 프란시스카 지 파울라 산투스는 미나스제라이스주 주앙아이리스에 정착한 브라질 이민 1세대였다. 부부는 카방구라는 소도시에 살았다고 하지만 규모로 봤을 때 소도시라는 표현은 과장에 가깝다. 맨 처음 카방구란 곳에는 아우베르투 부모의 집 말고는 없었기 때문이다. 엔지니어였던 엔히크는 페드루 2세의 명령으로 미나스제라이스주 오지를 가로지르는 철도 건설공사의 일부 구간을 맡는 계약을 따냈다. 이 철도는 황제가 직접 계획한 엄청난 토목사업의 일환이었다. 엔히크가 정부 발주 공사를 따냈다는 사실은 일종의 명예였다. 한 가지 흠이 있다면 오지에서 이웃도 없이 외롭게 살아야 한다는 것이었다.

아우베르투가 여섯 살 되던 해 철도 건설공사가 끝났다. 그의 아버지는 아내가 물려받은 재산 일부를 정리해 미나스제라이스주 남쪽 상파울루 외곽의 비옥한 땅으로 이사해 커피 사업을 시작했다. 우선 땅을 개간해 커피나무 500만 그루를 심고, 원두를 저장하고 건조하고 가공하는 복잡한 설비를 건설해야 했다. 일꾼과 감독이 묵을 숙소도 지어야 했다. 농장 규모는 엄청나게 커서 엔히크는 농장 양끝을 잇는 96킬로미터의 철도를 건설하고 기관차도 일곱 대나 구입했다. 고생한 보람이 있었다. 엔히크는 '커피왕'이라는 별명으로 언론에 소개되었고, 이 농장은 브라질에서 규모가 가장 큰 커피농장으로 발전했다. 이렇게 벌어들인 돈으로 엔히크는 유럽인 가정교사를 고용해 자녀들을 가르쳤고 아우베르투가 좀 자라자 상파울루와 오루프레투에 있는 사립학교에 보냈다.

"유럽 사람들은 이런 농장을 팜파스가 끝없이 펼쳐진 원시적인 농장으로 생각한다. 전기도 전화도 없을 뿐 아니라 손수레도 없다고 생각한다. 정말 우스운 일이다."[1] 산투스두몽은 훗날 성인이 됐을 때 이렇게 썼다. "멀리 내륙 오지에 가면 그런 농장들이 있다. 나도 몇 차례 가봤다…… 하지만 그런 농장은 상파울루의 커피 플랜테이션 농장과 전혀 다르다. 어린 소년이 기계나 장치 같은 것을 발명하면서 꿈을 키우기에 커피농장보다 더 자극이 되는 환경은 없을 것이다." 일곱 살 난 산투스두몽은 바퀴 폭이 넓은 운반용 증기기관차 '로코모빌'을 몰고 들판에서 아버지가 깔아놓은 철로까지 빨간 커피열매를 나르곤 했다. 그로부터 오 년 후에는 농장 감독을 부추겨 거대한 볼드윈 기관차를 사들였고 이 기관차로 커피열매를 화차에 가득 싣고 가공공장까지 가져가게 했다.

엔히크는 팔 남매를 두었고, 아우베르투는 여섯째이자 아들 셋 중 막내였다. 아우베르투가 가장 흥미로워한 것은 커피 생산설비였다. 긴 가공과정 하나하나를 훤히 꿰고 있었다. 그는 "브라질 커피농장이 어떻게 과학적으로 돌아가는지 흔히들 잘 모르는 듯하다"[2]고 지적하며 커피열매가 화차에 들어가는 순간부터 원두로 정제되어 유럽행 선박에 적재될 때까지 사람 손을 전혀 거치지 않는다고 설명했다. 1904년 회고록 『나의 비행선』에서 산투스두몽은 식구들이 어떻게 커피를 가공하는지 정겹게 묘사했다. 첫 단계는 커피열매를 거대한 탱크로 옮기는 일이다.

> 기계가 탱크에 든 물을 계속 갈아주면서 휘휘 젓는다. 그러면 물줄기가 쏟아지면서 커피열매에 튄 흙과 화차에 실을 적에 섞여든 잔돌이며 알갱이 같은 것은 밑으로 가라앉고 열매, 잔가지, 이파리 조각 같은 것들은 물 위로 떠오른다. 열매는 탱크에 연결된 홈통을 타고 흐른다. 홈통 바닥에 잔구멍이 수없이 뚫려 있어 여기로 물과 함께 열

매가 떨어지는 것이다. 잔가지와 이파리도 같이 계속 흘러내려간다. 떨어진 커피열매는 이제 깨끗해졌다. 크기는 버찌만하고 색깔도 버찌처럼 빨갛다. '포우파'라고 불리는 빨간색의 바깥 껍질은 단단하다. 그 속에 두 개의 씨앗, 즉 커피콩이 들어 있는데 각각 얇은 막으로 둘러싸여 있다. 열매와 함께 떨어진 물이 열매를 '제스포우파도르'라는 기계로 흘려보낸다. 이 기계는 껍질을 으깨어 과육을 발라내고 커피콩만 골라내는 기계다. 이렇게 선별된 커피콩은 '건조기'의 기다란 관으로 들어간다. 축축하고 얇은 막이 그대로 남아 있는 상태다. 건조기는 커피콩을 뜨거운 공기로 계속 휘젓는다.

커피는 대단히 민감하다. 조심스럽게 다뤄야 한다. 그렇기 때문에 건조된 커피콩은 천천히 체인컨베이어에 실려 위로 올라간다. 컨베이어에는 콩을 퍼담을 수 있는 컵들이 달려 있다. 컨베이어 꼭대기로 올라간 콩들은 다시 비스듬히 놓인 홈통을 타고 내려가 커피 가공실로 들어간다.

이후 커피콩은 두번째 체인컨베이어를 타고 가공공장으로 이동한다. 여기서 커피콩이 처음 만나는 기계는 환풍기다. 환풍기에는 거름용 체가 여러 개 달려 있어서 커피콩은 빠져나가고 잔가지나 나뭇잎, 돌 알갱이 같은 불순물은 차단해 걸러낸다. 잘못하면 기계를 손상시킬 수 있기 때문이다.[3]

다른 체인컨베이어가 커피콩을 꼭대기로 올려보낸다. 거기서 커피콩은 기울어진 홈통을 타고 '카스카'라는 얇은 껍질을 벗기는 '제스카스카도르'라는 기계로 다시 들어간다. 이 탈피기는 대단히 민감한 기계다. 공간이 조금이라도 넓으면 커피는 껍질이 벗겨지지 않은 채 통과하게 되고 너무 좁으면 커피콩 자체가 으깨진다.

또다른 컨베이어가 커피콩을 벗겨진 껍질과 함께 다른 환풍기로 보낸다. 이 환풍기에서 껍질을 날려보낸다.

다시 다른 컨베이어가 말끔해진 커피콩들을 위로 퍼날라 '분리기'로 보낸다. 분리기는 직경 1.8미터, 길이 6.4미터의 거대한 구리관으로 약간의 기울기가 있다. 이 관으로 커피가 미끄러져 내려간다. 앞쪽에 뚫려 있는 작은 구멍으로 비교적 작은 커피콩이 떨어진다. 중간에 좀 큰 구멍이 뚫려 있어 중간 크기의 커피콩이 떨어진다. 끝부분에 더 큰 구멍들이 뚫려 있어 그리로 제일 크고 둥근 커피콩인 '모카'라고 하는 것이 떨어진다. 이렇게 등급별로 나온 커피콩은 밑에 받쳐둔 깔때기로 떨어진다. 깔때기 밑에는 저울이 있고 옆에는 커피 자루를 든 인부들이 기다린다. 자루에 정해진 양만큼 커피콩이 차면 그 자루는 옆에 치워두고 빈 자루를 올려놓는다. 자루를 묶고 라벨을 붙이면 이제 유럽으로 떠날 차례다.

어린 시절 산투스두몽은 온종일 그런 기계들을 관찰하면서 수리법을 터득하곤 했다. 기계는 고장이 잦았다.

특히 환풍기에 달린 움직이는 체가 자주 말썽을 부렸다. 체에 들어온 커피콩이 적어 무게가 안 나가면 엄청난 속도로 전진과 후퇴를 거듭하며 어마어마한 동력을 잡아먹었다. 벨트는 계속 갈아줘야 했다. 그러나 우리가 다 매달려 그토록 애써도 기계적 결함을 깔끔히 제거하진 못했던 기억이 난다.

지금 생각하면 새삼스러울 것도 없지만 그 말썽 많은 진퇴식 환풍기 체는 커피공장에서 회전식이 아닌 유일한 기계였다. 회전식이 아니어서 고장이 잦았던 것이다. 그래서 어린 시절부터 '요란하게' 움직이는 장치보다 좀 다루기 쉽고 고장이 없는 회전식 기계를 선호하게 됐던 것 같다.[4]

이러한 '선입견'은 훗날 산투스두몽이 성인이 되어 하늘을 나는 기계를 만들 때 도움을 주었을 것이다.

아우베르투는 집안에서 제일가는 재주꾼이었다. 재봉틀이 고장날 때마다 어머니는 아우베르투가 하던 일을 멈추고 곧장 달려와 고쳐주길 바랐다. 여동생들이 가지고 놀다 인형의 팔다리가 떨어지면 다시 붙여주는 사람도 아우베르투였다. 형들이 타고 다니는 자전거 바퀴가 덜덜거릴 때도 바퀴를 다시 정렬하는 것은 그였다.

아우베르투는 혼자서 다니길 즐기는 몽상가였다. 식탁에서 가족과 함께하는 것보다 농장에서 기계와 같이 있는 것을 더 좋아했다. 이성과 과학을 숭상하는 아버지가 가족의 저녁 식사 자리에서 미신적이기까지 한 어머니의 기독교 신앙을 대놓고 비웃어 이따금 집 안에 팽팽한 긴장이 흘렀다. 엔히크는 막내아들 아우베르투가 기계에 빠진 것은 흐뭇해하면서도 형들처럼 치고받고 노는 법 없고 사냥 같은 남성적 활동에도 전혀 관심이 없다는 게 이해되지 않았다. 아우베르투는 사람들과 어울려 말을 타고 사냥을 하거나 멀리 소풍을 가본 적이 없었다.

아우베르투는 밤늦게까지 책을 읽었다. 아버지가 파리 중앙기술실업학교에서 훈련을 받은 기술자 출신이었기에 집에는 책이 많았다. 프랑스어, 영어, 포르투갈어 책들이 여기저기 굴러다녔다. 아우베르투는 그 책들을 대부분 독파했다. 심지어 기술 교재까지 읽었다. 아우베르투가 제일 좋아한 건 과학소설이었다. 특히 하늘 위에 날아다니는 기계가 가득한 세계를 묘사한 쥘 베른을 좋아해서 열 살 때 이미 그의 소설은 다 읽어치웠다. 아

1 · 브라질의 외딴곳 미나스제라이스

우베르투는 아버지가 보던 기술 교과서에서 1783년 프랑스의 (조제프와 에티엔) 몽골피에 형제가 열기구를 발명했다는 사실을 알게 되었다. 몽골피에 형제는 프랑스 남부 리옹에서 64킬로미터 떨어진 론강 골짜기에 있는 소도시 앙노네에서 제지업을 하던 사람들이었다. 두 형제는 종이와 실크로 배 모양의 거대한 풍선주머니를 만들고 그 밑에 구멍을 뚫었다. 밀짚을 태워서 나오는 연기를 주입해 가스주머니를 부풀리는 장치였다. 한 기록에 따르면 형 조제프는 무심코 벽난로에 툭 던진 원뿔형 막대사탕 포장지가 놀랍게도 지붕으로 둥실 떠오르는 것에서 열기구를 착상했다고 한다. 혹자는 빨래를 말리려 화덕 앞에 널어놓은 아내의 캐미솔 속옷이 둥둥 떠오르는 것을 보고 착상을 얻었다고도 한다.

오랜 세월 "무수한 사람들"이 비슷한 현상을 목격했지만 아무 생각 없이 지나친 반면, 한 비평가의 말처럼 "이들 형제는 그 진부한 현상에서 놀라운 발견을 해냈으니 실로 대단한 일이다."[5] 열기구를 띄운다는 발상이 몰골피에 형제보다 2천 년 전에 이미 처음 등장한 건 사실이지만 그것을 제대로 된 발상이라고 치긴 어렵다. 기원후 2세기에 활동한 고대 로마의 수필가 아울루스 겔리우스는 『아티카 야화』에서 그리스인 아르키타스가 제작한 비행하는 비둘기를 소개했다. 아르키타스는 기원전 4세기에 활동한 피타고라스학파의 수학자로 문제의 비둘기는 "나무로 깎아 만들었고 모종의 기계장치와 동력을 이용해 하늘을 날도록 고안된 것이었다. 나무 비둘기는 안에 숨겨둔 공기에 의해 움직이면서 균형을 잘 잡았다."[6] 이때 "안에 숨겨둔 공기"라는 표현에서 열기구의 선구적인 형태를 엿볼 수 있지만 속이 빈 나무새가 날아오를 수 있을 만큼 가벼울 수 있는지는 의심스럽다. 목제 비둘기가 날아올랐다면 육안으로는 안 보이는 와이어 장치 같은 것으로 일종의 눈속임을 한 것일 가능성이 높다.

비행의 물리적 토대는 몽골피에 형제가 뜨거운 공기를 주머니에 가둔 것과 마찬가지로 단순하다. 공기주머니, 즉 열기구가 뜨는 이유는 동일한 부피의 공기보다 가볍기 때문이다. 바다를 항해하는 배가 동일한 부피의 물보다 가볍기 때문에 뜨는 것과 같은 이치다. 그러나 배와 기구의 유비는 대기가 무게가 있다는 발상을 전제했을 때만 가능하다. 그리고 그 사실은 갈릴레이 시대까지는 알려지지 않았다. 그러다가 기압계를 발명한 이탈리아의 물리학자 에반젤리스타 토리첼리가 대기도 측정할 수 있는 무게가 있으며, 고도가 높아질수록 그 무게는 줄어든다는 사실을 밝혀냈다. 17세기 독일 과학자 오토 폰 게리케도 진공펌프를 발명해 고고도에서 가능한 '희박한 공기상태'를 만들어냈다. 1670년 이탈리아 예수회 신부 프란체스코 라나 데 테르치는 선박 네 귀퉁이에 구리로 만든 거대한 구를 각각 매달아 배를 하늘로 띄운다는 구상을 밝혔다. 구리 구 속은 텅 비고 안에 든 공기도 다 빼서 진공이다. 진공상태의 구는 안에 들어 있던 공기보다 가볍기 때문에 공기방울이 물에 뜨듯 배가 공중으로 떠오르리라 생각한 것이다. 수학에 능했던 라나 데 테르치는 구가 배를 띄우려면 직경 7.6미터에 두께 0.11밀리미터는 되어야 한다는 계산까지 내놓았다. 동료 물리학자들은 그렇게 얇은 구는 안의 공기가 빠지면 오그라들고 만다고 부정적으로 평가했다. 기술공학사가 L. T. C. 롤트는 그때 라나 데 테르치가 보인 반응을 다음과 같이 서술했다. "그는 '내 구상은 이론적인 것에 불과하고 신은 인간이 하늘을 날게 의도하지 않으셨기에 애당초 그분이 설계한 바를 조롱하는 시도를 한다는 것은 불경스럽고 인류에게도 위험한 것이다'라며 물러섰다. 이 문제를 두고 그와 예수회 신부들 간에 격한 대화가 오갔던 듯하다. 자칫 이단으로 몰려 화형에 처해질지 모른다는 생각에 이론적 구상에 불과하다고 둘러대지 않았나 싶다."[7]

그러나 성직자들의 이론적인 탐구는 이후로도 계속 이어졌다. 1755년 도미니크회 수사이자 아비뇽 대학 신학 교수인 조제프 갈리앙은 고고도

대기권의 희박한 공기를 모아서 길이 1.6킬로미터짜리 배에 집어넣으면 노아의 방주가 운반했던 것보다 쉰네 배나 더 많은 짐을 들어올릴 수 있다는 아이디어를 제시했다. 그러나 고고도 대기권에 어떻게 도달할 수 있는가 하는 문제에 관해서는 설명하지 않았다. 아비뇽 대학 신학과 학장은 갈리앙의 성직 활동을 일시적으로 정지시켰고 기술공학이 아닌 신학에 전념할 것을 당부했다.

온갖 기상천외한 비행 구상들은 1783년 6월 5일 몽골피에 형제가 앙노네 시청 앞 광장에서 직경 9.1미터짜리 무인無人 기구를 띄워올리면서 완전히 사라졌다. 5만 6,600세제곱미터의 기구를 이륙지점까지 끌어오는 데만 남자어른 여덟이 필요했다. 기구, 즉 공기주머니는 실크에 종이를 덧대어 만들고 이음매 부분은 단춧구멍을 뚫고 단추를 끼워서 빈틈을 없앴다. 몽골피에 형제가 신호를 보내자 인부들이 거대한 기구를 묶었던 밧줄을 풀었다. 기구는 지상 1.8킬로미터까지 올라갔다가 십 분 후 2.4킬로미터 떨어진 들판에 사뿐히 내려앉았다.

몽골피에 형제의 비행 성공 소식이 파리 과학아카데미에도 알려졌다. 사실 아카데미 회원들은 전부터 공기보다 가벼운 기구를 만들어 날리는 실험을 열심히 해왔다. 그러나 그때까지도 공중으로 띄우는 데는 모두 실패했다. 파리의 과학자들은 정식 과학교육도 받지 않은 제지업자 형제에게 밀린 것이 창피했는지 기구 제작 노력을 가속화했다. 그중 물리학자이자 기술공학자 자크 알렉상드르 세자르 샤를은 로베르 형제라는 장인 두 명의 도움을 받아서 기구에 밀짚 태운 연기 대신 수소가스를 채워보기로 했다. 1783년 8월 23일 파리 빅투아르 광장에서 직경 3.6미터짜리 실크 기구에 수소를 주입하기 시작했다. 수소는 황산 227킬로그램을 쇠줄밥 453킬로그램에 부어서 얻어냈다. 샤를은 황산과 쇠가 일으킨 화학반응에서 그렇게 많은 열이 발생하리라고는 예상하지 못했다. 따라서 기구가 타버리지 않도록 찬물을 계속 끼얹어주어야 했다. 찬물을 끼얹자 수증기가 기구 안에서 응결되면서 기구가 내려앉았다.

다시 가스를 주입하는 데 꼬박 사흘이 걸렸다. 기구를 띄운다는 소식이 전해지자 사람들이 몰려들어 주변 일대는 북새통을 이루었다. 혼잡을 줄이고자 샤를은 야심한 시각을 틈타 무장 경호원들의 호위를 받으며 기구를 좀더 넓은 샹드마르스 광장으로 옮겼다. 지금 에펠탑이 서 있는 광장 끝자락으로 말이다. 당시에 그 광경을 직접 목격했던 프랑스 지질학자 바르텔르미 포자 드 생퐁은 그 모습을 다음과 같이 증언했다.

> 상상을 불허할 정도로 놀라운 광경이었다. 기구는 선두에 선 횃불 든 사람들과 '수행원들'이 둘러싼 가운데 말 탄 경호원들의 호위를 받으며 운반됐다. 한밤의 행렬. 저 특이한 모양의 거대한 기구를 옮기는 손길은 조심스럽기 그지없었다. 다들 숨이 멎은 듯 고요했다. 이런 예기치 못한 시각에 벌어지는 이 광경 하나하나가 참 독특하고 신비로워 무슨 일인지 아는 사람은 거기에 압도됐다. 길 가던 마부들도 깜짝 놀라 마차를 세웠다. 행렬이 지나는 동안 마부들은 모자를 벗어들고 겸손한 자세로 무릎을 꿇었다.[8]

1783년 8월 27일 오후 5시, 샤를의 조수들이 자신 있게 밧줄을 풀었다. 기구는 곧바로 지상 900미터까지 솟아올랐다. 사십오 분 뒤 기구는 파리에서 24킬로미터 떨어진 고네스 마을 들판에 내려앉았다.

역사상 어떤 시기에나 제작이 가능했을 열기구와 달리, 수소가스 기구는 과거 시대에는 제작할 수 없었다. 초기에 '플로지스톤phlogiston' 또는 불에 잘 탄다는 뜻에서 '가연성 공기'로 불렸던 이 수소가스는 1766년에야 영국 과학자 헨리 캐번디시에 의해 발견됐기 때문이다. 가연성 공기가 평범한 공기보다 아홉 배나 가볍다는 사실을 알아낸 에든버러의 화학자 조지프 블랙은 이 새로운 기체를 작고 얇은 주머니에 채웠고, 그 공기주머니가 실험실 천장까지 둥실 떠오르는 것을 확인했다. 그러나 블랙은 실험 규모를 키우는 데 어려움을 겪었다. 문제는 가스주머니로 사용한 소재가 너무 무겁거나 기공이 많아서 외부 공기가 잘 스며든다는 점이었다. 그는 공개 시연회에서 송아지 오줌보를 가스주머니로 사용해봤지만 띄우는 데 실패함으로써 창피만 당하고 말았다. 그 이후로는 기구를 띄우는 실험을 완전히 포기했다. 1782년 런던왕립학회 회원인 이탈리아 물리학자 티베리우스 카발로는 '동물의 방광은 아무리 얇게 벗겨내도 너무 무겁고 중국산 종이는 기체 투과성이 높다'는 사실을 밝혀냈다.[9] 샤를이 성공한 이유는 실크에 탄성이 있는 고무를 발라서 투과성은 없애고 무게는 아주 가볍게 만들었기 때문이다.[10]

몽골피에 형제는 새 도전을 시도함으로써 열기구 비행 경쟁에서 앞서나갔다. 1783년 9월 19일 형제는 베르사유에서 루이 16세와 마리 앙투아네트, 정부 고위층이 참석한 가운데 앙노네에서 했던 실험을 재연했다. 한 참석자에 따르면 형제는 "고물 신발이라는 신발은 몽땅 가져와 불타는 축축한 밀짚에 던졌다. 썩은 고기 조각들도 함께 집어넣었다. 신발과 고기를 특유의 연기를 내는 재료로 삼은 것이다. 국왕 내외는 자리에서 일어나 열기구를 살펴보러 갔다가 유독성 연기가 너무 심해 곧장 자리로 돌아왔다."[11] 프랑스 과학자들은 이 열기구 실험을 특히 창피한 일로 여겼는데, 그 이유는 열기구가 어떻게 뜨는지도 잘 모르는 얼치기 형제가 정통 과학자들을 누르고 먼저 기구를 발명했기 때문이다. 몽골피에 형제는 열기구를 "들어올리는 힘"이 악취를 풍기는 고기와 더러운 신발에서 나는 공기보다 가벼운 연기에서 비롯된다고 생각했지만, 사실은 연기 입자는 공기보다 무겁고 따라서 기구가 뜨는 데는 방해가 됐다. 기구가 뜬 것은 공기주머니에 갇힌 연기 때문이 아니라 뜨거운 공기가 상대적으로 차가운 주변 공기보다 가볍기 때문이었다. 현장을 지켜본 사람들 대다수는 청색 금색이 알록달록한 열기구에 감탄할 뿐 그게 어떻게 떠오르는지는 관심이 없었다. 그저 떠올랐다는 데 놀랄 따름이었다. 세계 최초로 하늘을 여행한 것은 양과 수탉과 오리였다. 이 세 마리 가축은 열기구 밑에 달린 우리에 들어가 하늘로 올라갔다. 동물들은 3.2킬로미터를 여행하고 말짱한 몸으로 보크레송숲에 내려앉았다. 다만 수탉이 양의 뒷발에 오른쪽 날개를 심하게 차여 꼬꼬 울었을 뿐이다.

샤를과 몽골피에 형제는 제각기 국왕에게 다음 이륙 때는 자신들이 직접 기구에 타겠다고 했다. 그러나 폐하께선 그 소중한 백성들의 목숨이 위태로워지는 일을 윤허하지 않으셨다. 그 대신 죄수들을 태워 그들이 살아 돌아오면 방면하는 게 어떻겠느냐고 제안했다. 그러나 결국 샤를이 왕을 설득했다. 하늘로 날아오른 최초의 인간은 과학지식이 있어서 안전하게 땅 위로 돌아와 비행과정을 잘 설명할 수 있어야 한다는 거였다. 하늘로 날아오른 최초의 인간이란 명예는 장프랑수아 필라트르 드 로지에한테 돌아갔다. 로지에는 파리 과학아카데미 회원 중에서도 저명한 인물로 국왕의 자연과학 수집물 운용 책임자였다. 1783년 10월 15일 로지에가 밧줄로 지상에 고정시킨 열기구를 타고 떠올랐다. 로지에는 기구 밑에 달아놓은 철제 바구니인 곤돌라에 앉아 밀짚과 나무를 태워 기구에 뜨거운 공기를 계속 공급했다. 이런 훈련으로 불 지피는 작업에 익숙해진 로지에는 그해 11월 21일 또다른 탑승자 프랑수아 다를랑드와 함께 기구를 타고 날아올랐다. 오후 1시 54분 파리 서쪽 불로뉴숲을 이륙한 두 사람은 고도 1.5~3킬로미터에 도달했고, 25분 만에 파리 외곽에 내려앉았다. 출발지에서 직선거리로 8.2킬로미터 떨어진 지점이었다. 열흘 뒤 샤를과 애네 로베르는 수소 기구를 타고 하늘을 난 최초의 인간이라는 명예를 누렸

다. 파리 튈르리 공원에서 시작한 비행은 43킬로미터 떨어진 네슬에 도착
하는 것으로 두 시간 만에 끝이 났다.

샤를의 비행 성공 몇 달 뒤 파리 하늘은 두 종류의 열기구로 뒤덮였다.
하나는 샤를리에고, 또하나는 몽골피에다. 샤를리에는 직접 불을 때는 방
식이 아니기에 상대적으로 안전했고, 몽골피에는 당시 수소가 비싸고 희
귀했기에 상대적으로 실용적이었다. 미국 역사학자 리 케넷이 '기구광
Balloonmania'이라고 부른 사람들이 프랑스로 몰려들었다. "1780년대의 십
년 동안은 여러모로 심심하고 따분한 시대였지만, 기구만은 참신한 장치
로 대단한 각광을 받았다. 기구를 타고 하늘로 오르는 일이 가장무도회와
같은 유행이 되었다. 기구가 하도 많이 떠올라 파리시 당국은 기구 사용
을 규제하는 법령을 공포해야 할 지경이었다. 세계 최초의 항공 교통규정
이었던 셈이다. 기구마다 특이한 디자인은 의자 등받이나 코담뱃갑에도
인쇄될 정도로 다양했다."[12]

1883년 당시 열 살이던 아우베르투 산투스두몽은 기구를 직접 본 적이 없
었는데도 몽골피에가 발명한 열기구를 미니어처로 복제했다. 책에 나오는
그림과 사진을 보면서 아이는 아주 얇은 박엽지로 손으로 들 수 있을 만큼
작은 기구를 만들었고 그 안에 난롯불로 뜨거운 공기를 주입했다. 명절 같
은 때면 그는 이 공기주머니를 농장 노동자들에게 자랑해보였다. 자칫 불
을 내지 않을까 걱정하던 부모들도 꼬마 '몽골피에'가 지붕 위로 둥실 솟
아오르는 것을 보고는 감탄을 금치 못했다. 아우베르투는 나무로 장난감
비행기도 만들었다. 프로펠러—당시 표현으론 '에어스크루air screw'—는 고
무줄을 감아서 풀릴 때 나오는 힘으로 움직이게 했다.

쥘 베른의 소설을 독파한 뒤 그가 인류는 이미 열기구와 (동력을 이용해
방향과 속도를 조절할 수 있는) 비행선의 시대에 들어섰다고 확신을 보이

면, 가족과 친구들은 그건 현실이 아니라고 핀잔을 주곤 했다. 아우베르투는 다른 아이들과 "비둘기가 난다!"라는 놀이를 자주 했다. 먼저 술래를 뽑으면 그 아이가 "비둘기가 난다! 암탉이 난다! 까마귀가 난다! 꿀벌이 난다!" 하는 식으로 계속 소리친다. "술래가 소리칠 때마다 우리는 손가락을 들어올려야 했다." 후일 산투스두몽은 이렇게 썼다. "그런데 어쩌다 술래가 '개가 난다!' '여우가 난다!' 하고 소리친다. 우리를 속이려는 것이다. 그럴 때 손가락을 든 아이는 벌금을 내야 했다. 친구들은 능글맞게 서로 눈짓을 하고는 내게 빙그레 웃음을 날렸다. 그러자 술래가 '사람이 난다!'라고 소리쳤다. 그 말을 들을 때마나 나는 손가락을 높이 쳐들었다. 사람이 하늘을 날 수 있다는 절대적인 확신의 표시였다. 그리고 기를 쓰고 벌금을 내지 않았다. 아이들이 비웃을수록 나는 더 흐뭇했다. 언젠가 그 비웃음을 내가 녀석들에게 되갚아줄 거니까."[13]

아우베르투가 유인有人 열기구를 실제로 본 것은 열다섯 살이 되고 나서였다. 1888년 상파울루에서 박람회가 열렸는데, 한 시연자가 구 모양의 공기주머니를 타고 하늘로 올라갔다가 낙하산을 타고 내려오는 것을 구경한 것이다. 아우베르투의 상상력도 따라서 하늘로 치솟았다.

브라질의 낮은 길고 해가 쨍쨍 내리쪼인다. 벌레들이 붕붕거리며 날아다니고 간간이 멀리서 새 우는 소리가 들린다. 그러면 나는 마음이 느긋해졌다. 나는 베란다 그늘에 누워 브라질의 맑은 하늘을 한없이 바라보곤 했다. 커다란 새들이 큰 날개를 활짝 펴고 가뿐하게 하늘로 높이높이 날아오른다. 구름도 깨끗한 햇빛을 받아 기분이 좋은지 뭉게뭉게 피어오른다. 그런 광경을 보고 있노라면 드높은 창공과 무한한 자유를 사랑하게 되지 않을 수 없다. 그런 식으로 나도 창공이라고 하는 바다를 탐험해보고 싶은 마음에 상상으로 비행선들과 비행기들을 고안해보고는 했다.

물론 그런 상상은 남한테는 일절 말하지 않았다. 그 시절 브라질에서 비행기나 비행선을 발명하고 싶다는 얘기를 했다가는 정신이상이니 몽상가니 하는 비아냥거림을 들었을 것이다. 구 모양의 기구를 타는 사람들은 곡예사와 다를 바 없는 대담한 전문가로 여겨졌다. 당시 분위기에서 커피농장 집 아들이 그런 사람들을 흉내낼 꿈을 꾼다는 것은 사회적인 죄악이나 마찬가지였다.[14]

산투스두몽의 부모는 정치적으로는 보수였다. 그들은 브라질 황제를 지지했다. 황제가 명한 철도를 아버지 엔히크는 열심히 건설했다. 그러나 그들은 호기심 많은 아들이 온갖 혐오스러운 이데올로기에 노출되는 것을 막을 수 없었다. 아우베르투는 커피 가공공장에서도 대개 혼자 놀았지만 가끔 인부들이 나누는 이야기를 우연히 듣기도 했다. 노동자들은 민주주의 운동 이야기를 나누기도 하고 애국자 치라덴치스 얘기를 열심히 떠들기도 했다. 그 치과의사 출신의 혁명가는 평범한 브라질 사람들의 영웅이 된 지 오래였다. 그리고 그의 삶은 신화가 되고 있었다. 산투스두몽의 삶이 얼마 후 신화가 되는 것처럼 말이다. 치라덴치스는 수많은 그림에서 수염을 기른 예수 그리스도와 같은 형상으로 묘사됐다. 물론 실제로는 수염을 깨끗이 깎고 머리도 짧게 친 모습이었다. 그가 처형된 4월 21일, '치라덴치스의 날'은 지금까지도 브라질의 국경일로 지켜진다. 어린 아우베르투는 정치에는 관심이 없었다. 더구나 정치에 휘말려 치라덴치스처럼 사지가 찢겨나가는 일을 당하고 싶은 마음은 추호도 없었다. 하지만 치라덴치스가 지닌 불멸의 명성만큼은 참으로 매혹적이었다. 아우베르투는 앞으로 사람들 마음을 휘저어놓을 수 있는 뭔가를 이룩하고야 말겠다는 다짐을 했다. 소년이 품은 열망이라고 하기에는 범상치 않은 생각이었다. 아우베르투는 자신이 앞으로 어떤 직업을 갖게 될지 전혀 몰랐다. 비행사나 발명가가 될 수 있다는 생각은 꿈에도 해본 적이 없었을 것이다. 그러나 무슨 일을 하건 간에 사람들에게 깊은 영향을 미치게 될 일을 하리란 것은 감지했다. 항공 역사상 어떤 개척자도 그런 거창한 야심을 품지 못했을 때, 하늘을 날기 십 년 전에 벌써 그런 꿈을 꾸었다.

2
아이한테 아주 위험한 도시
― 첫 파리 체류, 1891년

산투스두몽이 살던 좁은 세계가 넓어진 것은 열여덟 살 때였다. 환갑이 된 아버지는 여전히 집안과 커피농장에서 왕초 노릇을 하고 있었다. 그러나 말을 타다 떨어져 심한 뇌출혈이 오는 바람에 반신불수가 됐다. 완쾌가 되지 않자 엔히크는 갑자기 커피사업 일체를 600만 달러에 처분하고 유럽으로 향했다. 치료를 제대로 받아볼 생각으로 아내와 아우베르투도 데리고 갔다. 세 식구는 리스본행 증기선을 탔다. 그러고 나서 아우베르투의 누이 둘이 포르투갈인 남편들과 정착해 사는 포르투로 가서 잠시 체류했다. 누이의 두 남편은 빌라레스라는 성을 가진 형제였고 브라질에 돌아와 사는 셋째누이도 역시 그 형제 중 한 명과 결혼했다. 세 식구는 포르투에서 파리행 열차에 몸을 실었다. 엔히크는 파리의 의사들이 자기를 잘 치료해주리라 믿었다. 아닌 게 아니라 당시 파리는 미생물학자 루이 파스퇴르가 백신 접종을 시행해 광견병에 걸린 아이들을 살려내는 등 기적의 의술을 선보이고 있었다.

산투스두몽은 1891년 오를레앙 역에 내리는 순간 파리와 사랑에 빠졌다. 그는 "훌륭한 미국인은 죽을 때가 되면 다들 파리로 간다고 들었다"라고 썼다. 발명을 끔찍이 좋아하는 십대 청소년에게 세기말 파리는 "모든 것이 힘이 넘치고 진보적인 세상"이었다.[1] 산투스두몽은 한순간도 허비하지 않고 파리의 온갖 기술적 경이에 몰두했다. 도착 첫날부터 건축된 지 이 년 된 에펠탑을 찾았다. 에펠탑은 높이 300미터로 당시 지상에 존재하는 그 어떤 인공 구조물보다 두 배 가까이 높았다. 에펠탑은 육중한 격자형 철골 구조물로 밤에는 전통적인 가스등으로 불을 밝혔고, 엘리베이터 여러 대가 관광객들과 기상학자들을 전망대로 실어날랐다. 엘리베이터의 동력은 당시로선 신기한 에너지인 전기를 사용했다. 아우베르투는 온종일 엘리베이터를 타기도 하며 센강 우안에 앉아 하늘 높이 치솟은 에펠탑의 곡선을 바라보며 감탄을 연발했다.

아버지 엔히크도 그런 즐거움을 같이했다. 엔히크는 사십 년 전 파리에서 엔지니어로 훈련을 받은 바 있었다. 프랑스와 영국에서 엔지니어란 직업이 19세기 말처럼 좋은 대접을 받지 못하던 때였다. 이후로 엔지니어들은 튼튼하고 우아한 교량을 건설해 철도가 유럽 곳곳의 강과 협곡을 통과하도록 함으로써 성가를 높였다. 영국 빅토리아 여왕의 남편 앨버트 공은 그런 엔지니어들을 다음과 같은 말로 치켜세우며 감탄했다. "뭔가 새로운 스타일의 직업을 하고 싶어 건축가를 찾으면 그들은 우물쭈물 이것은 이래서 안 되고 저것은 저래서 안 된다고 툴툴거리며 허송세월한다. 그런데 엔지니어들은 똑 부러지게 그 일을 해낸다."[2]

귀스타브 에펠은 교량 건설의 대가였다. 1889년 파리 만국박람회 개최를 맞아 기념탑 건립 작업을 맡게 되었다. 프랑스혁명 100주년과 눈부신

19세기 산업화의 성과를 기념하는 세계적인 박람회였다. 대서양 양쪽에서 300미터짜리 탑을 건설하자는 논의가 있었다. 의지가 가장 강한 곳은 프랑스였다. 파리는 보불전쟁과 그로 말미암은 1871년 파리코뮌의 후유증을 완전히 극복했음을 온 세상에 알리고 싶어했다. 프랑스는 프로이센과 치른 이 보불전쟁의 결과로 알자스로렌 지역을 독일에 내주었고, 민중봉기로 수립된 파리코뮌 시기에 시민 2만 명이 학살당하고 도시 전체가 쑥대밭이 된 적도 있었다. 만국박람회 주최측은 에펠이 제시한 청사진을 보자마자 곧바로 승인했다.

그러나 극소수의 작가들과 화가들은 "파리 하늘에 거대한 공장 굴뚝 같은 시커먼 탑이 올라간다는 건 말도 안 되는 소리"라고 극렬히 반대의 목소리를 높였다. 파리가 "볼트와 너트로 갖다 붙인 혐오스러운 쇳덩이 기둥의 혐오스러운 그늘"에서 벗어날 수 없을 것이라는 게 이들의 논리였다.[3] 그러나 에펠탑이 완성되자 그토록 분개했던 심미주의자들도 대부분 호평하는 쪽으로 돌아섰다. 단 한 사람 예외가 유명한 소설가 기 드 모파상이다. 모파상은 정기적으로 "에펠탑 이층에 있는 레스토랑에 들러 식사를 했는데, 그곳이 파리에서 에펠탑이 보이지 않는 유일한 곳"이기 때문이었다고 한다.[4] 1891년만 해도 에펠탑이 무게 1만 톤의 거대한 철골 구조를 처음 드러냈을 때의 감격은 아직 식지 않았다. 엔히크와 아우베르투 부자는 최신 유행을 뽐내는 젊은 아가씨들이 화사한 옷을 입고 오베르 거리에서 1,671개나 되는 계단을 한 걸음 한 걸음 올라가는 것을 흐뭇한 표정으로 지켜보았다. 아가씨들은 "올라갈수록 기온이 떨어지는 것에 대비해서 레이스를 겹겹이 단 복장을 하고 있었다."[5]

아우베르투 산투스두몽은 난생처음 보는 신기한 교통수단 앞에서도 경탄을 금치 못했다. 당시 처음으로 대량생산된 자전거가 도로 곳곳을 조용히 누비고 다녔다. 흔히 보던 덜커덕거리는 목제 바퀴 대신 고무 타이어를 썼기 때문에 도로는 조용했다. 자전거는 파리 중산층에게 브라질 사람들로선 상상할 수 없는 이동수단이 돼주었다. 그리고 그것은 성혁명에도 기여했다. 여성은 남성과 동일한 이동의 자유를 요구하면서 남성의 반대를 무릅쓰고 사상 처음으로 반바지를 입고 자전거 타기를 고집했다. (당시 인기를 끌던 광고에는 방긋 웃는 처녀가 남자친구를 교회 안에 버려둔 채 자전거를 타고 획 떠나는 모습이 그려져 있었다.) 몇 대 안 되는 최초의 자동차는—리우데자네이루에선 자동차라는 물건이 있는 줄도 모르던 때였는데—시속 16킬로미터 미만의 속도로 거리를 누볐다. 에펠탑 건설에 반대하던 예술가들은 "역한 휘발유 냄새가 진동해서 우아한 말똥 냄새를 맡을 수가 없게 됐다"고 투덜거렸다.[6] 길모퉁이마다 테아트로폰Théâtrophone이라는 전화기가 설치되어 있었다. 파리 시민들은 돈을 내고 수화기를 들면 오페라와 실내악, 연극 공연을 생중계로 들을 수 있었다. 정치집회 현장을 전화로 연결해 들려주는 경우도 있었다.

이처럼 신기술 발명품들이 곳곳에서 모습을 뽐냈지만 전통 양식의 주택에는—센강 우안의 '미국인 거주구역'을 빼고—뉴욕이나 시카고에선 이미 보편화된 편의시설들이 거의 갖춰지지 않았다. 물론 리우데자네이루나 상파울루에서도 그런 편의시설은 아직 없었다. "엘리베이터는 극히 예외적이다. 아직 백열등보다 촛불이 훨씬 보편적이다…… 시설 좋은 욕실 같은 건 아예 없는 것이나 마찬가지다."[7] 산투스두몽과 동시대를 산 세계 최초의 사진 저널리스트 버튼 홈스가 파리에 체류했을 때의 얘기다. 뉴욕 출신인 홈스는 온수 목욕이 어렵다는 데 특히 화가 났다.

"목욕이요? 당연히 되지요! 오늘 오후 5시에 오라고 해놓겠습니다." 내가 뜨거운 물에 몸을 푹 담그고 싶다고 하자 친절한 호텔 안내인이 한 대답이다. "지금 하고 싶다니까요. 오늘 아침 밥 먹기 전에요."

나는 바로 해달라고 독촉했다. "그건 불가능합니다. 선생님. 준비하고 가져오고 하려면 시간이 걸려요. 하지만 목욕은 정말 끝내줄 겁니다. 최근에, 그러니까 한 달 전에 목욕하신 신사분도 정말 흡족해하셨습니다. 아시다시피 파리에서는 목욕 주문을 하면 멋진 욕조를 가져오지요. 여기 한 4시쯤 올 겁니다." 4시가 되자 한 남자가 내 방이 있는 층에 나타났다. 남자라기보다 두 개의 다리라고 하는 편이 낫겠다. 대형 아연 욕조를 머리에 뒤집어쓰고 다섯 층의 계단을 밟고 올라온 것이다. 머리와 어깨는 완전히 감춰지고 저 불쌍한 두 다리의 주인공 하반신만 보인다. 목욕업자가 욕조를 방 한가운데에 내려놓았다. 욕조는 하얀 아마포를 안감으로 대놓은 상태였다. 이내 목욕업자는 잡다한 수건들과 목욕 뒤에 두를 대형 수건을 여봐란듯이 꺼내놓는다. 이제 가장 중요한 작업이 남았다. 욕조에 물 채우기다. 하인 셋이 양동이 두 개를 들고 수없이 문턱을 들락거린다. 몇 층 아래쪽에 있는 급수전까지 왔다갔다하는 것이다. 마침내 작업이 끝났다. 욕조에는 얼음처럼 차가운 물이 가득하다. "뜨거운 물 목욕을 하겠다고 했는데요." "조금만 기다리세요, 선생님. 여기 이렇게 뜨거운 물이 있지 않습니까!" 목욕업자가 아연으로 된 길쭉한 원통—소화기처럼 생겼다—의 뚜껑을 열고 욕조에 뜨거운 물 7.6리터를 쏟아부었다. 물은 미지근해졌다. 이런 목욕을 하려고 60센트나 내고 두 시간을 허비한 것이다. 목욕을 마친 다음에는 욕조 안의 물을 퍼내느라고 다시 한번 수선을 피웠다. 양동이로 연달아 퍼내고 아래로 가져가고 하는 작업이 계속됐다. 일이 다 끝나자 목욕업자는 의기양양한 표정으로 양동이를 팔에 걸고 욕조를 모자처럼 뒤집어썼다. 그러고는 다시 뒤뚱뒤뚱 다섯 층의 계단을 밟고 내려갔다.

가정집에서는 전화가 뜨거운 물만큼이나 귀했다. "상류층일수록 전화를 들여놓는 데 거부감이 많았다."[8] 미국 역사학자 유진 웨버의 지적이다. 심지어 "쥘 그레비 대통령(재임 1879~1887)도 주변에서 온갖 설득을 한 끝에 겨우 엘리제궁에 한 대 설치했다." 상류층은 전화를 신성한 사생활을 침해하는 것으로 여겼다. 사교계 여왕이었던 그레퓔르 백작부인처럼 전화로만 가능한 "마술적이고 신비한 삶"을 좋아하는 파리 시민은 극히 드물었다.[9] 그녀는 전화의 매력을 이렇게 설명했다. "여자가 침대에 누워서 역시 침대에 누워 있을지 모를 외간남자와 통화를 하는 것은 이상하지요. 그런데 아시다시피, 남편이 들어오면 그걸 침대 밑에 던져놓으면 되거든요. 그럼 남편은 아무것도 모르지요." 웨버에 따르면 1900년에 가서도 "프랑스 전체에 있는 전화는 3만 대에 불과했다."[10] 뉴욕시의 한 호텔에 있는 전화만 해도 2만 대가 넘던 시절이었다.

그런데 현대문명을 혐오하는 극소수의 이런 유미주의자들을 빼고는 파리 시민들은 뉴욕 사람들보다 훨씬 더 기술 자체가 유익하다는 강한 믿음을 가지고 있었다. 웨버의 설명에 따르면 1899년 뉴욕주에서 사형집행용 전기의자를 도입했을 때 전기회사들은 거세게 반발했다. 사람들이 전기가 사람을 죽일 수 있다는 인식을 갖게 되어서 집이나 사무실에서 전기를 사용하지 않을까봐 우려했던 것이다. 그와 달리 프랑스인들은 전기의자를 대수롭지 않게 여겼다. 그런 경이로운 신종 에너지가 파괴적일 수 있다고는 상상도 할 수 없었던 것이다.[11]

산투스두몽은 신기술에 열광하는 파리 사람들과 함께 있으면 마음이 편했다. 이 도시에는 온갖 구경거리가 많다고 그는 생각했다. 다만 놀랍게도 하늘에 비행선이 없다는 게 유감이었다. 산투스두몽은 쥘 베른의 소설에 나오는 하늘을 나는 기계를 실물로 만들어 파리 하늘을 뒤덮고 싶었다. 사실 프랑스는 몽골피에 형제가 한 세기 전에 최초로 열기구를 띄워 올린 나라였다. 게다가 산투스두몽도 알고 있었듯이 1852년에 앙리 지파르라는 프랑스인이 세계 최초로 길이 44미터짜리 시가 모양의 기구 아래에 5마력짜리 증기기관과 프로펠러를 달고 시속 800미터로 하늘을 비행했다. 1883년에는 티상디에 형제가 증기기관 대신 전동기를 사용해 운항 속도를 시속 4.8킬로미터로 끌어올렸다. 기구를 군사용으로 활용할 방법을 모색하고 있던 샤를 르나르 대령과 아르튀르 크렙스 중위는 1884년 전기 엔진을 사용해 더욱 큰 성공을 거두었다. 시속 23킬로미터라는 신기록을 세웠던 것이다. 산투스두몽은 그 이후 칠 년 동안 어째서 비행선이 일상적인 운송수단으로 발전하지 못했는지 이해가 안 갔다. 실제로 비행선 개발은 퇴보하고 있었다. 1891년 파리의 하늘에는 비행선이 단 한 대도 없었다.

하늘에 뜬 무동력 기구들은 대개 기다란 밧줄로 땅에 고정시켜놓은 것들이었다. 기구가 바람에 밀려 이리저리 떠가는 것을 막기 위한 조치였다. 이런 기구들은 대부분 발명가나 과학자가 아니라 거리의 흥행사가 조작했다. 특히 유명했던 한 여성 흥행사는 기구에 매단 피아노 앞에 앉아서 바그너를 연주했다. 그녀가 앉은 자리는 지상에서 152미터 높이였다. 또다른 흥행사는 정기적으로 수탉, 거북이, 생쥐를 기구에 태워서 띄우고 동물들이 하나도 다친 데 없이 돌아왔다고 자랑을 늘어놓았다. 파리에서는 땅에 고정시키지 않은 기구를 태워주고 엄청난 요금을 받은 행상도 일부 있었다. 그들은 기구의 안정성을 고려해 싣는 바닥짐을 버리거나 공기를 빼는 식으로 고도를 조절했다. 위험천만한 일이었다. 조향장치가 없어바람이 기구를 날려버리면 속수무책이었으니까.

초기에는 성직자들이 하늘을 날려고 하는 사람들을 심하게 야단쳤다. 천사의 영역을 침범함으로써 재앙을 초래하는 위태로운 짓을 하고 있다는 이유 때문이었다. 1709년 '하늘을 나는 신부'로 알려진 브라질 비행사

바르톨로메우 로렌수 지 구스망은 가톨릭 종교재판소에서 마법사로 낙인찍혀 죽었다. 계몽됐다는 19세기 말 프랑스에서도 비행을 사악한 주술로 보는 관점이 하층민 사이에서는 여전했다. 산투스두몽이 들은 것도 있었다. 하늘을 둥둥 떠다니다가 갑자기 불어닥친 바람에 파리에서 가까운 시골로 추락해 궁지에 몰린 기구 이야기였다. 돈을 내고 탄 불운한 승객이 허겁지겁 기구 밑에 달린 곤돌라에서 기어나오니, 농민들이 달려들어 바람 빠진 기구를 막대기로 마구 후려치면서 악마가 만든 장치라고 욕설을 퍼부었다는 거였다. 더 큰 폭력사태를 막기 위해 정부에서는 열기구는 악의 세력이 만든 장치가 아니라는 설명을 담은 팸플릿을 배포했다. 산투스두몽은 더 나은 해결책이 분명히 있을 거라고 생각했다. 그러면서 인위적으로 방향을 조종할 수 있는 기구를 만드는 것이 자신의 사명이라고 다짐했다. 바람에 휘둘리지 않게 함으로써 본의 아니게 엉뚱한 사람의 집에 추락하는 일이 없도록 하고 싶었던 것이다.

그러려면 가장 먼저 해야 할 일은 기구를 직접 타고 하늘로 올라가는 것이었다. 어느 날 부모가 의사로부터 아버지의 건강상태 이야기를 듣는 동안 산투스두몽은 파리시 인명주소록에서 '기구 타는 사람balloonist' 항목을 뒤졌다. 그리고 맨 윗줄에 적힌 사람을 찾아갔다.

"올라가보고 싶으시다?" 산투스두몽을 맞이한 사람은 심각한 표정으로 물었다. "험! 그럴 용기가 분명 있으신가? 열기구 타고 하늘로 올라가는 건 간단한 일이 아닐세. 게다가 너무 어려보이는데……"[12]

산투스두몽은 자신의 의도와 결의를 한참 설명했다. 그러자 비행사는 태워주는 데 동의했다. 하늘을 나는 시간은 고작 두 시간이었다. 조건은 해가 나고 하늘이 맑아야 한다는 것. 비행사는 "사례비는 200프랑"이라며 다음과 같이 덧붙였다. "일체의 피해는 자네가 스스로 책임을 진다는 계약서에 서명을 해야 하네. 자네가 목숨을 잃을 수도 있고 팔다리를 다칠 수도 있으니까. 물론 내가 그렇게 될 수도 있고. 제삼자의 재산에 손상을 줄 수도 있고, 열기구 자체나 그 부속물들이 피해를 입을 수도 있다네. 또한 열기구가 지상에 착륙하는 지점에서 파리로 되돌아오는 비용 일체도 역시 자네가 부담을 해야 하네. 기차 승차 요금은 물론이고, 열기구와 곤돌라를 운반하는 비용까지."

산투스두몽은 생각할 시간을 달라고 했다. 후일 회고록에서 이렇게 썼다. "열여덟 살 젊은이에게 200프랑은 큰돈이었다. 부모님을 어떻게 납득시킬 수 있을까? '한낮의 재미를 위해 200프랑을 쓴 결과가 좋을 수도 있고 나쁠 수도 있다. 나쁘다면 그 돈은 날리는 것이다. 좋다면 다시 타고 싶겠지만 더는 돈을 마련할 수 없을 것이다.' 그런 생각이 들어 유감스럽지만 열기구 타는 일은 포기하고 자동차 운전이나 하자고 마음을 다잡았다." 그는 아버지를 따라 기계전시관Palais des Machines 구경 갔을 때부터 자동차에 흥미를 갖게 되었다. 기계전시관은 에펠탑과 마찬가지로 1889년 파리만국박람회의 일환으로 지은 당시로선 초현대식 건물이었다. 내부는 거대한 동굴 같고 철골과 유리로 건설된, 현대 기술의 총화라고 할 이 전시관은 박람회 기간 동안 전 세계에서 온 수천 점의 전시품을 수용했다. 전시품은 광산 채굴장비와 증기기관을 이용한 직조기부터 세계 최초의 가스 동력 자동차까지 정말로 다양했다. 가스 자동차는 독일인 카를 벤츠가 개발해 특허를 따낸 것이다. 특히 유명한 발명가 토머스 에디슨이 개발한 축음기와 전기등을 관람객이 직접 시험해볼 수 있었다. 박람회는 엔히크와 아우베르투 부자가 전시관을 찾기 수개월 전에 공식 종료됐지만 기계전시관은 여전히 온갖 신기술을 소개하고 있었다.

그렇게 구경을 하다가 아버지 엔히크는 아들 아우베르투가 없어졌음을 깨달았다. 엔히크는 휠체어를 밀면서 홀을 슬슬 돌아다니다가 마침내 아들을 찾아냈다. 아우베르투는 내연기관이 작동되는 모습에 완전히 넋이

나간 듯했다. 증기기관보다 훨씬 작은 엔진이 저토록 강한 힘을 발휘한다는 사실에 경이와 감탄을 느끼는 듯한 모습이었다. "나는 그 자리에 그렇게 한참을 서 있었다. 마치 운명의 신에게 붙잡혀 못 박힌 것처럼." 후일 산투스두몽은 이렇게 회고했다. "나는 완전히 황홀경에 빠졌다. 아버지한테 저 모터가 작동하는 것을 보고 얼마나 놀랐는지 말씀드렸다. 그러자 아버지는 '오늘은 그만 가자' 하고 대꾸하셨다."[13]

그 직후 아우베르투는 발랑시엔에 있는 자동차 제조업자 아르망 푸조의 공장을 찾아갔다. 아우베르투는 아버지가 어렵게 번 돈을 열기구 비행에 쓰는 데에는 주저했지만 3.5마력짜리 사륜자동차를 사는 데에는 일말의 망설임도 없었다. 1891년에 푸조가 만든 자동차는 딱 두 대였다. 방향 조종이 가능하고 브레이크도 작동하는 차였다. 열여덟 살의 브라질 청년이 이제 자랑스럽게도 그중 한 대를 갖게 된 것이다. 몇 달 후 아버지는 파리의 의술이 별로 도움이 되지 않는다는 사실을 깨달았다. 아우베르투는 아버지와 함께 브라질행 배에 몸을 실었다. 그때 프랑스에서 구매한 푸조 로드스터(컨버터블)도 함께 브라질로 가져갔다. 상파울루에 도착한 후 푸조 자동차에 시동을 걸었을 때 산투스두몽은 라틴아메리카에서 자동차를 운전한 최초의 인간으로 기록되었다.

아버지 엔히크는 죽을 날이 얼마 남지 않았음을 알고 있었다. 그래서 아들과 긴 시간 그의 앞날을 의논했다. 아버지는 막내아들이 빛의 도시 파리에서 얼마나 행복해하는지 직접 보았다. 그래서 부인은 서운하겠지만 아우베르투 혼자 파리로 가게 하자면서 파리란 도시는 "아이한테 아주 위험한 곳"이라는 알쏭달쏭한 말을 남겼다.[14] 엔히크는 아우베르투에게 돈벌이 걱정은 하지 말라면서 나중에 물려줄 아들 몫의 유산 50만 달러를 미리 주었다. 아들을 떠나보내며 "너 혼자서 사는 문제는 두고 보자"고 했다. 아들이 이성에게 전혀 관심을 두지 않는다는 걸 알고 한 걱정이었다. 아우베르투는 1892년 여름 다시금 파리로 갔고 그해 8월 엔히크는 세상을 떠났다.

파리로 돌아온 산투스두몽이 맨 처음 한 일은 파리시 인명록에서 '기구를 타는 사람'을 찾는 것이었다. 그러나 "처음 찾아갔던 사람처럼 다들 대단할 것도 없는 수준의 비행에 과다한 액수를 요구했다."[15] 산투스두몽은 후일 이렇게 썼다. "다들 똑같았다. 기구 타기가 대단히 위험하고 어려운 일인 양 으스대면서 목숨을 잃거나 재산상 손실을 가져올 수 있다는 이야기를 구구절절 늘어놓았다. 그들은 기구 탑승에 어마어마한 금액을 요구했지만 정작 열기구를 타는 쪽으로 설득하려 하지 않았다. 열기구 비행을 자기들만 할 수 있는 신비한 일로 남겨두려는 것이 역력했다. 그래서 이번에도 자동차 한 대를 새로 사는 것으로 끝냈다."

산투스두몽은 공부도 다시 시작했다. 지난번 처음 파리에 왔을 때 아버지와 함께 시내 대학들을 알아본 바 있었다. 당시 아버지는 아우베르투가 정해진 교과목에 따라 공부하는 것을 싫어한다는 걸 잘 알고는 가정교사를 두자고 했다. 그 편이 아우베르투한테도 좋았다. 학생이 바글거리는 교실에서 선생으로부터 답을 구해보라는 요구를 받는 것은 그에게 그야말로 악몽이 됐을 테니까. 1892년 산투스두몽은 '가르시아'라는 이름의 전직 교수를 가정교사로 채용했다. 두 사람은 물리학, 화학, 기계공학, 전기공학 같은 '실용과학'을 중심으로 치밀한 학습 프로그램을 짰다. 가정학습은 혼자 있기를 좋아하는 책벌레에게는 딱 맞았다. 이후 오 년을 그렇게 산투스두몽은 책에 파묻혀서 지냈다. 이따금 영국에 사는 사촌을 찾아가기도 했다. 그럴 때면 브리스틀 대학교 강의실 뒤편에 슬그머니 들어가 앉아서 청강을 하곤 했다. 정식 등록 학생이 아니었으므로 교수의 질문을 받거나 할 위험은 전혀 없었다.

그렇게 열심히 공부를 하면서 산투스두몽은 심심해지면 차를 몰곤 했다. (브라질에서 나온 그의 전기들을 보면, 1892년 당시 산투스두몽은 파리의 그 누구보다 많은 차를 소유했다고 한다. 그러나 과연 그랬는지, 그랬다면 몇 대나 있었는지는 확인할 길이 없다.) 그는 차를 몰고 널따란 도로를 오르내렸다. 그 당시 초기 내연기관은 무척 허술해서 시동이 자주 꺼졌다. 그 바람에 길을 가던 말과 마차가 얽히고설키는 일이 잦았다. 그의 푸조는 최신 발명품이라 사람들이 차를 자세히 보려고 몰려드는 통에 금세 아수라장이 되어 잘 가다가도 교통체증을 일으켰다. 경찰은 그에게 차를 정지하지 말고 쭉 가라고 경고했다. 그러다 한번은 오페라하우스 인근에서 혼잡을 야기했다는 이유로 벌금을 물었다. 파리 시내 최초의 교통법규 위반인 셈이다. '소란'은 사실 유쾌한 일이었다. 산투스두몽의 자동차를 구경하려 몰려든 행인들은 일종의 길거리 파티 같은 분위기였다.

세기말 파리 사람들은 모든 일에서 즐거움을 찾았다. 유진 웨버에 따르면 그들은 천연두 예방접종 같은 고약한 일도 무슨 잔치 같은 분위기로 바꿔놓았다. "파티를 하면서 주사를 맞았다. 마치 극장 관람이라도 가는 듯한 분위기였다." 신문 사교계란에 실린 기사의 일부다. "가까운 사람들끼리 점심을 먹는다. 곧이어 디저트를 들 때쯤이면 의사가 도착한다. 의사의 호주머니에는 백신이 들어 있다."[16] 공부를 하던 한창때에도 산투스두몽은 흥청망청 놀거나 술을 퍼마시는 것을 별로 즐기지 않았다. 그러나 가끔 지적인 토론과 질펀한 파리의 퇴폐적인 밤문화에 빠지기도 했다. 당시 카페는 지적인 대화가 오가는 장소였다. 문학과 예술만 논한 게 아니라 과학과 기술발전 이야기도 풍성했다. 엑스선 발견이나 파리 도시철도 건설 같은 것들이 주요한 주제였다. 지식인을 자처하는 이들은 카페에 모여 밤새 떠들면서, 금도금한 주사기로 모르핀을 놓는가 하면, 코카인이 함유된 와인을 홀짝거리거나, 에테르에 적신 딸기를 간식으로 먹곤 했다. 세기말 파리는 산투스두몽처럼 성 정체성이 애매한 사람에게도 너그러왔다. 아방가르드 스타일의 카페 단골들은 에로틱한 실험을 즐겼다. 특히 동성애가 대단히 유행해서 한번은 해봐야 최신식 멋쟁이 소리를 들을 수 있었을 정도였다. 한 은행가의 부인은 당시 분위기를 이렇게 적었다. "특이해 보이는 여성들은 다들 그렇게 한다. 하지만 매우 어렵다. 먼저 어떻게 하는지 교습을 받아야 하기 때문이다."[17]

1897년 산투스두몽은 브라질로 돌아가 파리에서 보낸 오 년을 차분히 점검해보았다. 가르시아의 지도를 받으면서 그는 모든 과학을 마스터했다. 그런 일이 가능했다니, 참으로 가르시아에게 고마워해야 할 일이다. 그러나 해보지 못해 아쉬운 것들도 있었다. "기구 비행을 해보지 못한 게 참 아쉬웠다." 산투스두몽은 후일 이렇게 썼다. "기구 비행 생각은 거의 접고 있었다. 비용이 많이 들어 그런 것도 아니었다."[18]

파리로 다시 출국하기 직전 그는 리우데자네이루의 책방에 들러 『안드레의 기구 탐험: 북극을 찾아서*Andrée's Balloon Expedition. in Search of the North Pole*』(1898)라는 책을 샀다. 그 책은 파리의 열기구 제작자 앙리 라샹브르와 알렉시 마쉬롱이 쓴 것으로, 장거리 증기선의 여객에게 큰 위안이 되었다. 라샹브르와 마쉬롱은 스웨덴의 젊은 과학자 살로몬 아우구스트 안드레를 위해 거대한 열기구 '독수리호'를 제작해주었다. 안드레는 십 년 넘게 사상 최초의 기구 북극탐험을 계획해왔다. 그는 1897년 7월 11일 마침내 육십 일 동안 3,700킬로미터를 비행해 북극에 안착한다는 계획으로 노르웨이 북부 연안 스발바르제도 스피츠베르겐 인근의 단스쾨야섬을 이륙했다. 동료 두 명이 동승했고 편지를 전할 비둘기 서른여섯 마리, 소형 배 한 척, 난로, 썰매, 텐트, 온갖 과학 도구, 카메라, 넉 달을 버틸 수 있는 식량과 새 모이도 같이 실었다. 독수리호는 동력은 쓰지 않았다. 그 대신 안드레는 커다란 돛을 몇 개 달아 방향을 잡음으로써 심한 바람에도 정해진 방향에서 30도 이상 빗나가지 않도록 했다.

라샹브르와 마쉬롱은 안드레가 이륙한 지 며칠 만에 책을 냈다. 안드레가 어떻게 됐는지는 나중에야 밝혀지게 된다. 안드레 일행은 전서구 편에 희망적인 메시지를 보냈다. "7월 13일 낮 12시 30분. 북위 82.2도, 동경 15.5도. 북쪽으로 순항중이다. 탑승자 전원 이상 무. 이것은 전서구 편에 띄우는 세번째 메시지다. 안드레."[19] 산투스두몽은 배편으로 프랑스에 도착하고서야 전서구가 한 마리만 왔다는 소식을 듣게 됐다. 파리 카페에서는 온통 안드레 탐험대 얘기뿐이었다. 대다수가 안드레가 생환하지 못하리라 보았고, 실제로 그렇게 됐다. 그로부터 삼십 년 후 어느 사냥꾼 무리가 안드레의 시신과 일기를 화이트섬에서 발견했다. 그 섬은 부빙이 뭉쳐 이루어진 무인도로 독수리호가 출발한 지점에서 241킬로미터밖에 떨어져 있지 않았다. 돛이 작동하지 않은 게 분명했다. 안드레는 강한 눈보라를 이기지 못해 열기구 조종에 실패했고 끝내 추락한 것으로 보인다. 안드레는 일기에 일행 셋이 이끼와 바다표범 기름을 먹으며 어떻게 석 달을 버텼는지 적어놓았다. 이후로는 아무 기록도 없었다. 겨울이 되어 극심한 추위가 닥치자 탐험대는 눈보라 속에서 얼어죽은 것이다.

산투스두몽은 안드레 이야기를 읽으며 얼마나 큰 감동을 받았는지 그 소회를 일기에 적어놓았다. "배를 타고 기나긴 여행을 하는 동안 그 책을 읽으면서 정말 많은 것을 배웠다. 나는 그 책을 교과서 보듯 꼼꼼히 연구해가면서 읽었다. 각종 물자에 드는 비용을 설명한 대목을 읽을 적에는 그야말로 눈이 번쩍 뜨였다. 마침내 나는 확실히 알게 되었다. 대원들이 기구에 마지막 칠을 하고 옆으로 올라가 산 같은 열기구 꼭대기에 우뚝 선 사진이 실려 있는 그 책을 보면, 안드레가 그 거대한 기구를 건조하고 각종 장비를 갖추는 데 겨우 4만 프랑밖에 들지 않았다는 것을! 그래서 나는 파리에 도착하는 대로 이번에는 전문 비행사 대신에 기구 제작자들을 찾아보기로 작정했다."[20]

산투스두몽은 살로몬 아우구스트 안드레에게서 자신의 모습을 보았다. 그의 모험정신이 좋았고 무한한 기술의 힘으로 인간이 겪는 온갖 고통을 종식시킬 수 있다는 신념도 자신과 비슷했다. 안드레는 여러 글에서 전기등을 비롯한 첨단 발명품이 인류의 진보와 자유, 건강, 스포츠, 언어, 건축, 군사, 가정생활, 결혼, 교육 분야에 얼마나 큰 혜택을 줄 수 있는지를 확신에 찬 어조로 서술했다. 안드레는 글로는 열변을 토했지만 사람이 모이는 자리에선 말수가 적었다. 산투스두몽 또한 낯가림이 심해서 공식 행사 때면 꿀 먹은 벙어리가 되는 유형이었다.

두 사람 다 여자 사귀길 멀리하고 평생 결혼도 하지 않았다. 안드레는 이런 글을 남겼다. "결혼생활을 하려면 계획으로는 통제할 수 없는 요인들을 고려해야 한다. 그러한 상황에 처하게 되는 것은 너무도 위태로운 일이다. 내 인생에서 나 아닌 다른 사람이 나와 똑같은 자리를 차지하겠다고 할 텐데! 결혼을 한다면 내가 그것을 무슨 권리로 억압할 수 있겠는가? 나는 결혼 비슷한 생각이 마음속에서 꿈틀거릴 때마다 바로 싹을 잘라버린다. 그런 감정이 피어오르게 놓아두었다간 장차 철저히 구속될 수밖에 없다는 걸 잘 알기 때문이다."[21]

난생처음 하늘 위로 날아오르다
— 파리 보지라르, 1897년

1897년 가을, 산투스두몽은 안드레의 열기구를 제작했던 사람들을 찾아 나섰다. 최초의 북극 비행이라는 위험하고도 대담한 프로젝트를 추진한 엔지니어들이라면 하늘을 날고 싶어하는 꿈을 잘 이해해주리라 기대했던 것이다. 산투스두몽(당시 24세)은 파리시에 편입된 지 얼마 안 된 보지라르 지구地區의 열기구 제작소 겸 이착륙장인 기구 공원으로 라샹브르(51세)와 마쉬롱(25세)을 찾아갔다. 두 사람은 산투스두몽을 반갑게 맞아주었다. 그들은 산투스두몽을 한가한 몽상가로 비웃지 않았다. 게다가 열기구 비행 경비로 거금을 요구하거나 열기구 비행의 위험성을 과장하지도 않았다. 산투스두몽은 당시의 만남을 후일 이렇게 회고했다.

"기구를 타고 잠시 비행을 하는 데 얼마면 되느냐고 라샹브르 선생한테 물었더니 그분의 답변은 놀라웠다. 그래서 다시 물었다."[1]

라샹브르의 대답은 이랬다. "서너 시간 장시간 비행에 250프랑이오. 제반 비용과 기구를 기차 편으로 파리까지 나르는 비용이 포함된 액수지."

"기물파손 같은 피해는 어떻게 처리하십니까?" 산투스두몽이 물었다.

"우리는 그럴 일은 없어!" 라샹브르가 웃으며 대꾸했다. 이렇게 해서 그 즉시 거래가 성사됐다. 마쉬롱이 다음날 산투스두몽을 기구에 태워주기로 한 것이다.

산투스두몽은 자동차를 끔찍이 아꼈지만 그걸 탔다가는 제 시간에 현장에 도착할 수 없을 것 같아 마차를 탔다. 비행 준비를 하는 것도 지켜볼 겸 일찌감치 보지라르에 도착했다. 바람 빠진 기구는 풀밭에 축 늘어져 있었다. 라샹브르의 지시에 따라 일꾼들이 가스를 주입하자 기구가 서서히 부풀어올랐다. 기구의 크기는 직경 12미터, 그 안에 들어간 가스의 부피는 75만 리터였다. 오전 11시, 모든 준비가 다 끝났다. 부드러운 미풍에 좁다란 고리버들 곤돌라가 흔들렸다. 마쉬롱이 곤돌라 한쪽 끝에 서고 그 반대편에 왜소한 브라질 사람 산투스두몽이 섰다. 산투스두몽은 긴장과 기대감에 손을 비비다가 커다란 모래주머니를 꽉 붙잡았다. 모래주머니는 곤돌라가 마쉬롱 쪽으로 너무 기울지 않게 해주는 밸러스트, 즉 무게중심을 잡아주는 바닥짐 노릇을 했다. 마쉬롱의 몸무게는 산투스두몽의 두 배나 나갔기 때문이다. "갑니다!" 마쉬롱이 크게 소리쳤다. 일꾼들이 기구를 묶고 있던 밧줄을 풀었다. 하늘로 날아오른 산투스두몽이 처음으로 느낀 기분은 바람이 완전히 멎은 것 같다는 것이었다.[2]

"우리 주변의 대기는 전혀 움직이지 않는 듯했다." 후일 산투스두몽은 회고했다. "우리는 이륙했고 대기의 흐름과 같은 속도로 움직였다. 대기 속에서, 대기와 함께, 움직인 것이다. 사실 더이상 바람 같은 것은 없었다. 처음 기구 비행을 할 때 가장 놀라운 사실은 바로 이거였다. 우리는 그야말로 미동도 없이 앞으로 위로 나아갔다. 나는 완전한 착각에 빠졌다. 움직이는 것은 기구가 아닌 듯했다. 기구는 가만히 있고 저 밑의 땅이 오르락내리락하는 듯했다." 또하나 놀라운 것은 지평선이 훌쩍 솟아오른 듯한 느낌이 들었다는 점이다. "땅은 벌써 약 1,400미터 아래쪽에 있었다. 땅은 공처럼 둥글게 보이지 않고 사발처럼 움푹 팬 것처럼 보였다. 특이한 빛의 굴절현상 때문이다. 그래서 비행사의 눈에는 원형의 지평선이 끊임없이 위로 솟아오르는 것처럼 느껴진다." 지상에 걸어다니는 사람들 모습이 겨우 구분되는 정도였다. 산투스두몽은 저 아래 사람들이 개미만하다고 했다. '개미만하다'는 말은 지금은 상투어가 됐지만 당시 산투스두몽에겐 그야말로 독창적이고 적절한 표현이었을 것이다. 사람들의 목소리는 들리지 않았다. 들리는 것이라고는 희미하게 개가 짖어대는 소리, 간간이 울리는 기관차의 기적뿐이었다.

마쉬롱과 산투스두몽은 더 높이 올라갔다. 구름이 앞을 지나가며 태양을 가렸다. 그 바람에 기구 속의 가스가 식자 기구가 쭈그러들면서 하강하기 시작했다. 처음에는 살살 내려가더니 이내 빠르게 떨어졌다. "무서웠다." 산투스두몽의 말이다. "하강한다는 느낌이 들지는 않았다. 그러나 땅이 급속히 우리 쪽으로 올라오는 게 보였다. 그것이 무슨 의미인지 나는 잘 알고 있었다!"[3] 두 비행사는 곤돌라 바깥으로 밸러스트를 계속 내던졌고 그러자 기구는 고도 3킬로미터 지점에서 안정을 되찾았다. 산투스두몽이 발견한 "기구 비행의 두번째 놀라운 사실은 몇 킬로그램의 모래를 가지고 고도를 마음대로 조정할 수 있다는 것"이었다.[4] 두 사람은 이제 구름이 융단처럼 깔린 하늘 위를 떠다녔다. "열기구 그림자가 햇살을 받아 하얀 구름 스크린 위에 눈부시게 비쳤다. 우리 얼굴 그림자도 거대한 크기로 확대되어 세 갈래 무지개 한복판에 자리를 차지했다! 지상은 이제 안 보였고, 우리가 움직이고 있다는 느낌도 완전히 사라졌다. 폭풍 같은 속도로 움직이고 있었겠지만, 우리는 그걸 알 수 없었다. 심지어 우리가 어느 쪽으로 가고 있는지도 알 수 없었다. 다만 기구가 구름 아래로 하강하고 나서야 진로를 확인할 수 있었다!"

두 사람은 대기 속으로 높이 올라온 지 어느새 한 시간이 지났다는 것을 깨달았다. 정오 삼종기도 시간을 알리는 교회 종소리가 들려왔기 때문이다. 끼니를 허술히 때우는 법이 없는 산투스두몽이 점심 먹을 시간이라고 외쳤다. 마쉬롱은 눈이 휘둥그레졌다. 그렇게 일찍 착륙할 계획이 아니었기 때문이다. 산투스두몽도 바로 돌아갈 생각이 아니었다. 그는 장난기 어린 표정으로 작은 여행가방을 열더니 진수성찬을 내놓았다. 삶은 달걀, 쇠고기와 닭고기 구이, 각종 치즈, 과일, 아이스크림, 케이크 등. 마쉬롱도 신이 나서 샴페인 한 병을 땄다. 고도가 높아 공기압이 떨어진 상태라 샴페인 거품이 평소보다 훨씬 많이 부글대는 것 같았다. 산투스두몽이 크리스털 술잔 두 개를 꺼냈다. 그는 마쉬롱에게 건배를 제안하면서 이렇게 멋진 환경에서 식사를 한 적은 없었다고 말했다. 태양열에 구름이 보글보글 끓었다. 그러자 "얼어붙었던 수증기가 치솟으며 거대한 폭죽 다발 같은 무지개들을 뿜어냈다…… 아주 얇은 얼음조각들이 새하얗게 반짝거리는 금속 파편처럼 이리저리 날아다니고 있었다. 마술을 보는 듯했다. 눈송이들도 시시각각 피어오르고 있었다. 바로 밑에서 벌어지는 장관이었다. 그걸 보면서 우리는 술잔을 기울이고 있었다!"[5] 산투스두몽은 평소 식사를 마치고 나면 가벼운 술과 향긋한 브라질 커피 한 잔을 빼놓는 법이 없었다. 이번에도 커피를 보온병에 싸왔다.

두 비행사가 브랜디에 약초를 섞은 샤르트뢰즈를 홀짝거리는 사이 그들의 눈을 즐겁게 해주었던 눈송이가 기구 위에 살살 쌓여갔다. 심상치 않은 분위기를 느낀 마쉬롱이 각종 계기를 점검하기 시작했다. 기압계는 한동안 5밀리미터를 넘어섰다. 기구가 쌓인 눈의 무게에 눌려 급속히 추락하고 있다는 신호였다. 물론 기구에 탄 사람은 그런 움직임을 느낄 수 없었다. 갑자기 기구가 곤두박질쳤다. 사방이 어두컴컴해졌다. 기구가 구름 속을 지나고 있었던 것이다. 그때까지는 곤돌라와 각종 장비, 바로 옆에 있는 밧줄 등은 분간이 됐다. 그러나 기구 자체는 안 보였다. "우리는 잠시 아무런 지지물도 없이 허공에 매달려 있는 듯한, 이상하면서도 황홀한 느낌에 사로잡혔다."[6] 그 순간을 산투스두몽은 이렇게 적었다. "완전한 무無에 가까워진 지점에서 우리 몸무게가 마지막 1그램까지 다 빠져버린 느낌이었다." 두 사람은 열심히 밸러스트를 바깥으로 내던졌다. 몇 분이 지나자 두 사람은 시커먼 안개 속에서 서서히 솟아올랐다. 불과 300미터 아래에 마을이 보였다. 기구는 2.8킬로미터 가까이 곤두박질친 것이다. 나침반으로 방위를 측정하고 눈에 들어오는 지형지물을 지도와 대조했다. "곧 도로며 철길, 마을, 숲이 보였다. 모든 것이 지평선에서 바람 같은 속도로 급속히 우리를 향해 달려들었다!" 느닷없이 강한 바람이 불었다. 기구는 옆에서 옆으로 밀려가는가 하면 위아래로 춤을 추었다. 그 바람에 쇠고기 구이와 아이스크림이 뒤범벅이 되었다.

이 첫 비행에서 산투스두몽은 밸러스트가 기구의 평형을 잡는 데 얼마나 요긴한지, 그리고 가이드로프guide rope가 연착륙과 이륙에 얼마나 중요한지를 배우게 됐다. 곤돌라 밑에 매달아놓은 이 두꺼운 유도용 밧줄은 길이가 92미터로 기구가 지상으로 하강하면서 속도 불안정으로 흔들릴 경우 자동 브레이크 역할을 했다. 착륙 속도가 불안정해지는 데는 여러 이유가 있다. 바람이 갑자기 아래로 불어서 그럴 수도 있고, 사고로 기구 속의 가스가 빠져나가거나, 기구 표면에 눈이 많이 쌓여 있어서, 또는 구름이 지나가면서 해를 가려서 그럴 수도 있다. 기구가 지상 92미터 아래로 하강하면 가이드로프가 땅 위에 점점 더 많이 쌓이게 된다. 그러면 기구의 무게가 가벼워져서 급속히 추락하지 않게 되는 것이다. 그 반대 조건인 경우, 즉 기구가 너무 급속도로 상승하고 있다면 가이드로프가 땅에서 딸려 올라와 기구의 무게를 늘려준다. 그렇게 해서 기구가 솟아오르는 속도를 늦추어주는 것이다.

이렇게 가이드로프는 단순하면서도 효과적인 장치지만 산투스두몽의 표현처럼 '불편함'도 있었다. "울퉁불퉁한 땅 표면을 스치고 지나간다. 들판과 풀밭, 언덕과 계곡, 도로와 집, 산울타리와 전화선을 치고 갈 때도 있다. 그럴 때마다 기구에는 극심한 충격이 가해진다." 나중에 산투스두몽이 회고록에서 한 말이다. "아니면 가이드로프가 급속히 타래가 풀리면서 지면의 울퉁불퉁한 부분에 걸리거나 나무줄기나 가지 같은 데 감길 때도 있다."[7] 이 모든 것이 체험에서 우러난 이야기였다.

마쉬롱이 착륙 준비를 하는 동안 가이드로프가 커다란 참나무에 둘둘 감겼다. 그 바람에 하강하던 기구가 갑자기 허공에 매달리면서 두 비행사는 곤돌라 뒤쪽으로 밀려났다. 한 15분을 그렇게 매달려 기구는 바람에 심히 흔들렸다. "물속을 이리저리 떠다니는 소쿠리 같았다."

마쉬롱은 그 기회에 산투스두몽에게 동력장치를 부착한 기구를 만들 생각을 포기하도록 설득했다. "저 변화무쌍한 바람을 보라고!" 마쉬롱이 소리쳤다. "우린 나무에 묶여 있어. 이러다가 또 갑자기 확 날아가고 말 거야!" 그 순간 산투스두몽이 곤돌라 아래쪽으로 내동댕이쳐졌다. "보라고, 스크루 프로펠러를 단다고 해서 이런 상황에서 방향을 제대로 잡을 수 있겠어?" 마쉬롱이 말을 이었다. "기구 모양을 가늘고 길게 했다가는 반으로 접혀 완전히 끝장나고 말걸."[8]

두 사람은 남은 밸러스트를 대부분 내던져버림으로써 참나무에서 간신히 풀려났다. 그러나 모험이 끝난 것은 아니었다. "가벼워진 기구가 갑자기 위로 치솟았다." 다시 산투스두몽의 회고다. "대포알처럼 구름을 뚫고 들어갔다. 이러다간 너무 위험한 높이까지 올라갈 것만 같았다. 하강 시 쓸 밸러스트마저 거의 남지 않은 상황이었기 때문이다."[9] 노련한 마쉬롱은 마지막 수를 썼다. 열기구 밸브를 열어 가스를 방출한 것이다. 그러자 기구는 다시 들판을 향해 하강하기 시작했다. 가이드로프도 이번에는 말을 잘 들었다. 지면에 차곡차곡 쌓인 것이다. 들판은 대개 착륙지점으로서는 가장 좋은 곳이었다. 그러나 그런 개활지에서 맞바람이 강하게 불면 기구가 땅에 닿을 때 심한 충격을 받고 만다. 그러나 운명의 여신은 산투스두몽에게 미소를 보냈다. 물론 기구가 하강하면서 두 시간 가까이 착지하지 못하고 허공을 떠다녔지만 결국은 슬슬 밀려가다가 들판 가장자리에 내려앉은 것이다.

"퐁텐블로숲이 우리 쪽으로 마구 달려들었다."[10] 역시 산투스두몽의 회고록 가운데 한 대목이다. "마지막 남은 한 줌의 밸러스트마저 내버린 채, 몇 분 만에 우리는 숲 맨 가장자리를 돌았다. 다행히 나무들이 거센 바람으로부터 우리를 보호해주었다. 우리는 마침내 닻을 내리는 동시에 비상 밸브를 활짝 열어 가스를 모두 방출시켰다." 두 사람은 사뿐히 착륙했다. 어디 하나 다치거나 손상된 곳 없이 곤돌라에서 나와 기구가 꺼져가는 모습을 바라봤다. "들판에 널브러진 기구는 나머지 가스가 빠지면서 경련을 일으키듯 들썩거렸다. 거대한 새가 날개를 파닥거리며 죽어가는 듯한 모습이었다." 이보다 더 좋은 착륙지점은 없을 것이다. 아름답게 다듬은 페리에르 성채의 정원이었던 것이다. 이 성의 주인은 로쉴드 가문의 수장 격으로 프랑스 은행 은행장인 일흔 살의 알퐁스 로쉴드였다. 하인과 일꾼들이 달려와 두 비행사가 바람 빠진 기구를 개는 걸 도와주었다. 기구와 밧줄을 챙기고 식사용 테이블도 곤돌라에 담았다. 그런 다음 200킬로그램에 이르는 짐 전부를 4킬로미터 떨어진 곳에 있는 가장 가까운 기차역으로 옮겼다. 파리까지 100킬로미터를 가는 동안 산투스두몽은 기차 안에서 마쉬롱에게 비행은 자신의 천직이라는 이야기를 했다. 마쉬롱도 배 모양의 기구를 만들어주겠노라고 약속했다. 다만 산투스두몽이 못내 아쉬워한 한 가지가 있다면 마쉬롱이 조종 가능한 비행선을 만들겠다는 꿈은 접으라고 한 것이었다. 두 사람이 기구를 가지고 파리로 돌아온 것은 그날 오후 6시였다. 산투스두몽은 그날 비행은 성공이라고 선언하고 이제 저녁은 또 무엇을 먹을지 곰곰이 궁리했다.

마쉬롱과 라샹브르에게 그토록 열정적이고 고집센 고객은 처음이었다. 산투스두몽은 이튿날 보지라르 기구 공원에 다시 나타나 기구 제작을 주문했다. 산투스두몽은 처음으로 갖게 될 기구의 이름을 '브라질호'로 정해두었다. 그런데 오해가 생겼다. 마쉬롱은 산투스두몽이 일반 크기의 기구를 원한다고 생각했다. 기구에 들어가는 가스가 48~198만 리터쯤 되는 일반 기구 말이다. 그런데 산투스두몽이 염두에 둔 것은 일반 기구의 4분의 1 크기였다. 직경은 6미터 정도의 작은 규모다. 그 안에 든 가스 11만 3,000리터를 다 빼내고 나면 기구를 손가방에 넣어가지고 시내를 돌아다닐 수 있다고 산투스두몽은 생각한 것이다. 마쉬롱은 그런 주문은 받을 수 없다고 했다. 그리고 오후 내내 산투스두몽에게 브라질호를 그런 크기로 만들면 절대로 하늘을 날 수 없다고 세세히 설명했다.

"불가능하다는 소리를 들은 게 어디 한두 번인가!" 산투스두몽은 당시를 이렇게 회고했다. "이제는 하도 익숙해져서 그러려니 한다. 하지만 그때는 정말 답답했다. 그래도 끝까지 고집을 부렸다."[11]

마쉬롱과 라샹브르는 기구가 안정되려면 최소한의 무게가 필요하다고 설득했다. 비행사는 곤돌라 안에서 이리저리 돌아다닐 수 있어야 하는데 너무 가벼우면 움직일 때마다 기구가 흔들릴 수 있다는 거였다. 두 사람은 기구가 작으면 비행사가 곤돌라 안에서 마음대로 움직일 수가 없다는 점을 강조했다. 산투스두몽은 그렇지 않다고 맞섰다. 곤돌라를 기구에 연결하는 밧줄 길이를 늘이면 기구가 가벼워도 비행사가 움직일 때 무게중심이 흔들리지 않는다는 거였다. 그는 그림을 두 개 그려가면서 자세히 설명했다. 기구 제작의 달인인 두 사람은 그 말에 일리가 있다고 결론짓고 브라질호를 일반 기구에 쓰이는 소재로 만들기로 했다.

그런데 산투스두몽은 기구 소재에 있어서도 의견이 달랐다. 보통 소재는 너무 무겁다는 거였다. 산투스두몽은 기구를 가벼운 일본산 실크로 만들자고 했다. 견본까지 가져다 보여주었지만 마쉬롱은 "너무 약해서 가스의 엄청난 압력을 견뎌내지 못할 것"이라고 했다.[12] 산투스두몽이 진짜 그렇다는 증거를 보여달라고 말하자 마쉬롱은 측정기로 실크의 강도를 쟀다. 그런데 측정 결과는 모두를 놀라게 했다. 필요한 강도의 30배나 나왔기 때문이다. 실크 1제곱미터는 무게가 28그램밖에 안 되지만, 압력을 견디는 강도는 1,000킬로그램이나 됐던 것이다.

산투스두몽이 작업장을 떠나자 마쉬롱과 라샹브르는 머리를 절레절레 흔들었다. 이런 식으로 산투스두몽은 두 사람을 설득해 기구에 들어갈 소재를 싹 바꾸었다. 실크 가스주머니는 1.8킬로그램이었다. 여기에 가스가 새는 것을 막기 위해 도료를 세 번 칠하면 무게는 14킬로그램이 된다. 기구에 씌우는 그물망도 보통은 100킬로그램이 훨씬 넘지만 실크로 하면 1.8킬로그램밖에 나가지 않는다. 기구 아래에 다는 곤돌라는 6킬로그램이 채 되지 않았다. 여느 것보다 다섯 배나 가벼운 것이다.

그런데 마쉬롱과 라샹브르는 이미 받아둔 주문이 여러 개가 있었다. 따라서 새로운 방식으로 아주 가볍게 제작된 브라질호가 하늘을 날 수 있는지 실제로 보려면 몇 달은 기다려야 했다. 제작을 시작하는 데만 하더라도 몇 달을 기다려야 하는 상황이었던 것이다. 게다가 마쉬롱과 라샹브르는 비행 일정이 여러 건 잡혀 있었다. 프랑스나 벨기에의 박람회나 페스티벌, 결혼식 같은 데서 돈을 받고 기구 비행을 해주어야 했다. 산투스두몽은 마쉬롱과 라샹브르가 작업장에서 브라질호 제작에 전념해주길 원했다. 셋은 합의를 봤다. 마쉬롱과 함께 두 차례 훈련비행을 하고 나서 산투스두몽이 두 사람을 대신해서 예약된 기구 비행을 한다는 방안이었다. "재미도 보고 경험도 쌓을 수 있었다. 제반 비용은 내가 대고 피해도 내가 보상하기로 했다. 누이 좋고 매부 좋은 합의였다."[13] 이렇게 해서 산투스두몽은 브라질호가 완성될 때까지 총 24회 이상의 기구 비행을 했다.

1898년 3월 어느 날 오후 산투스두몽은 프랑스 북부 페론의 장터에서 라샹브르를 대신해서 기구 비행에 나섰다. 바람이 유독 심하게 불고 멀리서 천둥소리가 들려왔다. 산투스두몽이 비행 경험이 없다는 것을 눈치챈 일부 구경꾼들은 이런 날씨에는 비행을 하면 절대로 안 된다고 만류했다. 조수도 없이 혼자 나섰다간 큰일이 난다는 이야기였다. 이런 우려의 목소리를 듣게 되자 그는 더 단독비행 의지에 불탔다.

"나는 아무런 이야기도 듣고 싶지 않았다." 산투스두몽의 회고다. 그는 오후 늦게 원래 계획대로 이륙했다. "곧 너무 경솔했다는 후회가 들었다. 나는 혼자서, 구름 속으로 빠져들었다. 번갯불이 번쩍번쩍 하고 콰르릉 쾅 하는 천둥소리가 들렸다. 그 암흑 속에서 나는 계속 눈물을 흘렸다. 엄청난 속도로 바람에 쓸려가고 있는 게 분명했다. 신기하게도 움직이고 있다는 느낌은 전혀 들지 않았다. 그러나 폭풍우가 휘몰아치고 있음을 분명히 느낄 수 있었다…… 큰 위기에 빠졌음을 절감했지만 그 위기는 손으로 만져지지 않았다." 산투스두몽은 밤새도록 허공에 머문 채 폭풍우가 멈추기만을 기다렸다. 기다림이 길어질수록 두려움은 차츰 사그라졌다. 기구에는 아무런 손상도 없는 것 같았다. "그건 정말 엄청난 환희였다." 산투스두몽은 그 순간의 느낌을 이렇게 전했다. "저 시커먼 절대 고독 속에서, 번갯불이 번쩍번쩍 하고 천둥이 우당탕거리는 하늘 속에서 나는 폭풍우의 일부가 되어 있었다."[14]

그 악천후가 걷히고 나자 야간 기구 비행은 전율을 일으키는 짜릿한 환희로 다가왔다. 그는 "시커먼 진공 속에서" 맛보았던 그 감정을 다음과 같이 풀어냈다.

　　시커먼 진공 속에서 아무런 무게 없이 둥둥 떠다니는 기분이다. 주
변 세계도 없다. 물질의 무게로부터 완전히 해방된 느낌이다! 그러나
이따금 지상에서 빛이 비친다. 한결 기분이 좋아진다. 멀리 저 앞에
한 점 빛이 보인다. 그 빛은 서서히 커져간다. 그러다가 확 하고 불꽃
이 타오르는 듯 수많은 불꽃이 명멸한다. 불꽃은 줄을 이루면서 곳곳
에서 더 환한 불꽃 덩어리로 뭉친다. 저기가 바로 도시다…… 그리고
새벽이 밝아온다. 붉은빛, 금빛, 자줏빛이 찬란하기 그지없다. 다시
지상으로 돌아가고 싶은 생각이 싹 달아날 정도다. 물론 어디가 될
지 모르는 새로운 곳에 착륙한다면 다시 그 나름의 기쁨이 있을 것이
다…… 알지 못했던 사람들과 만난다는 것이야말로 탐험가의 진정한
짜릿함이니까. "여기가 어딥니까?" 그 대답이 독일어로 나올까, 러시
아어로 나올까, 아니면 노르웨이어로 나올까?

　　이번에 그 대답은 플라망어로 나왔다. 산투스두몽이 내린 곳은 바로 벨
기에 내륙 깊숙한 지점이었다.
　　그는 파리로 돌아오자마자 젊은 친구들에게 기구를 타보라고 열심히
권하고 다녔다. 가정과 일을 충실히 하느라 모험의 쾌감은 감히 엄두를
내지 못하고 있던 친구들에게 말이다. "정오에 가족들하고 조용하게 점
심을 먹고 오후 2시에 하늘로 올라가 보라고."[15] 산투스두몽은 이렇게 말
했다. "십 분만 지나고 나면 더이상 평범한 시민이 아니게 되지. 탐험가가
되는 거야. 미지의 세계를 누비는 모험가 말이야. 그린란드의 얼음으로
뒤덮인 산에서 오들오들 떨 수도 있고 인도의 산호초가 만발한 바닷가에
서 땀을 줄줄 흘리고 있을 수도 있지."

그런데 그 모험이라는 게 착륙하면 그것으로 끝나는 것이 아니었다. 산투스두몽은 친구들에게 외국 땅에 착륙하다가 충격을 당하는 경우도 있다는 이야기를 해주기도 했다. 일부 비행사는 "스파이로 오인되어 포로로 억류되기도 한다. 그러다가 멀리 떨어진 그 나라 수도와 전보가 몇 차례 오가고 나서야 저녁때쯤 오해가 풀린다. 그러면 장교 식당에서 군인들과 샴페인을 기울이며 또 한바탕 즐거움을 나눈다. 무지몽매한 현지 주민들의 오해로 난감한 상황을 맞을 때도 있다. 특히 오지 농민들은 열기구에 이상한 미신을 갖고 있어서 매우 위험하다. 이 모든 운명이 바람이 어디로 부느냐에 따라 엇갈린다!"

1898년 7월 4일, 산투스두몽이 브라질호를 타고 첫 비행에 나서기로 한 날이었다. 이륙 장소는 '자르댕 다클리마타시옹'이라는, 파리 서쪽 교외 불로뉴숲에 있는 동물원 공원이었다. 불로뉴숲은 나무가 많은 거대한 공원인데, 뉴욕에 있는 센트럴파크 면적의 두 배 반 규모로, 19세기 초만 해도 온갖 도둑과 불량배가 활보하던 곳이었다. 그런데 나폴레옹 3세가 파리 도시계획으로 유명한 오스만 남작에게 불로뉴숲을 런던의 하이드파크처럼 새롭게 꾸미도록 명령을 내렸다. 오스만 남작은 일부 숲을 밀어서 평지를 만들고 경찰을 배치하는 한편, 방갈로와 대형 텐트를 설치하고 조경을 새로이 했다. 마차가 유턴을 할 수 있을 정도로 넓은 도로도 건설했다. 산투스두몽이 브라질호를 띄울 무렵 불로뉴숲은 부자들의 놀이터로 탈바꿈한 상태로, 말끔히 단장한 여러 개의 폴로 경기장과 롱샹 경마장도 갖추고 있었다.

불로뉴숲의 북쪽 끝에 자리한 자르댕 다클리마타시옹이 개장한 것은 1856년이었다. 원래는 신종 가축을 길들여 프랑스 목축업자들에게 공급하는 과학연구소로 구상한 곳이었다. 이곳에 처음 들어와 살았던 동물 중에는 티베트산 야크, 자바산 호저, 남미산 물돼지 카피바라, 인도산 혹소

를 비롯해 얼룩말, 캥거루, 치타, 라마, 타조, 아르마딜로 같은 희귀 동물
이 많았다. 스페인 마스티프, 시베리아 그레이하운드를 비롯한 개도 여러
품종이 있었다. 산투스두몽의 새 친구 알퐁스 로쉴드가 바로 자르댕 다
클리마타시옹의 원장이었다. 이러한 공원을 과학연구소로만 운영하기에
는 비용이 너무 많이 들었다. 그래서 1865년에 곰, 코끼리, 하마, 단봉낙
타 같은 인기를 끌 만한 동물을 들여놓으면서 관광지로 탈바꿈시켰다. 아
이들은 얼룩말이 끄는 열차를 타기도 하고 원숭이가 마부 노릇을 하고 라
마가 끄는 마차를 구경하기도 했다. 그러나 동물원 공원 관리자들은 동물
을 보여주는 것으로 만족하지 않았다. '세계 각지에서 데려온' 살아 있는
인종도 전시하기로 한 것이다. 아메리카인디언, 에스키모, 누비아인, 힌
두인, 쿠르드인이 전시됐다. 주변에는 이 종족들이 어느 지역에 분포하는
지를 담은 지도와 안내판까지 비치했다. 이들은 희귀 원숭이 취급을 받았
다. 일요일이면 한껏 멋부린 귀부인들이 하인의 시중을 받으며 동물원 정
원을 거닐며 전시된 원주민을 구경하곤 했다.

산투스두몽은 이륙 장소를 더 인적이 드문 곳으로 택할 수도 있었다.
그러나 자신감이 넘쳤고 자르댕 다클리마타시옹에 모인 호기심 어린 눈
들 앞에서 브라질호를 과시하고 싶었다. 라샹브르가 이곳에 수소발생기
를 설치한 터라 기구용 수소 조달도 용이했다. 작은 가스주머니에 격에
안 맞게 긴 밧줄을 매단 브라질호가 도전에 나섰다. 산투스두몽은 평소와
달리 커다란 점심 도시락 바구니까지 땅에 두고 기구에 올랐다. 식사를
중시하는 그로선 엄청난 인내심을 발휘한 것이다. 그래야 브라질호가 모
래주머니 30킬로그램의 밸러스트를 감당할 수 있었다. 브라질호는 일반
기구보다 수소를 7분의 1밖에 주입하지 않았지만 산투스두몽의 몸무게와
밸러스트를 감당하며 가볍게 날아올랐다. 마쉬롱과 라샹브르가 지상에서
초조한 눈으로 이륙 광경을 지켜보는 가운데 산투스두몽은 바구니 안을

성큼성큼 왔다갔다함으로써 브라질호의 안정성을 과시했다. 마쉬롱과 라샹브르는 안도의 한숨을 내쉬며 산투스두몽이 놓고 간 샴페인 한 병을 비웠다. 가뿐히 이륙한 산투스두몽은 가스 방출용 줄을 잡아당겼다. 가스가 빠지며 잠시 후 기구는 지상에 내려앉았고 산투스두몽은 기구와 바구니 등 일체를 여행가방에 담았다.

이처럼 완벽한 비행으로 산투스두몽은 더욱 자신감을 얻었다. 베테랑 비행사 라샹브르와 마쉬롱이 브라질호의 안정성과 일본산 실크의 강도를 과소평가했듯이 조종 가능한 기구는 불가능하다고 한 것도 오판이 아닐까? 프로펠러로 움직이는 비행선은 강풍을 맞으면 추락한다는 걸 어떻게 확신할까? 구에 가까운 형태의 기구 모양을 길쭉한 원통형으로 바꾸면 어떨까? 바람에 떠밀리지도 않고 '맞바람도 안 받지' 않을까?

산투스두몽이 처음 부딪친 문제는 동력원이었다. 가솔린엔진은 곤란할 것 같았다. 안정성이 떨어지는데다가 귀가 멍멍할 정도로 시끄럽고 냄새가 심했다. 가솔린엔진은 기구 비행의 고요함을 완전히 깨트리고 만다. 자동차에 사용하는 가솔린엔진은 나름의 강점이 있었다. 속도의 강약과 정지를 자유자재로 조절할 수 있으니까. 그러나 아래에 도로가 없는 공중 비행의 경우에는 이것이 불가능했다.

산투스두몽은 푸조 로드스터 이후로 모두 여섯 대의 자동차를 구입했다. 자동차의 성능에 만족하지는 않았지만 그래도 털털거리는 차를 몰고 한바탕 내달리는 것을 아주 좋아했다. 어느 가을철 휴일에 그는 6마력짜리 파나르 자동차를 몰고 파리에서 니스까지 970킬로미터를 질주했다. 총 쉰네 시간이 걸렸는데, 사소한 부품 수리와 엔진 정비를 위해 잠시 정지했을 뿐 잠 한숨 자지 않고 내달렸다. 그러나 이후에는 그런 장거리 주행은 절대로 다시 하지 않았다. 기구를 놓아두고 멀리 떠나 있는 것을 견딜 수 없었기 때문이다.

결국에는 매일 하던 운전도 그만두었다. "내가 한때 가솔린 자동차에 매료된 것은 차가 주는 자유 때문이었다." 몇 년 후 한 기자에게 이런 말을 했다. "가솔린은 어디서나 구입할 수 있고 언제든 가고 싶을 때 로마나 상트페테르부르크로 훌쩍 갈 수 있다. 그러나 요즘은 로마나 상트페테르부르크까지 가기보다 파리 주변을 잠깐 도는 게 훨씬 좋고 자연히 전기 자동차에도 관심이 생겼다."[16] 당시 전기차는 프랑스에서는 희귀했다.

1898년 산투스두몽은 시카고에서 가벼운 전기 자동차를 수입했다. "구매를 후회할 까닭이 없었다." 아침마다 전기차를 몰고 나가 불로뉴숲 정원들을 누비고 오후가 되면 보지라르 기구 작업장, 파리 시내 콩코르드 광장 자동차클럽에 들렀다. 전기기관은 편의성 외에도 가솔린엔진에 비해 장점이 많았다. 소음이 없고 냄새가 안 났다. 하지만 비행에 맞지 않았다. 배터리가 너무 무겁고 기구에 맞게 개조하는 것도 불가능해 보였다. 산투스두몽은 프랑스 정부가 1880년대에 르나르와 크렙스의 연구를 지원하면서 "전기 모터를 장착한 비행선 개발에 수백만 프랑을 쏟아부었지만 무게 탓에 계획을 접고 말았다"는 걸 잘 알고 있었다.[17]

그러던 어느 날 산투스두몽은 엔진이 달린 드 디옹 삼륜차를 타고 파리를 돌아다니다가 가솔린엔진을 포기한 것은 너무 성급한 일이었을지 모른다는 생각을 하게 됐다. 그는 출력이 강한 사륜차용 가솔린엔진은 말썽이 잦은 반면 실린더가 하나뿐인 단기통 삼륜차 엔진은 "당시로서는 가장 완벽하다"는 사실을 깨닫고 있었다.[18] 1.75마력짜리 드 디옹 삼륜차 엔진은 비교적 힘이 좋았지만 비행선을 조종하기에는 역부족이었다. 산투스두몽은, 그렇다면 삼륜차 엔진 두 개를 연결해 마력을 높이면 되겠다는 생각을 했다. 그는 평소 자신의 아이디어에 확신이 넘쳤지만 이번에는 대중 앞에서 공개 실험을 할 정도의 자신감은 없었다.

"파리 도심에서 기계 쪽을 잘하는 작업장을 찾아봤다." 산투스두몽은 후일 이렇게 회고했다. "내 눈으로 직접 확인해가며 계획을 실행할 수 있고 나도 직접 작업에 참여할 수 있는 곳을 물색했다. 콜리제 거리에서 알맞은 작업장을 찾아냈다. 거기서 가솔린엔진을 직렬로 연결했다. 실린더 두 개를 이어붙인 것이다. 피스톤과 크랭크축을 이어주는 연결봉은 동일한 것을 사용하고, 연료는 하나의 기화기로 공급하는 형태였다. 전체 무게를 최소화하기 위해 부품마다 견고성 유지에 필수적이지 않은 부분은 모조리 없앴다. 이런 식으로 하고 나니 놀라운 일이 벌어졌다. 3.5마력짜리 모터의 무게가 30킬로그램에 불과해진 것이다."[19]

산투스두몽은 작업 결과에 만족했다. 뒤이어 개조한 엔진을 삼륜차에 장착해 실험을 시작했다. 파리에서 출발해 암스테르담까지 달리는 자동차경주대회가 다가오고 있었다. 개조한 엔진을 실험하기에 자동차경주 참가보다 더 좋은 기회는 없으리라는 생각이 들었다. 그러나 개조 차량이 출전 자격 미달이라는 것을 알고는 실망을 감추지 못했다. 그렇지만 경주에 참가한 자동차 옆에서 삼륜차를 모는 식으로 실험을 해볼 수 있을 듯했다. 어느 정도면 선두 그룹과 보조를 맞출 수 있는지 알 수 있으니만큼, 충분히 해볼 만한 실험이었다. "계속 달렸으면 종착지에서 최선두 그룹에 속했을 것이다. 당시 자동차의 평균 속도는 시속 40킬로미터에 불과했다." 산투스두몽은 당시를 돌아보며 이렇게 술회했다. "그런데 모터가 계속 덜컹거려서 자칫 일을 망치지나 않을까, 더 중요한 비행선 작업에 걸림돌이 되지나 않을까 걱정이 들었다. 그래서 줄곧 선두를 유지하다가 중간에 경주를 포기하고 돌아섰다."[20]

모터가 흔들리는 것을 보면서 산투스두몽의 뇌리에는 커피농장에서 기계들이 덜덜거리다가 작동을 멈추었던 일이 떠올랐다. 기구에 쓸 엔진이 그런 운명을 맞지 않을 거라는 확신이 필요했던 산투스두몽은 삼륜차를 한밤중에 불로뉴숲으로 몰고 나갔다. 사람들은 다 집으로 돌아가고 없는 시간이었다. 그에 앞서 그는 힘센 인부 두 사람을 물색해서 튼튼한 밧줄을 가지고 숲으로 오라고 당부를 해놓은 터였다. 야밤의 실험을 누구에게도 발설하지 말라며 돈도 두둑이 주었다. 산투스두몽은 머리 위에 두꺼운 나뭇가지를 드리운 큼직한 나무 한 그루를 골랐다. 인부들은 밧줄을 가지 위에 던져 걸고 삼륜차 양쪽 끝에 단단히 동여맸다. 산투스두몽은 삼륜차에 올라타고 나서 차를 지상 1.5미터 정도 높이로 들어 올려달라고 요청했다. 그는 엔진을 전속력으로 가동한 상태에서 진동 정도를 느껴봤다. 진동이 뚜렷이 느껴졌지만 도로에서 차를 몰 때보다는 훨씬 덜했다. 지상에서는 엔진이 도로에 충격을 주고받으면서 진동이 훨씬 더 심했던 것이다. 산투스두몽은 이만하면 실험은 성공이라 여기고 인부들에게 다시 한번 비밀을 유지해줄 것을 당부했다. 그러고는 살며시 공원을 빠져나갔다. 자칫 통행금지 위반으로 체포될 수 있었기 때문이다.

동이 트고 나서 산투스두몽은 친구들에게 계획을 털어놓았다. "처음부터 다들 내 구상에 반대했다." 그는 그들의 반대를 이렇게 회고한다. "폭발성 높은 가스 엔진은 위에 달린 기구 속 수소에 불을 낼 수 있고, 폭발이라도 나면 실험과 더불어 내 목숨도 끝장이라는 얘기였다."[21] 그는 안 된다는 친구들에게 한 세기 전 앙리 지파르가 불길이 너울거리는 증기기관을 장착한 수소 기구를 타고 하늘로 난 것을 상기시켰다. 물론 지파르의 비행은 (엔진이 바람을 거슬러 기구를 전진시킬 만큼 강하지 못했으므로) 절반의 성공으로 끝났지만 어쨌든 무사히 착륙했다. 산투스두몽은 삼륜차 엔진은 스파크와 연기가 훨씬 적다는 점을 강조했다.

그는 시가 모양의 비행선 설계도를 대충 그려서 보지라르의 기구 제작자 라샹브르와 마쉬롱을 다시 찾아갔다. 산투스두몽이 이런 식의 기구를 원한다며 제작 주문을 하자 라샹브르는 거절했다. 산투스두몽은 당시 라샹브르가 어떤 이유를 댔는지를 이렇게 밝힌다. "그러면서 그가 하는 말이, 그런 엔진은 한 번도 만들어본 적이 없고, 어떤 위험이 닥칠지 책임질 수가 없다는 것이었다." 산투스두몽은 브라질호를 만들 때도 그런 식으로 안 된다고 하지 않았느냐고 과거의 일을 상기시켰다. 그러면서 폭발이나 사고는 모두 자신의 책임으로 하고 작업장에서 멀찍이 떨어진 곳에서 엔진 개조 작업도 직접 하겠노라고 했다. 산투스두몽의 고집에 지친 라샹브르는 "마지못해 작업에 임했다."[22]

　조종 가능한 비행선airship—이후 나오게 될 비행선을 염두에 둔 이름인 '산투스두몽 1호'로 명명한 비행선—을 설계하면서 산투스두몽이 제시한 기본 원칙은 가늘고 긴 형태의 기구를 만들되 크기는 최대한 줄여야 한다는 것이었다. 개조한 엔진과 프로펠러, 방향타, 곤돌라, 각종 밧줄, 최소한의 밸러스트, 가이드로프에 자신의 몸만 딱 실을 수 있을 만큼 말이다. 그의 몸무게는 밥을 얼마나 먹었느냐에 따라 45~50킬로그램 사이를 넘나들었다. 산투스두몽이 라샹브르에게 제시한 스케치에 따르면, 기구는 "양쪽이 뾰족한 원통형이었다."[23] 길이 25미터, 직경 3.5미터에, 기구에 들어가는 가스 부피는 18만 3,000리터로, 204킬로그램의 양력을 발휘할 수 있는 규모였다. 산투스두몽은 가스주머니가 들어올려야 할 모든 것의 무게를 계산한 결과, 가스주머니 자체와 주머니 표면에 칠하는 도료, 주머니를 감싸서 곤돌라와 이어주는 그물망 무게는 총 30킬로그램을 넘어선 안 된다는 결론을 내렸다. 브라질호에서 튼튼함을 입증한 일본산 실크를 쓰면 벌써 30킬로그램이 넘는다.

　따라서 또다른 혁신이 필요했다. 먼저 그는 도료를 대체하는 방안을 생각했다. 그러나 실크 틈새를 완벽히 메우면서 무게는 가벼운 액체를 찾기가 어려웠다. 그래서 그물로 관심을 돌려 그물을 아예 없애기로 했다. 이제 곤돌라에 밧줄을 매달아 가스주머니에 바로 거는 방식을 사용했다. 가스주머니 표면에 수평 방향으로 긴 나무 봉들을 바느질해 붙이고 거기에 밧줄을 잇는 것이다. 산투스두몽은 이 간단한 아이디어를 자랑하며 라샹 브르에게 바느질을 잘해달라고 당부했다. 그러나 베테랑 기구 제작자 라샹브르는 만일의 경우 솔기가 터지면 곤돌라가 그냥 땅바닥으로 떨어진다는 점을 우려했다. 이번에도 엔진의 경우처럼 산투스두몽은 모든 책임은 자신이 지겠다고 확약했다.

라샹브르가 작업을 하는 동안 산투스두몽은 콜리제 거리의 기계 작업장에서 엔진 개조에 몰두했다. 삼륜차에서 떼어낸 엔진을 곤돌라 뒤쪽으로 옮기고 엔진 축에 바로 알루미늄 프로펠러를 붙였다. 산투스두몽은 작업장 서까래에 곤돌라와 엔진, 2미터짜리 프로펠러를 걸어 늘어뜨리고서 이것들이 공중에서 어떻게 작동하는지 알아봤다. 엔진 속력을 최대로 높이자 곤돌라가 확 앞으로 쏠려나갔다. 그는 동력계에 수평 방향으로 부착한 밧줄로 곤돌라를 뒤로 잡아당기면 프로펠러 견인력이 11.33킬로그램이나 된다는 사실을 알아냈다. "그 정도면 내가 구상한 원통형 기구의 속도를 내는 데 알맞았다. 기구 길이는 직경의 일곱 배였다."[24] 산투스두몽은 결과에 확신을 들 때까지 매일 실험을 되풀이했다. 모든 게 잘 되면 비행선은 시속 29킬로미터로 순항할 것이라는 결론이 나왔다.

이렇게 프로펠러와 삼각형 철골 구조에 실크를 덧씌운 방향타를 도입함으로써 변덕스러운 바람에 휘둘리지 않고 기구의 수평 방향 움직임을 통제할 수 있게 됐다. 이어서 산투스두몽은 수직 방향 평형 유지 문제에 관심을 돌렸다. 구 모양의 열기구에서는 밸러스트를 내버리거나 가스를 빼는 방식으로 수직 평형을 잡았는데, 그 작업이 쉽지 않았다. 이 문제에 대해서 산투스두몽은 다음과 같이 정리했다.

당신이 지상 500미터 상공에서 평형을 유지하고 있다고 치자. 그런 데 갑자기 아주 작은 구름이 몇 초 동안 태양을 가린다. 그러면 기구

속 가스 온도가 약간 떨어진다. 바로 그 순간 가스가 응축됨으로써 줄어든 상승력에 해당하는 만큼 밸러스트를 내버리지 않으면 기구는 하강을 시작한다. 그만큼의 밸러스트를 내버렸다고 치자. 꼭 그만큼이어야 한다. 너무 많이 내버리면 기구가 너무 가벼워져서 다시 높이 상승하게 되기 때문이다. 이제 작은 구름이 태양을 지나갔다. 기구 속 가스 온도는 다시 원상태로 올라가고, 그러면 들어올리는 힘, 즉 인상력도 커진다. 그러나 내버릴 밸러스트가 부족해지면 기구는 다시 더 높이 치솟아 올라간다. 그러면 기구 속 가스는 팽창을 하는데, 안전밸브 틈으로 새어나가지 않는다면 인위적으로 빼줘야 한다. 그렇지 않으면 오르락내리락하는 난감한 사태가 벌어진다. 이렇게 구 모양의 기구 비행에서 벌어지는 롤러코스터를 타는 식의 위기 상황은 내가 만드는 비행선에서는 최대한 막아야 했다.[25]

산투스두몽은 비행선 앞부분, 즉 선수를 올리거나 내림으로써 비행선 기울기를 조절할 수만 있다면 새로 단 프로펠러로 고도를 통제할 수 있으리라 생각했다. 그리 되면 엔진으로 기구의 상승과 하강을 유도할 수 있다. 그가 내놓은 이 문제의 해결책 역시 간단했다. 비행선 무게중심을 쉽게 옮기도록 밸러스트를 이동식으로 만들었다. 산투스두몽의 비행선에서 밸러스트 역할을 하는 건 모래주머니 단 두 개뿐이었다. 기구 양끝 선수와 선미에 길고 무거운 밧줄을 드리우고 그 끝에 모래주머니를 매단 것이다. 각 모래주머니는 더 가벼운 밧줄로 곤돌라에 연결을 했다. 이 밧줄로 모래주머니를 잡아당기면 비행선 전체의 무게중심이 이동한다. 앞쪽 모래주머니를 당기면 비행선 선수가 올라가고, 뒤쪽 모래주머니를 당기면 선수가 내려간다. 산투스두몽 1호는 이착륙에 필요한 61미터짜리 가이드 로프 외에 다른 밸러스트는 필요 없었다. 산투스두몽은 풍성한 점심 도시락 바구니도 싣기 위해 밸러스트 무게를 최소화했다. 라샹브르가 비행선에 도료를 칠하는 동안 산투스두몽 1호의 비행 준비는 끝이 났다.

브라질호를 타고 처음 비행한 지 석 달 반이 지난 1898년 9월 18일, 산투스두몽은 산투스두몽 1호 시험비행에 나섰다. 당시까지 그는 구 모양의 기구를 타고 파리 상공을 100여 차례나 비행했다. 용감하고 독창적인 기구 비행사라는 명성이 온 도시에 자자했다. 파리의 비행사들 중 개인적인 즐거움을 위해 비행하는 사람은 거의 없었고 다른 비행사들은 대개 돈을 받고 비행시범을 보이는 직업인들이었다. 그들은 대부분 시골 지역에서 이륙했다. 산투스두몽은 일찌감치 '프티 산투스Petite Santos'라는 애칭을 얻었다. 사람들이 친근함을 나타낸 표현이었지만 그 자신은 '작은 산투스'라는 별명을 듣기 싫어했다. 그는 왜소한 체구를 가리기 위해 온갖 노력을 다 했다. 정장은 짙은색에 세로 줄무늬가 나 있는 옷을 입었고 구두는 굽을 높였으며 파나마모자까지 썼다. 심지어 목을 조금이라도 길어 보이게 하려고 셔츠에 다는 칼라도 높은 것으로 맞췄다. 넥타이 매듭도 바짝 잡아매고, 진주나 보석으로 된 핀까지 꽂아, 작은 체구가 두드러져 보이지 않게 했다. 정장 상의와 아랫단을 걷어올린 바지도 늘 잔주름 하나 없이 다림질을 철저히 했다. 그는 전 세계의 비행사 중에서 흠잡을 데 없이 옷을 가장 잘 입는 사람이었다.

그가 비행할 때마다 사람들이 구름처럼 몰려나온 것은 비행도 비행이지만 잘 차려입은 그의 모습을 보고 싶어했기 때문이다. 산투스두몽이 의상에 단 각종 액세서리 역시 대단히 여성스러워서 관람객들이나 기자들의 호기심을 자극했다. 그 액세서리들은 비행선이라는 최신 발명품을 타고 위험하기 짝이 없는 비행을 시도하는 남자와는 잘 연결되지 않았기 때문이다. 한 외국 기자는 그의 모습을 이렇게 묘사했다.

산투스—그는 '프티 산투스' 대신 그냥 '산투스'로 불러주길 원했다—는 작고 마른 몸매에 피부는 가무잡잡했다. 키는 163~165센티미터 정도. 짧게 깎은 짙은 콧수염만 아니라면 여자 같은 얼굴이라고들 할 것이다. 윗입술을 덮은 콧수염은 얼굴 전체에 강인한 인상을 심어주고 있다. 그리고 턱에서는 완강한 집요함과 놀라운 결단력이 느껴진다. 그러한 자질 덕분에 발명 작업을 지속할 수 있었고, 마침내 오늘날과 같은 명성을 얻게 되었으리라. 아래턱은 길쭉하고 각이 졌다. 턱을 다물면 주변에 근육이 돌출되어 과단성이 이만저만이 아님을 쉽게 느낄 수 있다. 입도 위쪽이 다소 튀어나왔다. 입술은 평균보다 약간 두껍다. 그는 미남은 아니다. 그러나 치아가 눈부실 정도로 희고 치열이 고르다. 미소는 매혹적이다. 눈에서 시작해 얼굴 전체로 은은한 미소가 번지면 정말 부드럽고 유쾌한 모습이 된다…… 목소리도 나지막하면서 이상할 정도로 부드럽다. 어쩐지 여성스럽다는 느낌을 지울 수가 없다. 용감무쌍한 남자만 할 수 있는 일을 많이 한 사람으로 생각되지 않을 정도다. 손목에 찬 금팔찌도 여성스러움을 더해준다. 물론 팔찌는 평소에는 소매에 가려져 있다. 이따금 잠시 팔을 들어 몸동작을 취할 때 살짝살짝 드러날 뿐이다. 그러나 이런 경우는 드물다. 산투스는 말보다 생각을 많이 하고, 몸동작보다 말을 많이 하는 유형이기 때문이다.[26]

동료 비행사와 자동차클럽 회원들은 9월 18일 아침 일찍 자르댕 다클리마타시옹으로 모여들었다. 산투스두몽이 산투스두몽 1호 시험비행 준비를 하는 과정을 지켜보기 위해서였다. 이 동물원 공원에서는 밧줄로 땅에 묶어놓은 라샹브르의 대형 열기구들이 명물로 자리잡고 있었다. 라샹브르는 산투스두몽에게 수소를 세제곱미터당 1프랑이라는 싼값에 팔았다. 산투스두몽 1호에 들어갈 수소가스의 비용은 1,270달러였다. 산투스두몽이 비행선에 수소를 넣어 부풀리는 동안 구경을 나온 비행사들은 위험천만한 일이라며 쑥덕거렸다. 그중 한 사람이 불꽃을 튀기는 엔진과 인화성이 강한 수소가스를 같이 놓은 것은 정말 치명적인 결과를 가져올 수 있다며 농담을 던져 비꼬았다. "정 자살하고 싶으면 시가에 불을 붙여 물고 화약통 위에 그냥 앉아 있지 그래요?"[27]

산투스두몽은 웃으며 구경꾼들에게 자기는 반드시 살아서 하늘을 나는 기계의 미래가 어찌될지 꼭 보고 싶다고 말했다. 그러곤 자랑스러운 표정으로 엔진 배기관을 가리켜 보이면서 두 손으로 직접 배기관 끝을 구부려 불꽃이 기구 쪽으로 튀지 않도록 해놓았다고 설명을 해줬다. 삼륜차 엔진에 대해 잘 알기 때문에 엔진 소리에 조금만 이상이 있어도 연소가 과다한지 아닌지 금세 알아채고서 시동을 끈다고도 했다.

그러나 구경꾼들은 그가 훨씬 위험해 보이는 일을 하는 걸 보느라 엔진에 대한 관심은 뒷전이었다. 산투스두몽은 바람을 등지고 숲 근처 잔디밭 끝에서 이륙 준비를 했다. 대다수 비행사들은 비행선이 바람을 안고 나가면 엔진이 바람을 견디지 못하고 뒤로 밀려 인근 나무와 충돌할 거라고 생각했다. 산투스두몽은 엔진이 바람을 뚫을 만큼 힘이 세다고 확신했다. 그는 프로펠러의 힘이 바람의 힘을 상쇄하는 수준이 되도록 엔진을 조절했다. 기구가 바로 떠오를 수 있도록 하려는 조치였다. 다른 비행사들은 첫 비행에서 그렇게 위험한 이륙을 시도하면 안 된다고 간곡히 말렸다. 오랜 세월 구 모양의 열기구 비행 경험을 통해 입증된 대로, 불어오는 바람을 타고 개활지에서 이륙하는 것이 안전하다는 이야기였다. 그러한 방식으로 이륙하면 기구는 서서히 떠오르면서 바람에 밀려 숲 지대를 가뿐히 건널 수 있게 된다는 것이었다. 산투스두몽은 대중의 요구를 마지못해 따랐다. 산투스두몽 1호를 들판 반대쪽으로 옮긴 것이다. 그러나 이는 잘못된 접근이었다.

그는 충고에 따라 바람을 등지고 비행선을 들판 건너로 운항할 생각이었다. 산투스두몽은 엔진을 공회전시켜놓은 상태에서 곤돌라에 올랐다. 그다음 힘차게 소리쳤다. "갑니다!" 산투스두몽의 수석 엔지니어인 알베르 샤팽과 마쉬롱이 땅에 묶어두었던 계류용 밧줄을 풀자 산투스두몽은 엔진 속도를 점점 높였다. 산투스두몽 1호는 뒷바람을 받는 동시에 엔진 힘까지 더해져 앞으로 나아갔다. 그렇게 몇 초 만에 들판을 건넜지만 곧바로 반대편에 있는 나무들 속에 처박혔다. "정신을 차릴 수가 없었다." 그는 후일 이렇게 회고했다. "엔진 추진력이 너무 강했다." 비행선은 결국 땅에 떨어지고 말았다. 다행히 곤돌라가 나뭇가지들에 스치면서 일종의 완충 역할을 해주어 큰 충격은 없었다. 산투스두몽은 상처 하나 없는 모습으로 곤돌라에서 나왔다. 구겨진 건 자존심이었다. 그는 앞으로 다시는 나약한 마음으로 양보하지 않겠다고 다짐했다. 이 사건으로 나름의 교훈을 얻을 수 있었다. "그 사건은 적어도 의구심을 가졌던 사람들에게 가솔린엔진이 대기에서도 효능이 있다는 것을 보여주었다."[28]

이틀 뒤 산투스두몽은 비행선을 수리해 자르댕 다클리마타시옹에 다시 나타났다. 두번째 시도였다. 구경하는 군중이 첫 비행 때보다 훨씬 많았다. 다시 비행선이 추락하는 것을 볼지 모른다는 흥분과 두려움에 휩싸인 시민들이 죄다 몰려나온 것이다. 바람이 거셌다. 산투스두몽은 이번에는 비행선을 바람이 불어오는 쪽의 잔디밭 끝에서 이륙시켜야 한다는 본능에 충실했다. 바람을 안고 비행할 작정이었다. 산투스두몽 1호는 서서히 떠올랐다. 나무에 충돌하는 것과 같은 위험은 이제 없었다. 그는 선수 쪽 밸러스트를 곤돌라 쪽으로 살살 감아들였다. 그러자 무게중심이 뒤로 이동하면서 거대한 선수가 위로 솟아올랐다. 군중이 환호했다. 그는 모자를 살짝 벗어 인사함으로써 비행선을 잘 조종하고 있다는 것을 과시했다. 그런 뒤 방향타를 잡고 라샹브르가 지상에 계류해놓은 채 띄워둔 열기구 둘레를 아슬아슬하게 선회했다. 박수갈채 소리가 더욱 커졌다. 라샹브르는 제자에게 거수경례를 보냈다.

산투스두몽이 첫번째로 놀란 것은 비행선의 움직임을 실감할 수 있다는 사실이었다. 구 모양의 열기구를 탈 때와는 사뭇 다른 경험을 맛볼 수 있었다. 그는 산투스두몽 1호가 서서히 전진하는 과정에서 바람이 얼굴에 부딪치고 코트가 펄럭거리는 것을 느끼면서 깜짝 놀랐다. 그는 이 체험을 빠른 속도로 달리는 증기선 갑판에 서 있는 느낌에 비교했다. 그는 처음에 밸러스트를 이동시킬 때 비행선이 비스듬히 오르락내리락하는 순간에 극심한 멀미가 오지나 않을까 걱정을 했었다. 그러나 막상 해보니 아무런 문제가 없었다. 물론 산투스두몽 1호는 심하게 위아래로 흔들렸다. 그렇지만 그런 상황에서도 평정을 유지할 수 있었다. 그 이유를 산투스두몽은 프랑스와 브라질을 배를 타고 오가면서 체득한 균형 유지 능력 때문이라고 설명했다.

> 브라질행 배에서 있었던 일이다. 한번은 폭풍우가 너무 심해서 그랜드피아노가 밀려나가 한 숙녀의 발에 부딪칠 정도였다. 그러나 나는 뱃멀미는 하지 않았다…… 바다에서 정말 괴로운 것은 배의 요동 자체보다는 배가 솟구쳤다가 밑으로 처박히기 직전 잠시 멈칫하는 순간과 그 순간에 엄습하는 공포였다. 거기에 괴로움을 가중시키는 것은 바로 페인트와 바니시와 타르의 냄새였다. 주방의 악취와 보일러에서 나오는 열기, 연기와 선창의 악취까지 더해지면 설상가상이었다. 비행선에는 그런 냄새가 전혀 없다. 모든 게 순수하고 깨끗하다. 오르락내리락하는 요동도 바다에서 배를 탈 때 느끼는 공포와 거리가 멀다. 움직임은 물 흐르듯 부드럽게 이어진다. 대기의 흐름이 바닷

물보다 저항이 훨씬 약하기 때문임이 분명하다. 상하로 요동치는 횟수와 속도도 바다보다 한결 덜하다. 아래로 내려가다가 급정거하는 일도 없다. 어느 정도 더 내려가다가 멈출 것이라는 것을 충분히 예상할 수 있다. 위가 메슥거리고 토할 것 같은 순간도 없다.[29]

대기의 항해자가 바다의 선장보다 훨씬 좋은 점이 한 가지 더 있다고 산투스두몽은 말했다. 기류가 좋지 않을 때 측면을 움직여서 좋은 기류가 있는 쪽으로 이동하기가 쉽다는 것이었다.

일단 산투스두몽 1호의 비행은 더할 나위 없이 좋았다. "잠시 엔진이 웅웅 돌아가고 프로펠러가 바람을 가르는 소리가 들렸다." 당시 현장에 있던 한 목격자는 그 광경을 이렇게 전했다. "이윽고 산투스두몽이 평형을 잡았다. 산투스두몽이 기계며 밧줄을 조작하는 모습이 보였다. 큰 원을 그리는가 하면 8자 모양으로 비행선을 조종하기도 했다. 원하는 방향을 완벽하게 통제할 수 있음을 과시한 것이다."[30]

산투스두몽은 산투스두몽 1호를 쉽게 운전할 수 있게 되자 더더욱 대담해졌다. 그런데 문제가 있었다. "경험이 없는 상태에서 지나치게 자신감이 넘친 나머지 엄청난 실수를 저질렀다. 너무 높이 올라간 것이다. 지상 400미터까지 이르렀다. 이 정도의 고도는 구 모양의 열기구 비행에서는 아무런 문제가 되지 않았다. 그러나 실험중인 비행선으로서는 대단히 위험한 일이었다."[31] 높이 올라간 만큼 도시 전체가 한눈에 들어왔다. 산투스두몽은 롱샹 경마장의 아름다운 지상 풍경에 매료되었다. 그는 경마장 트랙 쪽으로 방향을 잡았다.

"비행선이 멀어지면서 점점 작아졌다. 오페라용 작은 쌍안경을 든 사람들이 비행선이 '접힌다!' 하고 소리를 질러대기 시작했다." 그 광경을 지켜본 사람의 증언이다. "비행선이 급속히 추락하는 게 보였다. 비행선은 점점 커졌다. 여자들이 비명을 질렀다. 남자들이 큰소리를 외쳤다. 자전거나 자동차를 가지고 온 사람들은 추락이 예상되는 지점으로 달려갔다. 그러나 한 시간 뒤 산투스두몽 씨는 다시 친구들과 만났다. 다친 곳은 없지만 웃음소리가 영 불안하게 들렸다. 그는 공기펌프가 잘못되는 바람에 그랬다며 자세히 설명했다."[32]

산투스두몽은 친구들에게 이륙할 때는 아무 문제가 없었다고 말했다. 공기압이 낮아지면서 수소가 저절로 팽창하더니 기구가 팽팽해졌다. 팽창이 너무 심해지다보니 결국 밸브가 자동으로 열려 수소가스가 일부 배출됐던 것이다. 문제의 밸브도 산투스두몽의 혁신적 발명품 가운데 하나였다. 구 모양의 열기구는 대개 통풍용으로 기구 밑에 작은 구멍을 하나 뚫어놓았다. 기구가 팽창하면 이 구멍을 타고 가스가 자연스럽게 빠져나가게 되는 것이다. 그 통풍구는 기구가 팽창하다 못해 터져버릴 위험을 막아주었다. "그러나 그런 안전 확보를 위해 엄청난 가스 손실을 감내해야 했다. 따라서 열기구의 체공시간도 치명적일 정도로 짧아졌다." 산투스두몽은 그렇게 진단했다. 그런데 구멍 대신 밸브를 사용하면서 그가 염두에 둔 것은 비행시간을 연장하는 문제만이 아니었다. 그는 비행선의 원통형을 온전히 유지하는 문제에도 신경을 썼던 것이다. 구 모양의 열기구는 가스가 조금이라도 빠지면 흐늘흐늘해졌지만 그래도 비행은 가능했다. 그러나 산투스두몽의 원통형 비행선은 가스가 새어나가면 가운데가 접히게 되어 비행이 완전히 불가능하지는 않더라도 매우 어려웠다. 밸브 도입으로 사고에 의한 가스누출은 차단했지만 밸브를 제대로 작동시키는 것이 안전 귀환에 매우 중요했다. 그는 이륙 직전 밸브를 여러 차례 점검했다. 친구들은 비행선에 불이 나는 것이 가장 큰 위험이라고 생각했지만 그는 밸브 결함으로 비행선이 폭발할 경우를 더 우려했다.

그러나 실제 비행에서는 하강시에 문제가 생겼다. 대기압이 오르면서 기구가 눌렸던 것이다. 예상 그대로였다. 산투스두몽은 산투스두몽 1호에 미리 공기펌프를 장착해놓았었다. 기구가 수축할 때를 대비해 직접 공기를 주입할 수 있게 하자는 발상에서였다. 하지만 막상 써보니 공기펌프가 너무 약한 것으로 드러났다.

산투스두몽이 하강하자 산투스두몽 1호는 형태가 차츰 일그러져갔다. 가운데 부분이 접혀 들어간 것이다. 밧줄마다 서로 다른 장력을 받는 바람에 기구 표면이 비틀려 찢겨나갈 위기 상황이었다. "당시 나는 이제 모든 게 끝났다고 생각했다."[33] 산투스두몽은 회고한다. "하강 속도는 이미 엄청 빨라졌고 그럴수록 곤돌라에 있는 도구들로는 상황을 더이상 통제할 수가 없었다. 아무것도 말을 듣지 않았다." 밸러스트 주머니 밑에 매단 밧줄들이 엉키는 통에 비행선 선수 방향 조정이 불가능했다. 그는 밸러스트를 다 내버릴 생각을 했다. 그러면 비행선은 분명히 떠오를 테고 대기압이 낮아져 수소가스가 다시 팽창해 비행선은 원래의 탱탱한 원통형을 되찾을 것이다. 그러나 가까스로 땅에 내린 뒤에도 그 문제가 반복될 게 뻔했다. 정말 그랬다. 그새 가스가 빠지면서 기구가 흐늘흐늘해졌던 것이다. 산투스두몽 1호가 추락하기 시작하면 산투스두몽으로서는 어떻게 손을 써볼 도리가 없었다. 곤돌라를 기구에 연결한 밧줄들이 하나씩 끊어지지 않을까 전전긍긍했다. 아래를 내려다보니 지붕들이 한눈에 들어왔다. "굴뚝들이 대못처럼" 생각되어 속이 울렁거렸다.

"바로 그 순간 이제 죽었구나 하는 생각이 또렷해졌다." 후일 산투스두몽은 이렇게 적었다. "이제 '다음은 뭘까?'라는 생각이 들었다. '몇 분 후면 누구를 또 보려나? 죽고 나면 누구를 보게 될까?' 몇 분 후면 아버지를 만나게 될 거라는 생각에 한편으론 짜릿했다. 사실 그런 순간에는 후회를 한다거나 공포를 느끼거나 할 겨를 같은 게 없다. 앞으로 무슨 일이 닥칠까 하는 생각에 정신이 없다. 두려움이라는 건 그래도 구사일생으로 살아

날 기회가 있을 때나 느낄 수 있는 감정이다."³⁴

그러나 당시 그는 살아날 기회가 있다는 확신이 들었다. 자비로운 바람이 그를 울퉁불퉁한 도로와 뾰족뾰족한 지붕이 있는 곳에서 훌쩍 떼어다가 롱샹의 보드라운 잔디밭 쪽으로 날려 보내준 것이다. 그곳에는 아이들 몇몇이 연을 날리고 있었다. 산투스두몽은 아이들에게 61미터짜리 가이드로프를 잡고 바람 부는 쪽으로 전속력으로 달리라고 소리쳤다. "아이들은 정말 똑똑했다."³⁵ 그는 회고한다. "녀석들은 말귀를 알아듣고 곧장 가이드로프를 붙잡았다. 절체절명의 순간 아이들의 도움은 결정적이었다. 예상대로 비행선의 낙하 속도가 감소했다. 그 덕분에 최소한 중상으로 끝났을 사고를 간신히 모면했다. 머리털 나고 처음으로 구사일생한 것이다!" 아이들은 그를 도와 곤돌라에 각종 장치를 챙겨 담아주었다. 산투스두몽은 마차를 불러 타고 파리 시내로 돌아갔다.

산투스두몽은 그날 비행의 온갖 어려움을 돌아온 즉시 잊어버렸다. 마치 새로 태어난 아기 얼굴을 마주보는 순간 해산의 고통을 모두 잊는 어머니처럼 말이다. "나는 해내고야 말았다는 감격에 젖었다." 산투스두몽은 이렇게 회고한다. "나는 대기 속을 항해했다…… 나는 밸러스트를 내버리지 않고 상승했고 가스를 빼버리지 않고 하강했다. 이동식 밸러스트 이용이 성공적이라는 사실이 입증되었다. 대기 속을 비스듬히 비행한 것도 중요한 승리라는 사실을 누구라도 인정하지 않을 수 없을 것이다. 지금까지 그런 일을 한 사람은 없었으니까."

그날 밤 산투스두몽은 막심 레스토랑에서 축하연을 열었다. 루아얄 거리의 이 유명한 레스토랑은 오늘날까지 성업중이다. 그는 주인 막심 가야르의 초기 단골 중 하나였다. 막심 레스토랑은 1890년대 초에 문을 연 짙은색 목조건물의 작은 레스토랑이었다. 처음에는 마차 주인이 다른 곳에서 식사하는 동안 시간을 때우는 마부들을 주 고객으로 했다. 그러나 곧 그 주인들도 이곳 메뉴가 푸짐하고 알차다는 것을 알게 되었다. 프랑스식 양파 수프, 석화, 삶은 바닷가재, 브랜디 소스를 친 서대기, 닭구이, 가리비 모양으로 다진 송아지 고기, 돼지족발과 꼬리 석쇠구이 등. 그러면서 마부들은 차츰 밀려났다. 부자들의 야간 아지트가 된 막심 레스토랑은 도시 한복판에 자리한 터라 손님이 많았다. 자동차클럽과 최고급 크리용 호텔, 엘리트들이 많이 드나드는 경마클럽도 같은 블록에 있었다. 막심 레스토랑은 파리 노동계급이 '부잣집 도련님들'이라 부르며 경멸하는, 즉 아버지가 번 돈을 여자와 와인에 탕진하는 부류들의 단골집이었다. 와인 얘기만 놓고 본다면 산투스두몽도 그런 부류에 속한다고 할 수 있다. 그 시절 막심 레스토랑은 점심 영업은 하지 않았다. 오후 5시에 문을 열고 저녁까지 반주 정도만 제공했고, 정식 만찬은 8시에서 10시까지 가능했다. 이후 새벽까지 간단한 식사 주문만 받았다.

산투스두몽은 늘 만찬 시간대가 지난 뒤에 나타났다. 그는 촛불이 환히 밝혀진 메인 룸의 언제나 똑같은 구석 식탁에 앉아, 벽에 등을 기댄 채 레스토랑에서 벌어지는 온갖 일을 구경했다. 자정을 넘기면서 벌어지는 각종 해프닝들은 당시에도 유명했다. 후일 무성영화 스타가 되는 금발 미인은 옷을 다 벗어던지고 테이블에 올라가 실연의 아픔을 담은 노래를 애절하게 불렀다. 아리스토프라는 이름의 러시아인은 매일 새벽 4시 정각에 나타나 항상 똑같은 식사를 했다. 청어 석쇠구이, 스크램블드에그, 얇은 스테이크 그리고 샴페인 한 병. 아리스토프가 결혼하기 전날에는 프랑스인 백작이 총각파티를 열어주었는데 웨이터들에게는 장의사 복장을 입히고 모든 식탁을 상여처럼 꾸몄다. 막심 레스토랑에서 만나 낭만적인 사랑을 불태운 사람도 많았다. 1890년대에는 낯선 사람이 다른 이성에게 다가가 직접 말을 거는 경우가 극히 드물었다. 그 대신 다른 테이블 사람에게 은근한 눈짓을 보내는 식으로 의사표현을 했다. 많은 커플이 탄생한 데에는 사실 '마담 피피'의 역할이 컸다. 뚱쟁이 마담 피피는 화장실 앞에 앉아 있다가 손님이 나가면 화장실 청소를 하는 여자였다. 예를 들어 어떤 여자가 어떤 남자에게 관심이 있다면 화장실에 가면서 마담 피피에게 자기가 사는 곳 주소나 전화번호를 팁과 함께 슬쩍 찔러준다. 여자가 테이블로 돌아오면 그 남자도 화장실에 가면서 마담 피피에게 팁과 함께 자기 주소 같은 것을 건네는 것이다.

산투스두몽은 혼자 밥을 먹거나 루이 카르티에, 조르주 구르사 같은 가까운 친구들과 식사를 했다. '상'이라는 필명으로 더 유명한 구르사는 산투스두몽의 초상을 레스토랑 벽에 새긴 인물이다. 산투스두몽이 언론사 소유주인 미국인 제임스 베넷을 만난 것도 막심 레스토랑이다. 베넷은 레스토랑 앞쪽 자리에 유명인들과 같이하곤 했다. 그는 『뉴욕 헤럴드』와 파리 유일의 영자 신문 『파리 헤럴드』의 소유주로 자신이 발행하는 신문에 희한한 유머 감각을 드러내곤 했다. 『뉴욕 헤럴드』에 십칠 년간 매일 똑같은 '독자 편지'를 싣게 했는데, 1899년부터 실린 섭씨온도를 화씨로 바꾸는 법을 소개해달라는 '필라델피아 할머니의 독자 편지'였다. 그는 같은 기사가 또 실렸다는 독자들의 지적을 들으면서 즐거워했다. 그는 빠른 자동차, 화려한 요트, 열기구의 광팬이었다. 산투스두몽이 비행선을 띄울 때마다 기자를 파견해 취재를 시켰다. 『뉴욕 헤럴드』는 산투스두몽의 위태로운 비행을 손에 땀을 쥐게 하는 필치의 기사로 수백 번이나 내보냈다. 그리하여 산투스두몽은 미국에서도 유명인이 됐다.

산투스두몽이 비행하는 날이면 막심 레스토랑 주방에서는 그에게 점심을 싸주었다. 『나는 막심 레스토랑에 간다』라는 책을 쓴 작가 H. J. 그린월은 산투스두몽의 일상을 이렇게 소개했다.[36] "격납고로 간 뒤 산투스두몽 1호를 꺼내서 비행 준비를 한다. 비행사가 탑승하는 고리버들 곤돌라 안에는 점심 도시락도 나란히 놓여 있다. 드디어 산투스두몽 1호가 날아올랐다. 비행과정에서 대개 자잘한 사건사고가 발생한다. 다시 격납고로 간다. 아파트로 향한다." 아파트 주소는 워싱턴가 9번지. 샹젤리제 거리 언저리 개선문에서 가깝다. "그는 다시 막심 레스토랑으로 향한다…… 그곳에서 밤을 지새우는 것이다. 새벽에 치킨날개 두 쪽과 샐러드, 복숭아 몇 개를 싼 점심 도시락을 들고 다시 레스토랑을 나선다. 아파트에서 잠시 눈을 붙이고, 다시 격납고로 가고, 다시 비행을 한다."[37]

4
신세기를 연 과학의 순교자들
— 파리, 1899년

19세기 막바지에 동력 비행선을 타고 날아다니는 사람은 산투스두몽이 유일했다. 페르디난트 폰 체펠린 백작이 독일에서 길이 128미터의 매머드급 반경식 비행선—선체는 피륙으로 씌우고 뼈대는 알루미늄으로 만들었으며 내부에 별도의 가스주머니 15개를 설치한 비행선—을 만들었지만 아직 띄우지는 못한 상태였다. 산투스두몽의 동료 비행사들은 아직 구 모양의 기구를 타고 비행하고 있었다. 그마저도 늘 성공적이지는 않았다. 1898년 런던의 일간지 『이브닝 뉴스』는 기구 비행사들에게 런던과 파리 사이의 영불해협을 건너보라고 촉구했다. A. 윌리엄스라는 남자가 바람이 적당해지기를 몇 달간 기다린 끝에 11월 22일 이륙을 시도했다. 그런데 『이브닝 뉴스』에 따르면 거의 준비가 끝났을 무렵 "가벼운 사고가 일어났고, 그 때문에 출발이 한 시간 지연됐다."[1] 기구에 가스를 주입하는 동안 기구가 뒤로 밀리면서 철제 난간에 찔려 살짝 찢어진 것으로 보인다. 일단 찢어진 자리를 봉합하고 가스 주입을 끝낸 윌리엄스는 기구가 원래 계획대로 탑승자 두 명을 더 태우긴 무리라는 걸 깨달았다. 그래서 '다비'라는 이름의 사람 한 명만 태웠다. 한 시간 후 두 사람은 나무에 내려앉았고 잠시 후 다시 이륙했다.

> 그렇게 해서 결국 런던에서 파리까지 거리의 4분의 1이 채 못 되는 공간을 이동했지만 (그나마도 잘못된 방향으로 갔고) 기구는 더 전진할 힘을 낼 수 없었다. 그래서 런던 남동부 연안 랜싱 근처에서 하강을 시도했다. 그런데 경험 많은 비행사들이 추천한 장비를 모두 갖추었다는 이 기구가 닻을 전혀 준비하지 않았다는 사실이 뒤늦게 밝혀졌다. 비행사는 자칫 바다로 떠밀려가지나 않을까 두려워한 나머지 가이드로프를 타고 내려가는 이상한 선택을 했다. 그다음은 불쌍한 동승자 차례였다. 그런데 윌리엄스가 빠져나간 만큼 무게가 줄어들자 기구는 다시 하늘 위로 상승하기 시작했다. 동승자는 최악의 위기에 몰렸다. 15미터 아래 지상으로 뛰어내리든지 기구를 타고 바다로 떠밀려나가든지 둘 중 하나였다. 그는 전자를 선택했다. 중상을 입었지만 다행히 목숨은 건졌다. 기구는 해협 쪽으로 사라졌다가 며칠 후 프랑스 땅에서 발견됐다.[2]

다비라는 탑승자는 그나마 운이 좋은 편이었다. 1899년 전문지 『레뷔 시엥티피크』는 기구를 타다가 목숨을 잃은 사람의 수가 200명 가까이 된다고 소개했다. 대부분이 처참한 급사였다. 전 세계 비행 관련 동향을 소개하는 영국 월간지 『에어로티컬 저널』에는 매월 한 건씩 비행사고 소식이 실렸다. 1899년 10월호 『에어로티컬 저널』은 두 건의 추락사 사건을 다음과 같이 전했다.

> 지난 7월 이탈리아에서 군용 열기구가 지상에 계류돼 있다가 갑자기 밧줄이 풀려 날아갔다. 기구 곤돌라에는 장교와 상병 두 사람이 타고 있었는데, 기구를 끌어당길 요량으로 밧줄을 붙잡았던 병사 하나가 같이 딸려갔다. 곤돌라에 탄 두 사람은 그 불행한 병사를 살리려고 온 힘을 다해 밧줄을 당겼다. 그러나 잠시 후 병사는 떨어지고 말았다. 티베레강 언덕에 추락한 시신은 박살이 났다……

> 프랑스 부제빌에서는 베르나르라는 비행사가 위험천만한 비행을 하다 죽었다. 그는 기구의 양력이 너무 약하다고 판단해 곤돌라를 달지 않고 기구 밑에 달린 고리에 앉아 비행을 하다가, 아마도 기구 연결부에서 새어나온 가스 때문에 질식한 것으로 추정된다. 밧줄을 잡고 있던 손이 풀리면서 추락하는 모습이 멀리서 목격됐기 때문이다. 높은 상공에서 떨어진 베르나르는 즉사하고 말았다.[3]

비행선에 내연기관을 달아 추진력을 얻고자 했던 초기에 산투스두몽은 프로이센의 개신교 목사 카를 볼페르트도 동일한 발상을 했다는 사실을 알게 됐다. 자동차 개발의 선구자 고틀리프 다임러에게 기술적 조언을 구한 볼페르트는 1897년 6월 12일 황제의 군사고문들이 보는 앞에서 기계 조수인 미하엘 그리고 프로이센 장교 한 명과 함께 비행을 시작했다. 그런데 이륙 직전 곤돌라에 오른 장교가 갑자기 폐소공포증 증세를 보여 비행을 포기했다. 볼페르트는 빨리 이륙해서 고위급 관람자들에게 멋진 모습을 보여주고 싶은 마음에 장교의 체중만큼 밸러스트를 추가로 싣는 것을 깜빡하고 말았다. 볼페르트와 조수는 환호와 박수를 받으며 힘차게 날아올랐다. 그런데 밸러스트를 제대로 갖추지 못한 비행선은 순식간에 지상 900여 미터까지 치솟았다. 곧이어 가스주머니가 폭발했고 비행선은 화염에 휩싸였다. 지상에 있던 사람들은 비명을 지르다가 이내 침묵에 빠졌다. 경악한 관객들은 새까맣게 탄 채로 떨어지는 비행선 잔해에 맞지 않으려고 황급히 자리를 떴다. 형체를 알아볼 수 없게 탄 두 사람의 시신이 관람석에 떨어졌다. 그들은 산투스두몽의 친구들이 항상 우려를 드러냈던 그런 종류의 사고로 목숨을 잃은 것이다.

1902년 5월 12일 산투스두몽은 비슷한 사고를 파리에서 목격했다. 그 사고로 같은 브라질 사람 아우구스투 세베로가 목숨을 잃었다. 산투스두몽의 활약에 자극을 받은 세베로는 '팍스호'라는 비행선을 만들었다. 기계 기사인 사세와 함께 처음 정식 비행을 하던 날 엔진 불꽃이 기구에 튀는 바람에 불이 났고 수소가 폭발했다. 가스주머니는 다 타고 비행선 뼈대는 460미터 아래 지상으로 곤두박질쳐 멘 거리 89번지 단층집에 떨어졌다. 비행선이 추락하는 바람에 클리시 씨네 집 침실 쪽 지붕은 주저앉아버렸다. 다행히 침대가 반대편에 있어 클리시 씨 부부는 다치지 않았지만, 추락한 비행선과 엉망이 된 시신 두 구가 천장을 뚫고 들어온 것을 보고 경악했다. 『파리 헤럴드』는 이렇게 보도했다. "기계 기사는 엔진 옆쪽 버드나무로 만든 비행선 바닥에 널브러져 있었다. 얼굴은 불에 타 끔찍한 모습으로 변했고 두 손의 피부는 다 벗겨진 상태였다. 충돌시의 충격으로 등이 부러졌다. 세베로 씨는 충돌 순간에 서 있었던 것으로 보이는데 온몸의 뼈가 거의 다 부러졌다. 형체를 알아보기 어려울 정도였다. 정강이뼈는 피부를 뚫고 나오고 아래턱은 떨어져나간 상태였다."[4] 산투스두몽은 비통에 잠겼다. 하지만 그런 끔찍한 사건을 보면서 오히려 안전하고 확실한 비행선을 만들고야 말겠다는 결의를 다졌다.

19세기 말 20세기 초, 과학을 위해 순교한 사람은 비행사만이 아니었다. 당시 산업과 과학의 발전 속도는 그야말로 눈부셨다. 남녀 불문하고 과학자들은 그 발전을 지속시키고자 자신의 안녕 따위는 얼마든지 희생했다. 과학자들은 전인미답의 경지를 탐험하는 길에는 도처에 위험이 도사리고 있다는 사실을 잘 알고 있었다. 과학자라는 직업에는 으레 위험이 따라다니는 법이라고 생각했다. 그리고 위험이 커질수록 19세기 말 유럽과 미국에서는 과학적 열정이 높아졌다. 당시에 창간된 권위 있는 과학 잡지 『사이언스』는 1883년 이렇게 선언했다. "그 무엇보다 고결한 과학은 진리에 헌신해야 한다. 과학은 진리를 얻기 위해서라면 그 어떤 혹독한 일도 기꺼이 떠맡아야 한다. 그리고 진리를 수호하기 위해서라면 그 어떤 희생도 가볍게 여겨야 한다."[5] 이렇게 과학은 새로운 세속 종교가 되었다. 당시의 과학 종사자들은 비행사들처럼 설사 죽는 한이 있더라도 중요한 실험은 계속해야 마땅한 것으로 여겼다.

　의사들은 자신을 실험 대상으로 삼는 일도 주저하지 않았다. 의사이자 저널리스트 로런스 앨트먼은 『누가 최초인가?*Who Goes First?*』(1987)란 책에서 광견병 백신을 개발한 프랑스 의사들의 사례를 소개한다. (산투스두몽의 아버지도 이들의 명성을 듣고 병을 치료하러 파리로 왔었다.) 광견병 동물에게 물리거나 광견병 바이러스가 섞인 동물의 침이 눈, 코, 입의 점막에 닿아 전염되는 광견병은 비교적 드문 질병이었지만 그 무시무시한 증상으로 악명이 높았다. 광견병은 서서히 진행되지만 치명적인 질병으로 뇌와 중추신경계를 파괴한다. 광견병이 걸린 사람은 숨을 헐떡이고 경련성 발작을 일으켰다. 게다가 당시 치료법이라는 게 "벌겋게 달군 쇠로 물린 부위를 지지는 것"이어서 고문과 다를 바 없었다.[6] 우유와 맥주를 저온으로 살균하는 이른바 파스퇴르법으로 이미 유명해진 루이 파스퇴르는 1880년 광견병으로 관심을 돌렸다. 그는 일 년도 안 되어 광견병에 걸린 개의 뇌에서 추출한 물질을 건강한 개에게 주사하는 방식으로 광견병 바이러스를 전염시키는 방법을 발견했다. 그리고 그 뇌의 추출물을 처리해 접종 강도를 조절하는 기술을 개발했다. 광견병 동물에게 물려 생기는 광견병은 잠복기가 길었다. 광견병 동물한테 물린 개에게 차츰 강도가 높아지는 백신을 몇 번 접종하면 잠복기가 끝나 증상이 나타나기 전에 광견병 면역성을 갖추게 된다. 이렇게 해서 1884년 파스퇴르는 백신 접종을 받은 개 스물세 마리가 광견병을 이겨냈다는 실험 결과를 학계에 보고했다. 그러나 생백신을 사람에게 적용하는 것에는 여전히 유보적인 입장이었다. 따라서 유럽보다 광견병이 널리 퍼진 브라질에 광견병 백신을 사용하게 해달라는 브라질 황제의 요청도 거부했다.

파스퇴르는 "동물을 대상으로 한 실험 결과를 인간에게 그대로 적용하는 것은 범죄"라고 말했다.[7] 광견병은 치명적인 질병이었다. 그래서 백신이 없으면 죽는 것이나 마찬가지였다. 1885년 파스퇴르는 동료 세 명에게 광견병 백신을 자신에게 실험해보고 싶다며 소매를 걷고 광견병 생백신을 주사해달라고 부탁했다. 동료들은 거부했다. 어쩌면 사실상 자살이 될 수 있는 행위에 공범이 되고 싶지 않았던 것이다. 더구나 파스퇴르는 당시 프랑스에서 가장 사랑받는 과학자 중 한 사람이었다. 그 대신 자신들이 위험을 감수했다. 접종 후 몇 주가 지났지만 아무도 광견병에 걸리지 않았다. 그러자 파스퇴르는 광견병 개한테 물린 사람에게 접종을 해도 되겠다는 자신감을 얻었다. 1886년까지 그가 접종한 사람은 350명이었고 딱 한 명만 제외하고 모두 병이 나았다.

프랑스에서만 연구자가 자신을 대상으로 의학실험을 한 것은 아니다. 1892년 막스 폰 페텐코퍼—당시 일흔네 살로 뮌헨시 음용수 정화에 큰 역할을 했던 독일 위생학자—는 콜레라균 배양액을 직접 마셔 보였다.[8] 페텐코퍼는 콜레라균만으로 콜레라가 발병하는 것은 아니며 다른 부수

요인이 작용해야 발병한다고 믿었다. 그러나 그는 개인적으로 그 부수 요인을 명확히 제시하지 못했기에, 균을 마셔 보이는 실험으로 콜레라균이 유일한 발병 원인이 아님을 입증하고자 했다. 콜레라균을 마신 후 페텐코퍼는 일주일간 설사를 했지만 심한 증상은 없었다. 이로써 이론의 타당성이 입증됐다고 생각했다. (그러나 훗날 그 이론은 과학적으로 오류였음이 밝혀진다. 심한 증상이 안 나타난 것은 그전에 어떤 식으로든 콜레라균에 노출되어 면역성이 길러졌기 때문이었다.) 페텐코퍼는 더 위험한 실험도 직접 할 마음이었다. "내가 잘못 생각한 것일 수도, 실험으로 목숨이 위태로워질 수도 있지만 죽음이 와도 차분한 눈으로 마주했을 것이다." 페텐코퍼는 이렇게 썼다. "나는 병사가 전쟁터에서 싸우다 죽는 것처럼 과학에 복무하다가 죽었을 것이다. 늘 말해왔듯, 건강과 생명은 지극히 소중한 것이지만 인간에게 최상의 것은 아니다. 인간이 동물보다 우월하려면 더 높은 이상을 위해 생명과 건강을 희생할 수 있어야 한다."[9]

1895년 11월 8일 독일 물리학자 빌헬름 뢴트겐은 뷔르츠부르크 대학교 실험실에서 엑스선을 발견했다. 엑스선 발견은 우연한 행운이었다. 뢴트겐은 암실에서 음극선관으로 실험을 하다가 음극선관에서 멀찍이 떨어진 금속과 다른 물질에서 이상한 녹색 형광이 방출되는 것을 목격했다. 처음엔 음극선관에서 나오는 방사선이 물질에 반사돼 형광을 띤 것으로 추정했지만 음극선은 보통 도달 거리가 짧기에 멀찍이 떨어진 물질에 가닿았을 리가 없었다. 그런데 음극선관과 형광을 발하는 종이판 사이에 우연히 손을 넣게 됐고 종이판에 손뼈 형상이 찍힌 것을 보게 됐다. 그는 서둘러 아내의 손을 '촬영하고' 엑스선 발견 사실을 세상에 공표했다. 이 '투과성' 전자기파는 대중의 관심을 끌었다. 엑스선은 광고, 대중가요, 만화, 소설 등에 널리 알려졌고 신문에서도 연일 대서특필했다.[10]

사회사가 낸시 나이트는 "엑스선 발견 사실이 알려지기 무섭게 엑스선

4 · 신세기를 연 과학의 순교자들

열풍이 불었고 그러한 호기심은 급속히 확산됐다"며 당시의 뜨거운 열기를 다음과 같이 묘사했다.[11]

1896년 1월『뉴욕 타임스』는 '고체 내부가 드러나다!'라는 제목으로 엑스선 발견을 대대적으로 보도했다. 언론은 새로운 광선이 잇따라 발견될 가능성에 흥분을 감추지 못했다. "나무와 살 속을 유리잔 속보다 더 훤히 들여다볼 수 있다"는 소식을 접한 많은 전문가가 엑스선의 다양한 활용 가능성을 두고 온갖 이야기를 떠들어댔다. 심지어 평범하기 그지없는 실험도 기적이라는 평가를 받았다. 그중에는 예일대 교수들이 '놀라운 결과'라고 자찬한 실험도 있다. 온전한 호두알을 엑스선으로 촬영했더니 "놀랍게도 호두 속을 훤히 들여다볼 수 있었다"는 거였다. 일부 대중잡지와 학술지에서는 구두를 신은 발이나 나무상자에 든 동전, 코르셋을 꽉 껴입은 늘씬한 여성의 모습을 엑스선 사진으로 찍어 게재하기도 했다. 한 신문 만평에서는 엑스선이 평등사상을 드높이는 효과가 있다는 식으로 해석하기도 했다. 복장은 달라도 그 속에 감추어진 모습은 억만장자나 평범한 사람이나 똑같다는 것을 엑스선이 보여주기 때문이라고, 잘 먹는 사람이나 굶주린 사람이나, 살찐 사람이나 마른 사람이나, 인간의 골격은 대동소이한 것으로 나타났다고 말이다. '과학의 행진'이라는 제목의 어느 신문 만평은 문 뒤에 숨어 엿듣는 사람을 그려놓고선 이런 말풍선을 달았다. "일층에 세들어 사는 사람이 거실 문을 엑스레이로 촬영했더니 이런 흥미로운 결과가 나왔다."[12]

대중의 열광이 식은 뒤에도 의사들은 여전히 눈에 보이지 않는 그 새로운 빛에 반해 있었다. 뢴트겐이 엑스선을 발견한 지 두 달이 채 지나지 않은 시점에 이미 의료계는 엑스선이 인체 내부를 보여주는 강력한 도구라는 사실을 파악했다. 의사들이 엑스선을 반긴 이유는 산업혁명이 의학 분야에는 별 공헌을 하지 못했기 때문이었다. 19세기에는 백신, 살균법 개발, 공중위생 확대 등 질병예방 분야에서 엄청난 발전이 있었다. 그러나 엑스선 촬영장치가 등장하기 전까지는 질병의 진단이나 치료를 도와줄 만한 획기적인 신기술이랄 게 없었다.

20세기로 넘어가는 시점에 엑스선에 자주 노출되면 건강을 크게 해친다는 사실이 밝혀진 뒤에도 엑스선 전문가들의 열정은 식지 않았다. 오히려 정반대였다. 역사학자 레베카 허직이 「과학의 이름으로—고난, 희생, 미국 엑스선학의 발전In the Name of Science: Suffering, Sacrifice, and the Formation of American Roentgenology」(2001)이란 논문에서 소개한 것처럼 엑스선학 개척자들은 종기로 고통을 겪고, 악성 종양이 생기고, 팔다리가 잘려나가면서도 자긍심을 가졌다. 그 모든 것이 엑스선으로 진단하는 과정에서 생긴 부작용이었다. 존스홉킨스대 엑스선학자 프레더릭 배티어는 수년간 엑스선 촬영작업을 하다가 손가락 여덟 개와 눈 한 쪽을 잃었다.[13] 『뉴욕 타임스』는 배티어가 일흔두번째 수술을 받은 직후 보도한 기사에서 이렇게 전했다. "그는 과학에 대한 관심 때문에 고난을 겪었지만, 살아 있는 한, 손가락이 있든 없든 작업을 계속할 계획이다."[14] 스페인과의 전쟁 때 미군 부상병들을 찍은 엑스레이 사진으로 유명한 엘리자베스 플라이슈먼은 여러 차례 신체부위를 절단한 끝에 1905년 엑스선 과다 노출로 인한 암으로 사망했다. 이후 그녀는 미국의 잔 다르크로 추앙받았다.

허직은 "엑스선학이라는 신생 분야가 자리를 잡게 된 것은 그 신봉자들이 수없이 죽어나가고 불구가 됐기 때문"이라고 썼다.[15] 엑스선학 개척자들은 끔찍한 상처를 훈장으로 여겼다. "상처투성이거나 사지를 잃은 엑스선학자들은 '과학'이라는 추상적 대의를 몸으로 구현했다. 그것은 언어로 표현할 수 없는 신의 존재를 몸으로 보여주는 성흔聖痕과 같았다. 역사학자 베티안 케블스에 따르면, 1920년 엑스선 전문가 모임이 있었는데, 참가자 대다수가 최소한 손 하나는 없는 경우가 많았다. 그래서 만찬에 치킨이 나왔을 때 고기를 썰 수 있는 사람이 거의 없었다."[16]

산투스두몽이 비행술 발전에 목숨을 건 것은 당대 과학자들의 고결한 희생정신과 매한가지였다. 그러나 그가 비행술 개발에 열중한 이유는 과학 발전에 헌신하기 위한 것만은 아니었다. 그는 발명가와 비행사라는 직업 자체를 좋아했지만, 엔터테이너 기질도 다분했다. 그래서 자칫 재앙을 가져올 수 있는 비행 시도는 점점 고난도의 퍼포먼스로 발전했다. 산투스두몽은 자신의 업적이 치라덴치스에 버금가려면 동력 비행선을 완성하는 것 이상의 일을 할 필요가 있다고 생각했다. 브라질의 애국자 치라덴치스가 끔찍하게 처형당했다는 소식을 들었을 때 사람들은 남녀 불문하고 목 놓아 울었다. 하늘을 나는 기계가 중요한 발명인 것은 분명하지만, 비행에 성공했다고 해서 사람들이 울지는 않을 것이다. 따라서 삶과 죽음을 오가는 고난도의 희생을 보여줄 필요가 있었다.

1899년 봄, 산투스두몽은 산투스두몽 1호를 해체했다. 곤돌라와 엔진, 프로펠러는 더 튼튼한 비행선이 제작되면 그대로 쓸 요량으로 보관해두었다. '산투스두몽 2호'는 1호와 길이도 같고 모양도 원통형으로 같았지만, 폭이 좀 넓었다. 가스가 10퍼센트 더 들어갔고 그만큼 양력도 20킬로그램이 증가됐다. 그는 늘어난 적재량을 활용해 "거의 자신을 죽일 뻔했던" 약한 공기펌프를 보충할 소형 팬을 추가로 설치했다.[17] 팬과 펌프는 공기를 바로 기구에 주입하는 게 아니라 기구 표면에 바느질로 붙여놓은 별도의 작은 공기주머니에 주입했다. 그런 식으로 해서 공기를 수소와, 다시 말해 그 자체로 불이 붙기보다 공기와 섞일 때 인화성이 높아지는 물질과 떨어뜨려놓았다. 이 '보조 공기주머니'가 팽창하면 압력으로 기구 본체를 지탱해주어 기구의 원통형이 잘 유지될 수 있었다.

산투스두몽 2호의 첫 시험비행은 1899년 5월 11일 예수승천대축일로 잡혀 있었다. 아침 하늘은 맑았다. 산투스두몽은 자르댕 다클리마타시옹의 기구 계류장에서 수소 주입 과정을 감독했다. 그의 회고를 들어보자. "당시 나는 개인용 격납고가 없었다…… 격납고가 없다보니 작업은 야외에서 하는 수밖에 없었다. 늦어지고 사소한 사고가 잇따르고, 짜증나는 일이 한두 가지가 아니었다."[18] 오후가 되자 먹구름이 해를 가리더니 빗방울까지 떨어졌다. 수소를 가득 채운 기구를 보관해둘 장소가 없었으므로 별 수 없이 양자택일을 해야 했다. 수소를 다 빼고 들인 돈을 다 날리든가, 비행을 계획대로 밀어붙이든가. 엔진은 습기를 머금어 털털거렸고 비에 흠뻑 젖은 기구는 평소보다 훨씬 무거웠다. 그만큼 위험도 커졌다. 산투스두몽은 밀어붙였다. 다만 안전을 위해 비행선을 지상에 계류한 채 이륙하기로 했다. 가랑비는 어느덧 폭우로 변했다. 산투스두몽 2호는 살짝 이륙하는가 싶더니 나무 너머로 떠오르지 못했다. 공기펌프와 팬으로 보조 공기주머니에 공기를 불어넣기도 전에 강풍이 불었다. 그 바람에 비행선이 접히면서 나무들 속으로 처박히고 말았다. 기구가 찢어지고 밧줄은 끊어지면서 비행선은 땅바닥으로 떨어졌다.

친구들이 달려왔다. 그들은 그나마 산투스두몽이 온전한 것을 보고 따끔하게 충고를 건넸다. "자네, 이번에는 정말 교훈을 얻어야 하네. 기구 형태를 원통형으로 유지하는 것은 불가능하다는 걸 알아야 한다고. 또다시 가솔린엔진을 달고 이렇게 날았다간 정말 어떻게 될지 몰라."[19]

산투스두몽은 이렇게 대꾸했다. "기구 형태를 유지하는 것과 가솔린엔진이 위험하다는 것 사이에 무슨 연관이 있지? 실수는 다반사야. 나도 교훈을 얻었어. 하지만 그런 식의 교훈은 아니야." 파나마모자는 비에 젖고

짓눌려 엉망이 됐지만 그는 대수롭지 않다는 듯이 찌그러진 곤돌라에서 천천히 걸어나왔다. 그러고는 곧 파손된 부분을 살피고 기구 형태가 너무 길고 날렵한 게 문제임을 확인했다. 길고 날렵다는 것은 "어떤 관점에서 보면 정말 매력적이지만 달리 보면 그만큼 위험성이 큰" 형태였다. 산투스두몽 2호는 이렇게 단명한 채 물러났고, 거기에 부착한 엔진과 곤돌라는 나중에 재활용됐다. 다음날 아침 산투스두몽은 공기압 변화에 덜 민감한 더 통통한 형태의 비행선 설계도를 작성했다.

산투스두몽 3호는 럭비공 형태로 만들었다. "기구의 모양을 더 둥글게 함으로써 보조 공기주머니와 중차대한 순간에 두 번이나 제대로 작동하지 않은 공기펌프는 장착하지 않아도 되었다." 후일 산투스두몽은 이렇게 썼다. "짧고 굵어진 기구의 형태를 더 확고히 유지하고자 길이 10미터짜리 대나무 장대를 내 머리 위, 기구 바로 밑에 매단 밧줄들과 수직이 되게 부착했다."[20] 이렇게 해서 나온 길이 20미터, 폭 7.6미터의 '산투스두몽 3호'는 가스 용량이 50만 리터로 2호의 세 배에 달했다. 수소를 다 채울 경우 3호는 양력이 2호의 세 배, 1호의 두 배나 됐다. 양력이 필요 이상으로 커서 산투스두몽은 값비싼 수소 대신 어디서나 쉽게 구할 수 있는 일반 램프용 가스를 사용할 수 있었다. 이 가스는 양력이 수소가스의 절반에 불과하지만 산투스두몽 3호는 그래도 수소가스를 주입한 2호보다 적재량이 50퍼센트는 많았다. 실제로 산투스두몽 3호는 엔진과 곤돌라, 각종 밧줄, 비행사의 무게를 감당하고도 105킬로그램을 더 실을 수 있어서 비상용 밸러스트와 양이 꽤 되는 점심 도시락까지 적재했다.

산투스두몽은 3호의 첫 비행 날짜를 11월 13일로 잡았다. 그러자 당시 새로 결성된 '파리 비행클럽'의 소심한 회원들은 불길한 날에 비행하면 안 된다며 시비를 걸었다. (프랑스는 13이란 숫자를 극도로 불길하게 여겼다. 예를 들어 만찬을 하는데 참석자가 열세 명이라면, 곧장 돈을 주고 열네번째 손님 역을 하는 직업인을 불러올 정도였다.) 그런데 1899년 11월 13일은 그냥 불길한 날이 아니었다. 세기말 종말론자들이 '세상 끝나는 날'이라고 예고한 날이었기 때문이다. 산투스두몽은 사람들의 미신을 비웃어주는 데서 쾌감을 느꼈다. 공포에 사로잡힌 가정부에게 주는 급료도 13의 배수로 했고 그녀에게 선물한 목걸이도 알이 열세 개였다. 물론 본인도 특유의 미신 같은 것을 믿긴 했다. "그는 어떤 장소에 들어갈 때 항상 오른발을 먼저 디뎠다." 앙투아네트 가스탕비드—산투스두몽이 사용한 엔진 가운데 하나를 만들었던 쥘 가스탕비드의 딸—는 이렇게 회고했다. "그는 내게 비행할 때마다 여자 스타킹을 목에 감는다고 말했다." 단 남들이 못 보게 스타킹을 셔츠 안에 감추었다. "그 문제의 스타킹은 르텔리에 부인의 것이다. 르텔리에 부인은 당시 유럽에서 가장 명망 있는 여성 중 하나로 평생 많은 행운을 누린 인물이었다."[21] 산투스두몽은 이륙 직전에 '안녕'이라는 말은 절대로 삼갔다. 마지막 인사가 될지 모른다고 생각했기 때문이다. 또 모자를 옆에 두지 않으면 잠을 자지도 못했다. 숫자에도 엄청나게 신경을 썼다. 50이라는 숫자를 싫어해서 50프랑짜리 지폐나 5만 헤이스(포르투갈과 브라질의 옛 화폐단위) 지폐는 지갑에 넣지도 않았다. 또 어느 달 8일에 비행선이 추락해 구사일생한 뒤로는 8이라는 숫자도 기피했다. 친구들은 그가 굳이 '불길한 날'에 비행을 감행하려는 것은 비행의 위험 따위는 아랑곳하지 않겠다는 의지의 표현이라 생각했다. 산투스두몽은 미국의 독립기념일 7월 4일, 브라질의 독립기념일 9월 7일, 예수승천대축일 같은 역사적으로 의미가 깊은 날에 비행하기를 좋아했다.

1899년 11월 13일 날씨는 평소와 다를 바 없었다. 서늘하고 상쾌했다. 추락 같은 건 생각하기 어려운 맑은 날씨에, 세상이 끝날 것 같은 징후도 전혀 없었다. 산투스두몽은 아침내 비행선을 점검하고 엔진을 시험하고 가장 중요한 배기 밸브를 확인했다. 오후가 되자 일꾼들이 기구에 램프용

4 · 신세기를 연 과학의 순교자들

석탄가스를 가득 채웠다. 보지라르 기구 공원에서 이륙 준비가 끝났다. 친구 안토니우 프라두가 산투스두몽에게 앞선 비행에서 두 차례나 죽을 고비를 넘겼는데 무섭지 않느냐고 물었다. 산투스두몽은 겁이 난다고 솔직히 말했다. 프라두가 그 공포를 어떻게 이겨내는지 궁금하다고 하자 그는 이렇게 답했다. "얼굴이 창백해지지. 그럼 딴생각을 하면서 마음을 가다듬어. 성공을 못해도 날 보는 사람들 앞에서는 아주 용감한 척하지. 위험을 무릅쓰는 거야. 겉으론 그래, 그래도 속으론 겁이 나."[22]

오후 3시 30분, 산투스두몽을 태운 비행선이 날아올랐다. 그때까지 했던 비행 가운데 가장 성공적인 비행이었다. 산투스두몽은 하늘로 올라가자마자 에펠탑을 향해 나아갔다. "그 멋진 랜드마크 주위를 이십 분간 선회했다. 원을 그리고, 8자를 그리고, 하고 싶은 대로 이리저리 방향을 틀었다. 대각선 방향으로 오르내리기도 하고 측면으로 움직이기도 했다. 기분이 끝내줬다." 산투스두몽의 회고는 계속된다. "나는 마침내 꿈꾸던 것을 최대한 실현했다. 프로펠러와 방향타가 추진력을 가하면 비행선은 고분고분 말을 잘 들었다."[23] 그는 에펠탑에서 곧장 불로뉴숲으로 직진했다. 보지라르로 돌아갈 생각은 없었다. 그곳 비행선 격납고는 가옥으로 둘러싸여 있었다. 착륙할 때 작은 실수라도 하면 큰일난다는 말이다. 이륙할 때 세찼던 바람도 위험 요소로 작용할 수 있었다. "파리 시내에 착륙하는 것은 어떤 종류의 기구라도 위험하다. 뾰족한 굴뚝에 걸려 기구가 찢어질 수도 있고, 지붕에 착륙하다가 기왓장이 떨어져 지나던 행인의 머리에 맞을 수도 있었다." 그래서 불로뉴숲에 착륙하기로 한 것이다. 특히 이번에는 고난도의 조종을 해서 "지난번에 연 날리는 아이들이 가이드로프를 잡아주어서 날 구해줬던 그 지점에" 내려앉았다.[24]

산투스두몽은 착륙한 3호를 두루 점검한 뒤 가스가 전혀 새어나가지 않았음을 확인하고 흐뭇해했다. "밤새 잘 모셔두었다가 내일 다시 타고 나가도 되겠네! 내 발명품이 성공적이라는 건 의심의 여지가 없다."[25] 격납고만 있었으면 실제로 그렇게 할 수 있었다.

그날 밤 산투스두몽은 막심 레스토랑에서 그날 자신이 이룩한 업적을 자랑했다. 착륙 과정을 완벽하게 통제할 수 있게 된 그에게 뾰족 지붕 같은 것은 이제 두려운 대상이 아니었다. 그는 산투스두몽 3호를 파리 시내 어느 지점에나 착륙시킬 수 있다면서 믿기지 않으면 내기하자며 상당한 판돈을 걸었다. 자동차클럽 회원들을 놀래줄 요량으로 산투스두몽은 콩코르드광장의 클럽하우스 옥상 정원에 비행선을 착륙시키겠다고 장담했다. 그는 레스토랑에 있는 모든 사람에게 "비행선 건조는 내 필생의 과업이 될 겁니다"라며 큰소리를 쳤다.[26]

산투스두몽은 파리 비행클럽과 접촉해 그들이 소유한 땅에 거대한 비행선 이착륙장을 짓게 해달라고 설득했다. 불로뉴숲 서쪽 바로 옆 생클루 지역 비행클럽 소유지에 자신이 돈을 들여 수소가스 발생시설과 최신 작업장을 갖춘 격납고를 만들고 싶다는 얘기였다. 길이 30미터의 이착륙장에 높이 11미터짜리 출입문을 달아 가스 주입을 마친 비행선을 들이고 빼내는 일을 쉽게 하겠다는 구상이었다. 그러나 그는 여기서도 저항에 부딪혔다. "이번에도 파리 장인들의 오만과 편견에 맞서 싸워야 했다. 그들은 자르댕 다클리마타시옹에서도 날 힘들게 했었다."[27] 장인들은 미닫이문이 너무 커서 제대로 열리지 않을 거라 주장했다. 산투스두몽은 이렇게 대꾸했다. "내 지침대로만 하면 걱정할 게 없습니다. 잘 열린다는 것은 제가 보장할게요." 그래도 장인들은 내키지 않아 했다. "각자 요구하는 일당도 다 달랐지만 오래 실랑이를 하고 나서야 그들의 완강한 고집을 꺾을 수 있었다. 문을 완성하고 나니 잘 여닫혔다. 당연한 일이다."[28] 삼 년 후 모나코 대공이 산투스두몽에게 훨씬 더 큰 이착륙장을 지어준다. 이때 산투스두몽이 요구한 높이 15미터의 문들은 당시 실제로 작동하는 문으로는 세계에서 가장 큰 규모를 자랑했다.

생클루 이착륙장을 건설하는 동안 산투스두몽은 3호의 비행을 계속했다. 1호나 2호 때와 같은 복잡한 사전준비가 필요 없었다. "500세제곱미터의 수소가스를 채우려면 하루가 꼬박 걸립니다. 하지만 일반 가스는 한 시간이면 너끈해요." 산투스두몽은 『뉴욕 헤럴드』와 인터뷰에서 이렇게 말했다. "시간이 얼마나 절약되는지 보세요! 그냥 창밖을 내다보며 날씨가 어떨까 생각하다 괜찮겠다 싶으면 한 시간 뒤에 그냥 기구에 타면 되는 겁니다."[29] 그는 이제 악천후에는 비행을 하지 않았고, 비행선도 이전 모델보다 훨씬 안정적이기에 돌발사고도 거의 없었다. 그러나 마지막 비행에서 방향타가 떨어져나가는 바람에 비상착륙을 해야 했다. 다행히 아래는 개활지 이브리 평원이었다. 산투스두몽은 3호를 타고 수십 차례 여행을 했고 스물세 시간 비행이라는 최장 체공 기록을 세웠다.

망가진 방향타를 다시 만들려고 궁리중이던 1900년 4월 파리 비행클럽 모임에서 색다른 소식이 날아왔다. 새 세기를 맞아 비행술을 촉진할 목적으로 석유 재벌이자 파리 비행클럽 발기인 중 하나인―별명이 '유럽의 석유왕'인―앙리 도이치 드 라 뫼르트가 10만 프랑을 상금으로 내건 대회를 열겠다고 선언한 것이다. "1900년에서 1904년까지 매년 5월 1일에서 10월 1일까지 기간 내에 생클루 비행클럽의 기구 공원을 이륙해서 지상에 닿지 않고 자체 적재한 수단만으로, 에펠탑 중심축을 궤도 내부에 두는 방식으로 폐곡선을 그린 다음 최대 삼십 분 이내에 원래 출발지로 귀환하는 미션을 가장 먼저 달성하는 사람이 우승자다. 여러 명의 비행사가 같은 해에 이 과업을 수행했을 경우에는 상금 10만 프랑은 소요시간 비율에 따라 지급한다."[30] 도이치는 또 해당 연도에 수상자가 나오지 않을 경우 분발을 촉구하는 의미에서 10만 프랑에 대한 이자를 최근 열두 달 동안 최고의 성과를 보인 비행사에게 지급한다고 했다. 비행클럽 모임에 참석했던 산투스두몽은 친구들에게 도이치가 이자를 나눠줄 필요는 없을 것이라고 말했다. 그해가 끝나기 전에 자신이 상금과 그에 따르는 명예를 거머쥘 생각이었던 것이다.

에펠탑에서 생클루까지는 5.6킬로미터 거리였다. 따라서 비행선이 생클루-에펠탑 왕복비행을 삼십 분 안에 마치려면 시속 50킬로미터는 되어야 했다. 에펠탑 둘레를 도는 데 시간이 걸리는 것을 고려하면 실제로는 시속 25킬로미터는 되어야 했다. 산투스두몽 3호가 도달한 속도는 시속 19킬로미터였다. 물론 그의 계산으로는 날씨가 평온한 날 엔진과 프로펠러가 완벽하게 작동을 하면 속도는 시속 32킬로미터까지 간다. 그러나 날씨가 완벽해지기만을 기다릴 수는 없다. 더구나 "가스주머니는 형태가 너무 어색하고 엔진도 매우 약했다."[31] 산투스두몽은 더 빠른 비행선이 필요했다. 그는 곧 '산투스두몽 4호'의 제작에 들어갔다.

상금만으로도 동기부여는 충분했지만, 한 가지 더 그를 들뜨게 한 것은 신세기의 출발을 알리는 기념비적 행사 '파리만국박람회'였다. 수많은 세계 정상급 비행사가 박람회와 함께 열리는 국제항공대회에 참석해 하늘을 나는 기계의 앞날을 토론하기로 되어 있었다. 산투스두몽은 이론적 토론에는 별 관심이 없었다. 다만 기구도 조종이 가능하다는 것을 미심쩍어하는 사람들 위로 산투스두몽 4호를 비행해 보이고 싶었다.

1900년 7월 10일 언론들은 그가 곧 새로운 비행선을 시험할 거라고 보도했다. 『뉴욕 타임스』 기사를 보자. "파리 자동차클럽 동료들은 새로운 시험비행에만 골몰해 있는 산투스두몽 씨를 매일같이 비아냥거렸다……친구들은 그에게 그러다간 죽을 거라고 했다. 그러나 그는 비행사로서 자신이 만든 시스템을 확고히 믿었다. 그는 비행을 해보기로 결정했다."[32] 8월 1일 그는 산투스두몽 4호를 동료 비행사들에게 선보였다. 동료들은 깜짝 놀랐다. 안전한 고리버들 곤돌라를 없애고 자전거 안장을 얹은 기다란 장대에 "마녀가 빗자루를 타듯이" 걸터앉은 모습으로 나타났기 때문이다.[33] 그는 동료들에게 곤돌라를 없앤 건 너무 무겁고 불필요한 사치품이기 때문이라고 설명했다. 3호에 장착했던 길이 10미터짜리 대나무 장대는 그대로 사용했는데, 이번에는 3호에서 가스주머니 형태를 유지하고자 머리 위를 가로지르는 대신 걸터앉는 용도로 썼다. 대나무 장대는 수평과 수직으로 거미줄처럼 얽힌 가로대와 팽팽히 묶은 밧줄들로 지탱이 되면서 엔진과 가솔린 탱크, 프로펠러를 지지하는 역할도 했다.

"산투스두몽은 자전거 안장에 걸터앉아 있었다. 두 발은 페달에 올려놓고 한 손은 가솔린을 담은 놋쇠 실린더에, 다른 손은 밸러스트용 물을 담은 더 큰 놋쇠 실린더에 올려놓았다. 아무 보호장치 없이 허공에 몸을 맡긴 그의 용기에 감탄하지 않을 수 없었다." 스털링 헤일리그는 미국 일간지 『워싱턴 스타』에 계속해서 이렇게 기사를 썼다. "'저 높은 곳에서 갑자기 살짝 정신이라도 잃으면 바로 추락해서 박살이 나고 말 거예요.' 내가 놀라서 크게 말했다. '나는 정신 안 잃어요.' 그가 대꾸했다. '비행선에서 떨어진다는 생각은 안 합니다.' 산투스두몽이 같은 말을 되풀이한다. '왜냐하면 평정심을 유지할 테니까. 곤돌라는 그 안에 누워서 눈을 감을 생각을 하는 사람한테는 좋을 겁니다. 하지만 나는 이 기계 전체를 컨트롤할 수 있어야 하고, 그렇게 해서 완벽한 상황을 항상 유지해야 합니다. 사실, 그래서 모든 것을 내 손과 발이 닿는 거리 안에 놓아두었죠. 그 이상의 보호장치는 필요 없습니다.'"[34]

그는 자전거 안장은 편하고 자전거 뼈대 전체가 기능적으로 아주 쓸모가 있다며 입을 다물지 못하는 동료들을 안심시켰다. 예를 들어 핸들로는 방향타를 조절하고 페달로는 엔진에 시동을 걸었다. 7마력짜리 2기통 엔진은 3.5마력짜리 삼륜차 엔진을 개조한 것이다. 엔진은 철골에 피륙을 씌운 날개 두 개로 폭 4미터의 프로펠러를 기다란 축으로 작동시켰다. 3호에서는 프로펠러가 후미에 탑재되어 비행선이 대기를 뚫고 앞으로 나아가게 하는 역할을 했던 반면, 4호에서는 프로펠러를 대나무 장대 앞에 탑재해 분당 100회 이상 회전하면서 비행선을 잡아당기는 역할을 하도록 했다. 거대한 육각형 모양의—나무막대에 실크를 덧씌운—방향타는 공간을 7제곱미터나 차지하지만 아주 가벼워서 가스주머니의 표면에 바로 붙일 수 있었다.

자전거 안장 주변에 뒤엉킨 밧줄은 저마다 특별한 기능이 있었다. 어떤 밧줄은 가이드로프와 모래주머니의 위치를 바꾸는 데에, 또 어떤 밧줄은 엔진의 전기 스파크를 받아내는 데에 쓰였다. 가스주머니 밸브 개폐를 담당하는 밧줄도 있었고, 꼭지를 돌려 밸러스트용 물을 방출하는 밧줄도 있었다. 심지어 비상시 가스주머니를 찢는 밧줄도 있었다. "이것들 하나하나를 살펴보면 금방 알 수 있을 겁니다." 산투스두몽이 말했다. "비행선이라는 건 아무리 간단해도 대단히 복잡한 유기체라는 것을 말입니다. 비행사의 일이란 게 절대 한가하지 않아요."[35]

산투스두몽 4호를 살펴본 사람들은 산투스두몽이 해야 할 일이 너무 많다는 점을 우려했다. 그들이 보기에 4호는 "경이로울 정도로 독창적"이긴 하지만 작동하기에는 너무 복잡했다. "온갖 종류의 장치가 탑재되어 있어서 누구도 작동할 수 없을 것 같았다." 런던의 신문 『데일리 그래픽』은 우려 섞인 보도를 했다. "산투스두몽 씨는 동시에 프로펠러 기어를 풀고, 엔진 가동을 멈추고, 방향타를 왼쪽으로 돌려야 할 수도 있다." 그런 중요한 순간에는 어느 밧줄이 무슨 역할을 한다는 걸 기억하면 되는 게 아니라, 밧줄들을 동시에 제대로 잡아당겨야 한다. "현재 상태로는, 그것도 혼자 몸으로는, 그런 일을 해낼 수 없을 것 같다."[36]

기구 모양 자체는 그나마 시비가 덜했다. 물론 다른 비행선에 비하면 여전히 놀라운 형태였다. 4호의 생김새는 '거대한 노란색 애벌레' 같았다.

『뉴욕 헤럴드』는 이렇게 전했다. "격납고 크기를 보면 비행선 규모를 짐작할 수 있다…… 만일 여행객이 이 커다란 격납고를 마주치게 된다면 작은 교회나 곡물창고가 아닐까 싶어서 놀랄 것이다."[37] 산투스두몽은 4호를 일종의 타협으로 생각했다. 형태와 규모 면에서 3호와 그전 모델들의 절충이었으니 말이다. 적재 가스 용량은 41만 9,000리터, 길이는 29미터에 최대 직경은 5미터였다. 그러나 형태는 더이상 양끝이 뾰족한 원통형이 아니었다. "타원형에 가까웠다." 산투스두몽의 설명을 들어보자. "산투스두몽 1호의 날렵한 형태로 돌아간 것은 아니지만 퉁퉁한 3호와는 아주 달랐다. 그러한 형태가 보조 공기주머니를 달고 알루미늄 회전식 송풍기를 부착하기에 적합하다고 생각했다. 3호보다 작기 때문에 양력도 떨어지게 된다. 그래서 석탄가스 대신 예전처럼 수소가스를 사용했다."[38] 새로운 이착륙장에서는 수소가스도 산투스두몽이 직접 만들어냈다. 4호는 3호에 비해서는 작지만 그래도 길이 29미터로 당시까지 나온 비행선 중에서는 가장 길고 인상적이었다.

8월 두 주일 동안 산투스두몽은 매일 4호를 타고 이륙했다. 기구는 가스가 거의 새지 않았기 때문에 새로운 격납고에 보관을 해두었다가 다시 타고 나가곤 했다. 그는 4호가 자동차처럼 유지 관리가 쉽고 훨씬 재미있다고 말했다. 파리 시민들이 몰려나와 그가 거대한 가스주머니를 격납고에서 끌어내어 위태위태하게 튀어나온 자전거 안장에 올라타는 모습을 지켜보았다. 엔진은 안장 바로 앞에 장착되어 있어서 거기서 나오는 스파크와 그을음과 휘발유가 깔끔히 차려 입은 정장에 마구 튀었다. 그래서 옷을 매일같이 세탁해야 했다. 일부 비행사들도 일찍부터 나와 구경꾼 대열에 합류했다. 산투스두몽이 이륙하는 모습을 멀리서 지켜보는 비행사들도 있었다.

1900년 9월 19일 국제항공대회 참석자들은 공식 회의를 연기하고 비행시연을 지켜봤다. 산투스두몽은 4호를 타고 에펠탑을 돌 계획이었지만 바람이 세차게 불어서 '불로뉴숲을 한 바퀴 도는' 정도로 시범을 보이기로 했다.[39] 그 정도로도 경이를 불러일으키기에는 충분했다. 런던의 일간지 『데일리 익스프레스』엔 이런 기사가 났다. "두몽 씨가 시도하려는 비행은 극히 위험하다. 재앙을 초래할 만한 요소는 다 가져다놓은 것 같다. 수천 리터 부피의 수소가스로부터 1미터가 채 안 되는 곳에서 뻘겋게 달궈진 엔진이 돌아간다. 아무리 강심장이라도 조마조마하지 않을 수 없다. 그런데 두몽 씨는 대수롭지 않게 작업을 한다."[40]

오후 3시 30분, 구경꾼 수백 명이 모여들었다. 바람이 거세졌다. 평소 심적 동요가 거의 없는 산투스두몽도 격납고에서 비행선을 꺼내면서 걱정이 됐다. 그러나 그를 보러 대서양을 건너온 유명 인사들도 있는 만큼 어떤 식으로든 시범을 보이긴 해야 했다. 환호와 박수를 받으며 산투스두몽은 비행선을 밖으로 끌어냈다. 그러나 그 순간 강풍이 불어 비행선이 격납고에 부딪치자 관람객들은 아연 침묵했다. 방향타가 부러졌다. "부러진 곳을 접합하고 조타장치를 원형대로 복원하려면 두 시간은 족히 걸렸을 것이다." 『뉴욕 헤럴드』는 그 당시의 상황을 이렇게 기록했다. "부러진 방향타는 그냥 내버려두었다." 산투스두몽은 관람객들에게 "지금 계류하지 않은 상태에서 비행하는 것은 그야말로 무모한 일이기 때문에 출발대에 비행선을 묶어놓고 짧은 거리만 비행해보이겠습니다" 하고 밝혔다.[41] 그 정도만 해도 악천후 속에서 엔진이 바람을 충분히 견뎌낼 수 있다는 것은 입증할 수 있었다.

산투스두몽은 바람을 타고 급속히 지상 21미터까지 상승했다. 지상에서 환호성이 들리자 그는 비행선을 돌린 뒤 시속 16킬로미터의 바람을 안고 전진했다. "바로 이것이 모두가 보고 싶어한 시험비행이었다!" 『뉴욕 헤럴드』의 기사는 이렇게 감탄을 쏟아냈다. 산투스두몽 4호는 "바람을 거스르며" 시속 6.4킬로미터의 속도로 전진했다. 그러나 진로를 곧게 유지하기가 어려웠다. 방향타가 없어서 비행선 머리 부분이 자꾸 옆으로 틀어졌기 때문이다. 그러나 이러한 약간의 시범만으로도 산투스두몽은 깊은 인상을 심어주었다. 『뉴욕 헤럴드』의 기사는 결론부에서 "고개를 갸우뚱거리던 사람들은 확신을 갖게 되었고 우리 모두가 산투스두몽 씨가 엔진으로 비행선을 모는 일이 가능하다는 사실을 알게 되었다"라고 밝힌다. 하지만 방향타가 고장난 상태였기 때문에 일부에서는 산투스두몽이 정말 비행선 조종에 따르는 문제들을 제대로 해결할 수 있을까 하는 의구심을 떨쳐내지 못했다.

독수리는 어떻게 하늘에 떠 있나
─ 항공술의 열쇠

새뮤얼 피어폰트 랭글리는 국제항공대회에 참석하고 돌아갔다가 전시회 관계로 9월 마지막 주에 다시 파리를 찾았다. 박물관, 미술관, 연구소, 도서관 등을 거느린 미국의 유명한 연구기관 스미스소니언협회 사무총장인 랭글리는 글라이더와 날개를 단 비행기 같은 중항공기 제작 분야에서 세계 최고의 권위자였다. 경항공기에 속하는 비행선 분야에서는 주로 유럽인, 특히 프랑스인들─그리고 프랑스에서 활동하고 있던 한 사람의 브라질인─이 두각을 나타내긴 했지만, 항공기 개발 자체는 세계적인 현상이었다. 특히 미국이 선두를 달렸다.

  새 깃털과 밀랍으로 날개를 만들어 붙이고 하늘을 날았다는 그리스신화의 이카로스 이야기는 그 비슷한 사례가 아시아나 아프리카의 과거 신화에도 있었다. 따라서 사람이 하늘을 나는 이야기는 태곳적부터 지구 곳곳에서 전해져왔다고 해도 과언이 아니다. 그러나 날개를 단 사람의 신화나 전설은 수십 가지가 넘지만, 기구 같은 괴상한 장치를 타고 하늘로 올라간 사람에 얽힌 신화는 없었다. 이러한 편차는 자연계에서 볼 수 있는 사례 때문이라고 할 수 있다. 부글부글 끓는 거품을 제외하고 구형의 물체가 하늘을 나는 사례는 자연계에서 거의 찾아볼 수 없기 때문이다. 다만 공기보다 무거운 새가 날개를 퍼덕이며 하늘을 나는 모습은 흔히 볼 수 있다. 따라서 최초로 비행에 관심을 가졌던 사람들은 하늘을 나는 장치를 거품보다는 새를 모델로 해서 구상했다.

1500년경 이탈리아 화가이자 건축가 레오나르도 다빈치는 최초로 하늘을 나는 장치의 설계도를 그렸다. 그는 여기에 3만 5,000단어의 해설을 붙이고 인공 날개를 단 인간 스케치 500편을 그렸다. 그러나 다빈치는 하늘을 나는 구상을 그림으로만 표현했다. 중세와 르네상스 초기에 이르러, '페루자의 다이달로스'로 불리던 이탈리아 수학자 조반니 바티스타 단티 같은 사람이 팔에 아교로 깃털을 붙이고 탑에서 뛰어내린 적이 있었다. 당연히 이런 시도는 대개 추락해 팔다리가 부러지는 것으로 끝나곤 했다. 1660년 프랑스의 외줄타기 명수 알라르는 국왕이 왕림해 구경해준다면 생제르맹의 테라스에서 베지네숲까지 날아 보이겠다고 호언장담을 했다. 루이 14세는 그 뜻대로 하자는 데 동의했다. 그러나 정작 그 순간이 되자 우물쭈물 망설이다가 알라르는 탑에서 뛰어내렸고 돌을 깐 안뜰에 떨어져 두개골이 박살나고 말았다.

비행을 꿈꾼 초기 인물들은 새의 비행을 모방하려고 하면서 특히 날갯짓에 큰 관심을 쏟았다. 이는 실수였다. 18세기 자연과학자들은 인간은 대기를 뚫고 날 수 있는 만큼 날개를 퍼덕일 근력이 없다는 것을 설득력 있게 입증했다. 기술자들은 날갯짓으로 하늘을 날게 해주는 기계 '오니솝터ornithopter'를 만들려고 했지만 성공하지 못했다. 중항공기 분야의 진전은 19세기 초에야 가능해졌다. 발명가들이 새의 비행 양태 중 날갯짓 말고 다른 형태의 이동 방식에 집중했기 때문이다. 비교적 안정 상태를 유지하며 날개를 활짝 펴고 활공하는 것 말이다.

이 분야에서 가장 큰 영향을 미친 인물은 영국 엔지니어였던 조지 케일리 경이다. 케일리가 항공술에 관심을 갖게 된 것은 열 살 때 몽골피에 형제가 열기구 비행을 했다는 기사를 접한 이후였다고 한다. 케일리는 몽골피에 형제의 비행 방식은 다른 연구자들이 잘 발전시켰으므로, 사람들이 별로 주목하지 않던 중항공기 방식을 연구하기로 했다. 그는 1809년에 글라이더 모델을 만들었고 1850년대에는 제대로 된 크기의 글라이더를 제작했다. 독일의 오토 릴리엔탈, 미국의 옥타브 샤누트 같은 엔지니어들은 케일리의 업적을 바탕으로 더 괄목할 만한 발전을 이루었다. 그렇게 해서 20세기가 시작될 무렵에는 글라이더 방식이 항공술 연구에서 가장 유망한 분야로 발돋움했다.

기구나 비행선처럼 공기보다 가벼운 수소와 헬륨을 사용해 부력을 얻는 경항공기 방식을 추구한 동시대 비행사들 가운데에서도 산투스두몽은 매우 특이했다. 비행선은 같은 부피의 공기보다 무거워서 날개에 작용하는 양력으로 비행하는 중항공기에 비해 분명 강점이 있었다. 프로펠러나 엔진이 고장나도 가스주머니의 부력으로 추락은 면할 수 있는 것이다. 반면에 가스주머니의 덩치가 너무 크고 투박해서 속도를 내는 데는 한계가 있었다. 더 빠른 속도를 추구하던 시대 분위기에 안 맞는 요인이다. 자전거며 증기선, 기차, 자동차가 속도를 경신하던 시절, 대부분의 비행사들은 최대한 빨리 나는 기계를 만들고 싶어했다. 따라서 기구보다 비행기가 정답이었다. 물론 이륙에 성공한 비행기는 아직 없었다.

1900년 당시 랭글리는 예순여섯 살로 스물일곱 살의 산투스두몽보다 나이가 곱절이 많았다. 그럼에도 두 사람은 만나자마자 죽이 잘 맞았다. 할아버지 가운데 한 사람이 하버드 대학교 총장을 지낸 바 있는 미국 보스턴 상류층 출신의 랭글리는 미국인 최초로 천문학 책을 저술한 사람이다. 랭글리는, 약간 멋을 부리기는 했지만 주름 하나 없는 정장을 차려 입은 브라질 청년을 자신과 같은 세련된 매너가 있는 부류로 여겼다. 랭글리는 얼마나 까다로운지 스미스소니언협회 직원이 넥타이를 헐렁하게 매거나 안내 데스크에 구부정한 자세로 앉아 있으면 호통을 쳐대곤 했다. 특히 항공 관련 프로젝트를 위해 사람을 뽑을 때는 채용 대상자의 됨됨이가 어떤지 알아보고자 추천서를 여러 장 요구했다. 인터뷰 때는 누구나 좋은 옷을 빌려 입고 나올 수 있지만 그렇다고 해서 진짜 신사라는 보장은 없기 때문이다. 그는 또 상스럽고 험한 언사를 혐오했다. 기계 기사들에게 새로 개발한 엔진이나 시험용 비행기가 폭발 일보 직전인 급박한 상황에서도 세련된 영어를 쓰라고 요구할 정도였다.

랭글리는 천문학자로서 화려한 경력을 닦은 뒤에 항공술 분야에 뛰어들었다. 그는 매사추세츠주 보스턴 록스베리에서 어린 시절을 보내면서 별에 관심을 갖게 됐다. 그 시절 그는 아버지의 망원경으로 천체뿐 아니라 독립전쟁 당시 영국군과의 전투를 기념하는 벙커힐 기념탑 건설공사 과정도 지켜보았다. 1870년대 말에는 볼로미터bolometer라는 저항 온도계를 발명해 태양열을 측정했다. 1881년 캘리포니아주 남부 휘트니산 꼭대기에서 수집한 데이터를 바탕으로, 태양 복사의 스펙트럼이 당시까지 생각했던 것보다 훨씬 넓다는 사실도 발견했다. 또 태양에너지가 지구 대기층에 얼마나 흡수되는지를 밝힌 선구적인 연구 성과도 내놓았다. 그는 이런저런 발견으로 전 세계 여러 대학에서 명예박사학위를 얻고 워싱턴 미국국립과학아카데미, 런던왕립학회, 로마린체이아카데미의 회원이 되었으며, 학술 관련 명예는 거의 다 차지했다. 랭글리는 미국과학진흥협회

회장이었으므로 1887년 스미스소니언협회 사무총장이 직무중 사망했을 때 후임자로 선출된 것은 당연했다. 이런 놀라운 업적을 이루었지만 랭글리는 대학을 제대로 마치지도 않았다. 이 점이 산투스두몽에게는 신선하게 느껴졌을 것이다.

랭글리가 중항공기 방식의 비행을 진지하게 연구하기로 한 것은 스미스소니언협회에 합류하기 바로 전해였다. 1880년대 중반 미국 과학자들은 대부분 항공술을 기계 만지기를 좋아하는 아마추어나 탑에서 뛰어내리는 중세식 모험을 하는 사람들의 돈키호테적인 오락 정도로 치부했다. 철도 엔지니어 출신으로 글라이더 실험을 했고 미국 항공계의 사정에 유일하게 정통했던 옥타브 샤누트는 1886년 진정한 발전을 이루려면 더 많은 엔지니어와 과학자가 달라붙어야 한다고 생각했다. 그러려면 우선 항공술은 괴짜가 하는 짓이라는 이미지부터 바꿔야 한다고 보았다. 항공 역사가 톰 크라우치는 『날개의 꿈*A Dream of Wings*』(2002)에서 샤누트가 연구를 더 많이 해야 한다고 떠들면 오히려 자기 명성에 금이 갈 것이라 보고 조용히 추진하는 방식을 택했다고 설명한다.[1] 샤누트는 1886년 미국과학진흥협회 버펄로 학술대회의 기계공학 분과 프로그램 담당자였다. 그는 자신의 직위를 이용해 버펄로 학술대회 프로그램에 아마추어 오니숍터 제작자 이즈리얼 랭커스터의 항공술 강연 두 시간을 슬쩍 추가했다. 랭커스터는 새를 모델로 한 기계가 실제로 날 수 있다는 것을 보여주기 위해 새를 본뜬 엉성한 모형을 수백 개나 만든 인물이었다.

샤누트는 랭커스터의 첫 강연에 '하늘을 나는 새'라는 평범한 제목을 달았다. 그러나 프로그램 전체는 기계공학에 대한 전통적인 관심사를 다룬 것이 대부분이었으므로 단연 돋보였다. 랭커스터는 전문가 집단 앞에서 자신이 만든 새 모형들이 460미터 상공으로 날아올라 십오 분 이상 공중에 머물러 있었다고 소개했다. 그러면서 날개 면적을 18제곱미터로 키운다면 사람도 띄울 수 있다고 자신 있게 말했다. 그러나 샤누트의 우려는 현실로 바뀌었다. 『버펄로 쿠리어』지가 전한 바에 따르면, 당시 랭커스터의 강연을 듣고 있던 청중들은 "하나같이 그를 비웃고 욕설을 퍼부었다."[2] 여느 때 같으면 진지한 분위기였을 학술대회에서 랭커스터의 다음 강연은 휴식용 코미디가 될 거라는 말까지 퍼졌다. 새 모형의 비행시범이 있을 예정이었지만 홀을 메운 과학자들이 낄낄거리고 비웃으며 수군거리자 랭커스터는 황망히 나가버리고 말았다. 청중은 그에게 야유와 불평을 퍼부었다. 그중 한 사람은 새 모형을 날리는 사람에게 100달러를 주겠다고 상금까지 내걸었다. 그러자 또 한 사람이 상금을 1,000달러로 높였다. 최악의 상황이 벌어질 것을 예감했던 샤누트는 그 학술대회 자리에 나오지도 않았다.

그러나 우연찮게 강연장을 찾았던 랭글리는 전혀 웃지 않았다. 그 야단법석의 와중에도 조용히 자리를 지키고 앉아 인간이 하늘을 날 수 있다는 흥미로운 주장 앞에 깊은 상념에 잠겼다.

"날개를 조금도 움직이지 않는 것처럼 보이는데 독수리가 하늘에서 몇 시간이나 머물 수 있는 건 어찌 된 일일까?" 랭글리는 이 점이 궁금했다. "독수리는 종에 따라 무게가 2.3~4.5킬로그램이나 된다. 특히 같은 부피의 공기보다 훨씬 무겁다. 철제 다리미보다 무겁다. 우리가 대포알이 비눗방울처럼 대기중에 둥둥 떠다니는 걸 본다면 기적까진 아니더라도 대단히 놀라운 일이라 생각했을 것이다. 그런데 새는 어떤가? 하늘을 나는 새를 보고 놀라지 않는 까닭은 어릴 때부터 많이 봤다는 것뿐이다. 어려서 대포알이 대기중에 떠다니는 걸 봤다면 어떻게 그럴 수 있는지 정말 궁금해했을 텐데. 그런데 독수리가 날갯짓도 않고 하늘에 떠 있는 걸 보고도 우리는 전혀 궁금해하지 않는다."[3]

랭글리는 스미스소니언협회로 옮기기 위해 지난 20년간 일했던 펜실

베이니아주 피츠버그 소재 앨러게니 천문대 대장직을 사임하려고 준비하고 있었다. 그는 피츠버그와 워싱턴을 오가면서도 틈틈이 시간을 내서 비행 연구를 시작했다. 그는 모형 제조만으로는 하늘을 날 수 없다고 생각했다. 천문학자로서 랭글리는 항공술은 아직 과학이 아니라는 사실을 알고 있었다. 동료 물리학자들 대부분이 항공술은 과학이 될 수 없다는 비판적인 견해를 가지고 있었다. 뉴턴역학의 원리상 인간이 날 가능성은 전혀 없는 것처럼 보였기 때문이다. 물리학자들은 날개 크기와 바람의 저항 사이에는 역설적인 관계가 존재한다고 주장했다. 날개가 사람을 실어나를 정도로 커지면 바람의 저항이 심해지고 이 저항을 극복하려면 매우 강력한 엔진이 필요하다. 그런데 강력한 엔진은 크고 무겁기 때문에 공중에 떠 있으려면 훨씬 큰 날개가 필요하다. 이렇게 되면 다시 바람의 저항이 더 커지고, 그에 따라 다시 더 강력한 엔진이 필요하다. 이런 식으로 하면 날개는 무한대로 커져야 한다는 결론이 나온다.

랭글리는 뉴턴주의자들이 잘못 생각하고 있다는 것을 입증하고자 했다. 그러나 랭커스터가 창피를 당한 일이 엊그제였기 때문에 자신의 구상과 계획은 일절 발설하지 않았다. 랭글리는 실제 바람의 저항에 관한 경험적 데이터를 방대하게 축적하지 않은 채로는 이 문제를 해결할 수 없다고 생각했다. 이를 위해 앨러게니 천문대에 거대한 '회전 탁자'를 만들었다. 이 탁자는 원시적인 형태의 풍동風洞으로 빠르고 센 기류를 일으키는 장치였다. 세로 중심축에 9미터짜리 수평 가로대 두 개를 끼운 다음 증기기관으로 돌린다. 가로대 회전이 시속 112킬로미터에 도달하면 양끝에 박제한 앨버트로스나 콘도르, 독수리, 또는 날개 모양의 인공 구조물을 올리고 그것들이 돌아가면서 어떻게 작동하는지를 관찰한다. 랭글리는 이 모든 작업을 비밀리에 수행했다. 박제한 새도 남이 못 보도록 몰래 넣고 빼고 했다. 그러면서 기체역학 실험이라고 둘러댔다.

'랭글리 법칙'이라고 일컬어지게 될 중요한 발견은 이카로스의 사도들에게 희망을 안겨주었다. 어떤 물체의 속도가 증가하면 비행상태를 유지하기 위해 더 많은 힘이 필요한 것이 아니라 오히려 힘이 덜 든다는 것이다. 랭글리는 모형 비행기를 건조하기 시작했다. 처음에는 고무줄을 동력원으로 사용하는 '장난감' 수준이었지만 차츰차츰 동력을 높이고 크기도 키웠다. 1891년에는 중항공기 비행이 기존의 엔진으로도 가능하다는 결론을 담은 논문을 발표했다. 그러나 무게 9킬로그램의 1마력짜리 증기기관으로 90킬로그램이나 되는 비행기를 시속 72킬로미터의 속도로 추진할 수 있다는 그의 예측을 접한 동료들은 비웃었다.

1894년 랭글리는 옥스퍼드에서 열린 영국과학진흥협회 학회에 참석했다. 랭글리 법칙의 타당성을 놓고 격론이 벌어졌다. 영국 과학자들은 랭글리의 결론을 수용할 마음이 없었다. 랭글리의 주요 적대자는 당시 영국 과학계의 태두 윌리엄 톰슨, 흔히 켈빈 경으로 불리던 사람으로, 1846년 스물둘에 글래스고대 물리학과 교수가 되고, 열여섯에 첫 논문을 발표한 천재 중 천재였다. 옥스퍼드 모임에 앞서 켈빈 경은 이미 대형 비행체는 있을 수 없다는 의견을 공식적으로 표명한 바 있었다. 이 모임에서도 일흔 살의 켈빈 경은 랭글리가 용납할 수 없는 계산상의 오류를 저질렀다고 비판했다. 미국 과학계의 태두인 랭글리도 정중하고 단호히 방어에 나섰다. 사실 랭글리는 켈빈 경이 그의 전공인 열역학을 놓아두고 엉뚱한 분야의 논쟁에 뛰어들어 망신을 당했던 과거를 물고 늘어질 수도 있었다. 켈빈 경은 1860년대 말 생물학자 찰스 다윈 이론에 도전하는 실수를 저질렀다. 영국과학진흥협회의 다른 회원인 저명한 물리학자 존 레일리―아르곤을 발견했고 하늘이 왜 푸른색인지를 설명해낸 광학 선구자―는 톰슨보다 한결 우호적이었다. 레일리는 대놓고 랭글리를 편들진 않았지만 실제 비행체를 만들어 비판자의 코를 납작하게 하라고 격려했다. 그동안 쌓은 명성을 유지하기 위해 랭글리가 선택할 수 있는 것은 이제 하나밖에 없었다.

　기계식 비행에 지닌 문제를 해결하고자 랭글리는 스미스소니언협회의 방대한 자원을 이용했다. 협회 산하에는 기계 제작과 수리 공장은 물론 다양한 분야의 전문가가 넘쳐났다. 연구자금도 풍부했다. 그는 모델을 조금씩 달리한 대형 비행기를 여섯 대 만들었다. 잠자리처럼 앞날개 바로 뒤에 뒷날개가 달린 형태였다. 각 쌍의 날개는 알파벳 V자 아래를 눌러놓은 것처럼 위로 돌출되어 있었다. 가장 큰 모델은 날개 길이 9미터에 무게는 13.6킬로그램이었다. 그는 이 비행기들을 '에어로드롬'이라 불렀다. 에어로드롬은 당시 기구 격납고나 이착륙장을 뜻하는 말이었기에, 다소 혼란스러운 용어라 할 수 있다. 아무튼 두 쌍의 날개 사이에 장착한 증기기관에서 동력을 얻는 에어로드롬이 포토맥강에서 발사됐다. 선상 가옥 지붕에 6미터 크기의 캐터펄트(사출장치)를 올려놓고 거기서 에어로드롬을 발진시킨 것이다. 랭글리는 이에 앞서 워싱턴 D.C. 미국국립동물원에서 거대한 캐터펄트를 시험해봤다. 이상한 기계를 본 구경꾼들은 맹수가 뛰쳐나왔을 때 쓸 마지막 무기쯤으로 생각했을 것이다.

　1896년 5월 6일 친구인 알렉산더 그레이엄 벨과 함께 랭글리는 수도 워싱턴에서 남쪽으로 48킬로미터 떨어진 포토맥강의 초파왕식섬으로 향했다. 이곳은 강폭이 넓어 시험비행을 하기에 안성맞춤이었다. 외딴곳이라 본의 아니게 주변 인가에 엉뚱한 피해를 끼칠 염려도 없었다. 게다가 그의 실패를 학수고대하는 사람들의 눈초리에서도 자유로울 수 있었다. 오후 1시 10분, 오랜 시간을 들여 건조한 '에어로드롬 6호'가 캐터펄트에 올려졌다. 그런데 발진하기도 전에 왼쪽 날개가 부러지는 바람에 '에어로드롬 5호'가 대타로 나가게 됐다. 오후 3시 5분, 앞날개가 4미터인 에어로드롬 5호가 시속 32~40킬로미터 속도로 지상 30미터까지 날아올랐다. 랭글리 자신도 놀랐다. 에어로드롬 5호는 그렇게 800미터를 비행했다. 그

러나 5호는 우아한 곡선을 그리며 날다가 강물에 빠지고 말았다. 증기엔
진의 물이 떨어졌기 때문이다. 랭글리 옆에 있던 벨은 당시 상황을 이렇
게 전했다. "에어로드롬 5호의 움직임은 아주 안정적이었다. 그 위에 물
한 잔을 올려놓아도 쏟아지지 않을 듯한 느낌이었다."[4]

육 개월이 지난 후 수리를 마친 에어로드롬 6호는 시속 48킬로미터 속
도로 1,290미터를 나는 신기록을 세웠다. 이로써 랭글리는 역사상 처음으
로 중항공기식 대형 기계장치가 자체 동력으로 비행할 수 있다는 사실을
입증해보인 것이다. 증인은 현장에 같이 있었던 전화기 발명자 벨이었다.
켈빈 경도 이러한 사실을 알고서 태도가 다소 누그러지기는 했지만 여전
히 유인 비행은 불가능하다는 의견을 고집했다.

1896년의 시험비행 성공 이후 랭글리는 이제 항공술 연구는 신세대 과
학자에게 넘길 참이었다. 주치의가 그런 식으로 스트레스에 계속 시달리
며 연구에 몰두하다간 제명에 못 산다고 경고했다. 그러나 스미스소니언
협회 사무총장의 은퇴 계획은 윌리엄 매킨리 대통령의 요청으로 없던 일
이 되고 만다. 당시 스페인과의 전쟁을 준비하고 있던 매킨리 대통령은 랭
글리에게 적의 동태를 정찰하고 더 나아가 폭탄을 싣고 가 투하할 수 있
는 비행기를 만들어달라고 한 것이다. 랭글리는 국가를 위해 힘써달라는
대통령의 말을 거부할 수 없었다. 대통령은 젊은 해군 차관보—1901년
제26대 미국 대통령이 되는—시어도어 루스벨트를 통해 랭글리의 연구
와 개발에 예산 5만 달러를 배정하라고 의회를 설득했다. 랭글리는 긴 협
상 끝에 대통령의 요청을 수락했다. 단 예산을 어떻게 쓰는지 군이나 여
타 기관이 일절 간섭하지 않는다는 조건을 달았다. 국가안보를 이유로 의
회를 설득해 연구 작업과 예산 자체를 비밀에 부치게 했지만 이런저런 이
야기가 새어나가고 말았다. 그가 실험을 비밀에 부치고자 한 진짜 이유는
실패할 경우 수많은 켈빈 경이 쾌재를 부를 것이기 때문이었다.

산투스두몽은 평범한 비행사보다는 재정적 형편이 좋았지만 랭글리가 확보한 자원을 보고 부러움을 금치 못했다. 그러면서도 이러니저러니 말 많은 훼방꾼들로부터 방해받지 않으려 애쓰는 모습에서 동지애를 느꼈다. 랭글리는 과학자로서 수많은 업적을 이루었지만 알고 보면 숫기 없는 학자였다. 랭글리의 과묵한 태도는 타인을 오만함과 무관심으로 대한다는 인상을 줄 수 있었다. 게다가 몇 가지 기벽을 지닌 터라, 그를 나쁘게 생각하는 사람도 적지 않았다. 예를 들면 그는 부하 직원들이 홀에서 자기 앞으로 걸어오는 것을 금했다.

랭글리는 분명 적이 많았다. 그의 오만한 태도에 상처를 입은 사람은 부하 직원들만이 아니었다. 유명 과학자들도 공공연히 그가 몰락하기를 내심 바라고 있었다. 그를 고깝게 보는 사람들은 삼 년 후 화끈하게 소원 성취를 하게 된다. 그러나 신세기 벽두에 랭글리가 프랑스에 당도했을 무렵, 항공술 분야에서 그가 쌓은 업적은 타의 추종을 불허하는 것이었다. 에어로드롬을 제대로 된 규모의 항공기로 확장하는 일은 단순한 작업이 아니었다. 그렇기에 매킨리 대통령은 스페인과의 전쟁에서 항공기를 단한 대도 투입하지 못했다. 랭글리는 증기기관은 제대로 된 비행을 감당할수 없다는 사실을, 기계 비행을 선보인 지 사 년 만에야 깨닫게 됐다. 최초의 유인 비행기를 띄우는 데 적합한 엔진을 만들어내고자 랭글리는 스티븐 매리어스 밸저를 채용했다. 보석가공 제조회사 '티파니'에서 시계공으로 일한 경력을 지닌 밸저는 1894년 뉴욕시에서 자체 기술로는 처음으로 자동차를 만든 인물이었다.

밸저는 우아한 5기통 회전식 엔진을 설계했다. 구동축을 중심으로 엔진 전체가 돌아가는 이 엔진은 공기중에서 돌기 때문에 저절로 냉각이 되어 별도의 수랭식 기관이 필요 없었다. 그러나 윤활 작용이 제대로 안 되는 심각한 부작용이 있었다. 원심력이 윤활제를 실린더 바깥 끝으로 밀어내기 때문에 엔진의 윤활상태를 유지하기가 사실상 불가능했다. 밸저의 엔진에 만족하지 못한 랭글리가 1900년 여름 유럽으로 온 것은 주로 유럽 자동차엔진 실태를 살펴보기 위해서였다. 산투스두몽이 사용하는 엔진은 랭글리가 필요로 하는 수준에는 크게 못 미쳤다. 그러나 경항공기 비행에서 산투스두몽이 이룬 진전에 대해서는 감탄했다.

산투스두몽의 입장에서 랭글리의 관심은 고마운 일이었다. 스미스소니언협회 사무총장이 관심을 보인다는 것은 주류 과학계로부터 정당한 평가를 받는다는 의미였다. 지금까지 산투스두몽은 주류 과학계와는 거리가 멀었다. 두 사람은 밤이 깊도록 비행의 미래가 어떠할지 이야기를 나누었다. 그러면서 고집이 대단히 세다는 면에서 공통점이 있다는 것을 알게 됐다. 둘 다 비판을 한 귀로 듣고 흘려보내지 못하는 성격이었고, 일꾼들은 지시를 글자 그대로 따라야 하고 다른 논리를 제기해선 안 된다고 생각하는 유형이었다. 전문가들이 정반대 견해를 주장할 때 본인의 확신을 끝까지 고집하는 것도 일맥상통했다.

산투스두몽은 랭글리를 만나기 전까지 비행기(중항공기)는 생각해보지 않았다. 그러나 스미스소니언협회 사무총장이 그 가능성에 대한 뜨거운 낙관론을 펴자 생각이 달라졌다. 와인을 몇 잔 들지도 않고 랭글리는 날개 달린 거대한 기계가 지구촌 곳곳으로 사람들을 실어나르는 미래상을 그리며 열변을 토했다. 산투스두몽은 랭글리에게 도이치가 주는 상금을 타면 곧바로 중항공기를 연구해보겠다고 약속했다.

그러나 일단 산투스두몽 4호를 완벽하게 다듬는 게 과제였다. 랭글리는 4호에 칭찬을 아끼지 않았지만, 에펠탑을 삼십 분 안에 돌고 귀환하기에는 충분치 않다는 걸 산투스두몽은 잘 알고 있었다. 어쩌면 국제항공대회 참가자들에게 비행선을 계류시키지 않은 채로 제대로 된 비행시범을 보이지 못하게 된 게 전화위복이었다. 그랬다면 전문가들은 비행선의 속도가 너무 느린 것을 보고 실망한 나머지 경항공기 비행이 다 그렇지 하고 불필요한 선입견을 품었을 것이기 때문이다. 4호 엔진은 3호보다 마력이 배였다. 그러나 비행선 자체가 더 무거웠고 속도 면에서는 별로 나아지지 않았다. 산투스두몽은 힘이 더 필요하다는 걸 알고 있었다. 그래서 엔진 실린더 수를 배로 늘렸다. 네 개로 늘어난 실린더 무게를 감당하도록 공기주머니도 키웠다. 실크 주머니를 반으로 잘라 "확장형 식탁에 판 하나를 덧붙이듯이" 피륙을 덧대는 방식이었다.[5] 그러다보니 공기주머니 길이가 33미터가 되어 격납고보다 2.4미터 높았다. 그래서 일꾼들을 시켜 격납고 뒷벽을 뜯어내고 지붕을 높였다. 작업이 완성된 것은 보름이 지난 후였다. 국제항공대회가 아직 진행중이었기 때문에 산투스두몽은 제대로 된 시험비행을 보일 마음에 들떴다.

그러나 날씨가 따라주지 않았다. 폭우가 쏟아져 비행은 불가능했다. 가을철 파리 날씨의 전형이었다. "공기주머니에 수소를 잔뜩 채우고 최악의 날씨가 지나가기를 두 주일이나 기다렸다."[6] 산투스두몽은 그때를 이렇게 회고했다. "결국 가스를 빼고 모터와 프로펠러 실험만 시작했다." 여러 차례 손을 본 끝에 산투스두몽은 프로펠러 회전 속도를 50퍼센트 향상시켰다. 분당 회전수가 140회가 된 것이다. "프로펠러가 너무 세게 돌아가는 바람에 그 찬바람을 맞다가 심한 감기에 걸렸다."[7] 감기는 곧 폐렴으로 발전했다. 1900년 10월 말에는 어쩔 수 없이 시범비행을 전부 취소했다. 기운을 차릴 요량으로 산투스두몽은 프랑스 남동부 리비에라 해변으로 가서 니스에서 겨울을 보냈다. 그러면서도 날씨가 좋아져 봄이 오기 전에 몇 차례 비행을 할 수 있기를 기대했다.

6

로쉴드의 저택에 불시착하다
— 파리, 1901년

산투스두몽은 4호의 4기통 엔진을 실제로는 한 번도 시험해보지 않았다. 리비에라에서도 다른 곳에서도 그랬다. 비행선의 안전성을 바라보는 생각이 바뀐 것이다. 한때는 3호에서 대나무 장대를 빼다가 4호의 '플랫폼'으로 사용한 것을 기발한 아이디어라고 자부했지만, 이제 대나무는 너무 약해서 위험하기 짝이 없다는 비판자들의 말을 수긍하게 됐다. 건강이 회복되자 산투스두몽은 니스에서 작은 목공 작업장을 빌려 제대로 된 최초의 비행선 용골(선수에서 선미까지 비행선 바닥 중앙을 받치는 골조)을 직접 제작했다. 용골은 소나무 막대기들을 격자형으로 얽은 좁다란 삼각형 구조물로 길이는 18미터였다. 무게는 40킬로그램으로 가벼우면서도 튼튼했다. 산투스두몽은 어느 날 아침 작업장을 거닐며 용골을 구상하다가 피아노선에 걸려 넘어졌다. 누가 이런 걸 놓았는지 한참 불평하다가, 가만히 보니 피아노선이 엄청난 강도를 지녔구나 하는 생각이 들었다. 쓰레기로 내다버릴 것이라는 사실을 확인한 산투스두몽은 문제의 이 피아노선을 소나무 용골 보강용 재료로 활용하기로 결심했다.

"그렇게 맘먹고 나니, 항공술 역사에서 이제껏 없었던 새로운 아이디어가 떠올랐다." 산투스두몽는 이렇게 회고한다. "지금까지 기구에 고정하는 장치는 노끈과 밧줄로 했지만 내 비행선은 피아노선으로 바꾸면 어떨까 싶었다. 나는 생각대로 해봤다. 이 혁신은 곧 대단한 가치가 있는 것으로 판명됐다. 피아노선은 직경이 0.8밀리미터에 불과하지만 파괴계수가 높아 여간해선 끊어지거나 손상되지 않았다. 밧줄을 피아노선으로 대체한 것은 화려한 장치를 이것저것 붙인 것보다 훨씬 중요한 실질적인 진보였다. 과거 기구에 매단 밧줄은 가스주머니에 버금가는 수준의 공기저항을 야기했는데 이제 그걸 크게 줄일 수 있었으니까."[1]

비교적 안정적인 플랫폼과 엔진, 프로펠러까지 만든 산투스두몽은 각각의 장치를 배치하는 위치도 다시 생각했다. 4호에서 프로펠러 뒤에 앉아 있을 때 가이드로프가 출렁이다가 프로펠러에 걸려 잘려나가면 어쩌나 싶어 불안했던 기억이 떠올랐다. 산투스두몽 5호에서는 가이드로프와 조종 와이어(완충 작용과 방향 조종을 하는 줄)를 프로펠러 회전 날개에서 가급적 먼 자리에 배치하기로 했다. 그래서 자전거 안장은 선수 쪽에 놓고 프로펠러는 선미 쪽으로 돌려놓기로 결정했다. 4호에서 산투스두몽은 가까이서 살피고자 엔진 옆에 앉았었다. 엔진은 귀청을 때렸고 연기와 그을음이 말문이 막힐 정도였다. 엔진 기술이 지난 몇 달 사이 크게 향상되었기에, 자동차가 도로에 점점 늘어났어도 엔진은 시야에서 점점 사라졌다. 청력도 지키고 세탁비도 아끼자는 마음에 산투스두몽은 엔진을 좌석 저 뒤편 용골 중앙에 배치하기로 했다. 허공에 달랑 앉아 있는 느낌을 줄이는 방편으로 좁은 곤돌라도 다시 들여놓을 참이었다. 그가 파리로 귀환한 것은

1901년 초였다. 도시 경계선을 넘으려는 순간, 지방에서 반입하는 물품에 세금을 부과하는 세관원들이 달려왔다. 세관원들은 길이가 18미터나 되는 용골이 도대체 어디에 쓰는 물건인지 알지 못했다. 브라질 여권을 소지한 이 물건의 주인은 비행선 골조로 쓸 거라고 주장하고 있었다. 과세 품목에는 비행기구 관련 항목 자체가 없었다. 골머리를 앓던 세관원들은 용골을 일단 압류하고 어떻게 처리해야 할지를 고민하기로 했다. 산투스두몽은 세관원들이 용골을 망가뜨리지나 않을까 걱정을 했지만, 그로부터 일주일 뒤 세관은 용골을 말짱한 상태로 돌려주면서, 고급 진열장으로 분류해 최고액의 세금을 부과했다.[2]

세무 공무원들의 무지는 이해할 만했다. 산투스두몽이 하늘을 누빌 꿈을 불태우던 시기는 유럽인과 미국인 대부분이 자동차는 타보지도 못하던 시절이다. 국가원수도 원하면 타볼 순 있지만 손수 차를 모는 일은 무서워했다. 1901년 7월 12일 미국 대통령 매킨리는 고향인 오하이오주 캔턴에서 처음으로 용기를 내어 자동차를 타보았다. 당시 언론 보도에 따르면 "그때껏 매킨리 대통령은 워싱턴이고 캔턴이고 어디서고, 말이 끌지 않는 탈것은 기피했다." 매킨리가 산책을 하는데 친구인 젭 데이비스가 차를 몰고 따라오며 한번 타보라고 권유했다. 그러자 매킨리는 두려움을 접고 올라탔다. "시내를 한 바퀴 돌았다. 대통령은 이 드라이브를 매우 재미있어하는 듯했지만, 길모퉁이 같은 데서 급커브를 돌 때마다 좌석을 꼭 잡고 허리를 곧추세웠다. 데이비스가 몇몇 지점에서 차를 세우고 경적을 울려도 그는 마냥 즐거워했다. 물론 멈춤 없이 쭉 직행하는 걸 더 좋아했다. 주행하다 자전거 한 대가 불쑥 튀어나왔는데, 데이비스가 노련하게 핸들을 틀어주어 자전거 운전자는 다치지 않았다."[3]

두 주일 뒤 스페인 국왕 알폰소 13세도 산세바스티안 바닷가의 별궁에서 모후를 태우고 처음 차를 운전하다 하마터면 크게 경을 칠 뻔했다.『뉴욕 헤럴드』에 따르면 라마르궁으로 갑자기 차가 나타나자 난리법석이 빚어졌다는 것이다. "경계병들이 사색이 됐고, 비상벨이 울리고, 궁정 근위대가 출동하는 등 왕실이 발칵 뒤집혔다. 국왕이 직접 나서서 무슨 사태가 일어난 게 아니니 안심하라고 해명하고서야 잠잠해졌다."[4]

세기 전환기에 미국과 유럽 관리들이 직면한 골칫거리는 무엇이 자동차의 적절한 사용일까 하는 문제였다. 1899년 11월 13일 뉴욕시 공원녹지국장 조지 클로슨은 그 무렵 처음 나온 자동차를 몰고 센트럴파크로 향했다. 당시 자동차는 마차의 말들을 놀라게 한다는 이유로 공원 출입이 금지된 터라, 새로 결성된 뉴욕 자동차클럽은 클로슨 국장에게 금지령을 해제하라고 압력을 가하고 있었고, 그래서 그가 직접 자동차를 몰아 말이 어떤 반응을 보이는지 살펴보려 한 것이다. 말은 처음에는 차 소리에 달아났지만 나중에는 익숙해졌는지 별 반응을 보이지 않았다. 바람직한 일이었다. 그러나 운전대를 처음 잡은 그에게는 다른 걱정거리가 생겼다. 사람이 많이 다니는 공원에 자동차를 들여도 정말 안전할까 하는 문제였다. 그는 『뉴욕 헤럴드』와의 인터뷰에서 "펄펄 뛰는 말을 몰고 무사히 공원을 누비려면 기술이 필요하다"라고 전제하고는 "마차의 속도를 늦춰야 할 때는 마부가 몸을 좌석 뒤로 바짝 붙이고 채찍을 쳐들면서 뒤따르는 마차들에게 조심하라는 경고 신호를 보낼 수 있지만, 자동차 운전자는 손과 발이 레버며 버튼을 조작하느라 정신이 없어 그런 신호를 보낼 수 없고 따라서 공원 안 도로에서 자동차를 운전하려면 마차와는 전혀 다른 기술이 훨씬 많이 필요하다"고 의견을 피력했다.[5]

파리와 런던, 뉴욕의 신문들은 산투스두몽이 비행선 시험비행에 나설 때마다 매번 기자를 파견했다. 그러나 프랑스군은 비행선에는 관심을 보이지 않았다. 자동차를 전쟁에서 어떻게 써먹을 수 있을지 궁리하던 시기에 하늘을 나는 기계까지 신경쓸 겨를이 없었던 것이다. 프랑스 육군 사령관들은 차를 군사용으로 쓰는 문제를 두고 실험을 거듭하고 있었다.[6] 1900년 10월 프랑스군 수뇌부는 군수장관에게 자동차를 전쟁터에 투입하는 데 만장일치로 찬성한다는 보고를 올렸다. 보고서에 따르면 자동차는 그 나름의 효용성이 입증됐다.

> 사령관들은 자동차로 전선의 이 지점에서 저 지점으로 쉽게 이동해 병력 배치 현황 등을 직접 점검할 수 있다. 여태까지는 부하들의 구두 보고나 문서 보고에 의존해왔지만, 이제 특히 참모와 전령을 여러 지점에 신속히 파견해 명령을 전할 수도 있다. 반면 자동차를 전투나 척후, 정찰 활동에 투입하려는 시도는 모두 무산됐다. 총알 한 발만 맞아도 망가지기 때문이다. 자동차는 몸집이 크고 일정한 속도로 느리게 주행하므로 표적이 되기 쉽기 때문이다.

산투스두몽은 1901년에는 도이치가 내건 상을 꼭 타고야 말겠다고 작심했다. 물론 이 과정에서 이런저런 규칙에 이의를 제기했다. 특히 '삼십 분 이내'라는 시간 규제를 문제삼았다. 일정 시간 내에 에펠탑을 깔끔하게 한 바퀴 돈 사람은 없는데 굳이 그렇게 제한을 둘 필요는 없지 않느냐는 주장이었다. 파리 비행클럽 관계자들은 산투스두몽이 자신이 없어 이의를 제기한다고 생각했다. 시간만 충분하면 산투스두몽이 기존의 비행선으로 에펠탑을 돌 수 있다는 것은 모두가 알고 있었다. 처음부터 누가 승자가 될지 뻔하다면 상금이 무슨 의미가 있는가? 뼈대 있는 가문 출신이 대부분인 파리 비행클럽 회원들은 수상 조건에 왈가왈부하는 건 정당하지 못한 처사라고 여겼다. 상금을 주는 사람은 도이치인 만큼 무슨 조건을 내거느냐 하는 것도 결국 그의 맘이라는 것이다.

산투스두몽이 문제삼은 부분은 또 있었다. "과학 분과 위원회(비행클럽 항공술위원회)가 제시한 다른 규정에 따르면 회원들—모든 비행에 심판관 역할을 하는 사람들—은 비행 시작 스물네 시간 전에 소집통보를 받게 되어 있었다."[7] 이 문제에 산투스두몽은 이의를 제기했다.

그런 조건을 충족하려면 아무리 평온한 날씨라도 속도가 얼마나 나올까, 비행 시작 스물네 시간 전의 기상 상황이 이륙하는 순간까지 계속될까 하는 이런저런 계산은 당연히 아예 하지 말아야 한다. 파리는 분지 지형이지만 사방에 언덕이 있어서 기류가 특히 가변적이다. 급작스러운 기상 변화가 매우 빈번하다.

또 경쟁에 참여한 비행사 입장에서 생클루처럼 파리에서 꽤 떨어진 센 강변에 과학 분과 위원들을 일단 불러놓으면 상황 변화를 이유로 비행을 취소하기가 어렵다. 기류가 아무리 세진다 해도, 비가 오든 해가 나든, 밀어붙이는 수밖에 없는 것이다.

게다가 관행상 파리 상공에서 기구 비행을 하기 제일 좋은 시간에 위원들을 소집하기도 어렵다. 그 시간은 바로 바람이 없는 새벽이기 때문이다. 결투를 하는 사람이라면 꼭두새벽에 친구한테 증인으로 나와달라고 할 수 있겠지만 비행선 선장은 못 그런다!

파리 비행클럽은 경기 규칙을 둘러싼 논쟁을 하루빨리 끝내고 싶었다. 1901년 초 클럽은 문제를 조용히 덮자는 취지로 산투스두몽에게 박람회 기간에 이룬 비행 업적에 격려상을 수여했다. 상금은 도이치상 상금에서 나온 이자 4,000프랑이었다. 그러나 산투스두몽은 거부했다. 4,000프랑은 '이 돈은 이의 제기의 소지가 없는 경기 조건을 갖춘 새로운 상을 제정하는 데 써달라'라는 메모와 함께 클럽에 돌려주었다. 메모에는 이렇게 적혀 있었다. "산투스두몽상은 파리 비행클럽 회원 비행사에게 수여한다. 단 설립자는 그 대상에서 제외된다. 수상 요건은 1901년 5월 1일부터 10월 1일 까지 생클루 기구 공원을 이륙해서 에펠탑을 한 바퀴 돌고 출발지로 되돌 아오는 것이다. 비행시간 제한은 없다. 단 중간에 지상에 닿으면 안 되고 자체 적재한 수단만을 사용해야 한다. 산투스두몽상은 1901년 현재 수상 자가 나오지 않았다. 따라서 내년 같은 기간에 응모하면 된다. 수상자가 나올 때까지 상은 유효하다."[8]

앙리 도이치는 산투스두몽의 오만함에 마음이 상했다. 그러나 어찌할 방도가 없었다. 비행클럽의 나이 지긋한 신사들에게 산투스두몽은 반짝 반짝하지만 영 못마땅한 조카 같은 존재였다. 칠면조 농장까지 가진 가까 운 친척을 추수감사절 잔치에 부르지 않을 수야 없지 않은가. 산투스두몽 은 클럽 회원 중 유일하게 세계의 주목을 받는 기계 기술자였다. 따라서 클럽이 그의 소망을 들어주지 않는다면 옹졸하다는 소리를 듣기 십상이 었다. 도이치는 다음 클럽 회의에서 적당한 타협책으로 '산투스두몽상 수 상자에게 클럽측이 최고의 영예인 금메달을 수여하자'는 안을 냈다. 그러 자 산투스두몽도 도이치가 새로 제정한 상의 중요성을 인정했다며 찬사 를 보냈다.

복잡하게 돌아가는 클럽 속사정 얘기에 지친 산투스두몽은 5호 제작을 완료하는 작업에만 몰두했다. 이제 실크 가스주머니를 꿰매는 일은 마쉬 롱에게 부탁할 수 없게 됐다. 기구 제작 명인인 마쉬롱은 산투스두몽보다 딱 한 살 위였지만 만성질환을 앓다가 그해 3월 스물아홉 살의 나이로 세 상을 떴기 때문이다. 기구 비행 입문의 은인인 그를 기리고자 산투스두몽 은 그해 여름 도이치상에 직접 도전하겠다고 선언했다. 일단은 자신이 제 정한 상의 조건을 충족할 수 있음을 사람들에게 확실히 보여주기로 했다. 물론 그렇게 해도 본인이 수상자가 될 순 없었다. 산투스두몽은 생클루의 기구 격납고에서 이틀 밤을 자면서 날씨가 좋아지기만을 기다렸다. 첫날

아침은 폭우가 쏟아졌다. 둘째 날인 7월 12일 금요일, 하늘이 맑았다. 새벽 3시에 그는 처음으로 산투스두몽 5호를 타고 날아올랐다. 저고도에서 롱샹 경마장 일대를 다섯 차례 선회했다. 비행선에 놀란 야경꾼이 상관에게 이 사실을 고발했다. (야경꾼은 '역사의 순간'에 개입했다는 이유로 결국 쫓겨났고 산투스두몽은 사과를 받아들였다.) 산투스두몽은 롱샹 경기장 상공에서 불로뉴숲을 건너 에펠탑으로 향했다. 방향타 줄 하나가 끊어지는 바람에 비행선은 아슬아슬 에펠탑을 비껴갔다. 산투스두몽은 에펠탑 건너편 트로카데로 공원에 비상착륙해 곧장 6미터 높이의 사다리를 빌리고 일꾼 두 명의 도움을 받아 방향타를 고쳤다. 그런 뒤 다시 이륙하여 이번에는 에펠탑을 제대로 선회하고 생클루로 돌아갔다.

생클루에서 에펠탑까지 왕복하는 데 1시간 6분이 걸렸다. 생클루에서는 비행클럽 사무국장 에마뉘엘 에메가 기다리고 있었다. 그는 처음부터 산투스두몽을 지지하며 굳건히 그의 곁을 지킨 극소수의 회원 중 한 명이다. 수학교수 에메는 당시의 비행을 "경이롭고, 놀랍고, 멋진 성공"이라고 선언했다. 『뉴욕 헤럴드』도 조종 와이어가 끊어진 것은 자잘한 사고로 치부하면서 찬사를 보냈다. "일말의 의심의 여지도 없이 산투스두몽 씨는 항공술 문제를 확실히 해결했다…… 줄이 끊어지는 사고는 오히려 산투스두몽 씨의 놀라운 발명품이 실용성이 뛰어나다는 것을 확실하게 보여준 계기였다. 비행선은 새처럼 가볍게 지상에 내려앉았다. 방향타와 연결된 조종 와이어를 수리하고 나서 곧장 비행선은 다시 이륙했고, 그리고 완벽하게 선회를 끝마치고 다시금 출발점으로 되돌아왔다."[9]

이런 식으로 다시 유명해지면서 (자신이 만든 상의 조건을 완벽하게 충족시키지는 못했지만 그런 건 문제가 아니었기에) 산투스두몽은 더욱 자신감을 얻었다. 이제 결투자처럼 서슴없이 항공술 위원들을 원하는 시간에 소집할 수 있게 됐다. 그는 1901년 7월 13일 도이치상에 도전한다고 발표했다. 다시 한번 사람들의 미신을 비웃어줄 수 있는 날을 거사일로 잡은 것이다. 13일은 파리 비행클럽 항공술위원회 위원들로서는 늦게까지 침대에서 푹 쉬고 싶은 날이었다. 밤부터 다음날까지 계속되는 이런저런 프랑스혁명 기념일 축제에 참석해야 했기 때문이다. 그러나 오전 6시 30분, 그들은 직책상 생클루에 모습을 나타냈다. 다들 피곤하고 땀에 절어 있었다. "파리 무더위는 뉴욕 못지않게 악명 높다."[10] 『뉴욕 헤럴드』는 그 상황을 흥분된 필치로 전했다. "빌라 뤼미에르 같은 최고급 건물에도 선풍기나 냉수 공급기가 없는 상황이지만 이곳 사람들은 일사병을 그럭저럭 잘 견뎌낸다. 매일 수백 명이 일사병에 걸리고 그중 열두 명가량이 사망한다." 돈 많고 힘 있는 특권층도 일사병을 피해가지 못했다.[11] 벨기에 왕비 마리 앙리에트는 크로케 경기 도중 기절을 했다. 그늘에서도 기온이 33.3도까지 올랐고 밤에도 온도가 떨어지지 않을 때가 많았다. 프랑스군은 훈련을 취소했고 범죄와 자살 건수도 크게 늘어났다. "어떤 남자는 부인 머리채를 잡아 벽에 짓찧었다."[12] 『뉴욕 헤럴드』의 전언이다. "저녁을 늦게 차려왔다고 아내를 센강에 집어던진 사람도 있었다."

산투스두몽은 별로 더워 보이지 않았다. 그는 위원들에게 정중히 인사했다. 빳빳이 풀 먹인 정장을 입고 땀 한 방울 나지 않은 얼굴이었다. 역사의 증인이 될지 모르는 위원들 역시 최고급 정장 차림이었고 그 탓에 내심 괴로워했다. 위원들은 산투스두몽이 어떻게 자기들처럼 땀을 흘리지 않는지 의아해했다. 위원들이 도착하기 직전에 기계 기사가 격납고에서 방금 다려준 옷으로 갈아입고 나왔다는 사실을 털어놓았다면 신비감은 사라졌으리라. 산투스두몽은 5호에 올라 조종 와이어를 낱낱이 점검했다. 얇은 곤돌라가 인상적이었다. 이때만큼은 도이치도 브라질 청년의 오만함을 잊고 진심으로 성공을 기원했다. 엔진 소리는 썩 좋지 않았다. 폭염 탓에 연소가 잘 안 되어 콜록콜록 하는 소리를 냈다. 그러나 비행클럽 회원들을 불러놓고 이제 와서 물러설 순 없었다. 산투스두몽이 이륙을 한 것은 오전 6시 41분이었다. 십일 분 후 에펠탑과의 거리가 46미터로 좁혀졌다. 심판들은 산투스두몽이 상을 타는 것은 시간 문제라고 생각했다. 그러나 산투스두몽은 살얼음판을 걷는 기분이었다. 당장은 뒤에서 바람이 불어서 도움이 됐지만 날씨가 바뀌지 않는다면 돌아갈 때는 속도가 떨어지는 요인이 되기 때문이다. 그는 지상 110미터에서 에펠탑을 돌았다. 비행선이 이른 아침의 햇살을 받아 반짝였다. 이제 생클루의 기구 공원에 안착하려면 강한 맞바람과 싸워야 했다.

아이러니하게도 착륙을 방해한 것은 도이치였다. 정확히 말하면 그가 짓고 있는 각종 구조물이었다. "공원 입구에는 높다란 격납고 두 개가 가로막고 서 있었다. 상금을 건 도이치 씨는 그 안에서 자신이 상을 탈 심산으로 거대한 기구를 만들고 있었다."[13] 『뉴욕 선』은 이렇게 보도했다. "산투스두몽 씨는 강풍을 뚫고 두 격납고 사이로 공원에 들어가려는 시도를 여러 차례 했다…… 씨름은 오 분이나 계속됐다. 가솔린이 다 떨어지고 비행선은 이제 바람의 변덕에 운명을 맡겨야 하는 처지가 됐다." 엔진이 멈춘 상태인 만큼 재빨리 착륙해야겠다는 생각에 산투스두몽은 실크 가스주머니를 찢었다. 그런데 가스가 다 빠지기도 전에 5호는 바람에 떠밀려 400미터를 후퇴하다가 센강을 다시 넘어갔다. 결국 비행선은 에드몽 로쉴드 저택 정원의 높다란 밤나무에 걸리고 말았다. 공교롭게도 다시 로쉴드 가문과 만나게 된 것이다. 에드몽은 알퐁스 로쉴드의 동생으로 알퐁스의 집을 느닷없이 방문했을 때와 마찬가지로 대단한 호의를 베풀어주었다. 산투스두몽은 불시착할 때는 부자 동네에 하는 것이 좋다는 걸 알고 있었다. 에드몽 로쉴드의 정원사가 사다리를 가져와 나무에 대고 올라가 산투스두몽이 다치지 않았는지 살펴봤다. "목이 마르군요." 산투스두몽이 말하자 하인들이 얼음 바구니에 담근 샴페인을 들고 뛰어나왔다. 불시착의 떨떠름함이 시원한 샴페인 한 모금으로 말끔히 가셨다. 하인들은 나뭇가지에서 비행선을 빼내줄 테니 기다리라고 했다. 그러나 산투스두몽은 공기주머니를 손상시키지 않고 빼낼 수 있는 방법을 생각해낼 테니 좀 기다려달라고 했다. 나무꼭대기에서 혼자 샴페인을 마시는 기쁨을 좀 더 누리고 싶었던 것이다.

운이 좋으려니까 마침 에드몽 로쉴드 옆집에 브라질 마지막 황제 페드루 2세의 딸인 이자베우 황녀, 즉 외Eu 백작부인이 살고 있었다. 이자베우 황녀는 동포가 곤경에 처했다는 소식을 듣고 하인들을 시켜 푸짐한 점심 도시락을 나무 위로 올려주었다. 하인들은 '잠시 와서 차나 한잔하자'는 황녀의 초대도 함께 전했다.

산투스두몽은 로쉴드에게 밤을 몇 송이 떨어뜨려 죄송하다고 사과하고 황녀의 집으로 향했다. 그가 맸던 넥타이의 선홍색 빛깔이 황제를 쫓아낸 혁명의 상징이었기에 혹시 결례가 되지 않을까 싶어, 그는 옆 사람의 검은 넥타이를 빌려 맸다. "운명의 장난으로 페드루 2세가 폐위되지만 않았던들 산투스두몽 씨는 황녀에게 신민 취급을 받았을 것이다. 그런데 예기치 않게 환대를 받다니 아이러니가 아닐 수 없다."[14] 다음날 신문들이 왕실 이야기를 재미삼아 곁들여 보도한 기사다. 이자베우 황녀가 작별하면서 건넨 말이 그에게 분명 깊은 인상을 심어주었던 모양이다. 당시 나눈 대화들 중에서 산투스두몽이 다음과 같은 구절만 일기에 적은 것을 보면 너끈히 그런 짐작을 해봄직하다. "귀하가 하늘에서 선회하는 것을 보면 우리 브라질의 거대한 새가 생각나요. 새들이 날갯짓을 하는 것처럼 프로펠러를 잘 조종해주세요. 귀하가 성공해서 우리나라에 영광을 안겨주길 기원합니다!"[15]

현지 언론들은 산투스두몽이 나무 위에 불시착한 사실은 대수롭지 않게 여겼다. 한 특파원은 흥분한 어조로 이렇게 전했다. "파리는 지금, 앞

으로 몇 년 안에 세계무역에 혁명을 일으킬 발명품의 공식 출현을 목격했
다." 뉴욕의 신문들도 들뜬 분위기는 마찬가지였다. "우리 시대의 영웅은
단연 산투스두몽이다."『뉴욕 헤럴드』는 이렇게 선언했다. "영국 시인 바
이런 경처럼, 그도 어느 날 아침 일어나 보니 유명 인사가 되어 있었다. 금
요일과 토요일의 항공술 실험 성공으로 그의 이름은 세계 구석구석에 널
리 전파됐다."[16] 그러나 지금까지와 달리 호의적이지만은 않은 보도도 나
왔다. 일부 미국 신문들은 경항공기 방식의 비행이 지닌 문제점을 들추었
다.『체스터 데모크라트』는 '기구 비행은 실용성 적어'라는 제목의 기사에
서 다음과 같은 견해를 밝혔다.

> 기구는 기류나 바람이 미풍 수준을 넘어서면 그 변덕에 좌우되기 마
> 련이다. 강풍에 맞서 하늘을 나는 기계를 만들려면 랭글리 교수가 입
> 증해 보인 노선을 따라야 한다. 그는 추진장치를 장착한 기계를 통해
> 거대한 가스주머니에 의존하지 않고 엔진의 힘만으로 양력을 확보할
> 수 있다는 것을 입증해 보였다. 지금까지 건조된 그 어떤 비행선보다
> 랭글리 교수가 만든 비행기에 진정한 '혁명'이 있다.[17]

　과거 산투스두몽은 비판자에게 자신감 넘치는 제스처로 자신의 비행이
얼마나 큰 업적인지 떠벌리는 식으로 대응했다. 그런데 이번에는 별말 없
이 자신을 낮추는 자세를 보였다. 특히 자신이 항공술 분야에 몸담은 기
간을 사 년이 아닌 십오 년이라 말해 오랜 세월 한 게 별로 없다는 인상을
주었다. "십오 년 실험 기간 동안 비행선을 네 대나 망가뜨리며 내가 한
일이라곤 미풍이 부는 좋은 날씨에 이륙해 상하좌우로 맘대로 난 것밖에
없다. 그 이상은 하지 못했다."[18] 평소의 자신감이 이토록 쉽게 무너진다
는 것, 오만한 부정 아니면 비굴한 겸손으로 극단적으로 반응한다는 것은

그가 성공을 이루면 이룰수록 늘어날 지저분한 뒷말꾼들을 다루는 방법
치고는 좋은 방식은 아니었다.

7월 14일 일요일, 파리 시민들은 국경일인 '바스티유의 날' 프랑스혁명
기념일을 맞아 불꽃놀이, 음악회, 무도회로 시간가는 줄 몰랐다. 콩코르드
광장 스트라스부르 기념비 앞에는 여러 정치 그룹에서 보낸 화환들이 놓
였다. 사회주의 계열 인사들이 놓고 간 화환은 경찰이 치워버렸는데, 그
화환에는 "조국을 위해 산화하신 분들께 바칩니다"라는 문구가 적혀 있
었다.[19] 거의 모든 광장에서 야외 무도회가 열렸고, 광장은 만국기와 중국
식 초롱불로 화려하게 장식되었다. 심지어 아주 가난한 동네에서도 "무도
회가 펼쳐져, 되는 대로 모인 아마추어 연주자들이 커다란 나무 술통 여
러 개를 잇대고 그 위에 널빤지를 깔아 만든 가설무대나 국기와 등불로
장식한 마차에 올라가 연주를 했다. 노동자들과 가족들이 그 주위에서 밤
새 춤을 추었다."[20] 파리가 온통 축제에 휩싸이고 어이없는 과격한 행동
이 표출되기까지 했다. 몽마르트르 음악당에서 일하는 한 여성이 친구들
에게 오늘밤 감옥에 들어가고야 말겠다며 내기를 걸었다. "그녀는 불로뉴
숲에서 거창하게 만찬을 하고 몽마르트르에서 또 저녁을 먹어서인지 매
우 대담해졌다."[21] 당시 사교계 소식을 전한 신문 칼럼의 한 대목이다. "그
녀는 한 카페에서 유리잔을 집어던지기 시작했다. 신고를 받고 달려온 경
찰은 여자가 보석을 주렁주렁 단 것을 보고 일단 머뭇거렸다." 물건을 연
신 부수는데도 경찰은 체포하지 않았다. 그러자 그녀는 내기에서 이기기
위해 경찰관에게 주먹을 한방 날렸다.

자동차와 자전거는 바스티유의 날 축제 행사의 일부였다. 그러나 이상
하게도 그 주에 가장 화제가 됐던 비행선의 모습은 눈에 띄지 않았다. 산
투스두몽도 이날은 쉬면서 지상에서 친구들과 시간을 보냈기 때문이다.
산투스두몽은 춤은 체질이 아니었지만 카페테라스에 앉아 친구들과 먹

고 마시면서 다른 사람들이 떠들고 노는 걸 바라보는 것은 좋아했다. 자정이 되자 햇불을 든 자전거 운전자들과 자동차들이 불로뉴숲 파리 중심부 카르티에라탱으로 퍼레이드를 벌였다. 롱샹 경기장에선 벨기에 접경 지역인 스당을 출발해 사흘을 달린 끝에 지금 막 파리에 도착한 자전거 부대원들이 에밀 루베 대통령의 사열을 받고 있었다. 자전거 부대원들은 지휘자의 지휘에 맞춘 듯 일사불란하게 자전거 묘기를 펼쳐 보였다. 자전거를 삼십오 초 만에 접기도 하고 등에 지고 구보를 하기도 했다. 사열식이 벌어지는 동안 구식 마차보다 바퀴 달린 첨단 이동수단을 선호하는 사람들은 3월 한 달간의 교통사고 통계를 접하고 흐뭇해했다. 마차나 말 사고 사망자 일흔일곱 명, 철도사고 사망자 아홉 명, 자전거와 자동차 사고는 각각 세 명이었다.[22]

산투스두몽은 대중의 관심에서 멀어졌다. 사람들은 바스티유의 날 행사에 푹 빠져 있었다. 그런데 산투스두몽은 주변 사람들에게 자신이 어제 산투스두몽상의 조건을 충족했다고 떠들어대기 시작했다. 도저히 믿기지 않는 얘기였다. 그는 분명 "중간에 지상에 닿으면 안 되고 자체 적재한 수단만을 사용해야 한다"는 조건을 어겼기 때문이다. 이런 방자한 태도를 앙리 도이치는 더이상 참을 수 없었다. 그는 산투스두몽을 비행클럽에서 쫓아내기로 마음먹었다. 산투스두몽의 친구들은 그의 주장에 화를 내기보다는 걱정이 앞섰다.

그해 7월 파리는 한 정신질환자 얘기로 떠들썩했다. 신문 1면에 파리 박람회 의료 책임자였고, '정신질환' 분야의 최고 권위자 중 한 사람인 질드 라 투레트 박사가 정신병동에 수용됐다는 기사가 실린 것이다. 프랑스 의료계는 그의 회복을 기원하면서도 그가 '정신적 불균형'에 빠진 원인이 무엇인가를 놓고 논쟁을 벌였다. 투레트가 정신병동에 보낸 한 여성 환자가 그에게 총을 쏘아 입은 상처가 원인이라고 지적하는 사람들도 있었다. 당시 총알은 투레트의 머리를 살짝 스치고 지나갔지만 "그 충격에서 헤어나오지 못했기 때문"이라는 것이다.[23] 투레트 박사처럼 큰 업적을 이룬—'투레트증후군'이라는 신경성 질환을 발견한 것으로 지금도 유명한—인물도 갑자기 미칠 수 있다면 어지간한 사람은 정신병에서 벗어날 수가 없을 것처럼 보였다. 산투스두몽의 친구들은 그가 말을 한번 시작하면 청산유수라는 사실을 알고 있었다. 따라서 약간 과장을 하거나 윤색을 하는 수준의 사소한 거짓말은 애교로 봐줄 수 있었다. 그러나 이번에는 모두가 다 아는 거짓말을 늘어놓고 있었다. 친구들이 우려한 것은 산투스두몽이 진짜로 지상에 닿지 않은 채로 에펠탑을 돌았다고 믿는 것처럼 보인다는 점이었다. 친구들이 아는 산투스두몽은 사람들이 자신을 거짓말쟁이라고 생각한다는 사실을 알면 크게 상심할 유형이었다. 친구들은 일단 그의 주장에 반박을 하지 않으면서 약간의 정신이상이 가벼운 감기처럼 지나가기만을 바랐다. 그리고 실제로 그런 것 같았다.

산투스두몽은 대중에게 비치는 이미지를 좋게 만들기 위해 온갖 노력을 다했다. 어느 자리에서 자신의 이름과 투레트라는 이름이 같이 거론됐다면 크게 화를 냈을 것이다. 그는 고객이 원하는 기사만 발췌해서 보내주는 클리핑 서비스에 세 곳이나 가입함으로써 세간에서 자신의 평판이 어떠한지를 예의주시했다. 지금까지 그는 그가 과시했던 도전정신과 창의성만으로 기자들의 관심을 끈 것은 아니었다. 화려한 복장이나 브라질에서 살았던 이국적인 인생 역정도 그렇거니와, 막심 레스토랑에서 기자들에게 거하게 한턱 쏠 줄 아는 친화력과 프랑스어, 포르투갈어, 스페인어, 영어 등 4개 국어를 모국어같이 유창하게 구사하는 언어 능력도 우호적인 분위기를 형성하는 데 중요한 역할을 했다. 그런 그가 기구 비행에 보인 열정은 사람들을 저절로 매료시켰고, 기자들 역시 부지불식간에 그를 현대의 이카로스로, 하늘을 정복하려는 열망에 불타는 낭만적인 인물로 띄워주는 데 큰 역할을 했던 것이다.

일요일이 지나 바스티유의 날 행사의 열기가 차츰 식자 산투스두몽은 비행선이 밤나무에 추락했을 때 망가진 부분을 고쳐나갔다. 주말을 맞은 1901년 7월 29일 파리에는 산투스두몽이 상에 재도전한다는 소문이 돌았다. 폭염이 계속되더니 이제는 천둥과 우박이 프랑스 전역과 유럽을 강타했다.[24] 러시아 상트페테르부르크는 섭씨 47도까지 기온이 치솟았다. 독일, 오스트리아, 네덜란드, 프랑스에서는 낙뢰 사망자 수가 신기록을 경신했다. 파리 외곽에서는 폭우를 피해 교회 뾰족탑에 숨은 꼬마 넷이 종을 치다가 번개에 맞아 사망하는 사건도 있었다. 험악한 날씨가 간간이 이어지는데도 파리 시민 수백 명이 몰려나와 산투스두몽의 비행선 격납고 옆에서 밤을 새웠다.[25] 곧 이륙한다는 소문은 사실이 아니었다. 그러려고 했더라도 번개와 우박 탓에 미룰 수밖에 없었을 것이다.

7월 말 비행선 수리가 완결됐다. 상에 재도전하기에 앞서 산투스두몽은 나들이 삼아 매일 잠깐씩 비행선을 띄웠다. 어떤 날의 시험비행은 마무리까지도 매끄럽게 이루어졌다. 당시 현장 목격자의 이야기다.

비행선이 공원 격납고 위로 둥실 솟아올랐다. 비행선이 우아하게 선회를 거듭하자 관객들은 비행사가 저 거대한 물체를 어떻게 저리도 섬세하게 조종할 수 있는지 감탄을 쏟아냈다. 이제 하강할 시간이 됐다. 그런데 갑자기 산투스두몽이 곤돌라에서 나와 엔진을 받치고 있는 날렵한 용골을 딛고 이동했다. 발을 살짝 헛딛기만 해도, 거센 돌풍이 비행선을 슬쩍 밀기만 해도 지지대를 놓치고 90미터 아래 지상으로 추락해 박살 날 수 있었다. 관객들은 숨이 멎고 등골이 오싹해졌다. 그러다 비행사가 안전하게 곤돌라로 되돌아가자 사람들은 환호했다. 짝을 이루는 와이어 중 하나가 도르래의 측면에 감겨 풀어야 했던 것이다. 그야말로 위험천만한 시도였지만, 그러나 산투스두 몽은 단 한순간도 주저하지 않았다.[26]

7월 29일 오후 4시 35분에 시작된 시험비행 상황. 자주 그렇듯이 엔진 이 또 말을 안 들었다. 그는 비행을 일찍 중단했다. 그러나 하강 도중에 가 이드로프를 다루다가 손을 심하게 베였다. 산투스두몽이 착륙하자 "화사 한 의상으로 분위기를 돋우는 여성들을 포함한" 군중은 손에서 피가 흐 르는 그를 보며 안타까워했다. 그런데 구경꾼 하나가 매몰차게 말했다. 엔진이 고장이 났다 해도 즉시 비행선으로 돌아가 비행을 재개해야 한다 는 것이었다. 산투스두몽은 비행선에서 나와 그 구경꾼이 앉은 자리를 가 리키며 말했다. "난 여기 앉아 있을 테니, 이제 선생이 한 번 해보세요." 당시 상황을 『뉴욕 헤럴드』는 이렇게 전했다. "이 말을 들은 말썽꾼은 슬 그머니 자리를 떴고, 관객들은 고소해했다."[27] 며칠 뒤에는 가이드로프가 나무에 걸리는 바람에 시험비행을 포기해야 했다.[28]

이렇게 우여곡절을 겪으며 시험비행을 하는 동안 프랑스 비행사들은 역사적인 기록을 그에게 빼앗길까 우려한 나머지 비방전의 포문을 열 었다. 대표적인 인물이 샤를 르나르 대령이었다. 그는 언론에 "산투스두 몽 씨는 과학적 업적과 무관한 사교클럽 스포츠맨에 불과하다"고 떠들었 다.[29] 1884년 프랑스 군인이던 르나르와 아르튀르 크렙스 두 사람은 전기 모터를 장착한 부피 186만 9,000리터의 '라 프랑스'라는 기구를 제작한 바 있다. 첫 비행에서 기구는 출발지인 샬레뫼동 군용 기구 기지로 성공 적으로 귀환했다. '라 프랑스'는 이십삼 분 동안 8킬로미터 가까이 비행했 다. 이후 르나르와 크렙스는 여섯 번 더 비행했다. 그중 두 번은 파리에서 였다. 샬레뫼동 기지로 돌아오지 못한 것은 두 번뿐이었다. 그러나 군 당 국에서는 '라 프랑스'에 별 관심이 없었다. 무거운 모터를 단 기구는 힘이 약해서 평온한 날씨일 때만 날 수 있었다. 사실 '라 프랑스'가 완성되어 비행 준비를 끝내고도 르나르와 크렙스는 바람이 아주 미약한 날씨가 되길 두 달이나 기다려야 했다. 르나르는 바람 한 점 없을 때 모터의 최대 추진력을 시속 23킬로미터로 추산했다. (산투스두몽은 최대 시속이 32킬로미터에 달했다.) 르나르 대령은 일곱 번의 비행 끝에 '라 프랑스'를 포기했지만 20세기 초까지 프랑스군 비행 연구 책임자로 남아 있었다.

르나르 대령은 도이치상을 자신이 이미 십오 년 전에 이룩한 업적을 대상으로 하는 우스꽝스러운 상이라고 봤다. 사실 '라 프랑스'를 가지고 도전했다면 에펠탑을 돌고 나서 당연히 있을 맞바람에 낭패를 겪고 말았을 것이다. 그러나 산투스두몽의 비행선 역시 추진 속도가 '라 프랑스'보다 월등히 빠른 것은 아니었고, 원통형 겉모양이라든가 내장형 보조 공기주머니 같은 주요 구조 면에서는 '라 프랑스'와 크게 다르지 않았다.

르나르는 언론에 산투스두몽을 폄훼하는 발언을 직접 한 것과 별도로 대리인을 시켜 브라질 출신의 산투스두몽을 헐뜯었다. 7월 말 르나르 지지자들은 비행클럽에서 일종의 쿠데타를 감행했다. 클럽 회원들이 대부분 여름휴가중인 상황을 틈타 르나르와 그의 동생을 비행클럽 항공술위원회 위원으로 임명한 것이다. 이제 르나르 형제는 도이치상 심판 역할을 하는 항공술위원회 위원이 됨으로써 산투스두몽을 낙마시킬 수 있는 위치에 선 것이다. 비행클럽에서도 산투스두몽과 가까운 이들은 산투스두몽을 편들었다. 항공술위원회 위원장 윌프리 드 퐁비엘은 대회의 취지와 유력한 참가자에 대해 반감을 보인 두 사람의 위원 지명을 철회했다. 비행클럽 사무국장 에마뉘엘 에메는 몇 차례의 언론 인터뷰에서 1884년 르나르가 했던 몇 번의 비행이 큰 의미는 없다는 식의 주장을 폈다. 에메가 클럽 본부로 돌아오니 사무실은 봉쇄되고 직위에 따르는 급여도 지급이 정지돼 있었다. 에메는 봉쇄를 풀지 않으면 클럽의 치부를 세상에 까발리겠다고 위협했다. 비행클럽은 에메를 홀대한 것에 대한 보상이라도 되는 듯 만장일치의 표결로 산투스두몽에게 금메달을 수여한다고 발표했다. 그러나 산투스두몽은 시상식에 참석하지도 않았고, 금메달을 수령하지도 않았다. 당시의 클럽 총회 의사록이 미공개이기에 누가 그 결정을 주도했는지는 확실치 않다. 언론에서는 비행클럽의 내분과 암투를 흥미 위주로 집중 보도했다. 심지어 1면 머리기사 제목을 '제2의 드레퓌스 사건'이라는 식으로 자극적으로 뽑기도 했다.[30]

산투스두몽은 이 소동에 휘말리지 않으려 애썼다. 며칠간 아파트에 틀어박혀 최근 시험비행의 잘못들을 집중 점검했다. 이 상황에서 브라질 정부가 그의 실험에 대한 재정지원을 고려중이라는 소식이 전해졌다. 반가운 일이 아닐 수 없었다. "정말 감사한 말씀입니다." 산투스두몽은 신문 인터뷰에서 이렇게 말했다. "실제로 그렇게 된다면 나로서는 정말 기쁜 일이 될 겁니다. 돈 때문이 아니라 동포들이 저를 진짜로 성원한다는 것을 체감할 수 있기 때문입니다. 또한 브라질로서도 좋은 투자가 될 거라 생각합니다. 유럽인들이 브라질에 관심을 갖도록 널리 알릴 수 있을 테니까요. 사실 대다수 유럽인들이 아직 라틴아메리카 하면 과학의 호기심이나 열정보다 혁명으로 밤을 새우는 동네라고 여기고 있는 실정입니다."[31] 브라질 정부는 곧바로 그에게 5만 달러를 지급했다.

산투스두몽은 이자베우 황녀가 보내는 서신과 더불어, 보석세공 장인 카르티에에게 의뢰해서 만든 선물도 함께 받았다.

산투스두몽 선생에게

여기 성 베네딕트 메달을 동봉합니다. 이것이 모든 재앙으로부터 당신을 지켜줄 것입니다.

이 메달을 늘 지니고 다니기를 바랍니다. 시곗줄에 매달아도 되고, 주머니 속 명함상자에 넣고 다녀도 되고, 목에 걸어도 되겠지요.

메달을 보내면서 귀하의 어머니는 참 좋은 분이었으리라는 생각이
떠오릅니다. 하느님께서 귀하를 늘 도와주시고, 귀하가 우리 조국의
영광을 위해 힘쓰기를 기원하는 바입니다.

1901년 8월 1일
외 백작부인 이자베우[32]

원래 산투스두몽은 남의 충고를 거의 따르지 않았다. 설령 그 충고가
황녀의 것일지라도 마찬가지였다. 이자베우 황녀가 목에 두르는 게 좋겠
다고 한 당부는 무시하고 그는 그 메달에 가는 금줄을 달아 팔찌로 만들
었다. 성 베네딕트 팔찌는 파나마모자와 턱밑까지 높이 올린 빳빳한 셔츠
칼라, 짙은 정장과 함께 그의 애장품이 되었다.

1901년 8월 8일 오전 6시, 성 베네딕트 팔찌를 처음 착용한 채 산투스
두몽은 외국 신문기자들의 열화와 같은 지지를 받으면서 도이치상 재도
전에 나섰다. "우리는 비행선이 하늘로 높이 날아오르는 것을 보았다. 노
란색 비행선 머리가 방향을 틀더니 에펠탑으로 향했다."[33] 런던의 『데일
리 익스프레스』 파리 특파원은 "산투스두몽이 화살처럼 곧장 날아갔으
며, 화살만큼 빨라 보였다"고 기사화했다. 그때 산투스두몽 5호의 운항 속
도가 뛰어난 단거리 육상선수의 빠르기보다 나을 게 없었다는 사실은 접
어두고, 이 특파원은 그저 분위기를 달구어 이렇게 썼다.

비행선은 바람을 타고 순항했다. 속도는 양키컵 조정 경기 신기록보
다 더 빨랐다. 털털 털털 엔진 돌아가는 소리가 2.4킬로미터 떨어진
곳에서도 들렸고, 그 때문에 사람들이 무슨 일인가 하고 지붕 위로

모여들었다. 일하던 사람들도 일손을 놓고 하늘을 응시했다. 그야말로 흥분을 감출 수 없는 장관이었다. 스릴과 황홀이 교차했다. 그는 순식간에 에펠탑에 도착했다. 마침내 그는 거대한 철골 기둥을 가볍게 돌면서 우아하게 속도를 늦췄다. 모두에게 성공했음을 확실히 보여주려는 제스처였다. 비행선이 선회를 마치자 여기저기에서 환호와 갈채가 터져나왔다. 산투스두몽은 예의 파나마모자를 벗어 흔드는 것으로 그에 화답했다.

그가 이륙해 에펠탑까지 구 분, 당시로선 신기록이었다. 탑을 한 바퀴 도는 데 삼십사 초가 추가됐다. 심판들은 그의 수상은 따놓은 당상이라 여겼지만, 산투스두몽은 또 그렇지만은 않으리라 생각했다.

에펠탑에 도착하기 전 이미 자동 가스밸브 두 개 중 어느 한쪽에서 수소가스가 누출되고 있음을 직감했다. 밸브 스프링이 헐렁해졌던 것이다. 여느 때 같으면 당장 하강해 밸브를 점검했을 것이다. "그러나 지금은 커다란 명예가 걸린 상에 도전하는 상황이었다." 산투스두몽은 이렇게 회고했다. "속도도 좋았다. 그래서 위험을 무릅쓰고서라도 밀어붙였다."[34] 생클루로 회항할 때 불안감은 현실이 됐다. 가스주머니가 쭈그러들기 시작했다. 앙리 마르탱 대로를 건너는 순간 갑작스러운 강풍이 늘어진 가스주머니를 때려 46미터나 뒤로 밀려났다. 공기주머니에 매단 와이어들이 늘어져 프로펠러 옆에서 달랑달랑했다. 위험천만이었다. 산투스두몽은 와이어가 프로펠러 날에 스치면서 잡아뜯기는 걸 보았다. 일단 엔진을 껐다. 강한 맞바람을 헤치고 나갈 동력이 멈추자 비행선은 다시 에펠탑 쪽으로 밀리며 탑의 두 배 높이까지 치솟았다.『데일리 익스프레스』기자는 쌍안경으로 이를 지켜보고 있었다. "지상 610미터 높이에서 그는 곤돌라에서 나와 휘청휘청 용골을 잡고 나아갔다…… 도저히 믿기지 않는 대담함이었다."[35] 그는 프로펠러에 엉킨 피아노선을 풀어냈다. "아래 있는 사람들은 너무 아슬아슬해서 고개를 돌렸다. 곤돌라에서 나온 산투스두몽은 두 개의 막대기를 밟고도 용케 잘 서 있었다. 막대기는 두께가 빗자루 정도밖에 안 됐고 둘 사이의 거리는 90센티미터가 조금 넘는 정도였다. 그는 삼각형 용골 끝부분을 구성하는 세번째 막대기에 의지해 균형을 유지했다. 그렇게 몇 초 동안 바삐 작업을 하곤 곤돌라로 되돌아갔다." 가스가 4분의 1쯤 빠진 터라 가스주머니는 심하게 요동쳤다. 산투스두몽 5호는 폭풍우 속을 항해하는 배처럼 위아래로 출렁였다.

선수가 위로 치솟자 수소가스가 다 그쪽으로 몰리고, 가스가 빠진 선미는 주저앉으면서 두 겹으로 접혔다. 선수가 아래로 기울자 이번에는 반대 현상이 일어났다. 선미에 가스가 가득차면서 선미가 붕 떠오른 것이다. 반대편은 젖은 수건처럼 축 늘어졌다. 비행선은 공중에서 이렇게 위태위태하게 요동쳤다. 산투스두몽은 만신창이가 된 비행선 안에서 강풍이 불 때마다 이리저리 내동댕이쳐졌다! 그는 밖으로 튕겨나가지 않도록 와이어 하나를 벨트에 걸고 비행선에 바짝 달라붙었다. 순간, 비행선이 다시 접히면서 그럭저럭 돌아가던 프로펠러가 가스주머니를 홱 긁었다. 주머니가 찢어지면서 가스가 분출되어 나왔다. 비행선 전체가 곤두박질치기 시작했다.

"지상에서 보는 사람들 입장에서는 끔찍한 추락으로 보였을 것이다."[36] 산투스두몽은 후일 이렇게 말했다. "그러나 나로서 최악의 사태는 비행선이 평형을 잃었다는 사실이었다. 가스가 반쯤 빠진 기구는 코끼리가 거대한 몸집을 뒤뚱뒤뚱하듯이 요동쳤고 비행선의 몸체는 위태로울 만큼 위로 들렸다. 내가 가장 염려한 것은 조종 와이어들이 받는 힘에 차이가 나

비틀리면서 하나씩 끊어지는 것이었다. 그러면 곧장 땅바닥에 처박힐 터였다. 어쩌다가 기구가 이토록 요동치고 위태롭게 됐을까?"왜 엔진을 끄기 전에 송풍기 팬이 내장형 보조 공기주머니에 공기를 주입해 비행선을 다시 떠오르게 하지 못했을까? 당시 산투스두몽이 설명할 수 있는 것은 엔진 힘이 떨어져 팬의 회전력이 약해졌기 때문이라는 것뿐이었다. 이상한 일이었다. 대개 그는 엔진 도는 소리만으로도 엔진 속도에 이상 유무를 분간했다. 그런데 이번에는 아무 이상 소음도 없었다. 나중에 인부들과 이야기를 나누고 나서야 보조 공기주머니에 칠한 도료가 덜 마른 상태여서 실크가 서로 들러붙어 제대로 팽창하지 않았을 가능성이 높다는 것을 알았다. 산투스두몽 자신의 과실이었다. 너무 서두르는 바람에 도료가 완전히 마를 때까지 기다리지 못한 것이다.

비행선은 더 빨리 추락했다. 그러면서 강풍에 계속 뒤로 밀렸다. 낙하를 억지하기 위해 밸러스트를 내버릴 수도 있었지만 바로 착륙하지 못할 경우 자칫 "에펠탑과 충돌해" 비행선이 터지는 최악의 상황이 올 수도 있었다. 800여 미터 떨어진 센강이 그나마 착륙지로는 최적이었다. 문제는 거기까지 갈 수 있느냐였다.

"지붕 위로 곳곳에서 비명소리가 들렸다."『데일리 익스프레스』가 전한 당시의 상황이다. "그러나 산투스두몽은 겁먹은 기색이 전혀 없었다. 그는 선미 쪽의 묵직한 가이드로프를 살살 풀었다. 선미를 낮추려는 계산이었다. 그는 선수 쪽에 있었으므로 선미 쪽이 먼저 땅에 닿는 게 유리했다…… 바람이 불어오자 비행선은 센강 둔덕 경사면 쪽으로 기울었다. 마지막 300여 미터의 거리는 엘리베이터가 갑자기 떨어지듯이 강풍에 확 떠밀려갔다."[37]

그는 그 무렵 열린 만국박람회 기간에 파리를 찾을 관광객을 위한 숙박시설로 세워진 트로카데로 호텔 건너편 강물 위에 착륙하려고 안간힘을 썼다. 구명정이 착륙 예상 지점으로 달려갔다. 산투스두몽은 호텔 옆을 지나치려고 열심히 모래 밸러스트를 내던졌다. 급격한 추락 속도를 고려할 때 이 작업은 쉬운 일이 아니었다. "용골 전체는 이미 트로카데로 호텔을 지나쳤다." 산투스두몽는 당시 상황을 이렇게 전한다. "그리고 비행선이 구 모양이었다면 선체 전체 역시 건물들에 닿지 않고 잘 빠져나갔을 것이다. 그런데 그 중차대한 마지막 순간에 기다란 가스주머니의 끝부분이 건물 지붕을 때렸다! 그러자 아직 가스가 들어 있던 비행선이 펑 하는 굉음과 함께 폭발했다. 팽팽하게 부푼 풍선이 빵 터지는 것 같았다. 그날의 모든 신문에는 '끔찍한 폭발'이라는 기사가 실렸다."[38]

산투스두몽은 용골에 납작 엎드려 있었다. 허공에서 머리와 어깨가 들썩이는 게 보였다. 지상 12미터 지점으로 바로 옆에 높이 24미터짜리 호텔 지붕이 서 있었다. 용골이 갑자기 벽을 타고 1~2미터 털썩 내려앉더니, 그 아래 케드파시 강변로 12번지의 단층짜리 레스토랑 건물 지붕에 45도 각도로 처박혔다. "용골은 내 체중과 엔진, 각종 기구류의 하중 그리고 추락시의 충격에도 불구하고 가까스로 잘 버텨주었다."[39] 산투스두몽에 따르면 "니스에서 구해온 얇은 소나무 각재와 피아노선 덕분에 겨우 살았다!" 호텔 지붕에 나와 있던 한 남자가 그에게 담배 한 개비를 건네주었다. 산투스두몽은 평소 담배를 잘 피우지 않았다. 흡연은 정신적 나약함의 표시라고 봤기 때문이다. 그러나 이번만은 흔쾌히 담배를 피워 물었다. 소방대원들이 도착해 호텔 지붕에서 로프를 내려 그를 끌어올렸다. 이어 소방대원들은 비행선을 끌어내렸다. "비행선 구조작업을 지켜보는 심정은 그야말로 고통스러웠다."[40] 산투스두몽의 회고다. "공기주머니와 조종 와이어 잔해가 처참한 모습으로 허공에 걸려 있었다. 일부 파편을 제외하고는 멀쩡하게 끌어내리기가 불가능할 정도였다."

폭발음을 들은 시민 수천 명이 호텔 앞으로 몰려나왔다. 경찰은 급히 바리케이드를 치고 사람들의 접근을 막았다. "산투스두몽 씨가 거리에 모습을 나타내자 열렬한 박수와 함성이 터져나왔다."[41] 『뉴욕 헤럴드』는 이렇게 보도했다. "수많은 여성이 달려들어 그의 목을 껴안고 여러 차례 키스를 퍼부었다." 그는 군중에게 성 베네딕트 메달을 들어 보이며 경의를 표하는 자세로 메달에 입을 맞추었다. 그러고는 메달 덕분에 "간신히 목숨을 구했다"고 했다. 산투스두몽이 상처 하나 입지 않았다는 것을 누구나 볼 수 있었다. "비행선 해체작업을 감독하면서 산투스두몽은 다시 비행에 도전할 준비가 되어 있다고 말했다."

트로카데로 호텔로 달려온 도이치는 모든 것을 용서하리라 마음먹었다. 그는 비행선이 추락하는 것을 보다가 눈물을 흘리기까지 했다. "그는 산투스두몽 씨가 위험에 빠진 모습을 보고 너무도 가슴아파했다."[42] 『뉴욕 헤럴드』는 이렇게 보도했다. "그래서 산투스두몽에게 또 비행을 한다고 하다가 죽는 것을 보느니 차라리 지금 당장 상을 수여하겠다고 말했다. 그랬더니 산투스두몽은 에펠탑을 그렇게 단기간에 선회한 것만으로도 대단히 만족스럽고 앞으로 도전을 계속하게 해달라고 답했다." 산투스두몽은 결의를 다지기라도 하는 듯 가솔린을 좀 달라고 했다. 그러더니 방금 소방대원들이 지붕에서 끌어내린 90킬로그램짜리 엔진을 다시금 전속력으로 가동했다. "산투스두몽 씨는 엔진 파이프에서 화염이 분출되면서 요란한 굉음을 내는 것을 보고 흡족해했다."[43] 런던의 일간지 『데일리 텔레그래프』는 "비행선은 심하게 폭발했지만 아직 활기는 여전했으며 엔진은 전혀 손상되지 않았다"고 전하며 이렇게 덧붙였다. "오늘 아침 그 끔찍한 추락사건을 겪은 지 삼십 분도 안 되어 엔진을 다시 시험 가동하는 산투스두몽 씨의 모습을 보니, 정말 대담한 브라질 비행사라는 말이 실감이 났다."('대담한'이란 표현은 당시 언론이 산투스두몽을 묘사할 때 흔히 쓰던 형용사였다.) 그곳에 모인 군중은 산투스두몽이 금세 기운을 차린 것을 보고 환호를 보냈다. 도이치는 누더기가 된 실크 가스주머니가 지붕 여기저기에 널려 있는 것을 보았다. 몇 주 전 도이치는 자신이 쓸 요량으로 시가형 기구를 주문해놓았는데, 부피가 19만 8,000리터나 되는 거대한 기구로 아무때고 인수만 하면 되는 상태였다. 그래서 그 기구를 산투스두몽에게 내주겠다고 제안했다. 그러나 산투스두몽은 정중히 거절하고 손에 닿는 대로 실크 주머니 잔해를 그러모았다. 도이치는 산투스두몽의 과감성과 독창성은 높이 평가했지만 그가 상을 탈 것이라고 생각지는 않았다. "저런 식으로 언제까지 비행 시도를 하게 될지 걱정스럽군요."[44] 도이치는 산투스두몽이 돌아간 뒤 현장에 남아 있던 기자들에게 넌지시 말했다. "산투스두몽 씨의 비행선은 늘 바람의 영향을 강하게 받습니다. 그건 우리가 꿈꿔온 비행선과는 거리가 있습니다."

가난한 사람들에게 상금을 나눠주다

— 에펠탑 선회 비행, 1901년

어지간한 담력의 소유자라도 그런 식으로 추락했다면 이내 침대로 달려가서 몸져눕거나 술을 퍼마셨을 것이다. 그러나 산투스두몽은 트로카데로 호텔에서 곧바로 작업장으로 돌아가 망가진 산투스두몽 5호에서 건질 만한 것이 무엇이 있는지 꼼꼼히 살폈다. 놀랍게도 골조는 추락의 충격을 잘 견뎌냈다.[1] 소방대원들이 끄집어내는 과정에서 일부 손상이 있었을 따름이다. 다만 실크 가스주머니는 상태가 매우 나빴다. 현장에서 건진 여러 조각 가운데 제일 큰 것을 골라 손수 발명한 동력계로 압력에 어느 정도 견디는지를 측정해보았다. 그 결과 실크가 너무 약해져서 다른 비행선에는 사용할 수 없는 것으로 나타났다. 추락사고가 있고 나서 몇 시간 만에, 그는 기구 제작자들을 찾아가 새로운 비행선 '산투스두몽 6호'를 제작해달라고 주문했다.

그날 밤 산투스두몽은 막심 레스토랑에서 저녁을 나누면서 후원자와 친구들에게 트로카데로 호텔에 추락할 당시의 상황을 장황하게 떠들었다. 어지간한 친구들이라면 그런 얘기를 몇 시간이고 들어주었을 것이다. 그런데 한 여성이 "너무 전문적인" 얘기라고 투덜거렸다. 그 바람에 대화는 다른 주제로 넘어갔다.

최근 가격이 30퍼센트나 폭등한 압생트 얘기가 화제에 올랐다.[2] '녹색의 작은 여신'이란 브랜드를 만드는 퐁타를리에의 대형 압생트 제조공장이 파괴되는 바람에 일어난 현상이었다. 새로 등장한 타구睡具(침이나 가래를 뱉는 그릇) 얘기도 나왔다.[3] 잼 담는 병 모양의 타구 겉면에는 '공용 타구'라고 적혀 있었다. 당시 경찰국장은 침이 폐결핵을 확산시키는 주범이라며 아무 데서나 침 뱉는 행위를 금지했고 이 타구를 시내 곳곳에 설치했다. 양대 동물보호단체 사이의 다툼도 화제였다.[4] 당시 동물보호협회는 말을 햇빛으로부터 보호하는 모자를 공짜로 나눠준 반면, 동물구조협회는 그런 모자는 오히려 말에게 해롭고 말이 진짜 필요로 하는 것은 파라솔이라는 주장을 폈다. 이렇듯 산투스두몽이 그날의 유일한 영웅은 아니었다. 샤르트르 인근에서 우물을 수리하다가 우물 벽이 무너지는 바람에 매몰된 시몽이라는 노동자도 있었다.[5] 기술자들이 무려 117시간 동안 토사를 파낸 끝에 그를 구조해냈다. 당시 시몽은 탈진 상태였지만 의식은 말짱했다. 그는 우물 벽에 등을 기대고 일어나 한 팔을 높이 쳐들어보였다. 그런데 흥미로운 것은 본인은 흙더미에 묻힌 지 스물네 시간밖에 안 됐다고 주장했다는 점이었다.

산투스두몽의 명성이 높아지자 미국에서도 초청이 쇄도했다. 예를 들면 판아메리카 박람회 조직위원회는 산투스두몽에게 도이치상 수상 요건과 똑같은 거리로 한정해 일렉트로닉 타워를 선회하면 1만 달러를 주겠다고 제안했다.[6] 파리 박람회와 경쟁관계였던 판아메리카 박람회 뉴욕주 버펄로시에 본부가 있었다.『뉴욕 저널』은 삼십 일간 지구를 한 바퀴 돌거나 북극점까지 가는 비행에 자금을 대겠다고 나섰다. "솔직히 한 달 안에 세계 일주를 함으로써 그간의 기록을 전부 깬다는 발상은 상당히 창의적이고 대중의 상상력을 사로잡을 만하다. 그러나 과학도로서 나는 북극 비행이 훨씬 더 욕심난다."[7] 이것이 그의 반응이었다. 그러나 이런저런 제안 중에서 성사된 건 전혀 없었다. 산투스두몽은 비행에 동참해보고 싶다는 사람을 동승시킨 적도 없었다. "산투스두몽 씨를 비롯한 비행사들의 괴로움 중 하나는 같이 비행하고자 하는 파리 여배우들의 간청을 물리치는 일처럼 보인다."[8] 『뉴욕 헤럴드』 기사다. "그들은 비행선에 같이 타는 일을 유명해지는 지름길로 여긴다. 일부 여성은 비행사에게 시를 써서 보내기도 했다. 산투스두몽 씨가 그런 요청을 거절할 수 있었던 것은 그의 비행선이 일인용이기 때문일 것이다."

1901년 8월 말, 산투스두몽은 파리 8구 지방법원으로 출두하라는 소환장을 받았다.[9] 트로카데로 호텔 옆 건물 지붕 기왓장 파손에 155프랑을 물어달라는 민사재판이 열린 것이다. 건물 주인 드니오 부인은 산투스두몽의 비행선이 기왓장을 깼다고 하지는 않았지만 지붕에 추락한 산투스두몽을 구하려는 마음에 지붕 위로 마구 올라간 구경꾼들 때문에 기왓장이 박살났다고 주장했다. 어쨌든 그 책임은 산투스두몽이 져야 한다는 얘기였다. 신문들은 사소한 문제를 가지고 전 국민이 사랑하는 비행사에게 소송을 냈다며 드니오 부인을 비웃었다. 산투스두몽은 이 사안을 가지고 다투지 않았다. 법원은 그에게 벌금고지서를 보냈다.

소환장 작성 비용	50상팀
소환 명령 절차 비용	4프랑 80상팀
대물 손상 보상액	150프랑

인지대	10상팀
총계	155프랑 40상팀

산투스두몽은 곧바로 벌금을 물었다.

물론 산투스두몽에게 155프랑 정도 내는 것은 대수로운 일이 아니었다. 그러나 앞으로 이런 사고가 생긴다면 또 얼마의 비용이 들지 알 수 없는 노릇이었다. 따라서 "비행선이 굴뚝을 치고 지나가면서 벽돌이 떨어져 나가 지나가는 행인들의 머리에 떨어지는 돌발사고 등에 대비해" 보험을 들어놓을 필요가 있었다. 산투스두몽은 파리에 있는 모든 보험회사에 연락을 해봤다. 그러나 "험악한 날씨에" 일어날 수 있는 사고에 대비해 보험을 들어주겠다는 회사는 한 군데도 없었다. 비행선 자체의 손상에 대한 보험은 더더구나 생각할 수 없는 일이었다.[10]

어쨌거나 그는 산투스두몽 6호 제작을 계속했다. 6호는 길이 33미터로 5호보다 3미터 짧았다. 그러나 몸집은 뚱뚱한 시가처럼 더 땅딸막해졌다. 가스 용량은 약 63만 리터로 5호보다 5분의 1이 컸다. 비행선을 추동해 줄 프로펠러는 5호 때와 마찬가지로 선미 쪽에 달았다. 이렇게 도이치상에 재도전할 준비를 하는 동안, 도이치가 갑자기 규정을 바꿔버렸다. 난감한 일이었다. 산투스두몽은 규정이 바뀌었다는 소식을 전해 듣고 언론에 입장을 피력했다. 여론을 동원해 원래 규정대로 하도록 압박하려는 작전이었다. 9월 11일 신문들은 산투스두몽이 파리 비행클럽 항공술위원회에 보낸 의견서를 일제히 게재했다. 분노가 담긴 내용이었다.

존경하는 위원장님께[11]

최근 언론을 통해 제가 알게 된 바로는 9월 7일 열린 비행클럽 항공술위원회 회의에서 중요한 결정이 내려졌다고 합니다. 도이치상 도전자는 에펠탑을 한 바퀴 돈 다음 삼십 분 이내에 출발지점으로 귀환하는 것은 물론이고, 비행클럽 기구 공원 구내에 착지해야 한다는 결정 말입니다. 비행시간은 가이드로프나 계류용 밧줄을 푼 순간 시작해서 공원에 대기하고 있는 사람이 가이드로프를 잡는 순간까지로 한다는 내용도 추가됐습니다.

존경하는 위원장님, 저는 이런 규정 변경에 대해 놀라움을 금할 수 없습니다. 경주가 한창 진행중인 마당에 항공술위원회가 도전을 매우 어렵게 하는 조항을 추가했다는 사실이 도저히 믿기지 않습니다. 그러지 않아도 비행이 어렵다는 것은 그동안 제가 목숨이 위태로웠다는 사실로도 충분히 입증이 되는 바입니다.

지금까지 유효했던 원래 규정은 비행사가 귀환해야 한다고만 했지 '출발지점에 착지해야 한다'고 하지는 않았습니다. 위원회는 이미, 공원 출발 후 에펠탑을 경유해 삼십 분 이내에 돌아와야 한다는 규정이나 스물네 시간 뒤의 날씨를 무작정 감당해야 한다는 스물네 시간 전 출발 예고 규정 등이 비행의 어려움을 가중시킨다고 판단해 규정을 느슨하게 조정한 바 있습니다.

원래 규정이 만들어졌을 당시에는 에펠탑을 돈 다음 전속력으로 비행선을 몰아 기구 공원에 착륙하는 것이 그나마 가능했습니다. 물론 센강을 건너는 것이 어렵지요. 습기 많은 대기의 흐름이 비행의 평형을 교란하기 때문입니다. 어쨌든 노련하게 조종만 한다면 아브르강 강물을 운반하는 상수도관 옆쪽으로 착륙을 시도해볼 수는 있었을 겁니다. 물론 주변에 나무와 집들이 들어서 있어서 공간이 좁은 것은 물론이고 전화선과 전기선이 복잡하게 얽혀 있는데다 전차선과 철로까지 지나는 터라 쉽지는 않습니다.

제가 아는 모든 비행사의 의견을 들어본 결과 그 지점도 최근 도이치

씨의 기구 격납고가 건설되는 바람에 활용할 수 없게 되었답니다. 높이 27미터, 길이 60미터짜리 격납고 때문에 비행선이 공원으로 파고 들어갈 통로가 막힌 것입니다. 그 지점은 기상 조건을 고려할 때 전속력을 내는 비행선이 착지할 수 있는 유일한 장소였습니다.

전속력으로 비행할 때는 공원의 울퉁불퉁한 지면에 착륙하는 것은 불가능합니다. 반면에 속도를 늦추면 센강 양안에서 부는 바람에 비행선이 떠밀려갈 위험이 큽니다. 이는 제가 체험으로 알고 있는 바입니다. 그 때문에 이미 두 번의 실패를 겪었습니다.

이런 상황에서 제가 마지막으로 사고가 난 바로 다음날, 비행클럽 항공술위원회는 지상 착륙이라는 추가 의무조항을 제게 다시 부과했습니다. 이미 불가능이 많은 조건에 더 많은 불가능을 추가한 것입니다. 지금 인부들이 그곳에 거대한 도랑을 파고 있습니다. 저와 함께 일하는 인부들도 이륙을 돕다가 도랑 때문에 위험을 겪은 바 있습니다. 그래서 공원을 지나간 다음에 가이드로프를 잡으라고 당부해놓았습니다. 안 그러면 열심히 도우려는 마음에 자칫 위험한 일을 당할 수 있기 때문입니다.

더구나, 경마의 경우 계시원은 기수가 폿대를 통과하는 순간을 기록으로 잡습니다. 말에서 내려 고삐를 마구간 소년에게 넘겨주는 시점을 기준으로 잡지 않습니다. 움직이는 비행선은 그 힘이 어마어마합니다. 그런 비행선을 왜 갑자기 폿대 앞에 멈춰 세우고 가이드로프를 잡게 해야 하는 것입니까?

원래 규정은 항공술의 현 단계를 고려할 때 그래도 받아들일 수 있었습니다. 저도 인정하고 따랐습니다. 더 어려운 조건을 내걸고 그것을 실행하는 일은 무분별한 사람들 몫이라고 생각했습니다. 따라서 저는 규정된 시간 안에 도이치상이 규정한 요건을 충족시킨다면 공원을 통과하는 것으로 만족하고자 합니다. 제가 받아들였던 규정에 맞게 귀환을 완료한 것으로 간주할 것입니다. 가이드로프는 그후 적당한 장소를 찾아 착륙할 때 지상 대기자가 붙잡도록 할 것입니다.

도이치상이 제정되기 전인 1899년 저는 3호를 타고 에펠탑을 여러 차례 선회했습니다. 이후 지금까지 지극히 임의적인 수상 요건에 아랑곳 않고 비행 활동을 해왔습니다. 앞으로도 실험과 도전을 계속할 것입니다. 삶이 끝나는 그날까지 말입니다.

어쨌든 지금까지 그랬던 것처럼 저는 비행클럽 항공술위원회의 공식 인정을 받기 위해 최선을 다할 것입니다.

정부 당국의 공식 개입이 없는 상황에서 저는 언론의 평가에 만족할 것입니다. 언론은 항공술 발달에 큰 기여를 해왔습니다. 차후 본인이 수상 요건을 충족시켰다고 생각하는데 상이 수여되지 않는다면 그 야말로 유감스러울 것입니다. 저는 상금에 욕심을 내본 적은 전혀 없기 때문입니다. 지난해 새 상을 제정하는 조건으로 비행클럽에 상금 이자 4,000프랑을 양도했듯이 저는 도이치상 상금 10만 프랑을 반은 파리의 가난한 사람들을 위해, 나머지 반은 고난을 겪으며 항공술에 헌신해온 분들을 위해 사전 기탁해놓았습니다.

파리의 가난한 사람들과 저를 도와준 많은 비행 관련 인사들을 위해 항공술 위원회가 이번 결정을 철회하고 10만 프랑을 획득할 수 있는 기회를 주시기를 간절히 바랍니다.

제 비행선은 이번 주말이면 완전한 상태가 될 것입니다. 오는 일요일 다시 한번 도전할 수 있기를 기원합니다.

파리 비행클럽은 이 항의서한을 무시했다. 산투스두몽은 6호 재정비에 박차를 가했다. 6호는 9월 6일 시험비행 이후 사용이 불가능한 상태였다. 가이드로프가 전화선에 엉켜 비행선이 한 가옥을 스치는 바람에 선체에 큰 손상을 입은 것이다. 다행히 기왓장은 무사했다. 6.5제곱미터 크기의 방향타가 부러지고 실크 가스주머니가 찢어졌다. 9월 19일 아침 산투스두몽은 수리를 마친 6호를 타고 다시 이륙했다. 바람은 잠잠한데 안개가 뜻밖으로 짙었다. 짙은 안개층 위로 상승할 경우 갑자기 햇볕에 노출돼 가스주머니가 급속히 따뜻해지고 수소가스가 팽창해 비행선이 너무 높이 치솟을 우려가 있었다. 그럴 경우 비행선을 통제하려면 어쩔 수없이 수소가스를 방출해야 한다. 비행 시작부터 그런 식이라면 매우 위험했다. 가스가 충분치 않으면 나중에 반드시 후회하게 된다. 그래서 산투스두몽은 안개층 안에서 비행하기로 했다. 지상 46미터 이내에서 움직여야 했다. 비행은 처음에는 순조로웠다. 그러나 롱샹에 이르자 툭하면 말썽을 부리던 모터가 다시 털털거렸다. 산투스두몽은 모터가 정상화되길 기다리며 경마장 상공을 아주 작은 원을 그리며 돌았다. 풀이 무성한 경마장 중앙은 비상 착륙하기 적당한 곳으로 보였다. 그러나 너무 낮게 돌다가 비행선이 나무에 부딪히고 말았다. 다행히 지상까지 거리는 얼마 안됐다. "비행선이 착지하는 순간 모터 무게를 감당하는 골조가 파손됐다." 『뉴욕 헤럴드』는 그때를 이렇게 전했다. "그러나 비행사는 나무 파편이 어지럽게 튀고 실크 주머니가 찢겨나가고 강철과 와이어가 뒤엉키는 와중에도 곤돌라 안에 꼿꼿이 서 있었다. 다친 데가 전혀 없는 것을 보니 역시 성 베네딕트 메달의 가호가 있었던 게 분명하다."[12]

앞서 있었던 사고의 경우는 하나같이 강풍이 주요인이었다. 그러나 이번에는 바람과 아무 관련이 없었다. 오로지 비행사 과실로 야기된 최초의 사고였다. 지지자들은 별일 아닌 듯 치부했다. 에마뉘엘 에메는 산투스두몽을 대신해 언론에 이렇게 말했다. "항공술에는 오래된 금언이 있습니다. '경험이 과학보다 낫다'는 거지요. '책상에 앉아 항공술'을 연구하는 발명가는 '실전 항공술'의 어려움을 전혀 모릅니다. 산투스두몽 씨의 최대 강점은 끊임없는 시도를 함으로써 실제 활용할 수 있는 정보를 모은다는 겁니다. 그를 모방하는 분들은—바라건대 가급적 많아지길—그 같은 시련을 겪거나 비용을 들이지 않고도 그 혜택을 누릴 것입니다."¹³

　언론에서는 "비행사의 부주의로 조종 실수가 있었다"고 조심스럽게 진단했지만 산투스두몽은 그런 언론 보도에 크게 개의치 않았다. "그런 사고들을 나는 늘 교훈으로 삼았다." 산투스두몽의 말이다. "그것은 더 큰 재앙을 막을 수 있는 일종의 보험이라고 본다. 모든 비행선 조종사에게 딱 한 가지 당부하고 싶은 말이 있다. '지상에 가깝게 떠 있어라!' 비행선은 너무 높은 고도에 떠 있으면 안 된다. 실질적인 의미는 전혀 없는데 높은 곳에서 위험을 감수하기보다…… 차라리 낮게 가다가 나무우듬지를 들이받는 편이 훨씬 낫다."¹⁴

　파리 비행클럽은 9월 11일자로 발표한 도이치상 관련 규정 변경 내용을 철회하지 않고 있었다. 하지만 여론은 압도적으로 산투스두몽 편이었다. 교착상태가 계속되고 있다는 소식은 지구촌 멀리까지 퍼졌다. 영국의 식민지인 미얀마의 수도 랑군(지금의 양곤)에서 발행되는 『랑군 가제트』는 그 소식을 이렇게 보도했다.

　　산투스두몽 씨는 여론의 동정을 사고 있다. 그는 자신이 발명한 비행선의 우수성을 과시하기 위해 여섯 차례나 비행을 하고 세 종의 비행선을 건조했다. 그러나 파리 비행클럽이 발목을 잡고 나섰다. 그는 브라질 사람이다. 프랑스 사람으로 귀화할 일은 없을 것 같다. 더구나 영국을 극찬하는 태도를 숨긴 적이 없다. 그는 독일계 프랑스인이 내건 상금 10만 프랑짜리 경주에 도전하고 있다. 생클루 공원을 출발해 에펠탑을 한 바퀴 돈 뒤 다시 공원으로 귀환하는 사람에게 주는 상이다······ 사실상 산투스 씨는 이미 그런 과업을 달성했다. 그러나 야비한 심판관들 다수가 브라질인이 프랑스의 모든 영광을 가져가는 것을 못마땅해하고 있는 형편이다. 심판관들은 새로운 조건을 추가했다. 비행클럽 구내에 착지해야 한다는 것인데, 진입에 난관이 많은 지점이어서 자칫 큰 사고가 날 수 있는 곳이다.[15]

규정이 바뀌든 말든, 산투스두몽은 도이치상에 재도전할 만반의 준비를 갖췄다. 우선 엔진 개조를 확실히 마쳤다. 지난번 조종 실수는 본질적으로 엔진에서 비롯된 것이었다. 결국 자동차용 엔진이 비행선에서 제대로 성능을 발휘하지 못한 것이 원인이었다. 그래서 기화기의 배치를 바꿨다. 엔진이 어떤 위치가 되든 석유 공급이 중단되는 일이 없도록 하려는 조치였다. 또한 윤활유 배출 용기를 한 개에서 네 개로 늘렸다. 이것은 엔진이 어떤 각도에서도 윤활 상태를 잘 유지하도록 하려는 방편이었다. 보조 공기주머니의 위치도 가스주머니 본체 끝에서 가운데로 옮겼다. 이렇게 하면 가스주머니 본체를 밀어내서 항시 팽팽한 상태를 유지하도록 할 수 있다. 두 달 전 심각한 사태를 야기했던 작은 밸브들도 최대한 정밀한 것으로 교체했다.

1901년 10월 10일 오후, 산투스두몽은 6호에 몸을 실었다. 엔진 개조를 마친 만큼 롱샹 상공을 선회해볼 생각이었다. 역풍이 거셌지만 산투스두몽은 경마장 상공에서 한 시간여 동안 비행선을 모든 방향으로 조종해 보였다. "완벽한 조종술이었다."[16] 당시 지상에는 외 백작부인을 비롯한 명사들이 나와 예의주시했다. 오후 3시, 산투스두몽은 불로뉴숲에 있는 점심 단골 레스토랑 '라 그랑 카스카드' 옆에 착륙해 외 백작부인 내외에게 짧은 시간이나마 음료를 대접했다. '라 그랑 카스카드' 레스토랑은 구내에 인공폭포가 있어서 이런 이름이 붙었으며 지금도 성업중이다. 1865년

개장 당시 썼던 나폴레옹 3세 시대의 가구가 지금도 그대로 있다. 십오 분 후 산투스두몽은 군중 사이를 헤치고 나아갔다. 군소리 없이 길을 내주는 군중은 레스토랑 앞에 세워둔 비행선을 보러 나온 사람들이었다. 그것은 길디긴 마차 같았다. 산투스두몽은 다시 비행선을 타고 롱샹으로 돌아가 지상 약 200미터 높이에서 센강을 건넜는데, 기구 공원을 살짝 지나쳤다. 그러자 그는 갑자기 선수를 돌려 다시 목표 지점으로 향했다. 비행선은 기구 공원 서쪽 끝 지점에서 전깃줄을 살짝 스친 뒤 산투스두몽 자신의 기구 격납고와 도이치의 기구 격납고 사이에 있는 좁은 공간 상공에서 한동안 머물면서 선회를 계속했다. "먹잇감을 노리는 독수리 같았다. 순간 실패하는 것 아닌가 하는 걱정이 들었다. 비행선은 도이치 씨의 기구 격납고를 이 미터 가까이 지나친 상황이었다. 이 격납고 탓에 공원 남쪽 입구는 사실상 봉쇄된 상태였다." 에마뉘엘 에메의 설명이다. "하지만 산투스두몽은 대담한 조종으로 위기를 모면했다. 본인의 격납고 바로 앞까지 다가간 것이다. 그는 일꾼들이 오기를 기다리지도 않고 바로 진입했다." 그때 일꾼들은 자동차를 타고 "전속력으로" 그를 뒤따르고 있었다.[17]

산투스두몽은 비행클럽에 '다음주에는 날마다 상에 도전해보겠다'고 통보했다. 사실 그렇게 자주 비행할 생각은 없었다. 그러나 클럽측은 날짜를 특정하지 않은 통보는 유효성을 인정할 수 없다고 밝혔다. 산투스두몽으로서는 달리 선택의 여지가 없었으리라. 수상 규정에 따르면 비행일은 스물네 시간 전에 미리 통보해야 했다. 그러나 하루 뒤의 날씨가 정확히 어떻게 될지는 아무도 모른다. 그래서 그는 심판관들을 매일 불러 모았다. 그러다보면 날이 좋은 경우가 있을 테니까. 적어도 새벽에 비행에 나서는 일은 없게 되었다. 그러나 날씨 탓에 일주일 간 허탕을 치자 격납고 옆에 몰려들었던 군중은 거의 집으로 돌아갔다. 1901년 10월 19일 토요일. 항공술위원회 위원 스물다섯 명 중 다섯 명—앙리 도이치, 콩트 알베르 드 디옹, 윌프리 드 퐁비엘, 조르주 베장송, 에마뉘엘 에메—만이 이륙 현장에 나타났다. 오후 2시였다. 산투스두몽은 에펠탑에 있는 기상 관측소에 전화를 걸어 기상 상황을 알아봤다. 에펠탑 정상부에서 바람이 남서쪽으로 시속 21.7킬로미터 속도로 불고 있었다. 즉시 이륙하기로 했다. 당시 관객은 열 명 남짓에 불과했다. 오후 2시 29분, 산투스두몽은 이륙했다. 그러나 비행선을 서둘러 준비하느라 밸러스트를 너무 많이 싣고 출발한 것이 화근이었다. 공원을 벗어나는 순간 무게 때문에 높이 뜨지 못한 비행선의 가이드로프가 나무에 걸리고 말았다. 비행을 중단할 수밖에 없었다. 가이드로프를 풀려면 땅에서 작업을 해야 했기 때문이다. 불로뉴숲 센강 주변을 산책하던 사람들이 산투스두몽의 비행선을 보고 롱샹으로 구름처럼 몰려들었다.

오후 2시 42분. 다시 이륙에 나섰다. 비행선은 지상 230미터 지점까지 상승한 다음 에펠탑을 향해 직진했다. 그런데 센강을 건너는 순간 문제가 생겼다. "강물 위를 지나는 순간 갑자기 회오리바람이 불어 비행선이 떠밀려갔다. 재빨리 방향타를 잡고 엔진 속도를 높임으로써 간신히 항로를 바로잡을 수 있었다."[18] 산투스두몽의 회고다. 당시 24연대 군악대는 국빈 방문중인 그리스 국왕을 비롯한 500여 명사들을 위해 연주를 하면서 샹젤리제 거리를 행진하고 있었다. 그런데 그중 한 명이 "산투스두몽이다!" 라고 소리치며 하늘을 가리켰다. 그러자 군악대원들은 일제히 악기를 내려놓고 달려갔다. 『뉴욕 헤럴드』 기사의 표현을 빌리면 "보행자들은 이리저리 뛰었고, 마차와 자동차, 자전거도 앞다투어 샹드마르스 광장으로 향했다."[19] 트로카데로 정원에 오천 명이 몰려들었다. 시속 29킬로미터의 바람을 타고 순항하던 비행선이 에펠탑 피뢰침을 한 바퀴 돌았다. 피뢰침과의 거리는 12미터밖에 되지 않았다. 탑에 올라가 있던 계시원이 산투스두몽의 비행 중간기록은 8분 45초라고 확인하자 "수많은 사람은 글자 그대로 기쁨에 겨워 춤을 추었다. 전혀 모르는 사람들끼리도 악수를 하며 축하 인사를 나눴다. 마치 전 국민적인 축제일 같았다."

생클루 공원으로 귀환하는 상황에서 시속 32킬로미터의 맞바람이 불어 비행선이 심하게 흔들리고 속도가 떨어졌다. 그러나 산투스두몽 6호는 생클루까지 직선항로를 유지한 채 비교적 빠른 속도로 전진했다. 에펠탑에서 500여 미터를 벗어나 불로뉴숲 상공에 이르렀을 때 엔진이 멎었다. 기화기를 새로 달고 윤활 시스템도 갖췄지만 소용없었다. 항로에서 이탈할 위기에 처한 산투스두몽은 방향타를 놓아두고 기화기와 점화장치를 손볼 수밖에 없었다. 그렇게 엔진을 재가동시키는 데 소중한 20초가 또 흘러갔다. 비행선은 샹드마르스 광장을 지나 앵발리드 기념관과 나폴레옹 묘소에 근접했다. "저기 새로운 정복자가 나타났다."[20] 그 순간을 런던의 한 신문은 이렇게 묘사했다. "이번에는 평화로운 정복자, 하늘의 나폴레옹이다. 가을 햇살이 비치자 사람들이 '아우스터리츠의 햇살'(나폴레옹이 1805년 아우스터리츠에서 러시아·오스트리아 연합군에 대승을 거두어 유럽의 정복자로 등극한 것을 빗댄 표현)이라고 소리친 건 놀라운 일이 아니었다." 그러나 산투스두몽은 상을 거머쥐기 전에 먼저 변덕스러운 엔진부터 다독여야 했다. 파리시 경계를 이루는 요새들을 넘자마자 엔진이 다시 한번 멈췄다. 그러나 이번에도 그는 가볍게 재시동에 성공했다.

세번째로 엔진이 말썽을 부렸을 때는 상황이 심각했다. 프로펠러 속도가 떨어지면서 비행선이 급히 하강했다. 그는 간신히 엔진을 수리하는 한편으로 상당량의 밸러스트를 내던져 하강 속도를 줄였다. 비행선이 평형을 회복하자 산투스두몽은 귀환에 매진했다. "이후 비행은 대단히 환상적이었다."[21] 산투스두몽의 회고다. "네 개의 엔진 실린더는 아주 잘 돌아갔다. 모든 게 정상이었다. 호주머니에 손을 넣고 그냥 저절로 굴러가게 내버려두고 싶을 정도였다." 센강을 건너면서 산투스두몽은 여기저기 놓인

다리들을 내려다봤다. 강변에 몰려나온 군중의 모습도 보였다. "엄청난 환호성이 거대한 하나의 목소리로 다가왔다. 길조라는 생각이 들었다. 시간을 제대로 맞추고 있다는 표시였다. 그러나 시계가 없었으므로 확신을 할 순 없었다. 공원이 시야에 들어오는 순간 나는 선체를 앞으로 숙였다. 경사를 유지한 채로 바로 하강하려고 말이다. 너무 높은 지점에 착륙하고 싶지 않았기 때문이다. 비행선은 방향타가 잘 먹혔다. 그 덕분에 비행클럽 구내 중앙부를 정확히 지나칠 수 있었다."

산투스두몽이 출발지점을 약간 지나치자 공식 계시원이 29분 15초라는 기록을 큰소리로 발표했다. 그러고 나서 1분 25초 뒤에 산투스두몽은 비행선을 돌려 착륙지점으로 다시 돌아왔다. 인부들이 기다리고 있다가 가이드로프를 잡고 비행선을 끌었다. 곤돌라가 땅에 거의 닿을 정도가 되자 환호성 속에서 그의 목소리가 들렸다. 산투스두몽은 옆으로 몸을 기댄 채 한껏 목소리를 높였다. "성공인가요?"[22]

수백 명의 관객들이 일제히 "네! 네!" 하고 소리치면서 비행선 쪽으로 몰려들었다. 사람들이 꽃잎을 뿌려댔다. 수많은 꽃잎이 색종이처럼 날렸다. 많은 이가 감격스러워하고 있었다. 외 백작부인은 무릎을 꿇고 두 손을 하늘로 쳐든 채 '동포 청년을 보호해주셔서 감사합니다'라고 말했다. 백작부인을 따라 나온 미국 석유왕 존 D. 록펠러의 부인은 아이처럼 환호했다. 산투스두몽에게 하얀색 작은 토끼를 선물하는 사람도 있었고 따뜻한 브라질 커피 한 잔을 대접하는 사람도 있었다.

산투스두몽이 환히 웃고 있는 사이 무뚝뚝한 얼굴의 사나이가 다가왔다. 알베르 드 디옹 백작은 산투스두몽과 악수를 하면서도 그의 눈을 똑바로 쳐다보지 못했다. "회원님……" 드 디옹이 입을 뗐다. "40초 차이로 상을 탈 수 없게 됐습니다."[23] 드 디옹은 개정된 규정에 따라 레이스는 출발점으로 돌아온 시점이 아니라 가이드로프를 인부들이 잡는 순간에 끝난다는 점을 상기시켰다.

"말도 안 돼!" 군중이 항의했다.

드 디옹은 산투스두몽이 성공하지 못했다는 판정을 누차 되풀이했다. "이것은 위원회의 결정입니다. 경기 규칙에 따른 조치입니다."

산투스두몽은 곧바로 다시 비행에 나서겠다고 했다. 그러나 군중은 그를 놓아주지 않았다. "더 증명할 필요 없어요. 당신이 이겼어요. 이겼다고!" 사람들이 소리쳤다.

그는 곤돌라에서 꼿꼿이 서서 사람들에게 이렇게 말했다. "상을 못 탄것은 별로 중요하지 않습니다. 중요한 건 지금도 힘들게 살아가는 가난한 사람들입니다!" 몇몇 사람이 주먹을 치켜들었다. 자동차를 소유한 부자들이 비행클럽을 좌지우지하면서 가난한 사람들에게 돌아갈 몫을 빼앗아버렸다는 항의의 표시였다. 태도가 표변하는 것으로 유명한 도이치가 직접 앞으로 걸어나오더니 잠시 군중의 흥분을 가라앉혔다. 그는 산투스두몽을 포옹한 다음 이렇게 전언했다. "저로서는 귀하가 상을 탄 것이라고 봅니다!"[24] 다시 군중의 환호가 터지자 드 디옹은 기구 공원을 슬며시 빠져나갔다. 열렬한 박수갈채를 처음 받아본 도이치는 흐뭇한 표정으로 위원회가 결정을 뒤집지 않는다면 사재 2만 5,000프랑을 가난한 사람들에게 희사하겠다고 말했다. 그러나 산투스두몽은 이 제안을 거부했다. 다시 여기저기서 불끈 쥔 주먹이 올라갔다. 그 수가 점점 더 많아졌다. 그러자 경찰이 달려와 군중을 해산시켰다.

한 기자는 산투스두몽에게 왜 처음에 출발점을 지나쳤느냐고 물었다. "출발점에 착륙할 수도 있었지요." 산투스두몽의 대답이다. "쉰 번도 더 착륙을 해봤으니까요. 계속 간 것은 위원회가 몇 주 전에 내린 변덕스럽고 임의적인 규정 변경을 인정하지 않겠다는 뜻을 보여주기 위한 겁니다. 출발점에 들어오는 것이 아니라 착지를 해야 한다는 규정 말입니다. 그래서 오늘 나는 출발점을 지나쳤습니다. 경마에서 말이 트랙을 돌고 결승점을 통과해 지나치는 것처럼."[25] 드 디옹을 비롯한 비행클럽의 주요 회원들을 특히 화나게 한 것은 산투스두몽의 성공이 아니라 굴복하지 않는 태도였다. 카멜레온처럼 변신에 능한 도이치는 이제 산투스두몽이 "사실상의 승리"를 거둔 것은 분명하지만 "수상 요건을 완벽하게 지키지는 못한 듯하다"는 식으로 슬며시 말을 바꾸었다.[26]

산투스두몽은 비행 스트레스로 더 말싸움을 하기도 힘겨웠다. 비행 도중 엔진이 세 번이나 말썽을 부렸기 때문이다. 그는 곤돌라에서 나와 자신의 차를 타고 집으로 향했다. "산투스두몽 씨의 유명한 소형 전기 자동차가 샹젤리제로 들어서자 자전거와 자동차 수백 대가 호위하듯이 따라왔다. 길 끝까지 가는 동안 무슨 개선행진이라도 하는 듯한 분위기가 연출됐다."[27] 당시 『뉴욕 헤럴드』 보도다. "인도에 나온 사람들과 마차를 탄 사람들은 그가 집 안으로 들어가 안 보일 때까지 모자와 손수건을 흔들고 환호를 보냈다."

일요일. 산투스두몽이 공식 수상 여부 결정을 기다리는 사이에 귀스타브 에펠이 에펠탑 꼭대기에 있는 자신의 방으로 점심 초대를 했다. 산투스두몽은 최근 사 년간 비행선을 타고 에펠탑을 일곱 차례 선회했지만 십여 년 전 파리를 처음 방문한 이후 아직 탑 안에 발을 들여놓은 적은 없다. 식사가 끝난 뒤 항공술위원장 롤랑 보나파르트 공작으로부터 축하전보가 왔다. "저로서는 귀하가 수상자라고 생각합니다. 어떤 식으로든 위원회의 결정에 영향을 미칠 생각은 없습니다. 다만 도이치 씨가 귀하에게 2만 5,000프랑이 아니라 10만 프랑을 지급해야 한다고 봅니다. 상금을 그토록 고귀한 목적에 사용하신다고 하니 깊은 축하의 뜻을 전하는 바입니다."[28] 보나파르트 공작의 전보 내용이—수상자 결정 논란에 여러 지면을 할애한 신문들에 통해—보도되자 입장이 난처해진 도이치는 위원회가 산투스두몽에게 10만 프랑을 지급하도록 허용해주기를 희망한다고 공식 발표했다. 도이치는 어느 쪽이든 선택할 수 있었다. 이틀 뒤에 열리는 항공술위원회는 무기명 투표였기 때문이다.

비행클럽의 내분을 '제2의 드레퓌스 사건'이라고 한 것이 전에는 과장처럼 보였지만 이제는 적절한 표현이 됐다. 비행클럽이 결정을 번복할 것이냐가 '파리의 초미의 관심사'라고 『뉴욕 헤럴드』는 보도했다. "정치색이 드러나기 시작했다. 로슈포르 씨와 드뤼몽 씨는 반유대주의자를 공격하듯 도이치 씨를 몰아세웠다. 수상 보류는 그의 책임이라고. 반면에 처음부터 산투스두몽을 못마땅해했던 샬레뫼동 군용 기구 기지 관계자들은 당연히 수상에 반대한다는 입장을 견지했다."29

프랑스의 보통 사람들 마음에서는 산투스두몽이 의심의 여지 없이 도이치상 수상자였다. "산투스는 금주의, 그리고 올해의 위대한 이름이다. 전보를 통해 지구촌 구석구석으로 그의 이름이 널리 알려졌다. 그는 파리의 신이었다. 이름의 각운도 『삼총사』의 두 주인공 아토스와 포르토스를 연상시키지 않는가. 앞으로도 산투스란 이름은 지겹도록 자주 듣게 될 것이다." 한 현지 신문은 다음과 같이 호들갑을 떨었다. "재단사와 과자 제조업자, 장난감 제조업자 같은 사람들이 그를 모델로 함으로써 산투스두몽이란 이름은 이제 불멸의 이름이 되었다."30

"최근 파리에서 유행하는 숙녀용 모자 중에 '산투스두몽 베일'이라는 것이 있다." 뉴욕에서 발행되는 패션 전문지 『드라이 굿즈 이코노미스트』는 이렇게 보도했다. "산투스두몽의 비행선 모양을 한 작은 벨벳 아플리케를 장식으로 단 것이 이 모자의 특징이다."31

파리 길거리에서 잘 팔리는 과자 역시 산투스두몽 얼굴 모양을 넣은 생강과자였다. "아장아장 걸음마하는 꼬마들조차 나무 밑에서 좌판을 벌인 행상에게 '산투스 과자 주세요' 하고 말하는 것을 들을 수 있다." 『뉴욕 헤럴드』기사의 한 대목이다. "프랑스의 전직 대통령이 한 관리에게 '내가 정말 인기가 있나?' 하고 묻자, 그 공무원은 이렇게 답했다는 일화도 있다. '아직 아닙니다, 각하. 각하의 초상이 새겨진 생강과자가 샹젤리제 거리에서 팔리진 않으니까요.'"[32]

장난감 제조업자들은 장난감 열기구의 디자인을 재빨리 바꾸었다. "프랑스의 많은 가게에서 파는 장난감 열기구 모양의 변화는 곧바로 유행의 증표가 된다." 다시 『뉴욕 헤럴드』기사다. "과거에는 공 모양이었지만 지금은 시가 모양을 하고 있다. 밝은색 장난감에는 '산투스두몽'이라는 이름이 적혀 있다."[33] 비행선 미니어처도 히트 상품이었다. 앙증맞은 비행선은 석탄가스를 채워 실제로 날릴 수도 있었다. 그러나 부모들이 위험하다고 생각해 기피하는 바람에 유행은 금방 끝났다. 그러자 산투스두몽 6호를 재현한 새 미니어처가 등장했다. 이 장난감은 석 달 만에 2만 개나 팔렸다. 장사꾼들은 장난감을 진짜 하늘을 나는 기계라고 선전했다. 그러나 사실은 줄을 매달아 날리는 수준이었다. "광고와 달리 미니어처는 날지 못했지만 인기는 여전히 폭발적이다." 『덴버 타임스』기사다. "그렇게 볼 때 허위광고가 장난감 비행선의 성공에 한몫을 한 게 분명하다. 어른들도 거짓에 속아넘어가는 일이 있지 않은가."[34]

10월 22일 화요일, 항공술위원회 회의가 개최됐지만 거기서 나온 결정은 누구도 만족시키지 못했다. 위원회는 산투스두몽을 수상자로 인정할 것인지는 11월까지 미루는 한편, 도이치상 도전은 계속 받겠다고 발표했다. 11월 말까지 다른 도전자가 에펠탑 선회 비행에 성공하면, 10만 프랑의 일부를 산투스두몽과 나눠 갖거나 모두 가져갈 수 있었다. 호의적인 결정이 날 것으로 예상한 산투스두몽은 이미 파리시 경찰청장에게 자신을 대신해 상금을 가난한 사람들에게 나눠달라는 부탁을 해놓은 상태였다. 벌써부터 수천 명의 걸인이 경찰청사 주변으로 몰려들어 자기 몫을 나눠달라고 주장했다. 파리의 부자들은 자칫 성난 군중이 자기들을 공격할지 모른다는 걱정에 앞다투어 헌금을 했다. 도이치도 2만 5,000프랑을 기부했다. 나폴레옹의 부인 조세핀 황후가 머물렀던 고성古城을 소유하고 있는 다니엘 오시리스라는 자선사업가는 비행클럽이 시상을 거부할 경우 산투스두몽에게 10만 프랑을 지급하겠다고 선언했다. 일주일 후인 11월 4일 항공술위원회는 여론의 압력에 굴복해 찬성 13표 대 반대 9표로 산투스두몽을 마침내 최종 수상자로 선정했다.

그러나 산투스두몽을 달래기에는 너무 뒤늦은 조치였다. 산투스두몽은 즉시 비행클럽을 탈퇴하고 파리 시민들에게 그동안 지지와 성원을 보내준 것에 감사를 표했다. 이어서 겨울은 모나코의 휴양도시 몬테카를로에서 보낼 생각이라고 밝혔다. 그는 몬테카를로시 '당국'이 비행을 적극 후원할 거라고 봤다. 상금 수령에 대해 프랑스의 스포츠 전문 일간지『르 벨로』는 이렇게 전했다. "언론을 통해 산투스두몽의 얼굴은 널리 알려졌다. 그래서 산투스두몽 앞으로 지급하게 돼 있는 수표를 들고 리옹 은행을 찾아갔을 때 직원들은 지체 없이 1,000프랑짜리 지폐 100장을 내주었다. 신분증명 같은 것도 요구하지 않았다."[35] 이 가운데 2만 프랑을 산투스두몽은 충실한 후원자 에마뉘엘 에메에게 주고 3만 프랑은 인부들에게 나눠주었다. 나머지 5만 프랑은 가난한 사람들 몫으로 돌아갔다. 산투스두몽은 경찰청장에게 그 돈을 가난한 사람들이 전당포에 맡긴 살림살이 같은 것을 되찾는 데 써달라고 당부했다.

"파리 시민들은 늘 영웅을 필요로 한다, 일종의 아이돌 같은 존재를. 오늘밤에는 청년 비행사가 바로 그 자리를 차지했다." 한 영국 기자는 상금을 분배하기 전날 이렇게 썼다. "어느 쪽을 더 높이 평가해야 할지 모르겠다. 바다 건너온 이 대담무쌍한 청년의 빛나는 용기인지, 아니면 그런 대기록을 가능케 한 그의 천재적인 발명 능력인지. 그는 전에도 인기가 많았지만 충실한 후원자들과 가난한 사람들에게 선물을 줌으로써 산투스두몽에 대한 파리 시민들의 사랑은 정점에 달했다."[36]

　산투스두몽의 친구들은 그를 그냥 떠나보내려 하지 않았다. 성대한 송별회를 계획한 것이다. 여느 때처럼 신사와 플레이보이가 넘쳐나는 막심 레스토랑에서 잔치를 여는 것은 어울리지 않아 보였다. 따지고 보면 그에게 변함없는 지지를 보여준 것은 파리 시민들이지 상류층 인사들이 아니었다. 그런 사정으로 환송 만찬은 1901년 11월 9일 엘리제궁 호텔에서 열기로 했다. 20프랑만 내면 누구나 참석할 수 있는 자리였다. 그의 친구들은 좀 순진했던 것 같다. 큰 부자가 아니라도 한 끼에 그 정도 돈은 누구나 낼 수 있다고 생각했으니까. 120명이 참석해 "비행선처럼 생긴 서대기를 먹었다. 브라질식 요리와 산투스두몽의 이름을 딴 과일 바구니가 나오자 요란한 환호와 박수가 터져나왔다."[37] 참석자들의 면면은 다양했다. "귀족, 엔지니어, 부자 비행 동호인, 평소 남 앞에 잘 안 나서는 과학자 등 모든 계층의 사람들이 골고루 모였다." 당시 『데일리 텔레그래프』는 "참석자들은 항공술 개척자 중 가장 용감하면서도 겸손한 인물에게 애정과 감탄을 표현하기에 여념이 없었다"고 전했다.

　비행클럽 회원들은 대부분 불참했지만 도이치는 참석했다. 그는 식후에 직접 작곡한 〈산투스〉라는 제목의 왈츠를 나폴리 악단에게 연주하게 했다. 왈츠는 대성공이었다. 산투스두몽도 열렬한 박수를 보냈다. 앙코르곡으로 나폴리 악단은 도이치가 작곡한 또다른 비행 관련 곡 〈몽골피에 행진곡〉을 연주했다. 외 백작부인인 이자베우 황녀는 산투스두몽 6호 모양으로 꾸민 대형 국화 꽃꽂이와 브라질 국기를 산투스두몽의 테이블로 보냈다. 귀스타브 에펠은 산투스두몽이 에펠탑을 선회하는 모습을 새긴 금메달을 선물했다. 화가 발라체아노는 산투스두몽이 6호를 타고 공중에서 1,000프랑짜리 지폐가 가득 담긴 밸러스트 주머니들을 내던지는 모습을 담은 대형 수채화를 선보였다. 연회장 곳곳에서 시가에 불이 켜졌다. 하객들은 몇 모금 빨고 나서 식탁보 가까이에 대고 흔들기 시작했다. 자칫 불이 날 수도 있는 이 위험한 행동은 과거 산투스두몽이 '가솔린엔진에서 나오는 불꽃으로 기구가 폭발할지 모른다'는 경고를 무시하고 비행을 강행한 것을 풍자한 것이었다.

몬테카를로가 있는 리비에라 해안으로 떠나기에 앞서 산투스두몽은 런던을 방문했다. 영국 비행클럽이 막 설립됐을 때였다. 발기인은 브라질 사람 산투스두몽의 성공에 자극을 받은 C. S. 롤스(자동차 제조회사 롤스로이스사의 공동 설립자)를 비롯한 영국 자동차의 선구자들이었다. 영국 비행클럽은 산투스두몽을 명예 발기인으로 선정하고 11월 25일 메트로폴 호텔 화이트홀에서 축하연을 베풀었다. 주최측은 만찬 주빈의 미식 취향을 잘 알고 있었던 터라 메뉴를 어떻게 정할지 많은 논의를 거쳤다. 그가 가장 좋아하는 서대기 필레를 메인디시로 아홉 코스 요리가 선정됐다. 치즈 퐁듀와 디저트용 비스킷이 나오는 동안 영국군 군용 기구 연구 책임자인 제임스 템플러 대령이 산투스두몽을 위해 건배를 제안하면서 자신을 비롯한 군용 기구 연구자들은 하나같이 '바람이 너무 세서 산투스두몽이 에펠탑을 돌지 못할 것'으로 예상했다고 털어놓았다. 그런데 선회를 한 것은 물론이고 규정 시간 안에 귀환했다는 소식을 듣고 정말 놀랐다는 것이었다. "산투스두몽 씨가 일어나 답례를 했다."[38] 당시 『데일리 메신저』 보도 내용이다. "축하연에 참석한 사람들 전원이 그에게 열렬한 박수를 보냈다. 평소 냉철하기로 유명한 영국인의 기질과 전혀 딴판이었다. 곳곳에서 냅킨을 흔들었다. 그런 식의 열화 같은 박수와 환호가 몇 분 동안이나 이어졌다. 연회장에서는 축하곡으로 유명한 〈그는 정말 좋은 친구야〉라는 노래가 흘렀다." 산투스두몽이 '대영제국'을 위해 건배를 제안했다. "바다의 제국을 이루었으니 이제 하늘의 제국을 이루는 꿈이 실현되길 바란다"는

내용이었다.[39]

베테랑들로 구성된 영국 기자단도 세계에서 가장 유명한 비행사와 인터뷰를 하려고 축하연에 참석했다.

기자들은 산투스두몽이 겁 없이 하늘을 나는 사람 같아 보이는지 아닌지를 놓고 의견이 갈렸다. 『데일리 뉴스』 기자는 그렇다고 봤다. "만약 비행사를 창조한다면 산투스두몽 씨처럼 생기게 만들어야 할 것이다. 키는 다소 작고 호리호리하지만 강인하면서도 열정이 넘친다. 그런 인물이라면 기구에서 떨어져도 어지간한 사람보다 부상이 훨씬 적을 것임을 쉽게 짐작할 수 있다. 그러나 그가 우리말을 유창하게 하기는 하지만 영국인이라면 같은 동포로 오인하지는 않을 것이다. 새까만 머리칼과 검은 눈, 까무잡잡한 피부는 영락없는 브라질 사람임을 말해준다."[40]

『브라이튼 스탠더드』는 정반대로 묘사했다.

> 산투스두몽은 과학적 발견을 추구하는 과정에서 여러 차례 죽을 고비를 넘겼지만 아무리 봐도 무모하리만큼 겁 없는 사람처럼 생기진 않았다. 다소 작은 키에 아주 호리호리한 몸매로 거의 소년 같은 모습이다. 얼굴도 길고 갸름한 것이 소년 같고, 까만 머리칼이 이마를 살짝 덮은 것이 유명한 화가이자 만화가인 필 메이의 브라질판이라고 할 만하다. 그리고 행동거지는 조용함 그 자체다. 하늘을 나는 기구 얘기를 할 때도 그냥 날씨 얘기하듯이 해서 그토록 유명한 인물과 마주하고 있다는 느낌이 전혀 안 든다. 여러 차례 끔찍한 죽음 일보 직전까지 내몰렸던 인물이 어찌 이럴 수가 있을까.[41]

기자들은 축하연 자리에서 산투스두몽에게 그의 실험과 도전에 관해 질문했다. 그의 비행 내력을 잘 몰랐던 한 기자는 트로카데로 호텔 사고

외에 다른 사고가 있었느냐고 물었다. 그러자 산투스두몽은 웃으며 "그 럼요"하고 답했다. "사고가 많았지요. 다 약이 되는 일이었습니다. 사고 를 당할 때마다 배우는 게 있었으니까요. 하지만 다친 것은 딱 한 번뿐이 었습니다. 니스에서였지요. 얼굴 피부가 벗겨져나갔습니다. 물론 지금은 상처가 안 보이지요. 당시 나는 트레네trainé, 이곳 말로 뭐라고 하지요? 아, 끌려간다? 네, 나는 땅바닥에 질질 끌려갔습니다. 폭풍에 기구가 날려간 것이지요."여기까지는 진실이었다. 그러나 그는 없는 사실을 보태서 위 험을 과장했다. 여차하면 기구를 쏘아 터뜨리려고 어뢰정을 배치해뒀는 데, 다행히 바다까지 떠밀려가진 않아서 어뢰 발사는 없었다고. 그의 설 명은 이렇게 이어졌다. "계속 땅으로 끌려갔어요. 그러다가 기구가 나무 에 부딪혀 터진 덕분에 겨우 멈췄지요."[42]

　축하연 말고 런던에 온 다른 이유가 또 있느냐는 질문도 나왔다. "네, 여기서 몇 차례 시범비행을 할 수 있는지 살펴볼 겸 왔습니다…… 파리보 다 덜 위험할 것 같다는 느낌이 듭니다. 가옥들이 그렇게 높지 않으니까. 하지만 여기도 위험은 있습니다. 각종 전선이 많이 가설되어 있더군요. 파리에는 그런 게 없습니다. 전선에 걸리면 비행선은 찢어질 수도 있지 요. 하지만 내년에는 영국에서 몇 차례 시도를 할 수 있지 않을까 싶습니 다, 확언할 수는 없습니다만. 아, 여기 날씨요? 그건 제가 더 잘 알고 있습 니다."[43] 좌중에서 웃음이 터져나왔다. 그날 밤이 다 가기도 전에 산투스 두몽이 세인트폴성당을 선회 비행할 계획이라는 소문이 돌았다. 본인도 적극 부인하지 않아서 소문은 꼬리에 꼬리를 물었다. 며칠 후 산투스두몽 이 프랑스로 떠났을 때 영국인들은 다음해 봄 산투스두몽이 비행선 관련 시설을 런던으로 옮길 것이라고 확신하고 있었다.

육군을 웃음거리로 만들 비행선

산투스두몽이 에펠탑 선회 비행에 성공하자 많은 문인과 과학자가 비행선의 미래에 대해 장밋빛 전망을 쏟아냈다. 그 대다수는 항공 교통수단의 미래를 예측하는 데 집중됐다. 『웨스트민스터 가제트』는 다음과 같이 보도했다. "항공기가 언젠가 전기 자동차나 2페니짜리 지하철도를 대신해 대도시 교통문제를 해소해줄 거라고 상상하는 건 이제 터무니없는 일이 아니다.[1] 예민한 분들이 허공에서 갑자기 고장이 나거나 충돌사고가 일어나면 어쩌나 우려하는 것은 당연하다. 그러나 필요는 발명의 어머니라는 사실을 주목해야 한다. 그런 비상사태에 대비해 미래의 항공열차에 낙하산을 비치할 수도 있을 것이다."

20세기 초만 해도 하늘을 나는 기계가 공격용 무기로 사용될 거라고 예견한 사람은 거의 없었다. 분명히 대부분의 비행사들도 그 문제는 별로 깊이 생각해보지 않았을 것이다. 항공술 발전 초기 단계부터 각국 군대에서는 기구에 관심을 보였다. 무기로서가 아니라 비무장 항공정찰용으로 쓸모를 모색한 것이다. 1794년 몽골피에 형제가 최초의 기구를 선보인 지 십 년밖에 되지 않은 시점에 프랑스 혁명정부는 보병의 눈 역할을 할 항공정찰부대를 설립했다. 영국과 미국의 군사전략가들도 곧바로 프랑스의 선례를 따라 기구병氣球兵을 육군에 배치했다. 미국 남북전쟁 때는 남군과 북군 양측이 정찰용 기구를 투입해 적의 배치상황과 지상공격으로 인한 피해상황을 점검했다. 보불전쟁이 한창이던 1870년에는 파리 시민 수십 명이 실제로 기구를 타고 도시를 탈출했다.

18세기부터 19세기까지 수차례 기구 비행사들이 무기를 운반하겠다고 자원했으나 군 당국이 이 제안을 거부했다. 그럴 만한 이유가 있었다. 조종장치나 동력장치가 없이 바람에 따라 떠다니는 자유로운 기구는 정찰 지점에 정확히 배치하기가 어려웠다. 목표지점 상공에서 작전이 필요할 경우 제대로 통제하는 것은 더더구나 불가능했다. 1793년 몽골피에 형제도 프랑스 혁명정부를 지원할 생각으로 반란을 일으킨 툴롱에 폭탄을 투하하겠다고 제안한 바 있다. 1846년 멕시코미국전쟁 때는 세인트루이스 출신의 기구 비행사 존 와이즈가 미 육군성 베라크루스 산후안 데 우요아 요새에 주둔중인 멕시코군을 몰아낼 구체적인 방략을 제시했다. 대공 화기가 미치지 못하는 거리인 요새 상공 1.6킬로미터 이상의 지점에 기구를 띄워 폭탄 9톤을 투하한다는 계획이었다. 기구는 길이 8킬로미터짜리 밧줄에 묶어 지상에 계류한 상태에서 폭탄 투하가 끝나면 감아서 끌어내리면 된다. 그러나 와이즈에 따르면 미 육군성은 "이런 제안을 제대로 검토할 만큼 생각이 깨어 있지를 못했다."[2]

반면에 생각이 훨씬 깨어 있던 오스트리아군 전략가들은 1849년 역사상 최초의 공중공격을 승인했다. 프란츠 우카티우스 중위의 지휘하에 기구 124개를 띄워 오스트리아 지배에 반기를 든 베네치아에 초보적 형태의 폭탄을 투하한 것이다. 소형 주철 용기에 화약을 가득 채운 폭탄이었다. 그러나 폭탄 투하로 인한 사상자는 없었다. 기타 피해도 없었던 것으로 추정된다. 한 발을 빼고는 모두 베네치아에 거미줄처럼 뻗은 운하 속으로 떨어졌기 때문이다. 지상에 떨어진 그 한 발도 리도섬 상공에서 조기 폭발하고 말았다. 이후 베네치아 폭탄 투하 실패를 기억하는 군에서는 20세기까지 기구를 공격용 무기로 쓸 생각은 하지 않았다.

산투스두몽은 동력 열기구가 세계평화의 시대를 앞당길 수 있다고 확신했지만 그것을 방어용 무기로 쓰는 것에 반대하지는 않았다. 초기 비행 때부터 그는 하늘에서 보면 연안의 바닷물이 굉장히 투명하다는 것을 알고 있었다. 기구를 잘만 배치하면 적 잠수정의 동태를 감지해 폭탄을 떨구어 공격을 막을 수 있다고 생각했다. 1900년 그는 프랑스군에 이 계획을 제안했지만 군은 아무 관심도 보이지 않았다.

중항공기 방식의 비행기를 최초로 연구한 새뮤얼 랭글리는 중항공기를 공격용 무기로 쓸 수 있다고 생각한 극소수의 인물 중 하나였다. 1896년 무인 에어로드롬 시험발사에 성공한 랭글리는 비행의 시대가 곧 열리리라 믿고 비행기에 기관총과 폭탄을 장착하면 평화를 실질적으로 촉진할 수 있다고 주장했다. 그는 비행기가 "전쟁의 양상을 완전히 바꿔놓을 것"이라면서 "양 진영의 움직임 하나하나가 서로 완전히 노출되므로, 요새를 구축해 적을 물리친다는 발상은 이제 불가능하며, 공중에서 공격하는 적을 막기가 지극히 어렵기 때문에 전쟁이 종식되는 날이 한층 더 앞당겨질 것으로 기대할 수 있다"고 말했다.[3]

이러한 랭글리의 주장은 설득력이 있었다. 그의 친구였던 알렉산더 그레이엄 벨 역시 비행기가 "육군을 웃음거리로 만들 것"이라고 하면서 "400만 달러의 돈을 쏟은 최신형 미국 전함도 이제는 쓸모없는 고철덩어리가 되고 말 것"이라고 주장했다.[4] 전국의 신문 사설도 랭글리의 주장을 전하기 시작했다. 『레슬리스 위클리』라는 신문의 1896년 7월 28일 기사가 그 전형을 보여준다.

> 지금까지 대규모 전쟁에서는 사령관들과 장군들은 위험을 당한 일이 거의 없거나 전혀 없었다. 왕이나 대통령 또는 전쟁불사를 외치며 선전포고를 하는 국회의원들은 두말할 나위가 없다. 왕은 궁에 편히 앉아서 신민들에게 전쟁터에 나가 살육과 학살을 저지르라고 명령만 하면 됐다. 자기 몸은 털끝 하나 다치지 않았다. 국회의원들도 고급 가죽의자에 앉아 한 달에 16달러짜리 용병을 고용하기 위해 국민에게 많은 세금을 떠안기는 법안을 통과시켰다. 전쟁에 나가 적군에게 총을 쏘거나 맞는 것은 용병들 몫이었다. 요컨대, 그동안 실제 전쟁과 분란을 일으키는 자들은 위험으로부터 완벽하게 보호받았다. 종국에 재앙의 날을 맞을 때까지 중재안이니 평화안이니 하면서 결의안이나 통과시키는 게 다였다. 그러나 이제 에어로드롬이 상황을 완전히 바꿔놓게 될 것이다. 외국 전함이 우리 연안 320~480킬로미터까지 근접해 니트로글리세린 1톤 정도를 실은 에어로드롬을 발사해 워싱턴 상공에 날린다고 생각해보자. 그런데도 이 나라를 영국과의 바보 같은 전쟁으로 몰고 갈 전쟁광들이 있을까? 그런 막대한 위험을 무릅쓰고도 전쟁을 주장할 워싱턴의 국회의원들이 있을까? 오리 사냥이나 피로연이 훨씬 매력적인 일로 유행하지 않을까? 아무리 정신이 나가고 심술궂은 황제나 차르라고 할지라도 함부로 전쟁에 나서지는 못할 것이라 생각한다.[5]

랭글리는 군용 항공기의 존재만으로 전쟁 발발을 사전에 방지할 수 있다고 주장한 최초의 인물이라 할 수 있을 것이다. 그러나 신무기 개발이 평화를 실현할 것이라고 주장한 인물은 이전에도 많이 있었다. 기관총과 고성능 폭약을 발명한 사람들도 같은 주장을 했었다.

최초의 기관총을 발명한 미국인 리처드 개틀링은 노스캐롤라이나주 머니스넥의 농장에서 나고 자랐다. 1830년대에 면화, 쌀, 밀을 뿌릴 수 있는 자동화 기계를 줄줄이 발명한 그는 1840년대에 천연두가 창궐하자 의대에 들어가 공부했다. 전염병으로부터 인류를 구할 꿈을 꾼 것이다. 그는 의대를 졸업했지만 분명치 않은 이유로 정식 의사가 되지는 못했다. 그 대신 인디애나주에 정착해 농업 관련 기술 연구를 계속했다. 남북전쟁 기간에는 무기 쪽에 재능을 발휘해 크랭크(L자형 핸들)를 돌려 발사하는 개틀링 기관총을 발명했다. 1분당 200발이 나가는 신무기였다. 그는 인명을 구하는 것이 기관총 발명의 동기였다고 말했다.[6]

그는 후일 이렇게 썼다. "내 이름을 딴 기관총을 어떻게 해서 발명하게 됐는지를 알면 흥미로울 것이다. 1861년 남북전쟁 초기에…… 나는 거의 매일 군인들이 전선으로 떠나 다쳐서 죽거나 부상당한 몸으로 돌아오는 것을 보았다. 부상병들은 마지막에는 대부분 사망했다. 전쟁터에서 죽는 것이 아니라 복무하는 도중에 얻은 질병과 후유증으로 죽어나갔다. 그런 모습을 보면서 기관총 같은 기계를 발명하면 발사 속도가 빨라져 병사 백 명이 할 일을 한 명이 할 수 있을 것이라는 생각이 떠올랐다. 그렇게 되면 전쟁에 많은 인원을 투입할 필요가 없어지고, 따라서 전투와 질병으로 인한 사망자도 크게 줄어들지 않겠는가."[7] 개틀링은 기관총을 방어용 무기로 생각했다. 그는 무시무시한 기관총 한 정을 가진 병사 한 명이면 대규모 부대가 돌격해와도 저지할 수 있을 것으로 보았다. 현대의 전쟁 연구가들은 개틀링을 위선자라고 불렀다. 하기야 수상쩍은 인물이긴 했다. 그는 북군을 이끄는 에이브러햄 링컨 대통령에게 기관총을 제공하는 한편으로 남부연합 비밀결사에 가담했다. 그러나 그가 한 말은 그 당대의 맥락에서 이해해주어야 할 것이다.

영국 전쟁사가 존 엘리스는 『기관총의 사회사*Social History of the Machine Gun*』(1986)에서 19세기 유럽과 미국의 군부는 전쟁을 개별 병사들이 용맹을 과시하는 고귀한 행위로 생각했다고 지적한다. 기계를 모든 문제의 해결책으로 보는 산업혁명의 흐름에 반대한 군 장교들은 기계로 살상한다는 생각을 혐오했다. 엘리스는 이렇게 설명한다. "그런 장교들은 대부분 산업혁명에 뒤쳐진 지주 계급 출신이었다. 그들은 군대를 산업화 이전 세계를 특징짓는 삶의 마지막 보루로 만들려 했다."[8] 그들은 총검으로 찌르고 말을 타고 돌격하는 행위를 전투의 최고 순간이라고 봤다. 그런 순간이야말로 "인간이 중심이고, 개인의 용기가 결정적인 힘을 발휘한다는 오래된 신념을" 구현하는 순간이었다. 1914년 상황에서도 소총과 총검은 최상의 무기였다. "일부 사령관들이 일차대전 발발 직전 훈련 상황에서 보여준 행동은 최신 자동화 무기를 대하는 군부의 태도를 잘 보여준다. 의욕에 넘치는 젊은 부관들이 기관총을 어떻게 해야 하느냐고 묻자 사령관들이 답했다. '그 빌어먹을 물건 그냥 옆에 치워놔.'" 일단 전쟁이 시작되자 군비경쟁이 이어졌고 어느 쪽을 막론하고 재빨리 기관총을 비축하기 시작했다. 그러나 옛날식 전쟁 방식이 아직 끝나지 않았다고 착각하는 장교들이 여전히 있었다. 1926년 상황에서도 영국군 원수 더글러스 헤이그는 이렇게 큰소리를 쳤다. "비행기와 탱크라는 건 인간과 말에 딸린 장식품에 불과하다. 시간이 가면 말이 얼마나 쓸모가 있는지를 여러분은 알게될 것이라고 확신한다. 과거에 그래왔던 것처럼."[9]

유럽의 장군들이 일차대전 이전에 기관총 배치를 꺼렸다는 것은 어디까지나 자기네 대륙에 국한된 얘기였다. 유럽의 제국들은 아프리카 영토를 확장하면서 저항하는 토착민 다수를 기계화 무기로 살육하는 데 아무거리낌이 없었다. 다음은 엘리스의 결론이다. "만약에 소량이나마 기관총이 없었다면 아프리카 식민통치를 대행한 영국의 남아프리카회사는 로디지아(지금의 짐바브웨)를 상실했을 것이다. 프레더릭 루가드는 우간다를 제대로 통치하지 못하고 쫓겨났을 것이고, 독일인들은 탕가니카(지금의 탄자니아)에서 축출됐을 것이다."[10] 일차대전 당시 장군들은 마지못해 기관총을 비축했지만 그것의 대량살상 능력이 어떤지는 잘 알고 있었다.

기관총은 적의 공격을 확실히 억제했다. 그러나 개틀링의 소망처럼 전쟁터가 아니라 뜻밖의 장소인 공장에서였다. 열악한 노동조건에 항의하는 노동자의 기를 꺾기 위해 미국 광업회사들은 사람들이 볼 수 있는 곳에 버젓이 기관총 무장 경비원을 배치했다. 주 방위군도 회사가 노사분쟁에 개입해주길 요구하면 거리낌 없이 기관총을 배치했다. 이런 국내시장 덕분에 개틀링은 처음으로 기관총 판매로 갑부가 되었다.

알프레드 베르나르드 노벨이 다이너마이트를 완성한 것은 기관총이 발명된 지 오 년 만인 1867년이다.[11] 산업혁명의 설계자들이 도로와 운하를 건설하고 광산을 개발하려면 고성능 폭약이 필요했다. 노벨은 그 수요를 충족시켰고 그 과정에서 막대한 부를 축적했다. 폭약 생산은 1867년 11톤에서 1897년에는 6만 6,500톤으로 급증했다. 다이너마이트는 수에즈운하 건설에도 핵심 역할을 했다. 노벨은 군에도 폭발물을 납품했다.

노벨의 친구이자 비서였던 오스트리아 출신 베르타 폰 주트너 남작부인은 국제적으로 명망 높은 평화운동가였다. 많은 논란을 불러일으킨 그녀의 『무기를 내려놓으시오!Die Waffen nieder!』(1889)에는 어머니들에게 아들들을 전쟁에 내보내지 말라는 호소가 담겨 있었다. 이 소설은 러시아 소설가 레프 톨스토이에게 깊은 영향을 주었다. 톨스토이는 주트너에게 보낸 편지에서 이렇게 말했다. "스토 부인이 쓴 유명한 소설 『톰 아저씨의 오두막』은 노예제폐지의 기폭제가 되었습니다. 신이시여, 선생의 소설로 말미암아 전쟁이 사라지게 해주시옵소서."[12]

주트너는 국제평화운동을 이끌었지만 평화주의에 대해 노벨을 설득하는 일은 매우 어려웠다. "아마 우리 공장들이 부인이 이끄는 운동보다 훨씬 먼저 전쟁을 종식시킬 것입니다."[13] 노벨은 주트너에게 보낸 편지에서 "양쪽 군대가 서로를 순식간에 말살할 수 있는 날이 온다면 모든 문명국가는 공포에 질려 군대를 해산시키고 말 것"이라고 말했다. 그는 더 무서운 폭탄을 발명하면 세계평화가 실현되리라 보았다. 이러한 노벨의 생각은 죄책감을 달래려는 자기변명으로 볼 수 있다. 그러나 노벨 평전을 쓴 니컬러스 할라스는 사려 깊은 동시대인들 중 노벨과 똑같은 생각을 하는 사람이 많다고 지적한다. 주트너도 시온주의를 제창한 헤르츨에게 자신의 평화운동을 지지해달라고 설득했지만 헤르츨은 일기에 이렇게 쓴 바 있다. "무시무시한 폭탄 발명자 한 명이 천 명의 온건한 평화운동가보다 평화에 더 크게 기여할 수 있을 것이다."[14]

1888년 4월 노벨은 자신의 죽음을 알리는 부음기사를 읽는 경험을 했다. 생각할수록 심란했다. 형인 루드비히 노벨이 4월 12일에 죽었을 때 신문들이 형을 동생 알프레드 노벨로 착각한 것이다. 노벨은 화약을 팔아 억만장자가 됐지만 '죽음의 상인'이라는 소리를 듣는 것을 매우 싫어했다. 그가 개발하는 화약은 갈수록 강력해졌다. 황당한 부음기사를 읽으면서, 또 주트너의 집요한 평화운동 동참 요구를 들으면서 생각이 차츰 변해갔다. 늙고 병든 그는 이제 유언장을 고쳐쓸 수 있는 시간도 얼마 남지 않았다는 것을 잘 알고 있었다. 그는 세상의 발전을 촉진한 인물로 기록되고 싶어했고 그래서 과학적 발견의 후원자가 됐다.

노벨은 스웨덴 엔지니어 살로몬 아우구스트 안드레와 친했다. 스톡홀름 특허국에서 일한 안드레는 노벨이 폭발물 특허를 확보하는 데 큰 도움을 준 인물이었다. 안드레는 최초의 북극탐험대를 조직하려 했지만 예산 확보에 많은 어려움을 겪었다. 노벨은 자신이 비용의 반을 대고 나머지는 스웨덴 국왕이 내도록 했다. "안드레가 목표를 달성한다면, 아니 그 절반이라도 달성한다면, 우리 정신을 뒤흔드는 놀라운 성공이 되고, 새로운 사상을 창조하고 혁신을 이루는 업적이 될 것이다."[15] 노벨은 1896년 12월 10일 사망했다. 그로부터 일곱 달 후 안드레는 북극권을 향해 출발했고, 유빙에 갇혀 동사했다. 목표의 절반도 달성하지 못한 셈이다.

　노벨의 유언장이 공개됐을 때 조카들은 깜짝 놀랐다. 노벨은 자식이 없었다. 유언장은 다소 특이한 당부로 시작됐다. 노벨은 오랫동안 산 채로 묻히게 될 것이라는 불안감에 시달렸다며 이렇게 말했다. "이것은 나의 확고한 의지이자 명령이다. 내가 죽거든 혈관을 절개하라. 그런 다음 제대로 된 의사들이 죽음의 확실한 징표를 확인하거든 내 시신을 화장해다오."[16] 유언장을 읽어나가던 조카들은 본인들과 노벨의 두 여자친구는 아무것도 물려받지 못한다는 사실을 알게 됐다. 전 재산 3,300만 스웨덴 크로나를 매년 "전년도에 인류에 가장 큰 공헌을 한 사람에게" 주는 상의 상금으로 쓰라고 한 것이다. 분야는 물리학, 화학, 생리학, 의학, 문학, 그리고 가장 중요한 '세계평화촉진' 부문 등이었다. 스웨덴 사람들로서는 아쉽겠지만 노벨은 평화상 수상자에 대해서만은 노르웨이 의회가 선정하도록 명문화했다. 수여 대상은 "국가간의 우호 증진, 상비군 철폐 또는 축소, 평화회담 개최와 확대에 가장 큰 공헌을 한 사람"으로 못을 박았다. 평화상 수상자 선정을 다른 나라에 위임한 것은 노벨상이 진정으로 국제적인 상이라는 것을 강조하고 싶은 마음에서였다. 노벨의 유언장에 따르면 평화상 수여 기간은 삼십 년으로 되어 있었다. 그 이유는 "삼십 년 안에 현재와 같은 체제를 개혁하는 데 성공하지 못한다면 인류는 다시 야만의 시대로 돌아가 있을 게 뻔하기 때문"이었다.

　1905년 최초의 노벨 평화상 수상자로 베르타 폰 주트너가 선정됐다. 니컬러스 할라스에 따르면 주트너는 전쟁이 종식되려면 삼십 년은 넘게 걸릴 것이라고 생각했지만 전쟁 종식을 확신한 것은 분명하다. 1893년 그녀는 일기에 이렇게 썼다.

> 20세기 말까지는 인류 사회가 법적 제도로서의 전쟁을 종식시키게 될 것이다. 일기를 쓸 때 나는 불길한 상황에 대해 기록할 경우에는 별표를 하고 그다음 이삼십 페이지는 빈칸으로 남겨놓는 습관이 있다. 그런 다음 '정말 그렇게 됐을까? ★표 한 곳을 보라' 하는 식으로 관련된 의문을 적어놓는다. 먼 훗날 먼지 긴 서가에서 이 책을 꺼내 읽는 사람은 당시 내 예측을 확인할 수 있을 것이다. '결과는 어떻게 됐을까? 내 예측이 맞았을까 틀렸을까?' 독자가 해당 페이지 여백에 사후 평가를 기록하는 모습이 벌써 눈에 선하다. '맞았다. 참으로 다행이다. 19**년.' 이렇게.[17]

주트너는 1914년 사망했다. 그러나 그녀가 그렸던 세계평화의 꿈은 그 어느 때보다 멀리 떨어져 있는 것처럼 보였다. 바로 그해에 제1차 세계대전이 발발하기 때문이다.

기관총, 고성능 폭약, 군용 항공기 등이 생명을 구할 수 있다는 예측은 틀린 것이었음에도, 후대의 무기 개발자들 역시 과거와 똑같은 환상을 품었다. 자기가 개발한 무기가 너무도 무시무시해서 결국에는 전쟁이 영구히 종식될 것이라는 환상을 품었다. 1945년 8월 6일, 미국 뉴멕시코주 로스앨러모스에서 원자폭탄 기폭장치 개발을 담당했던 물리학자 루이스 앨버레즈는 비행기에 몸을 싣고, 앞서가고 있는 B29 폭격기 '에놀라 게이'를 뒤따르고 있었다. 앨버레즈의 임무는 에놀라 게이에서 세계 최초의 원자폭탄 '리틀 보이'를 일본 히로시마에 떨어뜨릴 때 발생하는 폭발 에너지를 측정하는 것이었다. 원자폭탄이 폭발하자 하늘이 눈부시게 밝아지고 그 충격으로 비행기가 흔들렸다. 앨버레즈는 측정장비가 괜찮은지 확인하고 나서 창밖을 내다보았다. "목표지점인 그 도시를 찾아보았으나 아무것도 없었다."[18] 눈에 보이는 것은 "인구라고는 모두 사라져버린 수목지대에서 피어난 것 같은" 버섯구름뿐이었다. "나는 폭격수가 목표지점을 맞추지 못한 것이라고 생각했고, 도시에서 수 킬로미터 벗어난 지점에 폭탄이 잘못 떨어진 줄 알았다." 그러나 조종사는 그에게 "조준은 아주 정확했다…… 히로시마는 완전히 파괴되었다"고 확언했다.

멀리 괌과 사이판 사이에 있는 티니언섬 공군기지로 돌아오는 길에 앨버레즈는 원폭투하에 관한 소회를 네 살짜리 아들에게 보낼 편지에 적었다. 아들이 나중에 커서 읽어봤으면 하는 마음에서.

우리가 맡은 이 일에 대한 이야기는 네가 이 편지를 읽을 수 있을 때쯤이면 아마 세상 모두가 잘 아는 이야기가 될 거야. 그러나 지금 이 순간엔 B29 폭격기 석 대에 나누어 탑승한 우리 팀원들, 그리고 불운한 히로시마 주민들만이 알고 있을 따름이겠지. 지난주에 마리아나 제도에 주둔하고 있는 제20공군이 역사상 최대 규모의 폭격을 단행했단다. 폭탄 6,000톤(고폭탄 약 3,000톤 분량)을 쏟아부었지만 오늘 우리는 작은 편대의 선두에 선 폭격기로 단 한 발만 떨어뜨렸을 뿐이야. 그런데 그 파괴력은 고폭탄 1만 5,000톤 정도에 해당하는 어마어마한 것이었단다. 수백 대의 항공기를 동원해 대량으로 공습을 하던 시대는 이제 끝이 났다는 의미지. 비행기 한 대가 적 수송기로 위장하고 도시를 몽땅 쓸어버릴 수 있을 테니까. 아빠가 생각할 때 이건 이제 여러 나라가 사이좋게 지내든지, 하룻밤 사이에 완전히 결딴이 나고 말 기습적인 공습을 감내하든지, 둘 중 하나를 선택해야 한다는

8 · 육군을 웃음거리로 만든 비행선

175

의미란다.

내가 오늘 아침 일본의 수많은 민간인을 살상하는 작전에 참가한 것은 유감이지만, 우리가 만들어낸 이 끔찍한 무기가 결국은 세계 각국을 단합시켜 전쟁을 종식시켜줄 거라고 생각하니 그나마 위안이 된단다. 알프레드 노벨은 자신이 발명한 고폭탄이 전쟁 양상을 감당할 수 없으리만큼 끔찍하게 만듦으로써 평화를 가져올 것이라 생각했지만 유감스럽게도 결과는 정반대였지. 하지만 우리가 개발한 폭탄의 파괴력은 그보다 수천수만 배나 되니까 이제는 정말 노벨의 꿈이 이루어질 수도 있을 듯하구나.[19]

지중해 바다로 떨어지다

─ 모나코, 1902년

도이치상 수상 이후 산투스두몽은 수천 통의 축하 편지를 받았다. 국가수
반들은 그에게 메달을 보내왔다. 똑같이 발명가의 길을 걷고 있는 토머스
에디슨, 새뮤얼 랭글리, 굴리엘모 마르코니 같은 사람들은 산투스두몽의
대담함과 독창성에 극찬을 아끼지 않았다. 산투스두몽의 상금 기부로 혜
택을 본 파리 사람들은 절절한 감사의 마음을 표하는 엽서를 띄워보냈다.
하지만 산투스두몽이 가장 반가워한 것은 어린 시절 친구인 페드루가 보
낸 편지였다. 페드루는 어려서 산투스두몽과 같이했던 놀이를 회고하며
이렇게 썼다.

　　그때 생각나니, 아우베르투? 우리 "비둘기가 난다!" 놀이하던 때 말
　이야. 네가 비행에 성공했다는 소식이 리우데자네이루에 전해졌을 때

불현듯 그 생각이 나더라. "사람이 난다!" 그러면 넌 손가락을 쳐들었지. 네 말이 맞았어. 그리고 그걸 에펠탑을 직접 돌고 옴으로써 증명한 거지. 벌금을 안 낸 것도 맞았어. 너 대신 도이치 씨가 냈더구나. 아우 베르투 만세! 너는 10만 프랑을 받을 자격이 충분해. 이곳 리우에서는 어느 때보다 옛날의 그 놀이를 많이 하고 있어. 하지만 명칭이 달라지고 규칙도 바뀌었지. 네가 에펠탑을 선회했던 1901년 10월 19일 이후로 말이야. 이제 '사람이 난다! 놀이'라고 하지. 그 말이 나올 때 손가락을 들지 않는 사람은 벌금을 내야 하는 것이지.[1]

산투스두몽은 페드루의 편지를 읽으면서 처음 기구 비행을 하던 때가 떠올랐다. 그는 꿈이 있었다. 자잘한 일로 아옹다옹하는 비행클럽 따위가 주는 상 같은 것 때문은 아니었다. 그는 도이치상에 도전하는 과정에서 속도를 높이는 데만 너무 열중한 나머지 "비행선 선장으로서의 훈련"을 도외시했음을 깨달았다.[2] 이제 정말 필요한 것은 좀더 많이 실전 비행 경험을 쌓는 일이었다. 그는 자서전에서 이렇게 썼다.

자전거나 자동차를 새로 샀다고 하자. 온전한 제품을 손에 넣었지만 아직 제대로 운전을 해본 경험은 없다. 시행착오를 겪거나 제품을 발명하거나 조립한 사람이 권하는 주의사항 같은 것도 모른다. 그렇다면 아무리 완전한 기계라도 바로 고속도로로 나가 질주할 수 있는 것은 아니라는 사실을 깨닫게 될 것이다. 경험이 없는 터라 자전거에서 떨어지거나 차를 담벼락에 처박아 망가뜨릴 수도 있다. 기계가 아무리 좋아도 모는 방법을 제대로 익혀야 하는 것이다.[3]

일단 비행선 상태는 만족스러웠다. 제일 빠른 비행선 '산투스두몽 6호'

는 말짱했다. 도이치상을 거머쥔 비행을 한 다음날, 산투스두몽의 수석 엔지니어가 수소가스를 가스주머니에 주입하려다 더이상 안 들어간다는 사실을 알게 됐다. 에펠탑을 도는 비행을 했는데도 가스는 하나도 손실되지 않았던 것이다. 이 얘기를 전해들은 산투스두몽은 "도이치상을 타는 데는 고작 가솔린 몇 리터밖에 들지 않았다"며 의기양양해했다.[4] 비록 여러 차례 사고는 있었지만 비행선이 최신식 자동차 못지않게 안전하다는 사실이 그로서는 큰 위안이었다. 가령 1901년 파리-베를린 자동차경주에 참가한 차 170대 가운데 둘째 날까지 운행한 차는 109대에 불과했고, 그중 26대만이 결승선을 통과했다. "그런데 베를린에 도착한 26대 가운데 심각한 사고 없이 완주한 차는 몇 대일 것 같은가? 아마 한 대도 없을 거야! 사정이 그런 것은 너무도 당연하다. 사람들은 그런 걸 대수롭지 않게 여긴다. 그런데 내 비행선은 공중에서 고장나면 멈춰놓고 수리를 할 수 없다. 계속 가야 한다는 걸 온 세상이 다 안다!"[5]

산투스두몽은 비행 관련 시설을 겨울 한철 모나코로 옮기면 구경꾼의 방해를 받지 않고 호젓이 비행할 수 있으리라는, 다소 순진한 발상을 했다. 리비에라 해안의 모나코로 옮기려는 데는 그만한 이유가 있었다. 하지만 세상과의 절연이 주된 이유는 아니었다. 열심히 그를 따라다니는 프랑스 언론은 매혹적인 모나코 공국까지 쫓아왔다. 『뉴욕 헤럴드』보도에 따르면 "미국 '백만장자'가 모는 수많은 요트도 그를 따라왔다."[6] 모나코만은 삼면이 산과 몬테카를로 고지대와 광대한 왕궁으로 둘러싸여 있고 바람이 없기 때문에 산투스두몽이 시험비행을 하기에는 최적지였다. 불시착할 경우 바닷물이 완충 역할을 할 수 있을 것으로 기대했다. 게다가 인근의 배들이 달려와 구조해줄 수도 있었다.

그러나 모나코의 최대 매력은 통치자인 대공 알베르 1세였다. 그는 산투스두몽의 시험비행에 자금을 대겠다고 나섰다. 알베르 1세는 선견지명이 있는 과학자로 세계 최초의 환경보호주의자 중 하나였다. 그는 모나코의 개발과 산악 중심 생태계의 보전을 조화시키려 애썼다. 맨해튼 센트럴파크만한 크기의 나라로서는 쉬운 과제가 아니었다. '항해자 알베르 대공'으로 불린 그는 삼십 년간 오대양을 누비면서 해양생물의 생태를 조사하고 보전방안을 강구했다. 과학 문헌을 보면 오징어나 문어 같은 두족류 관련 부분에서는 그의 이름이 꼭 나온다. 그만큼 많은 종을 발견했기 때문이다. 알베르 1세는 산투스두몽을 자신과 같은 종류의 모험가로 봤다. 그래서 산투스두몽이 창공을 누비는 일을 적극 지원하려고 노력했다. 우선 디노 백작을 통해 모나코로 초청했다. 산투스두몽은 이 초청을 받아들였다. 알베르 대공은 그에게 모나코 지도를 보여주면서 시험비행을 하기에 제일 좋은 지점을 골라보라고 했다. 산투스두몽은 모나코만 서쪽 콩다민대로를 선택했다. 대공의 명을 받은 기술자들이 산투스두몽이 제시한 요구사항에 따라 석 달간 수소가스 발생시설과 파리에 있는 것보다 훨씬 큰 격납고를 건설했다. 철골 위에 목재와 캔버스로 덮은 격납고는 길이 55미터, 너비 10미터, 높이 15미터 규모였다.

10월 말 파리 비행클럽에서 도이치상을 수여할지가 불투명하던 시점에 산투스두몽은 이미 대공의 특사들과 제반 조건을 협상중이었다. 날씨만 허락한다면 매일 6호로 가벼운 비행을 하겠다고 약속했다. 겨울이 끝나기 전에 (건조중이던) '산투스두몽 7호'를 타고 네 시간 안에 모나코에서 지중해를 건너 프랑스령 코르시카섬까지 직선거리 193킬로미터를 비행하겠노라고도 했다. 코르시카섬 북쪽 칼비에 착륙할 계획이었다. 칼비는 탐험가 크리스토퍼 콜럼버스가 태어난 것으로 알려진 곳이다. 산투스두몽이 모나코에서 시험비행을 한다는 소식이 11월 초 거꾸로 파리에 전해지며 세간을 술렁이게 했다. 바다 위를 그렇게 오래 비행한 사람은 여태껏 없었다. 네 시간을 비행한다면 기구가 실용성 면에서도 탁월하다는 걸 입증하는 계기가 될 것이다. 모나코에서 코르시카까지 증기선으로 우편을 배달하는 데만 열두 시간이나 걸리던 시절이었으니 말이다. 언론은 그가 벌써 산투스두몽 7호를 만들었는데 어떻게 그 일이 알려지지 않을 수 있었는지, 그 형태는 어떤지 몹시 궁금해했다. 유선형 경주용 비행선인 7호는 길이 4.5미터짜리 프로펠러를 선수와 선미에 하나씩 장착했고 동력원으로는 단일 엔진을 사용했다.

산투스두몽이 바다 위를 비행하고 싶어한 것은 오래된 일이었다. 남들이 못해본 시도이고 분명 스릴 만점일 것이란 이유 때문만은 아니었다. 비행선의 실용성을 입증하고 싶다는 마음이 있었다. 그가 도이치상을 수상한 후 언론은 비행선이 실용화될 수 있느냐, 그저 부자들의 장난감으로 남을 것이냐를 두고 논쟁을 벌였다. 산투스두몽은 동력을 사용하는 기구는 해군의 정찰 활동에 도움이 된다고 주장하는 군사전략가의 말이 옳다는 걸 입증해보이고 싶었다. 항공정찰을 위해서라면 비행선은 높이 올라갈 필요도 없었다. 그는 이렇게 말했다. "항공정찰은 수면에서 비교적 가까우면서도 넓은 지역에 대한 조망이 가능한 지점에서 해야 한다. 그렇기 때문에 나는 지중해 바로 위에서 저공비행을 많이 하려 한다."[7] 해상비행은 육상비행과 달리 가이드로프가 나무나 덤불, 건물 같은 데에 엉킬 위험도 없었다. 저공비행을 하면 가이드로프가 비행선이 안정된 고도를 유지할 수 있게 해준다. 갑자기 바람이 불어 비행선이 상승하면 가이드로프의 무게가 커져서 이전 고도로 하강하게 해주기 때문이다. 그와 반대로 기류가 갑자기 비행선을 아래로 밀어내리면 가이드로프가 수면 아래 잠기게 되어 비행선이 가벼워지고 그러면 다시 상승하게 된다.

산투스두몽이 모나코에 도착한 것은 1902년 1월 말이었다. 비행선 관련 시설은 거의 완공 단계로 본인의 꼼꼼한 검사도 다 통과한 상태였다. 산투스두몽은 이렇게 말했다. "견고하게 건설해야 했다. 그래야 목재로만 된 프랑스해상기구비행연구소 격납고가 당한 꼴을 다시 당하지 않을 수 있다. 거기서는 격납고가 두 차례나 파손되고 한번은 거의 다 날아갈 뻔했다. 폭풍을 견디지 못한 것이다!"[8] 해안을 따라 간선도로가 뻗어 있는 콩다민 대로에 설치한 기구 격납고는 호기심의 대상이었다. 관광객들은 격납고의 거대한 문짝 두 개를 보고는 한마디씩 했다. 격납고 문은 당시 세계에서 가장 큰 것으로 각각 높이 15미터, 너비 5미터에 무게는 4.4톤이었다. 문짝 위아래에 달린 작은 바퀴가 격납고 앞으로 튀어나온 선로를 따라 미끄러지면서 문이 열리는 방식이었다. "두 문짝은 균형이 잘 유지되도록 설계되었다." 산투스두몽은 그 문의 유용성을 이렇게 설명했다. "격납고 개막식 날, 거대한 문을 여덟 살, 열 살의 두 소년이 밀어서 열었다. 그 아이들은 몬테카를로로 날 초대한 디노 백작의 손자였다."[9]

루이 거리와 앙투아네트 거리 모퉁이에 있는 격납고에 인접한 수소가스 발생시설 역시 그 규모가 대단했다. 마르세유에서 배로 실어온 황산 6톤과 같은 양의 철가루를 안에 보관하고 문을 굳게 잠근 상태다. 산과 철분이 거대한 불활성 용기 속에서 결합하면 시간당 8세제곱미터의 수소가스가 거품이 일듯이 생겨난다. 그런 속도로 하면 산투스두몽 6호는 열 시간이면 가스 주입을 마칠 수 있다. 1902년 1월 22일 수소가스 발생시설이 가동을 시작했다. 오전 7시 주입과정이 순조롭게 시작됐다. 그런데 두세 시간 지났을 무렵 모나코 공국이 발칵 뒤집혔다. 수소공장에서 흘러나온 철분이 많이 함유된 배출수가, 한 관리의 말을 빌리면, "푸른 지중해를 홍해처럼 빨갛게" 물들였기 때문이다.[10] 깜짝 놀란 관리는 가스 주입 중단을 명했다. 이어서 모나코 자치위원회가 비상회의를 열어 이 문제를 논의했다. 당시 대공은 외국에 나가 있는 상태였다. 위원회는 대공의 해양 생태계 보전에 대한 열정을 잘 알고 있는 터라 그가 이 사건으로 격노하지 않을까 전전긍긍했다. 그러나 지도급 인사들 역시 과학자였다. 산투스두몽은 그들에게 배출수에 산 성분이 전혀 없다는 점을 강조해 설명했다. 그러면서 세 단계의 정화과정을 거쳐 바다로 배출되는 과정을 직접 보여줬다. 또 빨간 침전물은 일반적인 녹과 똑같은 것이어서 자동차나 비행선 엔진에는 해롭겠지만 동식물에게는 무해하며, 철분은 오히려 생명체 유지에 필수 요소라는 점을 강조했다.

문제가 없다는 것을 확실히 보여주기 위해 산투스두몽은 붉은 배출수가 가득 든 잔을 들고 '크고 작은 해양 생물들을 위하여 건배!'라고 외치며 단숨에 들이켰다. 모나코 공국 행정장관 올리비에 리트는 수소가스 생산을 재개해도 좋다고 한 것은 물론 부하들이 성급하게 가동을 중단시킨 것에 대해 사과까지 했다. 산투스두몽은 명쾌한 논리와 인간적인 매력을 발휘해 다시 한번 위기에서 벗어난 것이다. 그는 또 코르시카까지 비행하는 것보다 훨씬 더 큰일을 해보이겠다고 약속했다. 이제 코르시카섬은 아프리카까지 960킬로미터를 비행하기 위한 중간 기착지에 불과하게 됐다. "지금까지 제가 한 시도 중에서 가장 야심적인 실험이 될 겁니다." 그는 이렇게 선언했다. "이번 여행 역시 아무도 동반하지 않을 것입니다. 모나코 대공은 코르시카섬까지 저를 따라가겠다고 하셨습니다. 그러나 아직 그런 책임까지 떠안고 싶지는 않습니다."[11]

일주일 뒤인 1월 29일 산투스두몽은 두 차례 비행에 걸쳐 모나코만 상공에서 6호를 조종했다. 오전 10시 30분 경찰이 콩다민대로의 교통을 통제했다. 격납고 문이 거창하게 미끄러지면서 열렸다. 일꾼들이 가스가 주입된 비행선을 끌어냈다. 마치 꽃수레를 끌고 퍼레이드를 하는 듯했다. 산투스두몽은 곤돌라에서 구경꾼들에게 자신감 넘치는 표정으로 손을 흔들어 보였다. 일꾼들이 대로를 따라 인도와 해안 중간에 설치된 방파제까지 끌고 가는 동안 비행선은 밸러스트 무게에 눌려 위아래로 출렁거렸다. 산투스두몽은 일기에서 그 순간 "격납고 위치에 관해 계산착오가 있었음"을 직감했다고 적었다.[12] 문제는 방파제였다. 인도에서 보면 사람 허리 높이에 불과하지만 해안 쪽에서 보면 밀려드는 파도 밑으로 4.5~6미터가 푹 잠기는 형국이다. 프로펠러나 방향타를 다치지 않게 하려면 방파제 너머로 비행선을 들어올려 조심스럽게 해변으로 내려놓아야 했다. 일꾼은 구경꾼들 중 자원자를 모집했다. 비행선을 방파제 위로 올리는 것이 과제였다. 일꾼들이 먼저 해안으로 내려가 자리를 잡고 비행선 받을 준비를 했다. 선수가 비스듬히 아래로 밀려 선미 부분은 방파제에 심하게 쓸렸다. 곤돌라에 선 산투스두몽은 비행 때보다 몸이 훨씬 앞으로 쏠려 거의 고꾸라질 지경이었다. 그러나 일꾼들이 비행선을 잘 받았다. "그들이 마침내 비행선을 붙잡았다가 바로 놓았다."[13] 산투스두몽의 회고다. "곤돌라에서 고꾸라지려는 순간 비행선을 들어올린 것이다."

일단 이륙을 하자 산투스두몽은 어떻게 착륙해야 할지 걱정이 되기 시작했다. 해변에 착륙을 한다면 6호를 높다란 방파제 위로 들어서 넘겨야 할 것이다. 그런 식으로는 답이 안 나왔다. 유일한 해결책은 가스주머니의 가스를 뺀 다음 옮기는 것인데 가스를 그렇게 낭비할 수는 없는 노릇이었다. 하늘은 고요했다. 그래서 그는 대담하면서도 다소 위태로운 방식을 시도해보기로 했다. 측면을 부딪치지 않게 하면서 곧장 격납고로 들어가는 것이다. 산투스두몽은 당시의 상황을 이렇게 적었다.

전속력을 다해 격납고로 직행했다. 경찰이 어렵사리 방파제와 활짝 열린 격납고 문 사이 대로에 나와 있던 군중을 모두 해산시켜놓은 뒤였다. 조수와 일꾼들이 방파제에 기대어 팔을 펼친 채 맞이할 채비를 했다. 저 아래 해변 쪽에도 군중이 나와 있었다. 그러나 이번에는 그들의 도움이 필요 없었다. 나는 프로펠러 속도를 늦추며 그들 쪽으로 나아갔다. 방파제 상공에 이르러 엔진을 껐다. 기존 추진력의 탄성으로 비행선은 사람들 머리 위를 미끄러져 격납고 문쪽으로 밀려갔다. 사람들이 가이드로프를 붙잡고 잡아당겼다. 하지만 45도 정도로 비스듬히 내려갔기에 굳이 그럴 필요는 없었다. 사람들이 비행선을 지나 격납고 안으로 들어갔다. 마구간지기 소년들이 결승선을 통과한 경주마의 고삐를 잡고 마구간으로 들어가는 듯한 분위기였다. 당연히 기수는 늠름한 자세로 안장에 앉아 있어야 했다!¹⁴

잠시 점심을 먹은 뒤 산투스두몽은 오후 2시에 다시 이륙했다. 이번에는 사십오 분 동안 모나코만 일대를 탐사했다. 다행히 수면 위 12미터의 고도를 일정하게 유지할 수 있었다. 그러다가 해변에서 너무 멀어지자, 구경꾼들은 비행선이 코르시카섬으로 가고 있다고 생각했다. 그러나 비행선은 곧바로 선회한 뒤 카지노와 왕궁 상공을 지나쳤다. 오전 비행 때 했던 것처럼 그는 "바늘귀에 실을 꿰듯이" 격납고로 들어가 착륙했다.¹⁵ 산투스두몽의 전언에 따르면 이 소식을 들은 대공은 이렇게 말했다고 한다. "굳이 그렇게 아슬아슬하게 조종을 해서 귀환할 필요는 없었소⋯⋯ 그러다 결정적인 순간에 돌풍이라도 불어서 나무나 가로등, 전보선, 전화선 기둥 같은 데 부딪히면 어쩌려고 그러시오. 격납고 양쪽에 늘어선 삐쭉삐쭉한 건물에 충돌하면 어찌 될지는 말하지 않겠소."

대공은 산투스두몽이 해변에 착륙한 뒤 비행선을 끌고 도로를 건너 격납고로 바로 들어갈 수 있도록 방파제를 철거해주겠다고 했다. "제발 그러지 마십시오."¹⁶ 산투스두몽은 대공의 호의에 이렇게 답했다. "해변 쪽 방파제 위에 착륙용 난간을 설치해주시는 정도로 족합니다. 콩다민대로와 같은 높이가 되도록 말입니다." 왕궁 소속 관리인들이 만으로 이어지는 커다란 목제 난간을 설치하는 데는 열이틀이 걸렸다.

난간 설치가 한창일 때 외제니 황후가 일흔여섯의 노구를 이끌고 산투스두몽을 찾아왔다. 인근 프랑스령 리비에라 해안의 작은 마을 카프마르 탱에서 위엄 넘치는 유개마차를 타고 달려온 것이다. 마지막으로 대중 앞에 모습을 드러낸 것이 언제였는지 기억하는 사람이 아무도 없을 정도로 외제니 황후는 은둔 생활을 해왔다. 알베르 대공은 두 시간 전에 그녀가 온다는 통보를 받고 급하게 격납고 내부를 화분과 화환으로 장식하도록 명했다. 파란만장한 일생을 보낸 황후는 평소 과학이나 기술에는 별 관심을 보이지 않았었다. 하지만 황후는 모나코에 와서 산투스두몽에게 비행선이 어떻게 작동하는지 세세한 부분까지 설명해달라고 청했다. 산투스두몽도 황후에게 코르시카섬까지, 그리고 형편이 좋다면 북아프리카 튀니지의 수도 튀니스까지 비행할 계획이라는 이야기를 해주었다. 황후는 깜짝 놀라면서 '튀니스까지 갈 수 있다면 뉴욕도 못 갈 것 없지 않느냐'고 되물었다. "저는 비행선으로 대서양을 건너는 것도 가능하다고 생각합니다." 산투스두몽의 답변이다. "리비에라 해변에서 수소를 충분히 확보하고 가솔린도 113킬로그램 정도 넣을 수 있다면요. 그 정도는 되어야 엔진을 열다섯 시간가량 가동시킬 수 있으니까요. 대서양 횡단은 그런 조건들을 얼마나 충족시키느냐의 문제일 따름입니다."[17]

황후가 나타났다는 소문이 급속도로 번졌다. 격납고 바깥에 2,000명이 몰려들었다. 황후가 마차로 돌아가는 모습이라도 볼 수 있을까 기대하면서. 그런데 산투스두몽의 시험비행을 취재하러온 몇몇 기자들 때문에 영어색한 상황이 벌어졌다. 외제니 황후는 기자들을 경멸하는 사람이었다. 더구나 공교롭게도 황후가 특히 혐오한 앙리 로슈포르 기자가 그 자리에 있었다. 당시 특파원을 파견해 산투스두몽과 황후의 만남을 취재한 『데일리 익스프레스』는 두 사람의 만남을 이렇게 서술했다. "어제 앙리 로슈포르 씨는 산투스두몽을 만나러 모나코로 건너왔다. 격납고에 서서 산투스두몽과 이야기를 나누던 중 외제니 황후가 온다는 안내의 말이 있었다.

그렇게 해서 프랑스 제2제정 붕괴에 큰 역할을 한 외제니 황후와 가차 없이 그녀를 비난하는 글을 수없이 쓴 로슈포르가 난생처음 마주치게 된 것이다. 로슈포르는 모자를 손에 들고 뻣뻣하게 서 있었고 황후는 고개를 살짝 숙여 목례를 했다. 그 둘은 아무 말도 나누지 않았다."[18] 외제니 황후는 산투스두몽에게 앞으로 시도하는 비행이 잘 되길 기원한다며 올 때처럼 조용히 자리를 떴다. 카메라 플래시가 연쇄적으로 터졌고 황후는 손으로 얼굴을 가리고 마차까지 걸어갔다.

2월 10일, 산투스두몽은 새로 만든 목제 난간을 처음 사용하게 된다. 오후 3시, 노란색 비행선이 창공으로 솟아올랐다. 비행선에 매달려 펄럭이는 진홍 깃발에는 P. M. N. D. N.이란 머리글자가 선명했다. 16세기 포르투갈 시인 카몽이스의 서사시 「우스 루지아다스」 제1곡 제1연 "Por Mares Nunca D'antes Navegados!(아무도 가본 적 없는 저 바다로!)"에서 앞글자들을 딴 것이다.[19] 산투스두몽은 좁은 만을 벗어나 드넓은 지중해로 향했다. "가이드로프 덕분에 수면 위 50미터로 일정한 고도 유지가 가능했다. 희한하게 가이드로프 맨 아랫단은 수면에 살짝 닿아 있는 듯했다. 그런 식으로 고도를 유지해가니 비행이 참 쉽구나 싶었다. 일부러 상승하거나 하강하려 하지 않는 한 밸러스트를 버리거나 가스를 배출할 필요도 없고 무게중심을 옮길 이유도 없었다. 방향타에 손을 얹고 멀리 카프마르탱에 시선을 고정한 채 수면 위를 나는 쾌감을 맛봤다."[20]

산투스두몽은 한가하게 주변을 둘러보는 사치를 즐겼다. 두 대의 요트가 해안선을 따라 그를 뒤쫓아오는 게 보였다. 당시 상황을 기록한 그의 이야기를 들어보자. "두 요트의 돛은 팽팽히 부풀어 있었다. 비행을 계속하는 동안 멀리서 희미하게 환호성이 들려왔다. 앞쪽 요트에 탄 우아한 여성으로 보이는 인물이 빨간 풀라르(얇은 비단) 손수건을 흔들어보였다. 답례하고 싶은 마음에 몸을 돌리는 순간 어느새 요트와의 거리가 한참 멀어진 듯해 다소 놀랐다."²¹ 바람이 점차 세졌다. 카프마르탱은 불과 수백 미터 거리였다. 외제니 황후가 저택 베란다에서 그를 보고 있었으리라. "방향타를 왼쪽으로 돌리고 꽉 잡았다." 산투스두몽은 그 상황을 일기에 적었다. "비행선은 배처럼 출렁였다. 그러더니 바람에 밀려 해안선을 따라 아래쪽으로 밀려갔다. 할 수 있는 일이라곤 원래 경로를 제대로 지키는 것뿐이었다. 이 글을 쓰는 동안 나는 다시 모나코만을 마주보았다." 산투스두몽은 수천 명의 환호를 받으며 안온한 항구로 진입했다. 엔진을 끄고 선수 쪽 무게중심을 당기자 비행선은 기존 추진력의 탄성으로 서서히 착륙용 난간으로 가닿았다. 일꾼들이 가이드로프를 붙잡았다. 그들은 6호가 완전히 정지하기도 전에 잡아채 끌고 방파제를 넘어 콩다민대로를 지나 격납고로 들어갔다. 비행시간은 약 한 시간이었다.

이틀 후 산투스두몽은 오후 2시에 다시 이륙했다. 모나코만 상공에서 하는 네번째 비행이었다. 일단 연안을 끼고 이탈리아 쪽으로 비행하려는 계획이었다. 그가 예정한 코스를 따라 요트들이 줄지어 서 있었다. 귀스타브 에펠과 『뉴욕 헤럴드』 발행인 고든 베넷이 탄 보트도 여차하면 그를 구조하려고 나와 있었고, 왕실 요트 '프린세스 알리스호'에 싣는 알베르 대공의 증기 보트도 나와 있었다. 해안도로에서는 40마력짜리 모르 자동차와 30마력짜리 파나르 자동차가 산투스두몽이 비행하는 경로를 따라 달려왔다. 그런데 이륙한 지 몇 분 뒤 바람이 거세지더니 비까지 내리기 시작했다. 비행을 접어야 했다. 산투스두몽은 비행선을 돌렸다. 대공은 자기도 같이 가이드로프를 잡겠다고 나섰다. "대공을 모시는 사람들은 비행선 무게나 비행선이 수면을 스치며 미끄러질 때 얼마나 큰 힘이 가해지는지 전혀 몰랐으므로 말리려 하지도 않았다."²² 그 당시 상황을 산투스두몽은 자서전에서 이렇게 소개했다. 대공은 선장에게 비행선을 마중하라고 명했다. 해변에는 수천 명의 시민이 몰려나와 구경을 하고 있었다. "증기

보트가 달려와 비행선 가까이 다가가는 순간, 대공은 가이드로프를 잡으려 팔을 뻗었다가 무거운 밧줄에 오른팔을 맞고 나동그라지고 말았다. 그 바람에 대공은 심한 타박상을 입었다."

당시 산투스두몽은 모나코에 체류한 지 한 달이 채 안 된 때였다. 그런데 그 문제로 해서 또다시 자치위원회 비상회의가 열리게 됐다. 위원들로서는 대공이 쓰러진 걸 보고 가만히 있을 수 없었던 것이다. 그러나 멍이 잔뜩 든 대공이 일어나서 군중을 향해 힘겹게 손을 흔들자 분위기는 환호로 바뀌었다. 어지간한 사람이라면 이제 비행 후원을 그만두었겠지만 대공은 산투스두몽에게 더 도와줄 일이 없느냐고 물었다.

이튿날인 2월 13일 산투스두몽은 부상을 당한다. 당시 상황을 보도한 『데일리 메일』 기사는 이렇게 시작된다. "참 화창한 날이었다. 바다와 하늘은 지중해 특유의 푸른색 그 자체였다. 그런데 울퉁불퉁한 바위산 테트뒤시앵 쪽은 예외였다. 위압적으로 솟은 산정에 드리운 시커먼 구름은 무언가 불길한 기운을 내뿜는 듯했다."[23] 구경 나온 인파가 해변에 장사진을 쳤다. 보트들이 모여들었다. 대공의 보트도 나란히 자리를 잡았다. 오후 2시 40분 산투스두몽이 비행선에 탄 채 격납고에서 나왔다.

그는 대단히 만족스러운 표정이었다. 군중은 그를 크게 환영했다. 출발 신호가 떨어지자마자 하늘을 나는 기계는 급속히 상승하더니 곧바로 바다로 향했다. 그러나 비행선은 무슨 문제가 있는 듯 평소와는 좀 달라 보였다. 심하게 흔들리는 바람에 구경꾼들은 두어 차례나 가슴을 쓸어내렸다. 조마조마한 마음에 탄식이 흘러나오기도 했다. 하지만 비행사는 방향을 제대로 유지했다. 그러고는 왼쪽으로 방향을 틀어 상승했다. 가이드로프가 수면 위 6미터까지 떠올랐다. 그런데 그때 비행선을 바라보던 군중 사이에서 공포에 질린 비명이 터졌다.

험악한 테트뒤시앵에서 엄청난 강풍이 불어 가녀린 비행선을 덮친 것이다. 비행선은 선수가 위로 올라가 물구나무를 설 것만 같았다. 자칫하면 아예 뒤집어질 상황이었다. 그러나 산투스두몽 씨는 한 점 흐트러짐도 없었다. 원래 그런 사람이다. 그는 번개처럼 잽싸게 밸브를 열어 가스를 방출했다. 그러자 비행선은 차츰 평형을 잡았고 선수 쪽은 가스가 다 빠져나갔다.

당장의 위기는 넘겼다. 그러나 방향타가 공기주머니에 걸려 망가지는 통에 비행선은 클레이 사격장 쪽으로 하강했다. 왕실 전용 사격장에는 다행히 나무나 다른 장애물이 없어 비행선 착륙에는 적지였다.

"그런데 다가오는 비행선을 주시하던 군중은 다시 공포에 휩싸였다. 클레이 사격장 바로 밑에 삐죽삐죽한 바위들이 있었던 것이다. 진로를 바꿀 동력이 없는 상황에서 바위에 처박히기라도 하면 비행사는 박살이 날 상황이었다." 그러나 비행선은 바위에 조금 못 미친 곳에 아슬아슬 착륙했다. 이내 비행선이 바닷물에 잠겨들었다. 구명 보트와 요트들이 급히 그 지점으로 달려갔다. "산투스두몽도 비행선과 함께 바다에 잠겼다."

"'저러다 빠져죽고 말겠어. 탈출해. 비행선 따위는 버려.' 사격장 가장자리로 몰려든 구경꾼들 입에서 이런 외침이 터져나왔다. 그들은 울타리 난간에 기대어 용감한 비행사가 안간힘을 쓰는 모습을 애타는 심정으로 바라보았다. 그러나 그는 비행선을 포기하려 하지 않았다." 산투스두몽은 가까이 온 보트를 향해 이러저러한 방식으로 비행선을 꺼내달라고 소리쳤다. 비행선은 반쯤 가스가 빠진 상태였다. 구조작업이 시작되기도 전에 한쪽 끝이 꺾이면서 밧줄들을 압박했다. 몇 분 후인 오후 2시 55분, 결국 가스주머니가 터졌다. "너덜너덜한 실크 파편들이 바람에 앞뒤로 펄럭였다. 최악의 재앙이었다. 해변에 나와 있는 사람들은 손에 땀을 쥐었다. '빨리 꺼내! 빨리 꺼내!' 천여 명의 입에서 똑같은 외침이 쏟아져나왔다. 멋진 비행선은 그나마 물 위에 모습을 드러내고 있던 부분까지 서서히 잠겨들고 있었다. 용감한 비행사도 함께 가라앉았다. 대공의 증기 보트가 전속력으로 달려갔다. 산투스두몽 씨는 절체절명의 순간에 수면 위로 올라와 뱃전을 잡고 그 보트로 들어갔다." 도이치상을 탔던 비행선의 잔해는 비교적 쉽게 건질 수 있었다. 그러나 엔진은 나중에 다이버들을 동원해 찾아내야 했다. "비행선 잔해를 밧줄에 묶어서 해변으로 끌고 갔다. 이제 쓸모가 없어진 거대한 격납고의 문은 굳게 잠겨 있었다."

　산투스두몽은 대공에게 일이 어떻게 잘못됐는지를 설명했다. 가스 주입이 완전히 안 된 듯하다. 그래서 상승력이 떨어졌다. 상승력을 높이려 선수를 45도 각도로 하늘로 올렸다. 프로펠러 힘으로 상승할 수 있으리라 생각했다. 그런데 그늘진 격납고 안에 있었던 탓에 상대적으로 차가워진 수소가 바로 햇볕을 받자 온도가 올라갔다. "그 결과 실크 주머니 표면에 가장 가까운 부위의 수소가 급속히 희박해졌다."[24] 산투스두몽의 분석이다. "희박해진 수소는 가장 높은 지점, 즉 선수 쪽으로 몰려갔다. 그 바람에 원래 내가 의도했던 것보다 비행선 경사도가 훨씬 심해졌다." 선수는 점점 더 위로 향했다. 수면과 거의 수직이 될 정도였다.

　　"곤추선" 비행선을 바로잡기도 전에 비스듬해진 와이어들이 끊어지기 시작했다. 측면 압력이 너무 심해져 견디지 못한 것이다. 방향타에 연결된 와이어들은 프로펠러에 걸렸다. 프로펠러가 줄을 계속 감아대면 그후에는 가스주머니가 찢어질 것이다. 그럼 가스가 대량으로 방출되고, 나는 순식간에 파도 속으로 풍덩하고 말 것이다. 일단 엔진을 껐다. 이제 평범한 기구 비행사 처지가 됐다. 바람에게 모든 것을 맡기는 수밖에 없었다. 바람은 나를 해변 쪽으로 실어갔다. 곧 몬테카를로의 전신줄이나 나무, 또는 가옥에 부딪힐지 모르는 상황이었다. 이제 할 수 있는 일이라곤 단 하나……

산투스두몽은 수소가스를 방출하고 바다로 하강했다.

그는 자신이 부주의했음을 절감했다. 비행 전 점검에서 6호에 가스 주입이 충분히 되지 않았다는 사실을 알아채지 못했을 뿐 아니라 전날 비행에서도 생각 없이 위험을 감수했다. 산투스두몽은 이렇게 썼다.

> 그동안에 있었던 다양한 시험비행을 돌이켜볼 때, 최대의 위기조차 감지하지 못했다는 탄식이 흘러나왔다. 그 위기는 지중해 상공을 잘 비행하던 순간에 닥쳐왔다. 바로 그때 대공이 내 가이드로프를 잡으려다가 갑판에 나동그라지고 말았다. 나는 출발점을 향해 연안을 따라 비행한 뒤 모나코만으로 들어섰다. 사람들이 비행선을 밧줄에 묶어 격납고로 끌고 갔다. 그러기에 앞서 비행선은 바다 수면 아주 가까운 지점까지 하강했고, 사람들이 가이드로프를 잡아 더 아래로 당겼다. 바로 코밑에 증기 보트의 굴뚝이 보였다. 굴뚝에서 시뻘건 불똥이 마구 분출되고 있었다! 그 시뻘건 불똥 가운데 하나가 조금만 더 위쪽으로 튀어 가스주머니에 닿았어도 불이 붙었을 것이고, 그러면 비행선과 나는 산산조각 나고 말았을 것이다![25]

알베르 대공은 산투스두몽을 모나코에 잡아두기 위해 애썼다. 디노 백작은 그를 위해 연회를 베풀고 기금을 만들어 비행선 재건에 필요한 상당한 비용을 대겠다고 공언했다. 며칠 후 열린 또다른 거창한 연회에서는 대공이 직접 나서서 산투스두몽을 위해 건배를 하면서 최근에 사고가 있었지만 굴하지 말고 비행을 계속해달라고 당부했다. 산투스두몽은 이제 그 사고는 개의치 않으며, 다시 비행할 준비가 됐다고 답했다.

연회 다음날 산투스두몽은 기금이 개설된 은행을 찾아갔다. 그는 자신이 자선단체의 구호 대상처럼 비치는 것을 원치 않았다. 그래서 은행 관계자를 설득해 기금 계좌를 폐쇄하고 돈을 계좌 개설자에게 돌려주게 했다. 언론으로서는 호재였다. 언론은 산투스두몽의 행동을 대단한 결단으로 추어올렸다. "디노 백작과 그 친구들은 과학적 업적을 계속 쌓아달라는 취지로 금전적인 지원을 했지만 우리의 대담무쌍한 비행사는 거부했다. 그는 자신의 구상에 대한 자신감과 헌신하려는 마음이 넘쳤다. 그렇기에 재정 지원까지 마다한 것이다. 그런 도움을 받아들였다면 아마도 제 호주머니를 불릴 목적으로 용맹을 떠벌리는 그저 그런 용병 수준으로 전락하고 말았을 것이다."[26]

산투스두몽은 마지막으로 다시 격납고를 찾았다. 모나코에 함께 체류하면서 고락을 같이했던 에마뉘엘 에메가 따라가겠다고 나섰지만 산투스두몽은 굳이 혼자 가겠다고 했다. 밤늦은 시각, 그는 방파제를 넘어 착륙용 난간 끝으로 걸어갔다. 일렁이는 물결을 응시하며 그렇게 한 시간여를 보냈다. 간간이 마음씨 좋은 주민들이 다가와 '다친 데는 없느냐'고 물었지만 그는 손을 내저을 뿐이었다. 그러고는 숙소로 돌아와 짐을 꾸렸다. 산투스두몽은 그동안 보살펴준 이들에게 작별인사조차 하지 않고 기차에 몸을 실었다. 기차는 파리를 향해 달렸다.

젊은 시절의 산투스두몽.

아버지 엔히크 두몽.

산투스두몽이 제일 좋아한 자신의 사진. 서른세 살 때인 1906년 촬영한 것으로 추정된다.

큰형(오른쪽 두번째)과 세 매부와 함께. 앉은
이가 산투스두몽. 매부들은 빌라레스 집안의 친
형제들이다.

'공중 만찬' 장면. 왼쪽이 산투스두몽.

1898년. 무동력 기구 '브라질호' 앞에서. 당시 스물두 살, 가슴에 포켓치프를 꽂은 이가 산투스두몽.

1898년. '산투스두몽 1호' 곤돌라에 올라탄 모습.

1898년. '산투스두몽 2호'의 모습.

1899년 5월 11일. '산투스두몽 2호'가 불로뉴숲 자르댕 다클리마타시옹 나무들 쪽으로 추락하고 있다.

1900년 9월 19일. 파리만국박람회 국제항공대회를 맞아 산투스두몽이 '4호' 시범비행을 하고 있다.

1900년 9월. 미국 과학계의 태두인 랭글리(오른쪽)가 '산투스두몽 4호'를 살펴보고 있다.

1901년 10월. '산투스두몽 6호' 곤돌라에 오른 산투스두몽.

1901년 파리. 산투스두몽이 책상 앞에 앉아서 비행 관련 구상을 하고 있다.

1901년. 엔지니어들이 '산투스두몽 6호'를 점검하고 있다.

1901년. '산투스두몽 6호'의 모습.

1901년 10월 19일. 산투스두몽이 '6호'를 타고 에펠탑을 돌고 있다. 아래는 환호하는 군중.

1902년 2월. 프랑스 니스의 축제에 등장한 산투스두몽 인형(왼쪽)과 그 모습을 담은 모나코 우편엽서(오른쪽). 엽서 밑에는 '방파제에서의 아침 산책'이라고 적혀 있다.

PROMENADE MATINALE SUR LA JETÉE

1903년. 산투스두몽이 세계 최초의 자가용 비행기라 할 '산투스두몽 9호'를 몰고 샹젤리제의 아파트 앞에 착륙하고 있다.

1903년. '9호'를 타고 파리의 지붕들 위로 떠오른 산투스두몽.

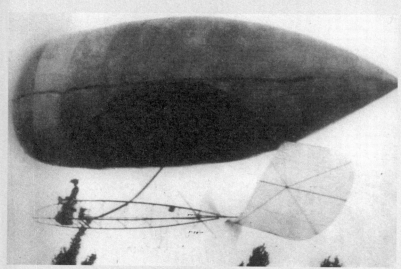

1903년 6월. 열아홉 살의 아이다 데 아코스타가 '산투스두몽 9호'를 조종하고 있다. 아코스타는 최초의 여성 조종사라고 할 수 있다.

산투스두몽을 흠모했던 릴리 스프레클스. 미국
샌디에이고 설탕 부호의 딸이었다.

프랑스 작가이자 삽화가로 유명했던 조르주 구르
사. '상'이라는 필명으로 유명한 그는 산투스두몽
의 광팬이었다.

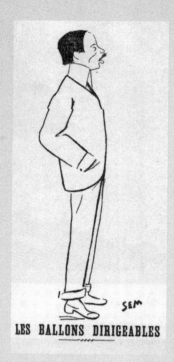

LES BALLONS DIRIGEABLES

상이 그린 산투스두몽 캐리커처들. 오른쪽 캐리커처 밑에는 '비행선'이라고 적혀 있다.

각국 신문과 잡지에 실린 산투스두몽 관련 카툰.

1906년. 당나귀를 동력원으로 해서 '카토르즈 비스호'(복엽기 14호)를 끄는 실험을 하고 있다.

1906년. '카토르즈 비스호'에 탑승한 산투스두몽.

1909년. 세계 최초의 스포츠 항공기인 '드무아젤호'를 차로 운반하고 있다.

1909년. '드무아젤호'의 비행 광경.

상이 그린 '드무아젤호' 캐리커처.

그의 비행 업적을 기리는 생클루의 기념비 앞에 선 산투스두몽. 1913년 10월 19일 기념비 제막식 때 찍은 것으로, 아래 포르투갈어 문구는 '산투스두몽에게 바침'이라는 뜻이다.

일차대전 종전 후 스위스 장크트모리츠에서 스키를 타는 산투스두몽. 그는 늘 정장을 착용했다.

아르헨티나의 수도 부에노스아이레스에서. 드물게 웃는 모습이다.

10
비행선은 정말 무용지물인가
— 런던과 뉴욕, 1902년

모나코만 추락사고 이후 산투스두몽은 물 위에 착륙한다 해서 비행선이 손상되지 않는다는 보장은 없다는 걸 깨달았다. 그래서 육상에서 시험비행을 재개하기로 했다. 1902년 2월 말 그는 몬테카를로를 떠나 파리로 돌아왔다. 작업을 계속하려는 게 아니라 오랜 친구들을 만나보려고 온 것이었다. 3월 4일에는 영국 비행사들의 초청을 받아 런던으로 떠났다. 현지에서는 그가 비행 관련 설비를 런던으로 옮기길 기대했다. "두몽 씨는 지중해에 빠진 적이 있지만 이제 회복됐다."[1] 『데일리 크로니클』에 실린 기사다. "그것은 사고에 불과했다. 그러나 비행사로서 파란만장한 삶을 살아온 그에게는 새로운 경험이었다. 사고의 악몽은 털어냈지만 현재로서는 해변에서 비행을 재개할 계획은 없다. 그의 말대로 바다에서는 착륙 장소가 마땅치 않기 때문이다."

그가 막 파리를 떠나려는 순간 비행클럽에서 공문이 날아왔다. 생클루 비행클럽 구내에 있는 그의 격납고를 스물네 시간 안에 철거하라는 요구였다. 이에 산투스두몽은 "작별인사치고는 좀 유별나네!" 하고 말했다.[2] 격납고로 통하는 도로를 옛날식 명칭으로 '데비리스 거리'라고 되돌리겠다고 공문을 보낸 것도 일종의 모욕 주기였다. 생클루시 위원회가 만장일치로 '산투스두몽 거리'로 개명하기로 했고 그렇게 불린 지도 꽤 오래됐기 때문이다. 게다가 스물네 시간 안에 철거하는 일은 가능하지도 않았다. 산투스두몽은 "역사적 의미가 서린 격납고"를 1,000프랑에 글레조라는 사람에게 팔아버렸다. 글레조는 이후 여드레 만에 격납고를 해체해서 파리 교외로 가져가 차고로 다시 조립했다.

산투스두몽 6호의 잔해는 모나코에서 오고 있었다. 산투스두몽은 잔해를 보관할 장소를 열심히 찾아봤다. 운 좋게도 런던 크리스털팰리스의 콘서트룸이 생클루에 있는 격납고와 길이가 같았다. 크리스털팰리스에서는 미국 관련 전시회가 있을 예정이었고, 주최측은 거기에 산투스두몽 6호도 전시하고 싶다는 뜻을 밝혔다. 크리스털팰리스는 산투스두몽으로서도 괜찮은 선택이었다. 에펠탑과 마찬가지로 건축공학 측면에서 기념비적인 첨단 건물이었으니까. 철제 기둥에 유리 돔을 씌운 형태로 1851년 완공된 이 건물은 바닥 면적이 9만 2,900제곱미터로 세계의 그 어느 건축물보다 넓었다. 6호는 심각한 손상을 입었지만 산투스두몽은 전시만 하는 게 아니라 수리를 해서 다시 비행에 쓸 생각이었다. 가스주머니 파편 가운데 큰 것들은 일부 아직 말짱해서 새 주머니에 덧대어 쓸 수 있었다. 몬테카를로에서 그랬던 것처럼 가스 주입이 덜 되어 가스가 주머니 말단 부위로 몰리는 문제를 되풀이하지 않게 하기 위해, 그는 가스주머니를 세 구획으로 나눌 생각이었다. 주머니 안에 실크로 벽을 만들어 붙이는 방식이었다. 도료를 살짝 바르면 실크 주머니의 가스 투과를 완전히 막을 수는 없다 하더라도, 대량 방출은 없을 것이기에 주머니 형태가 갑자기 쭈그러드는 사태는 막을 수 있다. 이후 그가 만든 비행선들은 모두 내부에 칸막이를 해 여러 구획으로 나눈 구조를 갖게 된다.

산투스두몽은 6호를 수리하는 한편으로 7호 건조에 착수했다. 6호보다 속도를 높인 버전이었다. "새로운 비행선 '산투스두몽 7호'는 45마력짜리로 6호보다 세 배 가까이 강합니다."[3] 그는 런던의 비행 관계자들에게 이렇게 설명했다. "엔진의 힘은 무게를 늘리는 대신, 구조를 개선해서 키웠습니다. 거의 5,000달러가 들었으니까 새로운 비행선이 파손되면 큰돈을 날리게 되는 것이지요."

산투스두몽은 비행을 영국에서만 시도할 생각은 아니었다. 미국도 그 선택지 중 하나였다. 아직 가본 적은 없지만 한 달 안에 가볼 생각이었다. 그는 미국 언론과 인터뷰를 할 때 다음과 같은 말을 했다. "국적을 선택해야 한다면 영국이나 미국이 될 수밖에 없겠지요."[4] 그는 벌써부터 런던과 뉴욕을 저울질하고 있었다. 두 도시는 그의 극적인 비행을 자국에 유치하고자 무척 애를 썼다. 산투스두몽은 영국 비행클럽이 크리스털팰리스 구내에 적당한 격납고를 지어준다면 런던 세인트폴성당 돔을 선회 비행하겠다고 약속했다. 성당은 유명한 랜드마크일뿐 아니라 당시에는 기술발전의 상징이었다. 구내에는 전기등이 번쩍번쩍했다. 미국 금융재벌이자 자선사업가 J. P. 모건이 기부한 5만 달러로 각종 첨단시설을 들여놓은 것이다. 뉴욕 상공 비행에 대해서는 "이스트강을 따라 올라가다가 브루클린브리지 밑을 통과해 다시 돌아서 다리 위를 지나 귀환할 계획"이라고 밝혔다.[5] 그때까지 미국은 비행과 관련해 상금을 가장 많이 내건 나라였다. 1903년 세인트루이스만국박람회 주최측은 '세계 최초의 비행경주대회'에 상금 20만 달러를 걸었다. 박람회의 파리 담당 대표인 파머 보언은 산투스두몽을 만나 비행시범을 잘 보여주면 10만 달러를 주겠다고 약속했다. 산투스두몽은 영국도 이에 맞먹는 보상을 제공해주길 기대했다. 그는 신문 인터뷰에서 "영국 사람들하고 있으면 마음이 편하다"며 "영국 비행 클럽은 졸렬한 질투심 같은 건 없으리라 확신한다"고 했다.[6] 또 영국에서 상금을 걸면 "좋은 경쟁이 될 것"이라고 주장했다. "나로서도 비행할 때 경쟁자가 있으면 좋은 자극이 되리라 생각합니다. 상금에는 별 관심 없어요. 다만 상금 덕분에 영국에서 경쟁자가 많이 나오면 더 분발할 수 있을 겁니다. 그게 경쟁의 매력이죠."[7]

산투스두몽은 런던이 파리에 비해 기술적으로 뒤처져 있다고 봤다. 자동차는 물론 있었지만 속도를 시속 19.3킬로미터 이상 내는 것은 금지되어 있었다. 1902년 시점에도 자동차는 여전히 신기한 물건 취급을 받았다. 현지 언론들은 그의 방문 소식을 전하면서 그가 어떤 차를 타고 다니는지 상세히 소개했을 정도다. 예를 들면 이런 식이다. "그는 C. S. 롤스가 직접 모는 20마력짜리 파나르 자동차를 타고 빅토리아 역에서 칼튼 호텔까지 갔다. 에마뉘엘 에메 씨는 미국인 재력가 패리스 싱어가 운전하는 전기 자동차를 타고 역까지 갔다."[8] 뉴욕과 런던을 저울질하면서 산투스두몽은 두 도시의 응급처치 능력을 꼼꼼히 따져봤다. 사고로 도움이 필요한 상황에 대비해야 했기 때문이다. 뉴욕의 병원들은 전기 자동차로 만든 현대식 앰뷸런스를 갖추고 있었다. 반면에 런던에는 응급처치 시스템이 없었다. 부상자가 알아서 병원까지 찾아가야 했다. 런던의 관리들은 산투스두몽을 붙잡아두려고 앰뷸런스 서비스 도입을 약속했지만 말이 앰뷸런스를 끌게 될 거라는 얘기는 하지 않았다. 앰뷸런스 호출 방식에도 문제가 있었다. 런던의 한 신문은 이렇게 전했다. "화재경보와 앰뷸런스 호출을 구분하기 어렵다는 문제가 있었다. 그래서 종을 한 번 치면 화재경보, 두 번 치면 앰뷸런스 호출로 하자는 제안이 나왔다."[9]

　1902년 4월 10일, 산투스두몽이 증기선 '도이치란트호'를 타고 뉴욕에 도착했다. 현지 타블로이드 신문에 따르면 그는 도착하자마자 "충격에 민감한 사람에게는 정말 충격적인 일"을 겪게 됐다.[10] 에메와 수석 엔지니어 샤팽을 대동한 산투스두몽은 산투스두몽 7호의 용골을 담은 커다란 나무 궤짝을 같이 실어왔다. 그런데 배에서 내리자마자 세관이 궤짝을 압수해버린 것이다. 산투스두몽은 세관원들에게 미국의 수입 관련 규정을 다 알아보고 들여온 것이라고 설명했다. 딩글리관세법에 따르면 과학자는 강연 보조용 물품을 무관세로 들여올 수 있고, 예술가는 전시 목적으로 작품을 들여올 수 있다는 얘기였다. 그리고 본인은 과학자인 동시에 예술가라고 주장했다. 그러나 세관원들이 보기에 그는 관세를 세게 때려도 될 만한 여자 같은 멋쟁이에 불과했다. 세관은 궤짝과 함께 며칠 전 '아키텐호'에 실려 도착한 7호 관련 부품들까지 압수했다. 그러면서 재무부에 유권해석을 의뢰해보겠지만 다른 지시가 없으면 비행선 값의 45퍼센트를 관세로 부과할 것이라고 말했다.

　또하나 나쁜 소식은 세인트루이스만국박람회가 한 해 뒤인 1904년으로 연기된다는 것이었다. "이런 두 가지 사태에 하늘을 나는 사나이는 미소를 지으며 어깨를 으쓱해 보일 뿐이었다." 『피츠버그 디스패치』의 당시 기사다. "역사상 가장 위대한 비행선을 전시해달라며 신사를 이 나라에 초청해놓고 그걸 들여왔다고 세금을 부과하는 행태는 브라질 비행사의 상식으로는 도저히 이해할 수 없었다."[11]

　산투스두몽은 도착하자마자 뉴욕 언론과 접촉해 홍보에 나섰다. 그는 "공항"이라는 표현을 사용해 뉴욕이 "신대륙 최대의 공항"이 될 것임을 예견했다.[12] 얼마 후 거대한 비행선들이 하늘을 다리 삼아 뉴욕과 파리를 오가게 된다. (신대륙 최초의 공항은 1913년 미국 플로리다주 탬파만에 건설된 수상비행기용 공항이었다.) 산투스두몽은 십 년 안에 직접 만든 비행선을 타고 대서양 횡단 비행을 할 수 있을 것으로 예상한다고 말했다. 신문들은 그의 거창한 계획보다 그러한 계획을 추구하는 특이한 인간적 면모에 더 관심이 많았다. 신문들은 그가 비행에 성공한 경우나 사고를 당한 경우에 대해 "농사꾼이 감자 포대 이야기를 하듯이 차분하게" 이야기하는 방식을 주목해서 보도했다.[13] 외모에도 관심이 많았다.

> 두 눈은 불그레한 개암나무 빛깔이다. 늘 상황을 예의주시하는 빛이 역력하다. 그의 눈은 무엇 하나 놓치는 법이 없다. 관자놀이는 움푹 들어갔고, 가는 갈색 직모 머리털은 살짝 회색이 돈다. 그가 비행선을 타면서 겪었던 충돌이나 추락사고를 기억하는 사람이라면 머리칼이 백발로 변하지 않았다는 사실에 놀랄 것이다. 비행사의 코는 중간 정도 높이에 약간 아래로 굽었다. 그리고 용감하기 이를 데 없고 온갖 난관에도 굴하지 않는 사람치고는 놀랍게도 턱이 아랫입술보다 눈에 띄게 뒤로 들어가 있다. 체구는 새 같은 느낌을 준다…… 골격은 아주 가녀리다. 손과 발은 가늘고 섬세하다.[14]

당시 뉴욕의 신문들은 독자 확보 경쟁이 치열했다. 『뉴욕 메일 앤드 익스프레스』는 기자를 산투스두몽의 파리 아파트로 파견했다. 그러고는 산투스두몽이 미국에 도착하자마자 단독 특집기사를 내보냈다. 기사는 비행사의 집 안 생활에 대해 놀라운 이야기를 전했다.

> '하늘의 제왕'이자 아이디어맨인 대담무쌍한 비행사 산투스두몽 씨와 집 안에서 지내는 산투스두몽 씨는 완전히 다른 사람이다. 비행사로서는 늘 열정적이고 솜씨가 탁월하며 과감하지만, 반면에 집 안에서는 단조롭고 지루한 것에 전혀 개의치 않는다. 여성적인 매력을 내

보이는 것은 아니지만 여자처럼 수줍음을 타기도 한다. 어느 쪽이 그의 진짜 얼굴인지는 말하기 어렵다. 일단 그런 이중성을 타고났다는 것을 인정하는 편이 마음 편하겠다. 그것이 축복인지 불행인지는 알 수 없지만……

그는 친구가 거의 없다. 그나마 몇 안 되는 친구들도 그를 잘 모른다고 고백한다. 친구들이 그를 대단한 인물로 치켜세우는 이유는 과감성과 독창성 때문이다. 그러나 친구 사귀는 재주는 없어도 분명 여성들에게는 매력덩어리다. 물론 외모나 사교상의 예절 면에서 그 매력은 설명이 안 된다. 여자들은 미스터리한 것을 좋아한다. 그런데 산투스두몽이야말로 미스테리 그 자체다…… 하지만 그 미스테리가 밝혀질 수도 있는 거니까. 산투스두몽은 여가를 담배를 피우거나 칵테일을 마시는 데 쓰지 않는다. 그런 것과 거리가 멀다. 그는 자수나 뜨개질을 한다. 심지어 훨씬 어려운 태피스트리를 만들기도 한다. 바느질은 흔히 여성의 전유물로 알려져 있지만 그는 누가 그 사실을 알아채든 말든 신경쓰지 않은 채 바느질을 매우 즐긴다. "그건 기분전환용입니다." 좀 이상한 취미라고 묻자 그는 이렇게 답했다. "그리고 난 그게 좋아요. 늘 그랬지요."

파리 엘리제궁 호텔에 있는 아파트에는 "그가 직접 만든 자수 제품이 여섯 점이나 있다. 주부라면 누구나 좋아할 것들이다. 쟁반에 까는 보, 찻잔 덮개, 쿠션 같은 것들로, 하나같이 솜씨가 빼어나다. 섬세한 느낌을 주려고 애쓴 흔적이 역력하다." 의자 두 개에도 프랑스에서만 유행하는 스타일의 십자수를 놓았는데, 색상 선택이 치밀하고 디자인도 지극히 세련됐다.

그러나 산투스두몽은 자수보다는 역시 뜨개질에 더 관심이 많았다. 반쯤 하다 만 뜨개질감이 있는데, 정신적으로 흥분이 되거나 휴식이 필요하다 싶을 때마다 조금씩 조금씩 떠나간다. 그는 독일식으로 바늘을 안팎으로 누비는 기술이 뛰어나다. 그는 바늘질을 하다가 가끔씩 허공을 응시한다.

산투스두몽 씨는 아파트에서 호화롭게 생활한다. 하지만 혼자 사는 부자의 호화판 실내장식이 아닌 응석받이 미녀 아가씨의 사치스러운 방 같은 느낌이다. 방 셋에 딸린 스위트룸에서 샹젤리제 거리가 내려다보인다. 실내장식은 감탄스럽다. 응접실에는 금박 장식을 한 흰색 나무 패널을 둘렀고, 그 위에 장식용 장밋빛 실크를 걸어놓았다. 똑같은 천이 창문들 아래 걸려 있는데 그 속으로 주름이 풍부한 레이스 커튼이 살짝 보인다.

가구는 제정기 프랑스에서 만들어진 것들이다. 금박 의자들이 여기저기 널려 있다. 형태는 우아하지만 실용성은 없어 보이며, 연한 빛깔의 브로케이드 천을 덮어놓았다. 긴 소파도 두세 개가 있다. 오리털 쿠션을 넣은 것으로 연한 장밋빛과 노란색이다. 화사한 칠을 한 칸막이도 한두 개 보인다. 대단히 많은 탁자에는 다양한 종류의 골동품이 올라 있다. 골동품들은 뒤죽박죽 널려 있는 것처럼 보이지만, 사실은 다 치밀하게 계산해 배치한 것이다.

방 한구석은 차를 마시는 곳이다. 이곳에서 집주인은 자주 손님들에게 차를 대접하곤 한다. 여자들이 사교 모임을 가질 때 즐겨 마시는 음료들을 나눈다. 실내의 모든 것은 주인의 극히 고상한 취미를 느낄 수 있게 한다. 그러나 남성적인 느낌을 주는 것은 하나도 없다.

식당은 전통적인 스타일이다. 벽에는 태피스트리들이 걸려 있고, 조명은 벽에 붙박이로 설치한 은제 촛대로만 밝힌다. 작은 테이블에는 은제 식기가 가득 놓여 있다.

산투스두몽 씨가 취향을 최대한 살린 곳은 침실이다. 방은 온통 파란

색과 하얀색 천지다. 어딘지 소녀 같은 취향이 엿보인다. 연청색 실크로 벽을 덮고 그 위에는 다시 흰색 망사로 덧씌워져 있다. 침대에는 커튼이 드리워져 있다. 창문에 친 커튼과 벽걸이용 천들이 청색 새틴 리본으로 꽉 동여지고 커다랗게 나비매듭이 돼 있다. 바닥에는 파랗고 하얀 융단이 깔려 있다. 가구는 흰색이고 파란 커튼이 달려 있다. 한쪽 벽에는 커다란 화장대가 놓여 있다. 새하얀 화장대에는 은제 용기에 담긴 화장품이 수없이 널려 있다.

매력적인 아가씨가 사는 방 같은 느낌이다. 하지만 여기는 당대 최고의 발명가 가운데 한 사람의 취향이 표현된 방이다. 그런 점에서는 그의 양면적인 특성과 일치한다.

산투스두몽 씨의 복장에서도 비남성적인 것을 좋아하는 성향이 드러난다. 손가락에는 각양각색으로 디자인이 된 반지를 여러 개 끼었다. 보석 반지가 많다. 바지 주머니에서 삐져나온 시곗줄에는 장식물이 주렁주렁 달려 있다. 넥타이핀도 크고 종류도 다양하다. 양 손목에는 늘 팔찌를 한두 개씩 차고 있다. 다른 장신구를 착용하는 게 사회적으로 허용된다면 산투스두몽 씨는 틀림없이 그렇게 할 것이다……

그는 사교계 같은 것에는 취미가 없다. 만찬이다 무도회다 오후 모임이다 해서 그에게 초대가 쇄도한다. 초대에 응하는 경우도 있지만 대개는 거절한다. 그는 만찬을 함께할 사람으로는 빵점이다. 쓸데없는 잡담이나 수다 같은 것은 일절 하지 않기 때문이다. 어쩌다 그런 자리에 참석할 경우에는 영 지루한 표정이거나 처음 파티에 나간 얼뜨기 아가씨처럼 조금 겁을 먹은 모습이다……

말이 안 되는 얘기지만 산투스두몽은 '레이디 킬러'로 유명세를 치른 사람이다. 그러나 그의 행동거지를 보면 전혀 그럴 성싶지 않다. 사실 여자에 대해서는 전혀 관심이 없다. 여자들은 그를 대단하게 보지

만, 대화 상대로서 그와 잘 맞는 경우는 거의 없다.[15]

산투스두몽은 신문의 풍자만화가들이 좋아하는 소재였다. 허스트 계열 신문들은 콜로라도주 파이크스피크산 정상에 있는 스키용 오두막을 선회하는 비행선을 그려놓고 그 밑에 '산투스두몽의 미래 여름 별장'이라는 설명을 달았다.[16] 『브루클린 데일리 익스프레스』에 실린 만화에는 "산투스두몽이 다리 문제를 해결할 것이다"라고 적혀 있었다. 전차를 비행선에 매달아 뉴욕 허드슨강을 건너는 일러스트였다.[17] 또다른 만화는 그가 풍만한 여자의 가슴을 응시하면서 "비상사태 때는 이렇게 푹신한 착륙지를 찾는다"고 말하고 있는 것으로 그리기도 했다.[18]

뉴욕에 도착한 다음날 산투스두몽은 맨해튼 일대를 걸어다니며 구경했다. 그는 마천루들을 보면서 감탄을 금치 못했다. "여기가 훨씬 높네요." 그는 신문 인터뷰에서 이렇게 말했다. "파리에서 빌딩에 부딪힌 적이 많지만 거긴 훨씬 낮아요."[19] 그러나 비행선용 격납고가 없다는 것을 알고 실망스러워했다. 뉴욕에도 비행선이 돌아다닐 거라 기대했기 때문이다. 그날 저녁 산투스두몽은 숙소인—로비 천장에 길이 1.8미터짜리 산투스두몽 6호 모형이 매달려 있는—네덜란드 호텔로 돌아와보니 우편물이 가득 쌓여 있었다. 대개 사인을 청하는 사람들과 설익은 제안을 하는 미래의 발명가들이 보낸 것이었다. 그러나 그중 두 통은 그의 관심을 확 잡아끌었다. 하나는 발명왕 토머스 에디슨이 오는 일요일에 자기 집을 방문해달라는 것이었고, 다른 하나는 한 철도회사에서 재정 후원을 하고 싶다는 내용이었다. 맨해튼에서 브루클린까지 열차를 운행하는 브루클린쾌속열차회사에서 브라이튼 비치를 출발해서 해협을 거슬러올라간 다음 자유의 여신상을 한 바퀴 돌고 이스트강을 따라 브루클린브리지를 넘어서 출발점으로 돌아오면 2만 5,000달러를 주겠다고 한 것이다. 이 회사는 또

코니아일랜드 상공에서 한 달간 비행을 해주면 브루클린행 승객이 더 많이 늘어나 관련 비용을 충당할 수 있을 거라고 했다. 지금 돌이켜보면 브루클린쾌속열차회사의 이런 제안은 일종의 아이러니다. 비행기의 발달로 결국 많은 철도회사가 문을 닫아야 했기 때문이다.

4월 13일 산투스두몽과 에메는 뉴저지주 웨스트오렌지에 있는 토머스 에디슨의 집을 방문했다. 한 시간 동안 '하늘의 제왕'과 '멘로파크의 마법사'는 항공술의 현황에 대한 의견을 나눴다. 한 기자의 기록에 따르면 두 사람의 대화는 철학적인 분위기로 시작됐다. 이야기는 주로 쉰다섯 살의 에디슨이 이끌었다.

"최근 플로리다에 간 적이 있는데요."[20] 에디슨이 말했다. "하루는 거대한 새가, 독수리 같았는데, 한 시간 내내 날갯짓도 않고 하늘을 유유히 떠다니는 걸 봤어요. 하느님이 저 새를 만들었다면 날 수 있는 기계를 주신 거죠. 하지만 다른 건 안 주셨어요. 새한테는 기계의 방향을 조종할 아주 작은 두뇌만 주셨습니다. 하지만 인간에게는 새보다 훨씬 큰 두뇌를 주셨지요." 그래서 자신은 인간이 하늘을 나는 방법을 알아낼 지능이 있다고 늘 믿었다는 것이다. "그런데 선생이 바로 그 일을 해낸 겁니다." 에디슨은 대견하다는 듯 고개를 주억이며 말했다.

"선생님은 항공술 연구를 해본 적이 전혀 없으신 거로군요." 산투스두몽이 에디슨의 말을 받았다. "그랬다면 저보다 먼저 수년 전에 이미 그런 일을 해내셨을 텐데요."

"글쎄, 모르겠습니다." 다시 에디슨이 말했다. "여러 해 전에 그 문제를 연구하면서 폭약으로 작동되는 초경량 엔진도 만들긴 했었죠. 실험은 많이 해봤지만 소형 모델에 불과했고 진짜 하늘을 날아보려는 시도는 안 했습니다. 그러고는 포기해버렸지요. 그보다 훨씬 수익성이 높은 다른 일이 많았으니까요. 단언하건대, 특허청이 발명가를 제대로 보호만 해준다면 비행 관련 문제는 삼십 년 전에 해결을 봤을 겁니다."

산투스두몽은 맥이 빠졌다. 그는 에메를 쳐다보며 프랑스어로 "에디슨의 말이 맞는다면, 내가 태어나기도 전에 인간은 하늘을 날고 있었을 거야"라고 말했다.

손님의 불편한 기색을 알아챈 에디슨이 잽싸게 말을 덧붙였다. "선생은 아주 잘하고 있습니다. 방향을 제대로 잡았어요. 비행선을 만들고 조종까지 해서 문제의 해결을 위한 큰 걸음을 내디뎠으니까요. 끈기를 가지고 계속하십시오. 하지만 비행선은 이제 끝내야 합니다. 점점 작게 만들어야 합니다." 에디슨은 기구에 회의적이었다. 아무리 엔진이 강력해도 공기주머니를 단 비행선은 강풍의 충격을 버텨낼 수 없다고 봤다.

산투스두몽이 물었다. "제가 비행선을 새로 건조할 때마다 가스주머니 크기를 줄여간다는 것을 아셨습니까?"

"네, 그건 잘한 일입니다." 에디슨이 답했다. "하지만 더 줄여야 해요. 지금 선생은 잘하고 있습니다. 하지만 그걸 상업성이 있게 만들려면 오랜 시간이 걸릴 겁니다. 기구를 점점 더 줄이면 결국 현미경으로도 볼 수 없을 만큼 작아질 겁니다. 그러면 성공하는 거지요. 그럼 문제를 해결한 것이 될 겁니다."

"독수리를 봅시다." 에디슨이 말을 이었다. 그는 미국 발명계의 거목으로서 일장 연설을 하는 게 자신의 역할이라 생각했다. 그를 보러온 청중은 대개 그의 말 한마디 한마디에 감탄했다. 물론 산투스두몽은 좀 다른 과였다. 에디슨은 배석한 기자를 의식한 탓에 산투스두몽을 만난 자리에서 특히 설교조로 갔던 듯하다.

독수리는 자연이 만든 날아다니는 기계라고 할 수 있습니다. 그 몸집에 해당하는 공기보다 천 배는 무겁지요. 느긋하게 날면서 방해물이

즐비한 지역을 순식간에 훌쩍 건너뜁니다. 그러면서도 날갯짓 한 번 하지 않습니다. 오직 몸과 작은 두뇌밖에 없고 그나마도 썩 훌륭한 편이라곤 할 수 없는데도 말이죠. 인간이 새처럼 효율적으로 날 수 있는 기계를 만들지 못할 이유가 어디 있습니까. 많은 사람이 이렇게 말하죠. 인간은 날 수 있게 창조된 존재가 아니라고. 새와 달리 사람 몸에는 비행에 필요한 장치가 없다고. 그런 논리라면 인간은 해와 달과 별 이외의 빛을 쓰게 되어 있지 않다고 말할 수 있죠. 바퀴를 달아 더 빨리 움직이는 것도 안 된다고 말해야 하고요. 자연이 인간 몸에 바퀴를 달아준 건 아니니까요.

어떤 사람이 하늘을 나는 문제를 진짜로 해결했다고 칩시다. 그렇다고 무슨 경천동지할 새로운 걸 찾아낸 건 아니겠지요. 초소형이지만 강력한 모터를 지극히 가벼운 기계틀에 장착한 형태가 되겠지요. 그게 다예요. 그런 틀은 새의 몸 구조와 유사한 것이 될 게 분명해요. 나는 그게 어려운 일이라 생각지 않아요. 지금껏 우리는 자연이 인간과 동물에게 제공해준 장치보다 뛰어난 기계장치를 많이 발명했으니까. 그런 장치를 조립하지 못할 이유가 없어요. 적어도 새의 기계와 두뇌에 필적할 만큼은 될 겁니다.

에디슨은 산투스두몽이 옳은 방향으로 가고 있다고 본다는 말을 되풀이했다. 그러면서 가솔린엔진이 하늘을 나는 기계에 적합한 동력원이라는 데 동의했다. 특히 최근에 그가 발명한 축전지는 너무 무거워 도움이 되지 못해 유감이라고 말했다. 에디슨은 지금 소형 축전지를 개발중인데 첫 작품이 나오면 주겠노라고 하면서 동력원으로 사용할 것은 아니고, 가솔린 점화장치로 쓰면 좋을 것이라고 했다. 에디슨의 지원 의사 표시에 산투스두몽은 기쁨을 감추지 못했다. 그러면서 항공술 관련 발명 실험을 재개할 생각은 없느냐고 물었다.

"없습니다." 에디슨은 그 이유를 설명했다.

> 나는 발명가의 노고에 기생하는 해적들에게 침범당할 만한 일은 하지 않을 겁니다. 비행기나 비행선 같은 것에서 특허를 확보하는 게 가능하다고 보지 않아요. 법적 분쟁을 이겨낼 수 있을지도 의문입니다. 어떤 사람이 상업성 있는 비행기를 만들었다 하면 당장 많은 이가 그 모델을 베껴 원래 발명가의 땀의 열매를 앗아갈 겁니다. 이 나라에는 그런 장치를 참된 발명으로 인정해줄 판사가 없어요. 그런 장치에 대해 많은 시도가 있었고 논문도 많기 때문입니다. 성공한 기계냐, 숱한 실패들 중 하나냐는 종이 한 장 차이입니다. 특허를 주장할 만한 새로운 원리가 발견될 수 있을지 역시 회의적이고요.

이 언급은 라이트 형제가 얼마 후 길고 짜증나는 특허 분쟁에 휘말리는 걸 고려하면 선견지명이었다. 에디슨, 라이트 형제 같은 발명가는 '무자비한 자본가'로 불리는 미국인의 악명에 걸맞게 살아온 이들이었다.

산투스두몽이 에디슨의 집을 나서자 기자가 비행에 대한 접근법에서 두 사람의 차이가 무어냐고 물었다. 산투스두몽은 "에디슨 선생과 나눈 대화는 정말 즐거웠다"며 이렇게 답했다.

> 그는 실용적인 사람입니다. 나는 우리 두 사람 생각이 아직까지는 그리 크게 다르다고 보지 않아요. 그분이 그랬죠. 내가 방향을 제대로 잡고 있다고. 나는 기구를 완전히 없앨 수 있다고 보지 않습니다. 하지만 가스주머니 크기를 점점 줄이고 엔진 힘은 계속 키우고 있습니다. 그러니 어쩌면 좀 지나 에디슨 선생의 구상과 같은 결과를 볼지

모르겠습니다. 유감스럽게도 그분이 말씀한 발명가에게 돌아올 보상 이야기는 진실입니다만, 저는 그 부분에 관심이 전혀 없습니다. 내가 만든 비행선으로 특허를 따려고 한 적도 없고 앞으로도 그럴 생각은 없어요. 상금을 타면 비행선 노선 개척에 다 투자할 겁니다.

에디슨은 산투스두몽의 도전과 실험에 깊은 인상을 받았다. 그래서 그가 떠나자마자 시어도어 루스벨트 대통령에게 전화를 넣었다. 사흘 뒤인 4월 16일 산투스두몽은 백악관에서 점심을 먹게 된다. "이렇게 만나게 되어 반갑습니다. 그동안의 성공에 대해 축하드립니다."[21] 루스벨트가 말했다. "우리 아들이 선생의 비행 실험에 관심이 참 많습니다. 선생이 조만간 백악관 안뜰에 착륙하시기를 고대하고 있습니다."

"최선을 다하겠습니다." 산투스두몽이 대답했다. "성공하면 아드님을 제 비행선에 기꺼이 태워드리겠습니다."

"그건 안 되지요." 대통령이 말했다. "우리 아이가 아니라 나를 먼저 태워주셔야 합니다."

타블로이드 신문들은 루스벨트 대통령이 비행선을 타고 창공을 치솟는 가상 기사로 법석을 떨었다. 『브루클린 이글』은 만평을 싣고 '미래의 용사들'이란 설명을 달았다.[22] 손에 장검을 든 대통령이 말 모양의 기구를 타고 앉아 비행선 수십 척을 지휘하며 전쟁터로 날아가는 그림이었다. 루스벨트 일가 가운데 산투스두몽의 비행선에 탑승할 가능성이 가장 높아 보이는 인물은 딸인 앨리스였다. 열여덟 살의 앨리스는 브라질 대사관이 산투스두몽을 위해 베푼 만찬 때 그의 옆자리에 앉았다. 두 사람은 비행선 얘기를 나눴다. 산투스두몽은 미국 대통령을 태우고 비행한다는 건 정말 큰 부담이라고 했다. 앨리스는 세인트루이스만국박람회 개최 전에 뉴욕에서 비행할 계획이 있느냐고 물었고 그는 생각중이라고 답했다. "그럼 저를 비행선에 태워주실래요?"[23] 앨리스가 물었다. 그저 하는 말이려니 여기고 농담조로 "아가씨는 내 비행선에 탄 최초의 여성이 될 겁니다"라고 했다. 하지만 앨리스는 진심이었다. "알다시피 우리는 롱아일랜드에 살아요. 비행하시려는 곳에서 가깝지요. 꼭 약속 지키셔야 해요."

"그럼요." 산투스두몽은 나중에 친구들에게 그녀가 정 우기면 약속을 지키는 수밖에 없겠다고 말했다.

백악관을 나선 산투스두몽은 스미스소니언협회로 랭글리를 찾아갔다. 랭글리는 최신형 비행기 모델을 보여주면서 사람을 태울 수 있는 대형 버전을 건조중인데 조종할 사람을 찾지 못해 애를 먹고 있다고 말했다. 그러자 산투스두몽은 "그렇다면 제게 분부만 내리십시오. 제가 언제 한번 몰아보지요"라고 말했다.

사실은 인사치레로 한 말이었다. 중항공기 방식의 비행이 실제로 성공하리라고는 생각지 않았기 때문이다. "절대적으로 신뢰할 수 있는, 가벼우면서도 강력한 엔진이 발명될 때까지 비행기는 시험비행조차 불가능할 겁니다."[24] 산투스두몽은 기자에게 이렇게 말했다.

현재로서는 중간에 갑자기 멎지 않는 엔진은 없습니다. 대개 중차대한 순간에 그런 일이 일어나지요. 중항공기의 경우 그런 불의의 사태가 일어나면 비행기의 수송력을 믿고 몸을 맡긴 사람은 누구든 바로 죽음입니다. 실제와 똑같이 작동하는 모형과 사람의 무게를 감당해야 하는 진짜 비행기는 전혀 다른 것입니다. 모형이 잘 작동할 수는 있습니다. 발명가가 의도한 모든 기능을 발휘할 수 있지요. 하지만 사이즈가 커지는 순간, 그런 특성들은 한순간에 날아가버릴 수 있습니다. 콕 집어서 얘기할 수는 없지만 아무리 조사를 해봐도 포착할 수 없는 뭔가가 있는 겁니다. 지금까지 '경항공기 방식의 비행'은 시행

착오가 많았지만, 나로서는 그래도 그것이 실질적인 성과를 낼 수 있는 방향이라고 봅니다.

워싱턴을 떠나기에 앞서 산투스두몽은 미 재무부를 방문해 관세를 철회하고 7호를 돌려달라고 요구했다. 그가 내세운 논거는 비행선은 과학장비라는 것이었다. 재무부 관리들은 엔진 달린 기구가 미국 상공을 난 적이 없다는 이유를 들어 그 기계가 공상이 아니라 과학이라는 걸 어떻게 장담하느냐고 따졌다. 산투스두몽은 관리들이 뻔히 듣는 자리에서 에메를 돌아보며 비행선으로 에펠탑을 선회하는 것보다 미국 세관을 통과하는 일이 더 어려우니 이 무슨 아이러니냐고 푸념했다. 랭글리도 비행선을 내주도록 손을 쓸 방도가 없었다. 산투스두몽은 루스벨트 대통령을 만났을 때 부탁해볼 걸 그랬다는 생각이 들었다. 재무부는 관세는 630달러라고 알려줬다. 엄청난 액수였다.

재무부를 나선 후 산투스두몽은 세인트루이스에 잠시 들렀다. 만국박람회 주최측은 세인트루이스에서 시카고까지 비행하는 경주대회를 제안했다. 그는 박람회장을 둘러보고 나서 관계자들에게 두 도시를 동력 기구로 비행하기에는 거리가 너무 멀다는 사실을 잘 설명해줬다. 특히 그런 식의 경주는 관객들한테도 좋을 게 없다는 점을 강조했다. 관객이 서 있는 지점을 기준으로 할 때 비행선이 금세 시야에서 사라지기 때문이다. 그 대신 길이 8킬로미터의 삼각 코스를 제안했다. 알록달록한 기구를 지상에 계류한 채로 띄워 각각의 반환점으로 삼고 그 세 지점 사이를 비행선으로 날아가게 하자는 이야기였다.

동부로 돌아온 에디슨은 기자회견을 갖고 '산투스두몽의 작업은 전도유망하다'며 '그에게 미국 최초의 비행클럽을 조직할 것을 촉구하고 있다'고 밝혔다. "그런 시도에 관심을 가진 사람들이 많습니다."[25] 에디슨은 이렇게 말했다. "나도 참여하게 될 것입니다." 산투스두몽에게는 꼭 필요한 공개적인 지지였다. 시의도 적절했다.

4월 19일 유인 비행에 적대적인 대표적 인사인 켈빈 경이 증기선을 타고 뉴욕에 도착했다. 부두를 나서기도 전에 가졌던 첫 인터뷰에서 켈빈 경은 비행선이라는 발상을 신랄하게 공박했다. 산투스두몽의 입장에서는 난생처음 받아보는 격렬한 공격이라고 할 수 있었다.

뉴욕의 타블로이드 신문들은 "켈빈 경, '비행선은 아무짝에도 쓸모없다'고 밝혀"라는 자극적인 제목을 내걸고 무슨 극적인 드라마나 되는 듯 떠들어댔다. 과학계의 전설이 된 노인은 출렁이는 배를 타고 대서양을 건너느라 극도로 피곤한 상태였지만, 비행선은 사기라는 주장을 하기 위해 마지막 남은 힘까지 짜냈다.

> 당대 최고의 과학자인 켈빈 경이 어제 뉴욕항에 도착했다. 여든이 다 되어, 백발이 성성하고 허리는 굽었으며 기운이 없어 보였다. 런던에서 쿠나드선박회사가 운항하는 '캄파니아호'를 타고 건너온 그는 부인의 팔에 기대어 부두로 내려섰다. 그토록 강건했던 모습은 이제 지친 노인으로 변해 있었다. 얼굴도 매우 수척했다. 가슴까지 덮은 무성한 흰 수염 탓인지 예의 명민함도 흐려진 듯했다. 그러나 그 두 눈, 전기학 분야의 감춰진 비밀을 수없이 엿보던 그 눈만은 예전처럼 형형했다…… 부두에 들어선 그는 부축을 받으며 벤치에 앉았다. 몸이 푹 꺼져 들어가는 것이 기진맥진한 모습이었다. 그러나 산투스두몽의 비행선 이야기가 나오는 순간 금세 호기심이 발동했다. 마치 의식을 잃어가는 사람에게 각성제를 먹인 것 같았다. 자세도 꼿꼿해졌다. 기자를 올려다보는 그의 눈에는 궁금증이 가득했다.

"산투스 비행선이 어쨌다고?" 켈빈 경이 물었다. "아! 내 의견이 듣고 싶다고. 거야 뭐 쉽지. 실제로는 아무짝에도 쓸모가 없다고 생각해."
목소리가 처음에는 약하고 떨렸지만, 어조는 점점 높아졌다.
"산투스두몽의 비행선은 속임수야." 켈빈 경이 말을 이었다. "기구에
노를 붙이고 젓는다는 발상은 낡은 겁니다. 절대로 실용적인 쓸모가
없는 겁니다. 산투스두몽이 어떻게 그렇게 관심을 끌었는지 도무지
알 수가 없어. 그 사람의 구상은 쓸모가 없어, 쓸데없다고." 그러면서
켈빈 경은 고개를 저으며 두 손을 쳐들었다. 말도 안 된다는 뜻처럼
보였다…… "어떻게 그런 형태의 비행선으로 승객을 실어나른단 말
인가. 말하자면 승객들이 돈을 내고 탄다는 얘기인데, 그건 불가능한
일이오."[26]

두 주일이 지난 뒤 산투스두몽은 유럽으로 향했다. 출발 직전 켈빈 경
이 인터뷰를 했던 그 부두에서 기자들을 모아놓고 다음과 같이 말했다.
"내 비행선이 실용성 면에선 아무짝에도 쓸모가 없다고 한 켈빈 경의 말
씀은 별로 개의치 않습니다. 다들 알다시피 그분은 비행기 분야의 권위자
가 아니니까요. 저는 켈빈 경을 존경합니다. 하지만 그분이 전혀 모르는
주제에 의견을 피력하는 것은 듣고 싶지 않습니다. 그분의 언급과 정반대
되는 것이 토머스 에디슨의 말입니다. 에디슨은 내게 내가 비행선 문제를
해결했다고 말했습니다."[27] 그러고 나서 기자들에게 미국에서 비행을 하
지 못해 미안하다고 말했다. "그게 유일한 방법이라고 봅니다. 그래야 자
본가들이 자극을 받아서 비행기 건조에 나설 테니까요. 자동차도 그런 식
으로 만들어졌습니다. 파리에서 처음으로 한 대가 만들어져 소개됐지요.
그러고 나서 금세 개량이 진행됐고 새로운 발상이 이어졌습니다. 결국 오
늘날 우리가 보는 것과 같은 자동차를 갖게 되었고 지금 거리에 돌아다니
는 탈것을 보면 말이 끄는 것은 없지요."

그는 미국에서 많은 사람들이 환대해주어 기뻤다며 8월쯤 다시 올 수 있길 기대한다고 했다. 그러나 자유의 여신상을 선회하거나 브라이튼 비치 상공을 비행할 계획은 없다고 못 박았다. 그는 브루클린의 후원자들이 비행을 구경하려는 사람들에게 입장료를 받고 그 일부를 자신에게 주겠다는 제안을 거부한 터였다. "나는 순수한 아마추어입니다. 그런데 그분들이 제시한 조건대로 비행을 한다면 결국 돈벌이가 될 겁니다."[28] 런던에서 수리중인 산투스두몽 6호를 브루클린쾌속열차회사에 매각했다는 사실도 공개했다. "7호는 이 나라에 두고 갈 겁니다. 또 가능하다면 올 겨울에 워싱턴으로 가지고 가서 몇 차례 비행을 해볼까 합니다. 7호는 4인승입니다. 뉴욕에서 워싱턴까지 별 어려움 없이 시속 64킬로미터로 비행할 수 있을 겁니다. 그 정도는 시작에 불과하죠. 몇 년 안에 놀라운 일이 벌어질 겁니다. 미국인 여러분도 잘 지켜봐주시기 바랍니다."[29]

그는 시카고의 한 신사를 위해 비행선을 하나 더 건조중이라고 말했다. 그러나 그 사람의 이름은 밝히지 않았다. 그는 인터뷰 말미에 이렇게 말했다. "누가 비행선 건조 관련 비용으로 100만 달러만 낸다면 승객 200명을 태우고 이틀 안에 대서양을 횡단할 수 있는 비행선을 만들어 보이겠습니다."[30]

이런 얘기는 골수 지지자들조차 실현 불가능한 과장이라고 치부해버렸다. 그가 파리에 도착했을 때 한 기자가 부두에 나와 기다리고 있었다. "대서양 횡단 운운은 그냥 해본 소리죠?" 기자가 물었다.

"아니요, 진담입니다."[31] 산투스두몽은 이렇게 대꾸했다. "제 제안 가운데 불가능한 부분은 하나도 없습니다. 속도에 관해서는 이 점을 상기해주십시오. 내가 최근에 만든 비행선들은 대서양을 오가는 선박 '도이치란트호'보다 더 빠른 속도로 하늘을 날았습니다…… 기존 비행선 방식으로 만들 겁니다. 하지만 크기가 훨씬 커지지요. 그럼 뉴욕에서 파리까지 이틀

이면 갈 수 있는 속도가 나옵니다."

기자는 그런 구상을 성취하기 위해 정말 100만 달러나 필요하냐고 다그쳐 물었다.

"100만 달러가 꼭 필요하냐는 말씀이군요. 격납고 두 개를 짓는 데만 얼마나 들지 생각해보셨나요? 하나는 미국에, 하나는 여기에 있어야 하니까. 비행선을 두 곳에서 적절히 보관하려면 30만 달러는 듭니다. 부지가 있어야지요, 수소가스 발생장치도 있어야지요. 기구 비행은 상당히 돈이 많이 드는 일이라는 걸 잊으시면 안 됩니다. 비교적 작은 비행선 한 대를 격납하는 데만 2만 달러가 들었답니다."

"그 돈을 누가 대겠습니까?"

"항공술에 관심이 있는 자본가들이 있습니다. 미국에서도 꽤 돈 많은 신사들이 제 비행 실험에 관심이 대단하다는 사실을 알아냈어요. 보통은 하늘로 날아오른다는 데 겁을 냅니다. 하지만 남녀 불문하고 곧 달라진 환경에 익숙해져서 당장이라도 타보겠다고 할 겁니다. 몇 년 전만 해도 아무리 안전하다고 설득해도 여자를 차에 태우지 못했죠. 하지만 지금 보세요, 곳곳에서 마구 달리지 않습니까. 루스벨트 대통령 따님이 최근에 제 비행선을 타고 싶다고 하더군요. 농담이 아니라 진지한 제안이었습니다."

"그럼 정말 대서양 횡단 비행이 이루어질 거라고 믿으시나요?"

"틀림없이 될 겁니다."

"100만 달러가 들어오면요?"

"들어오면 될 겁니다. 바로 나설 태세를 갖추겠습니다."

"그런데요, 바다 위를 비행하다가 폭풍우에 휘말렸다고 가정을 해보죠. 증기선이라면 엄청난 위기에 빠진 셈인데……"

"증기선은 폭풍과 함께 가거나 폭풍보다 빨리 갈 수 없습니다. 그래서 위험한 거죠. 비행선은 그럴 수 있습니다. 기계장치를 모두 정지시키면 기구(가스주머니)는 폭풍과 함께 떠갑니다. 물론 '나쁜 상황'이지만 계속 떠갈 수는 있습니다. 아니면 더 높이 올라가 폭풍우 위로 올라타는 겁니다. 비행선이 대단히 크고 그에 맞는 동력만 갖춘다면, 어떤 사람한테는 불가능해 보이겠지만, 대서양 횡단은 충분히 성취할 수 있습니다."

"100만 달러로?"

"100만 달러로."

산투스두몽은 파리에서 며칠밖에 지내지 않았다. 하루빨리 런던으로 가서 엔지니어들의 6호 수리작업이 얼마나 진척됐는지 보고 싶었다. 영국 비행클럽은 크리스털팰리스의 폴로 경기장 옆에 기구 격납고를 지어줌으로써 기대에 부응했다. 이제 그런 호의를 런던 상공을 몇 차례 비행하는 것으로 갚아야 할 때였다. 최대한 빨리 마쳐야 할 과제였다. 그래야 비행선을 바로 코니아일랜드에 있는 새 주인들한테 배편으로 실어보낼 수 있기 때문이었다. 크리스털팰리스에 도착해서 보니 6호는 콘서트룸 천장에 매달려 있었다. 6호를 타고 에펠탑을 돌던 때의 흐뭇한 기억에 젖은 산투스두몽은 '금주 안으로 비행에 나서겠다'고 공언했다.

5월 27일 저녁, 일꾼 두 명이 기구에서 가스를 뺀 뒤 기구가 다치지 않도록 방수처리한 범포帆布를 씌우고 크리스털팰리스에 새로 지은 격납고로 옮겼다. 잠시 식사를 하는 시간을 빼놓고는 일꾼들은 개어놓은 기구에서 한시도 눈을 떼지 않았다. 심지어 잠도 기구 옆에서 잤다. 격납고 한쪽은 아직 건설중이었기 때문에 외부인이 드나들 수 있기는 했지만 이상한 낌새는 전혀 없었다. 다음날 산투스두몽은 기구 꺼내는 작업을 감독했다.

일꾼들이 기구를 격납고 중앙으로 옮기는 과정을 예의주시했다. 아직 범포에 싸인 채였다. 범포 모서리 부분들은 매듭을 지어놓은 터라 실크 가스주머니는 전혀 보이지 않았다. 인부들이 매듭을 풀고 보호막을 벗겼다. 그 순간, 뭔가 잘못됐음이 드러났다.

통풍 밸브 쪽 실크가 찢겨져 있었던 것이다. 인부들이 급히 가스주머니를 폈다. 3분의 1쯤 올라간 지점에 깊게 베인 구멍 두 개가 나 있었다. 처음에 산투스두몽은 아무런 말도 하지 않았다. 격납고 안을 천천히 거닐던 산투스두몽은 땅바닥을 발로 걷어차며 소리쳤다. "이런 악랄한 짓이 있나. 여기서 이런 일이 생길 줄은 정말 몰랐어. 파리에서가 걱정이었지. 칼로 찢은 거야."[32] 그는 어떤 "미친 놈"인지 몰라도 분명 악의를 품은 경쟁자가 저지른 짓이라고 말했다. "사람들은 우리 비행사를 보고 다들 미친 거라고 하지. 그래, 그러니까 이런 일까지 생긴 거야."[33]

경찰의 설명은 달랐다. 경찰은 실크 주름이 밸브 구멍에 걸리면서 손상이 생겼고 가스주머니 무게가 더해지면서 더 찢어진 것이라고 봤다. "그럴 리가 없어요."[34] 산투스두몽은 신문 인터뷰에서 이렇게 말했다. "우리 인부들은 가스주머니를 스무 번도 더 넘게 포장해봤습니다. 전에는 이런 일이 전혀 없었어요. 작은 구멍이 난 적은 가끔 있지만 이렇게 심각한 경우는 처음입니다. 이런 기구에 몸을 맡길 순 없지요. 지금 상태로는 수리도 불가능합니다. 모나코만에 떨어졌을 때도 반으로 깨끗이 찢어져 수리를 할 수 있었던 겁니다. 이 상태로는 불가능해요."

하지만 경찰은 산투스두몽의 주장을 받아들이지 않았다. 경찰은 영국의 저명한 비행사 스탠리 스펜서를 불러 파손 부위를 살펴보도록 했다. 그는 밸브 탓에 구멍이 났다는 경찰 의견에 동의했다. 그러면서 "여러 차례 비행한 수소가스를 재사용한데다 크리스털팰리스에 전시하는 동안 더운 실내 공기와 햇빛에 노출되어" 실크가 약해진 거라고 진단했다. "이런 사태의 발생은 놀라운 게 아니다. 기구 수명은 대개 한두 계절 정도다. 게다가 그동안 모나코 앞바다에 추락하는 등 온갖 일을 겪었으니 실크 조직이 아주 약해진 건 당연하다."[35]

산투스두몽은 스펜서의 설명이 말도 안 되는 소리라고 주장하면서 7월 4일 서둘러 파리로 떠났다. 손상을 입은 가스주머니는 런던에 그냥 놓아두었다. 이틀 더 일반 전시를 해야 했기 때문이다. 그는 언론 인터뷰에서 이렇게 말했다. "처음 손상 부위를 발견했을 때 누군가가 날카로운 도구로 한 짓이라는 걸 단박에 알았죠. 구멍이 연속적으로 나 있었으니까. 깊숙이 찌른 게 역력했습니다. 달리 생각할 수가 없어요. 누군가가 악의적으로 한 짓입니다."[36]

파리 비행클럽에 품은 서운함은 아직 풀리지 않았다. 그래서 관심을 뉴욕으로 돌렸다. 뉴욕은 전보다 사정이 좋아졌다. 미국 비행클럽이 창설됐고 산투스두몽에게 매우 호의적이었다. 창립 멤버 중에는 토머스 에디슨, 알렉산더 그레이엄 벨, 니콜라 테슬라 같은 저명한 발명가도 끼어 있었다. 미국 비행클럽은─여전히 산투스두몽이 코니아일랜드 상공을 비행해주길 기대하고 있던─브루클린쾌속열차회사의 후원을 받아 브라이튼 비치 극장 옆 널빤지를 간 산책로에 산투스두몽을 위한 초대형 기구 격납고를 만들고 있었다. 길이 53미터, 너비 38미터, 높이 18미터 규모였다. 수소가스 발생시설과 기계수리 작업장 말고 격납고에는 산투스두몽과 조수들이 숙식을 할 수 있는 방까지 만들었다. 런던에서의 불미스러운 일을 의식한 브루클린쾌속열차회사는 "사설 경비원 스무 명을 밤낮으로 배치해 못된 자들의 몹쓸 짓을 방지하겠다"고 약속했다.[37]

산투스두몽은 뉴욕 상황이 좋은 쪽으로 전개되는 데 만족해하면서도 상금을 내걸면 좋겠다고 요청했다. "나는 특별한 목적 없이 그냥 뉴욕 상공을 날고 싶진 않아요. 그저 하늘을 난다는 것만 보여주는 비행은 무의

미하니까. 분명한 과제가 있었으면 합니다. 뉴욕에서 일하는 우리 일꾼들은 비행선을 준비해둘 겁니다. 적절한 인센티브가 마련되면 다시 오겠습니다. 그렇게 된다면 당장 코니아일랜드로 갈 수 있겠지요."[38]

7월 12일, 산투스두몽이 유럽에 체류중일 때 6호의 잔해가 방수포에 싸인 상태로 궤짝에 담겨 브라이튼 비치에 도착했다. 프랑스에서 건너온 인부 다섯 명이 잔해를 꺼내어 재조립을 했다. 철도회사에서 나온 보안요원이 곁을 지키면서 외부인의 접근을 막았다. 미국 비행클럽 사무국장 조지 프랜시스 커는 산투스두몽의 전보를 받았다. "17일 출항 예정. 여기서 간 우리 인부들에게 필요한 건 없나요? 리츠 호텔에서 산투스 드림."[39] 커 사무국장은 인부들이 프랑스제 담배를 원한다고 답장했다. 7월 20일 가스주머니만 새것으로 갈았을 뿐 에펠탑을 선회한 기구와 사실상 동일한 비행선에 처음으로 가스를 주입했다. 커 사무국장은 비행선을 시청 관리들에게 선보였다. 가스주머니는 양끝이 뾰족한 시가 형태였고 길이는 35미터, 최대 직경이 5.8미터였다. 밸러스트로 쓸 모래주머니 쉰 개는 비행선 가장자리에 동일한 간격으로 매달았다. 관리들은 길이 20미터의 골조가 '정교한 솜씨'로 제작된 것을 보고 감탄을 금치 못했다.[40] "골조는 바짝 말린 삼나무만을 썼다. 부품은 깔끔하게 조립되어 연결 부위가 어디인지 알아볼 수 없을 정도였다."

이틀 후 산투스두몽이 증기선 '크론프린츠 빌헬름호'를 타고 뉴욕에 도착했다. 지인들은 그를 알아보지 못했다. 콧수염을 말끔히 깎고 팔찌 같은 장신구나 트레이드마크 같은 모자 따위를 일절 착용하지 않았기 때문이다. 그는 월도프 애스토리아 호텔에 여장을 풀고 커 사무국장과 점심을 했다. 커는 브라이튼 비치를 출발해 자유의 여신상을 한 바퀴 도는 데 성공하면 2만 5,000달러를 주겠다는 비행클럽의 제안을 전했다. 산투스두몽은 흡족한 표정이었다. 만만치 않은 액수인데다 에디슨과 벨이 세운 재단에서 상금을 대는 만큼 지명도를 높이는 데도 안성맞춤이었다.

그날 오후 브루클린에 있는 격납고를 찾아간 산투스두몽은 인부들과 인사를 나누고 담배를 전해준 뒤 비행선 점검에 나섰다. "기수가 말의 상태를 점검하거나 선장이 배의 이상 유무를 살피는 것 같았다…… 그는 가스주머니와 섬세한 골조를 연결해주는 가느다란 강철 와이어 다발을 잡아당겨 보았다. 그런 다음 비행선 한가운데에 탑재된 엔진이 튼튼한지 시험해봤다. 이어서 고리버들 곤돌라를 살펴봤다. 잡아당겨 보기도 하고, 밀어보기도 하고…… 얼마나 튼튼하게 골조에 붙어 있는지를 확인하려는 것이었다."[41]

산투스두몽은 비행선의 상태에 만족한 것 같았다. 하지만 비행 날짜를 못 박거나 비행클럽과 상금 관련 세부조건을 협상하는 대신 바로 로드아일랜드주 뉴포트로 향했다. 그곳에서 여름 한철을 보내는 뉴욕 상류사회 인사들과 어울리며 일주일 동안 각종 파티와 연회에 참석하기로 했기 때문이다. 뉴포트 카지노에 그 무렵 처음으로 전기등이 설치됐다. 빨갛고 하얗고 파란 전구 2,000개가 휘황찬란한 불빛을 뿜어내고 있었다. 그는 게임 코너에서 돈을 걸지는 않았다. 평소 도박은 흡연과 마찬가지로 부도덕한 일이라 생각했기 때문이다.

로드아일랜드의 기자들은 산투스두몽이 뉴포트 상공을 비행하지 않는다는 소식에 실망했다. 그래서 지상에서 벌어진 그의 일거수일투족을 대단한 사건인 것처럼 대서특필했다.

로드아일랜드 뉴포트, 목요일. 산투스두몽 씨는 하늘 나는 기계 조종뿐 아니라 말을 다루는 데도 일가견이 있는 듯하다. 오늘 아침 저명한 비행사는 W. 굴드 브로코 씨(철도 갑부의 손자로 유명한 카레이서)가 운전하는 차를 타고 벨뷰대로를 가다가 브로코 씨를 거들어 날뛰는 말을 제

10 · 비행선은 정말 무용지물인가

압한 것이다. 루이스 콜먼 홀 씨도 손을 보탰다.

신원을 알 수 없는 숙녀가 모는 말이 브로코 씨의 자동차를 보고 놀라 껑충 뛰어오르는 순간, 세 신사가…… 차에서 뛰쳐나와 고삐를 잡아챘다. 카우보이가 따로 없었다. 말을 진정시키는 데는 오래 걸리지 않았다. 말이 따르려 하지 않는 통에 잠시 숙녀가 위태로워 보였지만 다친 사람은 아무도 없었다. 주변은 다시 평온해졌다.

이날 아침 산투스두몽 씨는 카지노를 찾았다. 당연히 사람들의 관심이 쏠렸다. 그는 일리노이중앙철도회사 회장 스타이베선트 피시의 부인과 뉴욕 실업가 올리버 해리먼의 부인을 만났다. 일행은 십여 분동안 하늘을 나는 기계, 즉 산투스두몽 씨가 즐겨 쓰는 표현으로 하면 '비행선'에 관한 얘기로 시간 가는 줄 몰랐다. 그는 내일 뉴포트를 떠나지만 며칠 뒤 다시 돌아올 예정이다.[42]

한편 브루클린 격납고에서는 약간의 문제가 생겼다. "구경꾼 200명이 혼비백산했다."[43] 『뉴욕 헤럴드』는 당시 사고를 이렇게 보도했다. 산투스두몽의 인부들이 8월 10일 오후 프로펠러를 시험 가동중이었다. 프로펠러가 너무 세게 돌아가자 펜스 바로 뒤에 있던 몇몇 여성이 겁에 질려 "군중 사이를 뚫고 나가려 했다. 뒤쪽에 있는 사람들은 비행선을 더 자세히 보려고 앞으로 나오는 상황이었다. 결국 펜스가 갑자기 쾅 하고 무너지면서 커다란 프로펠러에 부딪혔다. 격납고 안은 순식간에 아수라장이 됐다. 프로펠러는 엄청난 속도로 돌아가고 있었다. 앞에 있던 사람들은 간신히 화를 면했다." 다행히 프로펠러 날 하나가 약간 손상을 입은 정도였고 비교적 쉽게 수리를 할 수 있는 상태였다.

다음날 사고는 더 심각했다. 인부들이 엔진을 가동하자 "폭음에 이어 심한 파열음 같은 게 났다…… 실크 가스주머니를 떠받치는 골조를 이루는 강철 밴드들이 휘어지고 부러진 것이다. 실크 주머니는 조각조각 찢어지고 말았다. 프로펠러도 비틀렸다."[44] 인부들은 무엇이 잘못된 것인지 알 수가 없었다. 하지만 바람을 막아주는 격납고 안에서 비행선이 망가졌다는 사실은 분명 좋은 징조가 아니었다.

산투스두몽은 이 사고 이야기를 듣고도 별 걱정하는 표정이 아니었다. 그는 어깨를 으쓱해 보인 뒤 비행클럽 관계자들에게 자유의 여신상 선회 비행을 이번주 안으로 할 거라고 말했다. 그러나 비행계획은 비밀로 해달라고 당부했다. 비행 당일 갑자기 날씨가 나빠져 비행을 취소하게 되면 사람들이 실망할 테니까. 8월 14일, 뉴욕의 친구들은 그가 브라질 대사와 낮시간을 보내고 있으리라 생각했다. 그러나 그 시각 산투스두몽은 조용히 증기선 '투렌호'를 타고 파리로 향했다. 보통 출항 전 공개되는 승객 명단에는 그의 이름이 없었다. 하지만 그는 333호 특등실에 앉아 있었다. "이제 다 싫습니다."[45] 그는 떠나면서 이렇게 말했다.

> 파리에 가 있을 겁니다. 세인트루이스만국박람회가 열리면 거기서 확실히 비행할 겁니다. 내가 브라이튼 비치에서 자유의 여신상이 있는 리버티섬 요새까지 비행을 하지 않고 떠난 것에 많은 미국인이 실망할 게 분명합니다. 하지만…… 포상을 하겠다고 날 설득해놓고 그걸 집행하는 데 이렇게 오래 미루적거리는데 이젠 정말 지쳤습니다. 리버티섬 비행을 하겠다는 의지는 확고해요. 다시 돌아올 때쯤이면 그렇게 할 수 있겠지요. 나는 부자가 아닙니다. 그런 시범비행을 하려면 관련 비용을 충당할 수 있다는 보장이 있어야 해요.

조지 프랜시스 커 사무국장은 산투스두몽이 떠났다는 소식을 듣고 처음에는 믿으려 하지 않았다. 상금은 이미 확보됐고 비행을 위한 준비는 거의 다 끝났다고 말하면서. "두몽 씨가 내게 수소가스를 주문해달라고 말한 게 바로 어제였습니다. 비행선에 주입할 가스요."[46] 커 국장은 말했다. "그리고 비행에 가장 열의를 보인 것도 그분이었습니다. 두몽 씨가 그동안 많은 비행을 하지 않았다면 이렇게 급히 떠난 것은 겁을 먹었기 때문이라고 설명할 수 있겠지요. 하지만 다들 아시다시피 그는 용감한 사람이고 수차례 시범비행으로 그 면모를 당당히 입증한 바 있습니다…… 물론 이제 우리가 할 수 있는 일이라곤 기다리는 일뿐입니다. 두몽 씨가 다시 돌아오든 아니면 유럽에 도착하든 좀더 명쾌한 해명이 있겠지요. 지금으로선 그분의 행동을 설명하기가 어렵네요."

만족스러운 설명은 나오지 않았다. 사실 그가 파리에서 한 얘기는 오히려 더 이상하고 듣기 거북스러웠다. 산투스두몽은 미국 비행클럽이 약속한 상금 2만 5,000달러를 조달하지 못했다고 주장하며 "내 평생 가장 실망스러운 일"이라고 했다.[47] 미국이 '항공교통이라는 낭만적인 과학'을 발전시키는 과정에서 대담하게 앞서나갈 것이란 희망을 접었다고, 특히 애당초 프랑스의 강점을 제대로 보지 못한 게 실수라고 자책했다.

프랑스는 그런 분야에 자신감 있게 뛰어들 수 있는 상상력과 확신을 지닌 유일한 나라인데 내가 잘 몰랐던 거죠. 영국과 미국에서 좀 지내봤지만, 앵글로색슨족은 그런 데 필요한 기질이 모자라요. 프랑스야말로 앞으로 문제가 풀릴 때까지 비행사가 창공과 싸우는 무대가 돼야 합니다. 뉴욕 사람들은 백만장자들이 비행을 좋은 취미로 생각해야 비로소 돈을 댈 겁니다. 시카고의 한 신사를 위해 비행선을 건조한다는 얘기는 결국 실없는 소리가 되고 말았죠. 비행 운운하는 미국의 태도는 죄다 허풍입니다. 시간만 허비했고 우습지도 않은 언론에 먹잇감만 돼준 셈이지요. 제 미국 여행의 결론은 결국 그런 것이었습니다.

    그해 여름, 포르투갈에서 살고 있던 산투스두몽의 어머니가 자살했다. 최근 십 년간 거의 만나지 못했던 어머니는 남편과 사별한 뒤 포르투갈로 이주해 딸들 집을 오가며 지내왔다. 왜 자살했는지는 알려지지 않았다. 자녀들이 자연사로 위장했기 때문이다. 마지막까지 가장 가까이 살았던 아들로서 산투스두몽은 어머니의 시신을 수습해 브라질에 묻혀 있는 아버지와 합장을 해야 했다.

11
세계 최초의 자가용 비행선
— 파리, 1903년

산투스두몽은 절친한 벗인 일러스트레이터 상에게 뉴욕에서는 겁이 났었다고 털어놓았다. 비행사로서의 꿈, 자동차만큼 안전한 자가용 비행기를 갖고 싶다는 꿈을 성취하기도 전에 사고를 당하면 어쩌나 하는 두려움이 있었던 것이다. 그는 평생 아무때나 기분 내키는 대로 비행을 할 수 있길 원했다. 친구네 집을 찾아가고 만찬을 즐기러 레스토랑에 가기도 하는…… 지금 그가 가지고 있는 비행선은 대단히 변덕스러운 장치였다. 어느 날에는 잘 올라가다가도 바로 이튿날 프로펠러가 갑자기 멎기도 한다. 1902년 말, 산투스두몽은 마침내 꿈에 그리던 9호 비행선 '발라되즈호'를 설계했다. 세인트루이스박람회 경기에 나갈 비행선 7호 건조작업도 계속 진행중이었다. (8호는 건너뛰었으므로 없다. 1901년 8월 8일 트로카데로 호텔 충돌사고 후 8이란 숫자가 불길하다 여겼기 때문이다.)

1902년 산투스두몽은 비행선용 격납고를 새로 마련했다. 비행클럽이 기구 공원에서 쫓아낸 뒤로 파리에 격납고가 없는 상태였다. 그러나 파리 시청 관리들과 몇 달간 협상한 끝에 파리 교외 불로뉴숲 인근 뇌이생잠에 자리를 잡을 수 있었다. 시청에서는 주변에 입주할 주민들에게 비행선이 지붕에 충돌하는 일은 없을 것이라는 확약을 해줬다. 뇌이생잠은 넓은 공터인데다 주변에 높은 돌담이 있었다. 그 덕분에 평소의 소망대로 외부인의 방해 없이 활동할 수 있었다. 지상에서 문제가 생겨도 인부들밖에 몰랐다. 돌담 덕분에 행인들이 잘못 들어섰다가 마구 회전하는 프로펠러 날에 다칠 염려도 없었다. 프로펠러 날은 단두대의 칼날이나 마찬가지였다. 새 비행시설은 1903년에야 완성이 됐다. 산투스두몽은 이를 '세계 최초의 비행선 정류장'이라고 불렀다. 이곳에는 기계수리 작업장과 수소가스 발생시설은 물론 산투스두몽과 조수들이 새벽 비행 직전까지 휴식을 취할 수 있는 숙소도 있었다. 격납고는 모두 일곱 개였다. 규모가 가장 큰 것은 길이 52미터, 너비 9.8미터, 높이 13.7미터였다. 산투스두몽이 뇌이생잠에 고용한 기술자와 인부는 열다섯 명이었다. 돌담 덕분에 프라이버시가 어느 정도 확보됐지만 호기심 많은 사람들은 간혹 담을 기어올라 프랑스에서 가장 유명한 비행사를 구경하곤 했다.

1903년 봄, 산투스두몽은 '세계에서 가장 작은 비행선' 발라되즈호를 타고 하늘을 날기 시작했다.[1] 발라되즈호(산투스두몽 9호)는 그의 기대에 어긋나지 않았다. 9호는 가스주머니 용량이 21만 8,000리터로 6호 용량의 3분의 1에 불과했다. 엔진으로 사용한 클레망 자동차엔진은 힘이 3마력에 불과했지만 엔진 무게가 11.8킬로그램으로 대단히 가벼워 작은 비행선을 가동하는 데는 충분했다. 그해 여름 산투스두몽은 발라되즈호를 타고 온갖 곳을 돌아다녔다. 쇼핑도 가고, 친구네 집에도 가고, 정기적으로 레스토랑과 클럽에도 들렀다. 클럽 같은 곳에 내리면 안내인에게 비행선을 기둥 같은 곳에 잘 묶어놓도록 맡겼다.

발라되즈호의 성공을 축하하기 위해 산투스두몽은 특유의 공중 만찬을 엘리제궁 호텔에서 개최했다. 뉴욕 사교계 명사인 미니 메솟의 전언에 따르면, 산투스두몽은 다른 손님들을 높이가 2미터가 넘는 식탁으로 안내했다고 한다. 테이블에 맞게 높인 의자에 이동식 계단을 딛고 올라가는 구조였다. 웨이터들은 장대 목발 같은 것을 신고 돌아다니며 일을 했다. 천장에는 비행선 미니어처가 걸려 있어서 손님들 머리 위에서 빙글빙글 돌았다. 식사가 끝나고 일행은 옆방으로 자리를 옮겨 1.6미터 높이의 의자에 앉아 같은 높이의 당구대에서 게임하는 이들을 구경했다. "참신하고 흥미만점의 만찬이었다." 메솟은 이렇게 말했다. "그날 저녁 산투스두몽이 해준 이야기에 따르면 공중 만찬 같은 특이한 행사는 항공술에 온 정신을 쏟은 결과였다. 그는 이제 정상적인 테이블에서 식사하는 것이 오히려 불편해서 매일 공중 테이블을 이용할 정도라고 했다."

또다른 인사는 이렇게 말했다.

산투스두몽은 발라되즈호를 통해 회의적인 세상 사람들에게 경항공기의 실용성을 입증해 보이고자 했다. 지상 20미터 높이에서—길이 40미터인 거대한 유도용 밧줄로 고도를 일정하게 유지하며—젊은 탐험가이자 과학자인 산투스두몽은 사람들과 거리 위를 둥둥 떠다니다가 이따금 가볍게 커피 한 잔을 마시기 위해 카페에 닻을 내려 착륙하곤 했다. 곤돌라 옆으로 몸을 숙여 밑에 지나가는 군중의 모습을 한참 구경하기도 했다. 유도용 밧줄은 나무나 마차 지붕에 걸리기도 하고, 말잔등을 스쳐 말을 놀래주기도 했다. 개들은 몸을 곧추세운 채 거리를 휩쓸고 지나가는 거대한 뱀 같은 형상의 비행선을 보고 컹컹 짖어대기도 했다. 그러나 아슬아슬하고 놀라운 장면들이 오히려 그

의 인기를 높여주었다.[2]

앙드레 파젤처럼 산투스두몽을 하루가 멀다 하고 마주친 사람들도 있었다.

카페테라스에 앉아 얼음을 넣은 오렌지에이드를 맛있게 먹는데, 불쑥 비행선 하나가 바로 내 앞으로 내려와서 깜짝 놀랐다. 가이드로프가 내가 앉은 의자 다리에 감겼다. 비행선은 바로 내 무릎 위에 떠 있었다. 산투스두몽 씨가 비행선에서 나왔다. 모든 군중이 우리 쪽으로 달려와 저 위대한 브라질 출신 비행사에게 환호를 보냈다. 사람들은 용기와 스포츠맨 정신을 좋아한다. 산투스두몽 씨는 내게 놀라게 해서 미안하다고 사과를 했다. 그러고 나서 음료 한 잔을 시켜 마시곤 다시 비행선에 올라 창공으로 유유히 사라졌다. 내 눈으로 직접 하늘을 나는 인간을 그렇게 가까이서 보다니 정말 행운이다.

그 이튿날에는 불로뉴숲에 갔다. 차를 몰고 포르트 도핀을 막 통과하려는 찰나에 하늘을 나는 사람이 도로에 내려앉았다. 경찰이 달려와 보행자, 말, 자동차, 자전거를 일제히 가로막아 세웠다. 몇 분간 멀리 개선문까지 교통이 한꺼번에 정지됐다. 달리던 말들이 콧김을 내뿜고, 시끄럽게 부릉거리던 자동차엔진이 순간 잠잠해졌다. 사람들은 영문을 몰라 주변을 두리번거렸다. 바람도 쐴 겸 샹젤리제로 아이들을 데리고 나온 보모들은 불안한 표정이었다. 무슨 일이지? 폭동이라도 났나? 영국 국왕이 프랑스로 돌아왔나? 아니었다. 산투스두몽 씨의 하늘 산책 탓에 벌어진 사태였다.[3]

1903년 6월 23일, 산투스두몽은 9호를 타고 처음으로 집 앞에 착륙해

보기로 결심했다. 경찰은 샹젤리제에 착륙하는 것을 막았다. 파리에서도 가장 유동인구가 많은 도로였기 때문이다. 그는 자기 때문에 교통체증이 야기되는 것은 원치 않았다. 그래서 해가 뜨기 전에 출발했다.

사람들의 산책에 방해가 되지 않는 시간대에 일을 치러야 한다는 걸 알고 있었으므로 일꾼들에게는 뇌이생잠의 비행선 정류장에서 일찍 잠을 자두라고 당부했다. 그래야 새벽에 일찍 9호를 띄울 준비를 할 수 있을 테니까. 나는 새벽 2시에 일어나 전기차를 타고 정류장에 도착했다. 아직 어둠이 짙었다. 인부들은 자고 있었다. 나는 돌담을 넘어가 인부들을 깨웠다. 처음으로 45도 각도로 벽을 넘어 이륙하는 데 성공했다. 센강 상공에 이르렀을 때도 아직 동이 트지 않았다. 왼쪽으로 방향을 틀어 불로뉴숲을 건넜다. 개활지를 찾아 이동해 가이드로프를 최대한 활용했다.

나무들이 있는 쪽으로 다가가는 순간 수풀을 훌쩍 뛰어넘었다. 신선한 새벽의 차가운 공기를 가르며 비행하다가 포르트 도핀에 도달했다. 불로뉴숲의 넓은 대로가 시작되는 지점이었다. 곧 개선문이다. 파리 유명 인사들이 타고 돌아다니는 마차나 자동차는 한 대도 눈에 띄지 않았다.

"가이드로프만 잘 조정하면 불로뉴숲 대로를 따라 금세 올라가겠군!" 나는 즐거운 마음에 혼잣말로 중얼거렸다.

이게 무슨 의미인지는 가이드로프는 길이가 딱 40미터이고 가이드로프가 가장 효과를 발휘하는 것은 그중 20미터가 땅바닥에 끌려갈 때라는 점을 떠올리면 쉽게 알 수 있을 것이다. 그런 식으로 나는 많은 가옥들 지붕보다 낮게 비행할 수 있었다……

가이드로프 조정만으로 개선문 밑을 통과할 수 있었다. 그럴 필요를 느꼈다면 그랬을 것이다. 그러나 개선문에서는 그냥 선회만 했다. 법 규정대로 오른쪽으로. 당연히 계속 직진해 샹젤리제 거리로 내려갈 생각이었다. 그런데 여기서 난관에 부딪혔다. 모든 도로가 한 지점으로 모이는 파리 거리는 비행선에서 보면 그 길이 그 길처럼 보인다. 말하자면 실제보다 훨씬 좁아 보이는 것이다. 나는 순간 깜짝 놀라고 당황했다. 개선문이 어디쯤인지 확인하려고 뒤를 돌아보고서야 우리 집이 있는 거리를 찾을 수 있었다.

불로뉴숲 대로와 마찬가지로 우리 집이 있는 거리도 텅 비어 있었다. 저 아래 마차가 딱 한 대 보였을 뿐이다. 가이드로프를 조정해 워싱턴가 모퉁이의 우리 집으로 향했다. 언젠가 작은 비행선들이 도로가 아닌 자기 집 옥상 정원에 착륙하고 하인들이 나와 가이드로프를 잡아주는 날이 분명히 올 거란 생각이 들었다. 그 정도가 되려면 옥상 정원은 널찍하고 다른 방해물이 없어야 할 것이다.

그렇게 우리 동네 길모퉁이에 이르자 선수를 약간 들어 아주 천천히 하강했다. 하인 둘이 가이드로프를 붙잡아 비행선을 안정시켰다. 나는 내 아파트로 올라가 커피를 한 잔 마셨다. 방 한쪽 구석의 둥근 퇴창 바깥으로 비행선이 보였다. 시청의 허락만 얻는다면 퇴창에 잇대어 멋진 착륙장을 짓는 것도 어렵지 않을 것이다!⁴

발라되즈호 비행에 성공한 산투스두몽은 다시 두 가지 최초의 기록을 세웠다. 첫번째 기록은 그해 6월 26일에 있었다. 불로뉴숲에 있는 어린이 공원에 착륙한 그에게 많은 청소년들이 달려와 자기도 비행선에 태워달라고 애원했다. 하지만 부모들은 허락하지 않았다. 그런데 일곱 살 난 소년 클라크슨 포터는 막무가내여서 부모가 지고 말았다. 산투스두몽은 소년의 몸무게를 어림짐작해 같이 타고 몇 미터 정도 떠다니는 것은 괜찮겠다고 생각했다. 그는 "소년은 틀림없이 비행선 선장이 될 것이다. 본인이 생각만 있다면"이라고 말했다.[5] 포터 군은 유인 비행의 꿈을 이룬 최초의 어린이가 됐다. 고도도 낮았고 비행시간도 아주 짧았지만 말이다.

두번째 최초의 기록은 아름다운 쿠바계 여성과 함께 세웠다. 열아홉 살의 아이다 데 아코스타는 뉴욕 명문가의 딸로 사교계에 막 첫발을 디딘 참이었다. 고등학교를 막 졸업한 아코스타는 동창생 몇 명과 함께 빛의 도시 파리로 구경을 왔다. 산투스두몽과 아코스타를 둘 다 아는 한 인사가 그녀를 비행선 격납고로 데려와 산투스두몽에게 소개했다. 사교계에 데뷔한 여성은 원래 얌전을 빼게 마련이지만 부모가 없는 상황이어서인지 "정말 한 번만이라도 비행선을 조종해보고 싶다"고 간청했다.[6]

"정말 비행선 탈 수 있겠어요? 안 무서워? 가이드로프 잡아주는 사람도 없는데." 산투스두몽이 아코스타에게 물었다. "아가씨, 용기가 아주 대단하군요."

"아니, 아닙니다." 아코스타가 대답했다. "태워달라는 게 아니고요. 저 혼자 타보고 싶어요. 자유롭게 비행하고 싶다고요, 아저씨처럼."

그는 아코스타의 단호함에 깊은 인상을 받았다. 미모는 말할 것도 없었다. 일단 세 차례 지상훈련을 시키고 공중 만찬을 한 번 했다. 산투스두몽은 날이 맑으면 아코스타 혼자 비행을 해도 되겠다 싶었다. 이후 아코스타는 2킬로미터 가까이를 혼자 비행하게 된다. 그녀의 비행을 수많은 파리 시민이 목격했다. 그러나 삼십 년 뒤 그녀가 직접 당시 상황에 대해 이야기하지 않았다면 그 사건은 까맣게 망각돼버리고 말았을 것이다. 아코스타가 1903년 발라되즈호를 몰고 착륙했을 때, 그녀는 하늘을 나는 기계를 조종한 최초의 여성이 되었지만, 소식을 듣고 깜짝 놀란 부모는 산투스두몽에게 딸의 이름이 언론에 보도되는 것을 막아달라고 간청했던 것이다. 당시만 해도 여자가 언론에 이름이 오르내리는 경우는 딱 두 가지라는 생각이 지배적이었다. 하나는 결혼할 때, 또하나는 죽었을 때. 부모의 간청이 있기 전에 이미 산투스두몽은 기자들에게 아코스타 이야기를 했던 터라 언론 보도를 막는 데 완전히 성공하지는 못했다. 산투스두몽은 회고록에서 아코스타의 역사적인 비행에 대해서는 몇 문장만을 할애했고 아코스타라는 이름도 직접 거명하지 않았다.

아코스타의 부모는 다시 비행 같은 걸 꿈꾼다면 유산을 물려주지 않겠다고 위협했다. 그후로 아코스타는 다시는 비행에 나서지 않았고 발라되즈호를 몬 일도 입 밖에 내지 않았다. 그러나 하늘을 나는 기계와 조종사에 대한 선망은 숨길 수 없었다. 후일 아코스타는 미국의 전설적인 비행사 찰스 린드버그(1927년 뉴욕-파리 간 대서양 무착륙 단독 비행에 처음 성공한 인물)와 친구가 됐고, 린드버그의 변호사 헨리 브레킨리지와 결혼했다. 명문가 출신인 브레킨리지는 우드로 윌슨 대통령 행정부에서 국무부 차관보로 일했고 대령으로 일차대전에도 참전했다. 1930년대 초, 아코스타와 브레킨리지 부부는 뉴욕의 아파트에서 젊은 해군장교 조지 캘넌 중위와 저녁을 하면서 담소를 나누고 있었다. 남자들 사이에 비행 이야기가 나왔다. 캘넌 중위는 해군 비행선을 맡아볼까 한다고 말했다. 중위는 브레킨리지 부인이 대화에서 소외될까봐 경항공기의 기본 원리를 설명하기 시작했다.

"저도 비행선 직접 몰아봤어요."[7] 아코스타가 중간에 끼어들면서 말했다. "정말 재미있지요." 남편이 중위보다 더 놀랐다. 아내한테서 그런 이야기는 한 번도 들은 적이 없었기 때문이다. 아코스타는 당시의 역사적인 비행을 '여고생의 장난'이라고 하면서 산투스두몽한테서 강습을 받았던 이야기를 해줬다.

산투스두몽은 커다란 방향타는 어떻게 조종하는지, 밸러스트는 어떻게 옮기고 내버리는지, 프로펠러는 어떤 식으로 작동하는지 시범을 보여주었어요. 저속, 보통, 고속 등 속도를 바꾸는 데 쓰는 기어가 세 개 있었어요. 레버 하나만 잡아당기면 원하는 속도를 낼 수 있었지요. 그 가슴 떨리는 날이 왔을 때도 나는 그분 말을 진심이라고 생각하지 않았어요. "아가씨는 오늘 불로뉴숲 상공을 날게 될 거야" 하더군요. 그런데 이륙 직전에 손수건으로 신호를 미리 가르쳐주었어요. 그러면서 내가 비행하는 동안 본인은 지상에 있을 거라고 하더군요. "내 신호를 잘 봐요." 산투스두몽이 설명을 해줬어요. "나는 자전거로 뒤를 따라갈 거예요. 내가 손수건을 왼쪽으로 흔들면 왼쪽으로 방향을 틀어. 손수건을 돌리면 프로펠러를 최고 속도로 높이고. 손수건을 내리면 살살 하강해요." 그러더니 근엄한 표정으로 가스밸브와 연결된 밧줄을 내 손목에 묶어주었어요. "너무 높아져서 무섭거든 이 밧줄을 당겨요. 그럼 가스주머니에서 가스가 방출돼 차츰 하강할 거야. 현기증이 나면 뭐에 쾅 부딪힌 것 같은 느낌이 들 테지만 그렇다고 해서 죽지는 않으니 걱정 말아요."

곧 준비가 다 됐어요. 인부들이 엔진을 돌려주더군요. 나는 조종간에 손을 얹었습니다. 조종간은 당시 자동차 운전대처럼 대단히 컸어요. 정면의 계기판을 응시하면서 격납고를 벗어나 하늘로 날아올랐습니다. 마드리 카페 상공을 통과했던 기억이 나네요. 작은 가솔린엔진은 아주 잘 돌아갔어요. 그런데 소음이 장난이 아니었지요.[8]

산투스두몽은 소녀들이 타는 자전거를 타고 비행선을 뒤따랐다. 소년용 자전거보다 소녀용을 더 좋아한 이유는 내릴 때 소매 없는 망토가 가운데 축에 걸리지 않기 때문이었다. "그는 비행선에 탄 나보다 더 열심히 페달을 밟았어요." 아코스타의 회고는 이렇게 이어졌다. "하지만 한 번도 도움이 필요한 적은 없었어요. 비행선은 조종이 잘 됐거든요. 고도를 일정하게 유지하면서 비행했지요." 그녀가 들판을 건너가면서 두 사람 사이의 간격이 벌어지고 말았다. 중간에 높다란 울타리가 있어서 자전거로는 넘어갈 수 없었기 때문이다. 잠시 산투스두몽의 모습이 보이지 않았지만 아코스타는 평정심을 유지하면서 파리 시내를 구경했다. 마침내 다시 멀리서 산투스두몽의 모습이 눈에 들어왔다. 손수건을 열심히 흔들고 있었다. 이제 착륙하라는 신호였다.

눈앞에는 포플러나무 몇 그루 너머로 불로뉴숲 북단 바가텔 공원의 폴로 경기장이 펼쳐져 있었다. 미국 팀과 영국 팀의 경기가 막 열릴 찰나였다. 환한 색상의 블레이저코트, 밀짚모자, 주름장식이 뚜렷한 기다란 가운, 파스텔 톤의 파라솔 등 하늘에서 내려다보는 군중의 모습은 화사했다. 착륙지점을 선택할 때 산투스두몽은 항상 라틴계 특유의 쇼맨십을 발휘했다고 아코스타는 말했다. 비로소 군중의 눈에 하늘을 나는 기계가 들어왔다. "산투스두몽이다! 산투스두몽!"[9] 비행선이 점점 다가오자 사람들이 소리쳤다. 그런데 비행선에 탄 인물은 산투스두몽과 달리 호리호리하지 않았다. 게다가 중산모가 아닌 챙이 넓은 모자를 쓰고 있었다. 어떤 사람이 "여자네!" 하고 소리치자 구경꾼들이 더 자세히 보려고 달려들었다. 당시 아코스타는 코르셋을 착용하고 있었다. 핑크색 장미꽃 장식을 한 커다란 검은색 모자는 챙이 너풀거렸다. 엔진이 굉음을 내자 폴로 경기장을 어슬렁거리던 말들이 도망치기 시작했다. 달아나는 말을 쫓아가는 사람은 아무도 없었다. 다들 공중에서 벌어지는 장관에 온 정신이 팔려 있었기 때문이다. 이 사건은 너무나도 보기 드문 것이어서, 아직까지도 비행선을 혼자 조종한 여성이 다시 기록에 등장한 적은 없다.

"밸브 밧줄을 당겨 수소가스를 빼고 하강을 시작할 때 그 사람들이 날 보던 표정을 절대 잊지 못할 겁니다. 하지만 이 끔찍한 곤돌라에서 어떻게 내리느냐 하는 게 제일 문제였죠. 산투스두몽은 50킬로그램밖에 안 됐지만 나는 59킬로그램이었거든요. 그는 곤돌라에서 비교적 자유롭게 다녔지만 나는 구석에 처박혀 꼼짝도 못했어요. 사실 인부들이 출발 전에 모래주머니 밸러스트를 좀 덜고 서치라이트도 빼서 선체를 가볍게 해줬어야 했는데……"[10] 곤돌라 공간이 부족해진 건 아코스타가 원래 선장보다 9킬로그램이 더 나가서 그런 것만은 아니다. 매혹적인 빅토리아식 의상도 공간을 많이 차지했다. 넓은 허리받이에 페티코트를 입고 층층주름 장식에 삼각형 숄까지 걸쳤으니, 깔끔한 스승도 비행사로는 어울리지 않는 특이한 복장으로 유명했지만 아코스타는 몇 술 더 떴던 것이다.[11]

"주름 많고 착 달라붙는 기다란 흑백 풀라드 스커트를 입은 채로 수많은 남정네들이 보는 앞에서 내릴 생각을 하니 난감했어요." 다시 아코스타의 회고다. "혼자 힘으로 나가보려고 아등바등했지요. 때마침 인부 여섯이 달려와 곤돌라를 옆으로 살짝 기울여주어 마침내 쉽게 나올 수 있었어요. 참 친절한 아저씨들이었어요."[12]

자전거에 탄 산투스두몽이 군중 사이를 헤치고 달려와 흐뭇한 표정으로 "세계 최초의 여성 비행사입니다"라고 외쳤다.[13] 아코스타는 산투스두몽의 도움을 받아 머리 매무새를 가다듬고 모자를 고쳐 쓴 다음 다시 곤돌라에 올랐다. 구경꾼들이 "미친 짓이야!"라며 만류했지만 그녀는 다시 이륙해서 뇌이생잠으로 돌아갔다.[14] 이번에는 착륙도 무난했다. 왕복비행에 성공을 한 것이다. 소요 시간은 한 시간 반이었다.

이후 산투스두몽과 아코스타 사이에는 연락이 없었다. 그런데도 산투스두몽은 파리 사무실 책상에 그 쿠바계 미국인 여성의 사진을 내내 올려두었다. 그래서 방문객들은 두 사람이 친밀한 사이일 거라고 오해했다. 브라질에서 나온 산투스두몽 전기들을 보면 두 사람이 연인관계였다는 식으로 묘사하곤 한다. 그러나 사실 아코스타는 산투스두몽과 단 둘만 있었던 적도 없다. 산투스두몽 사후에 이것저것 묻는 기자들에게 아코스타는 그에 관해 아는 게 거의 없다고 말했다. 딱 여섯 번 만났는데, 사람이 너무 수줍어 대화라고 할 게 없었다는 것이다. 그가 한 얘기라곤 9호 운항 관련 작동 요령이 다인데 그마저도 말을 더듬었다고 한다.

아코스타의 비행 소식에 모든 이가 환호한 것은 아니다. 『데일리 텔레그래프』의 기사다. "이 년 전부터 산투스두몽에게 비행선에 태워달라고 졸라대던 유명한 여자 희극배우는 질투심에 이를 갈고 있다."

7월 11일, 산투스두몽은 9호를 타고 가서 친구들과 함께 라 그랑 카스카드에서 점심을 먹었다. 공원에서 바스티유의 날 기념 군사 퍼레이드 계획을 짜던 일부 장성들은 레스토랑 앞 잔디밭에 묶어둔 계란 모양의 비행선을 보고 호기심이 발동했다. 그들은 디저트를 즐기고 있는 산투스두몽에게 다가가 퍼레이드 때 깜짝 비행쇼를 해주면 고맙겠다고 부탁했다. 그는 장담은 못하겠다고 대답했다. 9호 엔진은 3마력밖에 낼 수 없어서 바람이 조금만 불어도 비행이 불가능했기 때문이다. 장성들은 가급적 참석해주면 고맙겠다고 다시 한번 간곡히 부탁했다.

7월 14일 바스티유의 날, 하늘은 바람 한 점 없었다. 오전 8시 30분에 이륙한 산투스두몽은 지상 107미터 고도를 유지했다. 프랑스 대통령 에밀 루베가 롱샹 경마장에서 장병들의 열병식을 지켜보고 있는데, 갑자기 총성 몇 발이 울렸다. 암살기도라고 직감한 대통령은 황급히 몸을 수그렸다. 보안요원이 허둥지둥 달려와 대통령을 진정시키며 하늘을 가리켰다. 머리 위로 산투스두몽의 자그마한 모습이 보였다. 보안요원들은 리볼버 권총 공포탄 스물한 발을 예포처럼 쏘아댔다. 군 관계자들은 그 비행에 깊은 인상을 받고 나중에 찾아와 전쟁이 일어나면 프랑스 정부에 비행선을 빌려달라고 요청했다. 산투스두몽은 수락했다. 단 북미나 남미 국가와의 분쟁 때는 안 된다고 조건을 붙였다.

사실 산투스두몽은 롱샹 경마장 퍼레이드에 예정보다 약간 늦었다. 그

11 · 세계 최초의 자가용 비행선

251

는 비행시간을 재는 데 늘 어려움을 겪었다. 수많은 밧줄이며 조종간을 만지느라 바삐 두 손을 움직여야 해서 회중시계를 꺼낼 짬이 없었기 때문이다. 1901년에는 에펠탑을 돌고 나서 제한시간 30분 안에 도착한 건지 밑에 있는 구경꾼들에게 물어야 하는 진땀나는 경험도 했다. 이후 그는 친구들에게 비행사한테 적합한 시계를 누가 좀 만들어줘야 하는 것 아니냐고 불평 아닌 불평을 하곤 했다. 1903년에서 1904년 사이 루이 카르티에가 문제 해결에 나섰다. 반세기 전 그의 할아버지가 설립한 보석 및 시계 제조업체 '메종 카르티에'는 유럽 왕실에 제품을 납품하는 유명 업체였다. 루이 카르티에는 산투스두몽에게 사각형 프레임에 가죽밴드를 붙인 손목시계를 만들어 선물했다. 브라질에서 나온 산투스두몽 관련 자료에는 산투스두몽 본인이 손목시계 제조과정을 일일이 감독한 세계 최초의 손목시계라는 서술이 나온다. 하지만 그건 과장이다.

사실 손목시계의 기원은 1500년대 말로 거슬러간다. 당시 영국 여왕 엘리자베스 1세는 손목시계를 차고 자랑을 했다. 그러나 이후 삼백 년 동안 손목시계는 거의 제작되지 않았다. 19세기 말 프랑스에서 손목시계는 여자들만 차는 물건이었다. 게다가 시간을 측정하는 실용적인 물품이라기보다 가녀린 손목과 파리한 팔뚝을 과시하려는 장식품이었다. 실용적인 목적으로 손목시계를 처음 착용한 남성은 군인 장교들이었다. 장교들도 전투가 한창일 때는 회중시계를 꺼내볼 여유가 없었다. 보불전쟁 당시 독일군 사령관들은 특별 지급된 시계를 가죽끈으로 손목에 묶었고, 1899년 남아프리카와 싸운 보어전쟁 때 영국군 장교들도 마찬가지의 방법을 썼다. 산투스두몽이 손목시계를 착용한 최초의 민간인 남성이었을 가능성은 충분하다. 남자들의 손목시계 착용 유행을 불러일으킨 사람이 산투스두몽인 것도 분명하다. 그가 착용했던 여러 액세서리와 마찬가지로 손목시계도 파리의 멋쟁이들에게는 필수품이 됐다.

산투스두몽의 의상을 흉내내는 사람들 중에는 상이란 친구도 있다. 두 사람은 평생 독신이었는데, 1903년 몇 달간은 거의 붙어 다니다시피 했다. 두 사람은 똑같은 정장에 똑같이 목까지 올린 높은 칼라, 똑같은 모자를 착용했다. 두 사람은 샹젤리제도 불로뉴숲도 함께 산책했다. 선글라스를 쓰고 위장을 한다고 했지만 둘이 누군지 몰라보는 사람은 아무도 없었다. 산투스두몽과 상은 라 그랑 카스카드에서 점심을 같이하고 막심 레스토랑에서 저녁을 함께했다. 상은 산투스두몽의 작업장과 아파트에서 파리의 유명한 신문잡지로부터 의뢰받은 일러스트를 그렸다. 사람들은 두 남자가 연인 사이라고 쑤군거렸다. 과연 그랬다면 티가 나지 않도록 그나마 조심은 한 셈이다. 공식 모임이 있을 때면 산투스두몽은 늘 매력적인 여성을 대동하고 나타났기 때문이다. 산투스두몽이 조수와 그렇고 그런 사이라는 소문도 돌았다. 산투스두몽 말년에는 조카와 그런 관계라는 소문까지 있었다. 산투스두몽은 특이한 옷차림으로 관습 따위는 무시하는 스타일이었지만 일반인들은 유별남과 천재성을 동일시한다는 것을 잘 알고 있었다. 팬을 잃지 않을 자유분방함이 어디까지인지 잘 알고 있었다. 그는 사람들이 자신을 어떻게 생각하는지 늘 신경썼다. 따라서 동성애자임을 인정함으로써 명성을 떨어뜨리는 우를 범하지는 않았을 것이다.

파리 지식인들은 동성애를 용인했고 때론 탐닉하기도 했다. 그러나 대중은 마뜩찮게 생각했다. 게다가 브라질 사회는 노골적으로 적대감을 보였다. 브라질 신문들은 그의 세련된 외모는 거의 언급도 않을 만큼 아주 보수적이었다. 작품에서 동성애자의 삶을 묘사한 프랑스 소설가 마르셀 프루스트(1871~1922)조차 독자들이 자신을 동성애자로 오해하지 말기를 원했다. 처음 출간한 단편집 『즐거움과 나날』을 두고 한 평자가 저자가 동성애자라는 식으로 묘사하자 당시 스물다섯 살이던 프루스트는 말도 안 되는 소리라며 결투를 신청했다. (1897년 2월 뫼동에서 권총 결투가 벌어졌다. 프루스트는 사수로서는 젬병이었다. 다행히 상대인 장 로랭이 쏜 총알이 빗나갔으니 망정이지 안 그랬다면 우리는 걸작 『잃어버린 시간을 찾아서』를 읽을 수 없었을 것이다.) 남성 동성애자는 프랑스와 영국에서는 그런 대로 봐주는 편이었다. 다만 색깔을 드러내선 안 됐다. 19세기 후반에 활동한 유명한 아일랜드 작가 오스카 와일드의 재판은 동성애자임을 공공연히 드러냈을 때 인생이 어떻게 파탄날 수 있는지를 잘 보여준 사건이다.

산투스두몽과 (그보다 두 살 위였던) 프루스트가 서로 만난 적이 있는지는 확실치 않지만, 그 둘은 분명 같은 장소에 자주 갔을 것이다. 또 프루스트의 애정생활은 자동차나 비행기와 밀접한 관련이 있다. 1908년 프루스트는 (자신보다 열일곱 살 아래였던) 자가용 운전사 알프레드 아고스티넬리와 사랑에 빠져 "날아가는 대포알 같은 생활"을 했다.[15] 아고스티넬리가 모는 차를 타고 노르망디의 해변 소도시 카부르를 마음껏 질주하며 다녔다. 두 남자는 곧 헤어졌지만 1913년에 다시 만난다. 알거지가 된 아고스티넬리가 아내와 함께 프루스트의 집 현관에 나타난 것이다. 프루스트는 두 부부를 받아들이고 아고스티넬리는 비서로 고용했다. 프루스트는 아고스티넬리의 부인을 미워했다. 나중에는 서로 질투에 불타 언쟁을 벌일 정도로 사이가 나빠졌다. 아고스티넬리는 프루스트의 집을 떠나 비행을 시작했다. 결국 허사가 되고 말지만 프루스트는 그를 다시 붙잡을 요량으로 비행기를 사주기도 했다. 아고스티넬리는 '마르셀 스완'이라는 가명으로 비행학교에 등록을 했다. 프루스트가 『스완네 집 쪽으로』를 막 출간했을 때였다. 그런데 1914년 5월 비행을 하던 아고스티넬리는 몬테카를로 인근 앙티브 앞바다에 추락했다. 낮게 선회를 하다가 비행기 왼쪽 날개 끝이 바닷물에 빠져버린 것이다. 아고스티넬리는 헤엄을 못 쳤다. 그는 침몰해가는 비행기 동체에 올라서서 해안 쪽을 바라봤다. 고작해야 불과 200~300미터 거리인 해변에는 사람들이 몰려나와 애를 태우고 있었다.

구명보트가 사고지점에 도착했을 때는 이미 익사한 뒤였다. 『잃어버린 시간을 찾아서』에서 프루스트가 주인공의 연인 알베르틴의 모델로 삼은 인물이 아고스티넬리였다. 겉으로는 숨기고 있지만 레즈비언이며 교통사고로 사망한다는 점에서 알베르틴은 아고스티넬리와 닮았다. 『잃어버린 시간을 찾아서』는 프랑스에 첨단 발명품인 비행기에 대한 열풍을 불러일으킨 책이기도 하다. "불과 몇 시간 전에 봤을 때는 비행기들이 마치 날벌레 같았다. 푸른 저녁 하늘에 갈색 점을 곳곳에 찍어놓은 듯했다. 그런데 지금은 환히 불을 밝힌 채 까만 밤하늘을 날아가는 것이 마치 적함대로 돌진하는 불붙은 배들 같다…… 인간이 조종하는 저 유성流星들의 아름다움에 우리가 이토록 탄복하는 것은 그것들 때문에 저도 모르는 사이에 하늘을 우러러보게 됐기 때문일 것이다. 보통 때는 눈을 들어 하늘을 보는 경우가 거의 없으니 말이다."[16]

산투스두몽은 상 같은 남자 지인들과 같이 있을 때는 사교적이었다. 반면 여자들하고는 침묵으로 일관한다고 할 정도로 불편해했다. 어린 시절에는 그렇게 내성적이지 않았다. 당시 제일 많은 시간을 함께 보낸 친한 벗은 일곱 살 많은 누나 비르지니아와 두 살 위인 누나 소피아였다. 비르지니아는 산투스두몽에게 글자를 가르쳤고, 나이 차이가 제일 적은 소피아는 열 살 때 장티푸스로 세상을 떠났다. 그러나 청년이 된 뒤에는 달라져서, 조카딸과 종손녀들에게는 상냥하게 대했지만 연상인 여자 친척들하고 있을 때는 마냥 침묵을 지켰다. "도련님은 정말 이상했어요."[17] 큰형의 부인인 아말리아 두몽은 한 기자의 질문에 이렇게 답했다. "모임이 있을 때면 멀찍이 떨어진 자리에 앉아 있곤 했다니까요. 팔짱을 낀 채 고개를 숙이고 그냥 그렇게 몇 시간이고 앉아 있었습니다."

당시 파리 시민 중에서도 자동차를 소유한 사람은 그야말로 극소수였다. 산투스두몽은 그중 한 명이었으므로 차가 어떤지 타보고 싶어 안달이

난 여성들은 그에게 간청을 했다. 대개는 태워주었지만 한번은 그 일로 본의 아니게 남의 집안싸움에 휘말리는 일이 벌어졌다. 1903년 1월 16일 『뉴욕 헤럴드』는 '이혼소송에서 벌어진 산투스두몽 논란'이라는 제목으로 흥미로운 사건을 소개했다.

> 매사추세츠주 보스턴, 목요일. 산투스두몽의 이름이 L. E. P. 스미스 씨의 이혼소송 사건에서 뜨거운 감자로 떠올랐다. 생명보험회사 중역인 그는 세번째 아내에게 이혼을 요구하고 있다.
>
> 오늘 법정에서는 스미스 씨의 열세 살 난 아들이 출두해서 증언을 했다. 내용인즉, 계모가 파리의 한 카페에서 '비행선 아저씨'를 알게 됐으며 그와 함께 자동차를 탔다는 것이었다. 소년은 '비행선 아저씨'를 신문에 난 사진을 본 적이 있어서 기억한다고 했다.
>
> 소년과 계모는 당시 카페에서 저녁을 먹고 있었다. 마침 '비행선 아저씨'가 옆 탁자에 앉아 있다가 스미스 부인과 이야기를 나누게 됐다. 나중에는 그 아저씨가 차를 한번 타보라고 권했고, 부인은 그러겠다고 했다. 소년의 말에 따르면, 부인은 의붓아들을 집에 혼자 놓아두고 나갔고, 이튿날 아침 10시까지 들어오지 않았다고 한다.
>
> 오늘 오후 증인석에 오른 스미스 부인은 산투스두몽과 차를 같이 탔다는 것은 사실이 아니라고 부인했으며, 파리 체류 당시 어떤 남자와도 그런 적이 없다고 주장했다.[18]

이틀 뒤 『뉴욕 헤럴드』는 산투스두몽의 반응을 보도했다. "그 얘기는 일말의 진실도 담고 있지 않습니다…… 나는 그런 주장을 강력히 부인하는 바입니다. 내 차에 여성들을 태우고 운전한 적이 몇 번 있습니다. 하지만 그런 이야기가 나올 수 있는 상황은 전혀 없었습니다…… 전혀 말이 안 되는 소리입니다."[19]

산투스두몽은 파리에서 사교 모임이나 행사가 있을 때면 아리따운 아가씨들을 대동한 채 참석하곤 했다. 그는 수천 군중이 보는 앞에서 목숨을 걸고 비행을 할 만큼 대담한 인물이었지만 여자들과는 간단한 대화조차 제대로 하지 못했다. 숙녀들은 남자친구들에게 '그 사람은 항공술 얘기가 아니면 할 말이 없나 봐'라는 식으로 불만을 털어놓았다. 숙녀들이 공중 탁자의 높다란 의자에 앉는 것을 도와주거나 공식 모임 때 여자들에게 샴페인을 따라주는 모습을 보노라면 산투스두몽은 그야말로 신사였다. 그러나 저녁 모임이 파할 때는 안녕이라는 말이나 다시 보자는 인사치레나 키스 같은 것도 없이 그냥 훌쩍 떠나버렸다. 숙녀들에게 환영의 표시로 꽃을 선물하기도 했지만 뭐가 그리 쑥스러운지 인사말조차 제대로 하지 않았다. 상대방의 이름을 부르거나 안부를 묻는 법도 없었다. 그와 동행했던 일부 여성들은 처음에는 그런 내성적인 스타일에 매력을 느꼈으며, 그가 너무 수줍은 나머지 관심이 있다는 표현을 제대로 못하는 사람이라고 여겼다. 그러나 시간이 지나도 관계에 진척이 없자 여자들은 마음의 상처를 입고 그와 연을 끊었다. 일부는 친구들과 가족들에게 '곧 다른 사람과 결혼하게 될 것 같다'는 식의 이야기를 흘려서 그의 관심을 끌어보려고 했다. 그런 '소문'은 빨리 퍼지는 법이니까. 그런데 그의 귀에 소문이 들어가도 여자들이 의도한 결과는 나오지 않았다. 산투스두몽은 그런 여자와는 두 번 다시 말을 섞지 않았을 뿐이다.

타블로이드 신문들은 종종 산투스두몽이 이러저러한 사교계 숙녀와 약혼한다는 소식을 짧게 보도하곤 했다. 보도가 나가면 산투스두몽은 으레 아니라고 부인하며 화를 냈고 언론에 '제발 사생활은 쓰지 말아달라'고 호소했다. 사람들이 자신을 약혼을 앞둔 남자가 아닌 홀아비로 생각해주면 좋겠다는 묘한 반응을 보이기도 했다.

산투스두몽의 약혼녀로, 미국 샌디에이고 설탕 부호의 딸인 릴리 스프
레클스가 집중 조명을 받은 적도 있다. 그러나 여러 신문에 보도가 나간
지 며칠 뒤 둘은 약혼이 취소됐다고 밝혔다. 여자 쪽 부모가 산투스두몽
을 괴팍한 사람이라고 보기 때문이라는 것이 이유였다. 비슷하게 파리에
서도 파혼 보도가 나왔다. 상대는 역시 에드나 파워스라는 미국 여성이었
다. 1890년대에 산투스두몽과 친했던 아제노르 바르보자는 수십 년 뒤 한
기자에게 '산투스두몽이 평생 연애 같은 건 해보지 못했을지 몰라도 스프
레클스 양은 각별히 좋아했다'고 밝혔다. 그는 '두 사람의 로맨스가 실현
되지 못한 것은 억만장자인 그녀의 아버지가 비행은 미친 짓이고 가장의
직업으로는 너무 위험하다고 공공연히 떠드는 바람에 산투스두몽이 모욕
감을 느꼈기 때문일 것'이라고 추정했다.

조국 브라질에 들를 때마다 여성을 대하는 산투스두몽의 태도는 똑같
이 논란이 됐다. 한편에는 종손녀인 소피아 헬레나 도즈워스 윈덜리 같은
사람의 회고가 있다. "그분한테 각별한 여자친구는 없었어요. 브라질에
올 때마다 신문에서는 귀국 소식을 보도했지요. 유명한 분이었으니까요.
남자, 여자, 아이 할 것 없이 그분을 에워싸고 반가워했답니다. 그분은 아
주 정중하고 옷도 잘 입었죠. 여자들한테 특히 인기가 많았지요. 하지만
연인관계로 발전한 경우는 한 번도 없습니다. 여자랑 둘만 자리하는 법도
없었고. 늘 남자친구 분들하고 같이 만났어요."[20] 반면에 영국 대사를 지
냈고 바람둥이로 악명 높은 브라질 언론사주 아시스 샤토브리앙 같은 이
의 증언도 있다. 그는 자기가 찍어서 안 넘어가는 여자는 없다고 떠드는
인물이었다. 그런데 딱 한 사람, 젊은 희극 여배우만은 예외였다고 한다.
자신의 구애도 물리치고 청혼도 거부했다는 것이다. 그렇게 쓰린 가슴을
부여잡고 있던 차에 산투스두몽과 얘기를 나누다가 산투스두몽도 그 매
혹적인 여배우에게 청혼했지만 퇴짜를 맞았다고 털어놓았다는 것이다.

샤토브리앙은 "하늘의 정복자, 언론의 정복자를 다 퇴짜놨다면 문제는 그 여자 쪽"에 있다고 주장했다. 몇 년 후 문제의 여배우는 산투스두몽과 플라토닉한 사랑을 나누는 관계였을 뿐이라고, 산투스두몽이 난초 다발을 아낌없이 선사해준 건 고맙지만 좀더 다정다감하게 말을 많이 해주었다면 정말 좋았을 거라고 아쉬워했다.

1903년 9월 7일, 산투스두몽이 브라질로 귀환을 했다. 때마침 독립기념일이었기에, 그는 영웅 같은 환영을 받았다. 파리, 런던, 뉴욕에서 그랬던 것 못지않은 축하연이 잇따라 열렸다. 길을 갈 때마다 사람들이 달려와 손을 잡고 인사를 건넸다. 그러나 브라질 사람들은 그가 왜 브라질에서는 비행을 하지 않는지 의아해했다. 왜 파리에서 비행선도 같이 가져오지 않았을까? 동포들은 비행선을 가져와도 아무 준비 없이 당장 비행할 수 있는 게 아니라는 그의 설명을 납득하기 어려웠다. 격납고도 있어야 하고 수소가스 발생시설도 필요하다는 것을 이해하지 못한 것이다. 왜 비행시설을 상파울루나 리우가 아닌 파리에 두었는지도 의문시했다. 조카인 엔히크 두몽 빌라레스의 말에 따르면 산투스두몽은 "악의적으로 씹어대는 이야기에 깊은 상처를 입었다. 행동거지와 생활양식만 프랑스화된 게 아니라 실제로 프랑스 국적을 취득했다는 식의 소문이 떠돌았다."[21] 물론 그는 여전히 브라질 국적이었고, 파리에서 비행할 때도 비행선에 브라질 국기를 달아 자신이 브라질 사람임을 알렸다. 그는 스스로를 절반은 프랑스계, 절반은 포르투갈계로 생각했다. 그래서 성씨에도 등호를 붙여 '산투스-두몽'이라는 서명을 쓰기 시작했다. 양쪽 혈통과 유산이 똑같이 중요하다는 점을 공언하는 제스처였다. 그는 브라질에서 보인 홀대에 실망해서 불과 열엿새 만에 다시 유럽으로 돌아갔다.

그해 가을 산투스두몽은 비행을 잠시 중단했다. 그때까지의 체험을 기록으로 남기려고 그는 하루의 대부분을 책상 앞에 앉아 글을 썼다. 이따금 사교 모임에 참석하거나 막심 레스토랑이나 자신의 아파트 공중 탁자에서 저녁 식사를 할 때는 예외였다. 『나의 비행선』은 엄밀히 말해 비행사의 회고록이다. 각각의 비행에 대해서는 구체적이고 자세하게 기록한 반면, 나머지 일상생활에 대한 정보는 거의 없었다. 주로 어떤 친구를 만났는지, 그리고 지상에 있을 때는 뭘 했는지 등등의 얘기는 일절 없었다. 서른 살밖에 안 된 남자가 자서전을 쓴다는 건 흔한 일은 아니었다. 하지만 세상 사람들, 특히 브라질 동포들에게 이해받고 싶은 마음이 회고록 출간을 서두르게 했다. 이제 겨우 인생의 절반을 지났지만 그는 자가용 비행기라는 가장 중요한 목표를 이미 달성했다고 생각했다. 그는 9호를 타고 파리 곳곳을 누볐다. 비행선은 비바람이 없는 날에만 운항할 수 있었지만, 어쨌든 목표는 달성했다고 자부했다. 그리고 실제로 확실히 입증해보였다. 그거면 충분했다. 차세대 내연기관을 활용해 바람에 좌우되지 않는 비행선을 만드는 일은 이제 누가 맡아도 될 몫이었다. 1903년 산투스두몽은 파리 항공술 분야의 총아였고 독보적인 하늘의 지배자였다. 그러나 서서히 다른 경쟁자가 모습을 드러내고 있었다. 그 사실을 산투스두몽이나 세상 사람들이나 까맣게 모르고 있었다.

대서양 건너편 킬 데블 힐스 해변—미국 노스캐롤라이나주 키티 호크에서 남쪽으로 6.4킬로미터 떨어진 지점—에서는 오빌 라이트와 윌버 라이트 형제가 번갈아가며 세계 최초의 비행기에 몸을 싣고 모래언덕을 뛰어내리고 있었다. 형인 윌버 라이트가 더 멀리 날았다. 59초 동안 260미터를 비행한 것이다. 1903년 12월 17일에 세운 기록이었다. 잠재적인 경쟁자들을 따돌리기 위해 라이트 형제는 작업 일체를 비밀에 부친 채로 진행했다. 킬 데블 힐스를 시험비행 지점으로 택한 것도 바람이 비행에 적합한데다 외진 곳이었기 때문이다. 이들 형제는 최초의 동력 비행을 꿈꿨을 뿐만 아니라 제대로 된 성능의 비행기를 만들어 어느 나라든 군대에 팔아보고자 했다. 비밀주의는 효과가 있었다. 연안 경비대 발족 이전에 선박 난파 상황을 감시하던 키티 호크의 수상 구조대원 두세 명은 형제의 비행 광경을 봤으면서도 언론에 알리지 않았다. 라이트 형제는 최초의 동력 비행을 했고 이후 이 년간 오하이오에서 비행을 계속했지만 바깥에는 거의 알려지지 않았다. 형제가 오하이오에서 복엽 비행기인 '플라이어호'를 조종하는 광경을 처음 본 기자가 쓴 글도 양봉업 전문지 『글리닝스 인 비 컬처』에 실렸다. 더구나 기사는 키티 호크 시험비행이 있은 지 이 년도 더 지난 시점에 나온 것이다. 세상을 뒤흔들 발명품치고 이토록 이목을 끌지 않은 조용한 개발은 유례가 없다. 로스앨러모스에서 비밀리에 진행된 원자폭탄 개발도 그보다는 더 주목을 받았다.

오늘날 우리는 라이트 형제가 비행기를 발명했다는 사실을 당연시한다. 그러나 1900년대 초의 상황은 그리 간단치 않았다. 산투스두몽은 새뮤얼 랭글리에게 '상금을 타면 곧바로 중항공기 방식의 비행을 연구해보겠다'고 한 약속을 결국 지켰다. 1906년 복엽기 조종에 성공한 것이다. 키티 호크에서 라이트 형제가 동력 비행에 성공한 지 삼 년 뒤였다. 복엽기 조종에 성공하면서 산투스두몽은 프랑스를 비롯한 유럽에서 비행기 발명가로 극찬을 받았다. 반면 라이트 형제는 거의 주목을 받지 못했다. 비밀주의를 고수하는 바람에 공식 증인이 없었기 때문이기도 하지만, 미국 언론에서 비행과 관련한 신기록 주장을 별로 신뢰하지 않았기 때문이다. 그런 주장은 사실과 거리가 먼 경우가 많았다. 언론이 최고의 허풍선이로 지목한 인물은 다름아닌 랭글리였다.

1903년 12월 8일, 스미스소니언협회 사무총장인 예순아홉 살의 랭글리는 군에서 차출한 인부와 증인들을 대동하고 포토맥강의 널찍하면서도 외진 장소로 향했다. '그레이트 에어로드롬'의 비행을 보여주려는 것이었다. 인부들이 위로 향한 V모양 모양 날개 두 쌍을 단 무게 327킬로그램짜리 비행기 그레이트 에어로드롬을, 강 중간에 계류해놓은 선상가옥 위에 설치한 캐터펄트에 올려놓았다. 엔진은 랭글리의 조수인—기계 분야의 천재였던—찰스 맨리가 발저 가솔린엔진을 52마력으로 개조한 것을 사용했다. 열 시간 동안 가동할 수 있는 이 엔진은, 당시 속도가 느리고 한두 시간만 주행해도 과열로 가동이 불가능한 자동차엔진과 비교해보면, 대단한 작품이었다. 맨리는 자신이 만든 엔진에 자신감이 대단해서 그레이트 에어로드롬을 직접 조종하기로 했다.

실제로 맨리는 그 두 달 전인 10월 7일 비행에 나섰다. 그레이트 에어로드롬으로서는 최초의 비행이었다. 그러나 캐터펄트가 고장난 채로 엔진이 전속력으로 작동하다보니, 무게가 엄청난 비행기는 발사대 레일을 질주하다 강물로 처박히고 말았다. 맨리는 다행히 반쯤 잠긴 조종석을 탈출해 헤엄쳐 강변으로 나왔다. 비행기는 나중에 인양했다. 랭글리는 비행기 상태를 살피곤 기체 자체에 아무 결함이 없다고 단언했다. 캐터펄트만 문제라는 얘기였다. 조금만 손을 보면 되는 상황이었다. 랭글리와 맨리는 그레이트 에어로드롬이 날 수 있다고 확신했다.

언론은 별로 기대하지 않았다. 기자들은 랭글리에게 감정이 별로 좋지 않았다. 작업과정에서 늘 비밀주의를 추구했기 때문이다. 『워싱턴 포스트』는 '박격포탄 수준의' 비행이었다고 보도했다.[22] 『보스턴 헤럴드』는 스미스소니언협회 사무총장 랭글리가 만든 비행기는 매번 물에서 사고가 나니 이제 잠수함을 만드는 편이 낫겠다고 비아냥거렸다. 워싱턴에서 활동하는 저명한 언론인 겸 작가 앰브로즈 비어스는 랭글리가 문제를 캐터펄트 탓으로 돌리는 것을 보고 다음과 같이 비웃었다.

비행기를 만든 독창적인 인물이 하늘을 나는 모습을 보려고 많은 사람이 몰려들었다. 예정된 시각에 모든 준비가 끝났다. 비행사가 비행기에 올라 시동을 걸었다. 그런데 곧바로 비행기가 육중한 받침대를 뚫고 무너져내리면서 시야에서 사라졌다. 다행히 비행사는 물에서 나와 목숨을 건졌다. 그러자 랭글리가 말했다. "음, 이제 기본 구상이 옳다는 건 충분히 보여준 셈이군요." 그는 또 망가진 받침대를 보며 "결함은 아주 초보적인 것에 있습니다"라고 덧붙였다. 이처럼 뻔뻔스럽게 자신감에 찬 그의 모습을 보고 두번째 비행기 제작비를 대겠다고 나선 사람들도 있었다.[23]

윌버 라이트도 언론의 보도를 예의주시하고 있었다. "랭글리는 제멋대로 하다가 실패한 것이라고 봐."[24] 윌버는 친구에게 보낸 편지에서 이렇게 지적했다. "이제 우리가 나서야 할 차례야." 랭글리의 12월 비행 시도 전날에 쓴 이 편지에서 윌버는 "이제 랭글리는 다시 시작하기에는 너무 늦었어"라고 단언했다.

당시 랭글리는 라이트 형제가 며칠 후면 키티 호크에서 동력 비행에 성공하게 된다는 것을 알지 못했다. 형제가 글라이더 비행사로 유명하다는 것은 알고 있었지만 미국 국내외 항공술 전문가 대부분이 그랬듯 그들이 동력 비행에 얼마나 근접해 있는지는 몰랐다. 쌀쌀한 12월 8일 오후, 랭글리는 라이트 형제의 도전은 알지도 못한 채 사실상의 경쟁에 뛰어들었다. 10월의 대실패를 만회하려는 일념뿐이었다.

조종석에 앉은 사람은 맨리였다. 바람이 거세지는데다 어둠이 다가오고 있고 날씨도 대단히 추웠기 때문에 맨리는 초조한 마음에 바로 이륙을 시도했다. 오후 4시 45분, 랭글리가 신호를 보내자 그레이트 에어로드롬이 길이 18미터의 캐터펄트 트랙을 전속력으로 미끄러지면서 내달렸다. 투박한 비행기는 1~2미터쯤 날아오르는가 싶더니 갑자기 뒤집어지면서 포토맥강에 코를 처박았다. 맨리는 자칫 잘못하면 익사한다는 생각에 온 힘을 다해서 침몰하는 동체에서 빠져나왔다. 물에 빠진 옷이 얼어붙어 몸에 찰싹 달라붙었다. 현장에 입회해 있던 의사가 달려와 옷을 찢어서 벗겨주었다. 구사일생으로 목숨을 구한 맨리는 사람들이 있는 자리에서 마구 욕설을 쏟아냈다. 옆에는 유명한 인사들과 함께 욕설을 끔찍이 싫어하는 랭글리가 풀 죽은 모습으로 서 있었다.

랭글리와 맨리는 비행에 실패했지만 예전보다 더 큰 언론의 조명을 받았다. 『롤리 뉴스 앤드 옵서버』는 "랭글리의 꿈이 오리로 바뀌다"라는 제목의 기사를 내보냈다.[25] 부제는 '반으로 동강난 오리, 꽥 소리 한 번 지르지 못하고 얼어붙은 포토맥강에 처박히다'였다. 또다른 신문은 "랭글리 교수가 비행선 뒤쪽이 위로 가게 해서 발사만 했더라도 물속에 처박히는 대신 하늘로 날아올랐을 것"이라며 비아냥거렸다.[26] "랭글리 교수는 자기 작품에 대해 자신이 없는 게 분명하다. 그러니 비행 시도 때마다 제 목숨은 걸지 않는 것이다."[27] 『월밍턴 메신저』는 랭글리의 대리 비행 행태를 대놓고 비난했다. "남한테 비행을 시켜놓고 본인은 워싱턴 시내에 가 있든지 멀찍이 떨어진 안전한 곳에 앉아 있다."

그러나 랭글리를 격분케 한 것은 미국에서 가장 유명한 두 신문의 보도였다. 『뉴욕 타임스』와 『워싱턴 포스트』가 하원의회에 랭글리에게 배정된 정부 지원금을 끊으라고 촉구하고 나선 것이다. 『워싱턴 포스트』는 이렇게 썼다. "지금까지 우리는 랭글리의 흥미로운 비행 실험을 호의적으로 높이 평가해왔다. 큰 실패를 거듭할 때도 그랬고, 말도 안 되는 비밀주의에 대해서도 그랬다. 다양한 실험에는 큰 비용이 들어갔지만 대단한 볼거리를 제공해준 것도 사실이다. 그러나 이제 우리는 비행기라고 하는 것에 대해 진지하게 현실적인 평가를 내려야 할 때가 됐다고 본다. 정부는 이제 지원을 중단해야 한다. 그것은 재정적으로나 과학적으로나 재앙을 지속하는 일일 뿐이기 때문이다."[28]

  랭글리는 비행기 자체가 아니라 발사대 문제일 뿐이라고 계속 강변했다. "에어로드롬 자체나 엔진의 문제는 전혀 없다. 이제 곧 성공할 수 있을 것으로 믿는다."[29] 그러나 의회는 생각이 달랐다. 하원의원 조지프 로빈슨은 이렇게 말했다. "랭글리에게 전하시오. 그가 지금까지 날린 것은 비행기가 아니라 정부 지원금뿐이라고."[30] 하원의원 길버트 히치콕의 비난은 더욱 뼈아팠다. "15미터도 못 나는, 그 우습지도 않은 오리를 만드는 데 7만 3,000달러가 든다면 진짜 하늘을 나는 기계를 만드는 데는 대체 얼마가 든다는 것인가? 랭글리 교수는 박학다식한 사람이다. 멸종 동물과 박제된 조류에 대해 누구보다 많은 지식을 쌓았다. 하지만 왜 나라에서 비용을 들여 그를 현대판 더라이어스 그린(미국 작가 J. 트로브리지의 시 '더라이어스 그린과 플라잉머신'(1869)에 나오는 캐릭터)으로 만들어줘야 하는지 모르겠다. 그린은 인간도 새처럼 날 수 있다는 걸 보여주겠다며 뉴잉글랜드의 오두막 지붕에서 뛰어내렸다가 웃음거리가 된 소년이다. 랭글리는 지금 그 소년을 흉내내고 있다."[31] 얼마 후 랭글리는 대중의 시야에서 사라졌다. 건강도 급속히 나빠져 1906년 쓸쓸한 패자의 모습으로 세상을 떴다.

  그러나 랭글리가 항공술 분야에서 이룬 업적은 본인이 생각했던 것보다 컸다. 1899년 젊은 라이트 형제는 비행기 관련 연구를 하다가 무엇부터 읽어야 할지 몰라 당시 스미스소니언협회 사무총장인 랭글리에게 편지를 보낸 적이 있다. 볼 만한 참고도서 목록을 알려달라는 부탁이었다. 후일 라이트 형제는 당시 스미스소니언협회의 도움이 비행기 개발에 큰 영감을 주었다고 밝혔다. "신문을 보고 랭글리 교수의 부음을 들었습니다."[32] 윌버 라이트는 엔지니어인 옥타브 샤누트에게 보낸 편지에서 이렇게 썼다. "좌절감에 일찍 가신 게 분명합니다. 그토록 갈망하던 명예를 얻지 못하신 것이 참으로 유감입니다…… 위대한 과학자인 랭글리 교수도 비행기의 실현 가능성을 확신하고 계시는구나 하는 사실 하나에 의지해, 우리는 연구를 시작할 수 있었습니다." 이런 감사의 말을 하고 있을 당시 윌버는 동생이 곧 스미스소니언협회와 삼십 년간 계속될 지루한 법적 분쟁에 휘말릴 것이란 사실을 알지 못했다.

저명한 고생물학자로 랭글리의 뒤를 이어 스미스소니언협회 사무총장이 된 찰스 월컷은 라이트 형제가 만든 플라이어호를 박물관에 소장하려고 애를 썼다. 하지만 "인간을 운송할 수 있는 최초의 비행기"라는 설명을 다는 데는 동의하지 않았다.[33] 월컷은 그에 부합하는 것은 에어로드롬이라고 생각했다. 에어로드롬이야말로 비행에 적합한 기계였고 발사대만 아니었다면 제대로 비행을 했을 것이라는 전임 사무총장의 관점을 그대로 따른 것이다. 1914년 월컷이 에어로드롬 잔해를 글렌 커티스에게 빌려주자 오빌 라이트는 격분했다. (형 윌버는 이 년 전 장티푸스로 사망했다.) 라이트 형제에게 커티스는 자신들의 특허권을 침해한 파렴치한이었다. 커티스는 랭글리가 비행기의 진정한 발명자임을 입증함으로써 로열티 지불을 회피하려고 했다. 스미스소니언협회가 대주는 자금으로 커티스는 에어로드롬을 복구했다. 그러면서 디자인을 살짝 바꿔 날개 부위를 강화했으며, 물에 뜰 수 있도록 플로트를 추가했다. 1914년 5월 28일 커티스는 뉴욕주 해먼즈포트 인근 큐카 호수 상공을 날았다. 비행시간은 일 분이 채 안 된다. 특허 분쟁을 관할하는 판사는 이 사실을 파악하지도 못했지만, 랭글리 지지자들은 이 곡예 같은 비행에 관심을 보였다. 스미스소니언박물관은 에어로드롬을 다시 전시하면서 "지속적인 자유비행이 가능한 세계 최초의 유인 비행기"라는 설명을 달았다.

플라이어호가 에어로드롬보다 먼저 성공한 비행기임을 인정해주지 않는 스미스소니언협회에 불만을 품은 오빌 라이트는 플라이어호를 미국의 여러 기관에서 전시를 했다. 그러다가 1925년 영구전시를 위해 런던과학

박물관으로 보냈다. 이 박물관은 오빌이 원하는 제대로 된 설명을 달아주 겠다고 약속했다. "우리가 키티 호크에서 실험한 비행기를 외국 박물관으로 보내기로 한 것은 스미스소니언협회가 크게 오도하고 있는 잘못된 비행기의 역사를 바로잡을 수 있는 유일한 방법이기 때문이다."[34] 오빌은 이렇게 말했다. "이 비행기를 미국의 박물관에 전시했다면 국가적 자존심을 지킬 수 있었을 것이다. 그러나 이제 더이상 어쩔 도리가 없다. 스미스소니언협회는 잘못된 선전을 계속할 것이다. 외국 박물관에 비행기가 전시되면 사람들은 '이게 왜 여기 와 있지?' 하는 의문을 곱씹게 될 것이다." 1927년 월컷 사무총장 사망 후 스미스소니언협회는 보상 의사를 오빌 라이트에게 전했다. 그러나 신임 사무총장 찰스 애벗이 제안한 방안은 비행기의 역사 왜곡에 협회가 책임이 있다고 인정하는 수준에 이르지는 못했다. 그로부터 십오 년 뒤 이차대전이 한창일 때 애벗은 다시 오빌이 받아들일 수 있는 수준의 사과를 제안했다. 시점이 딱 좋았다. 당시 오빌은 병세가 깊어진 상태였다. 그가 유언장을 고쳐 작성하지 않고 세상을 떠버린다면 스미스소니언협회로서는 플라이어호를 입수할 기회를 영영 놓치게 될 터였다. 1948년, 전쟁도 끝나고 오빌이 세상을 떠난 지 일 년이 다 됐을 때 영국에 가 있던 플라이어호는 워싱턴으로 돌아왔다.

에어로드롬이 비행에 적합했느냐를 둘러싼 논쟁은 플라이어호가 반환되고 삼십 년이 지나서도 제대로 정리되지 않았었다. 그러다가 1982년 스미스소니언협회는 에어로드롬이 커티스가 추가한 '개량 조치들'이 없었더라도 비행이 가능했을지 판정하고자 항공우주국NASA에 도움을 요청했다. 엔지니어들은 내력시험을 함으로써 에어로드롬은 구조적으로 너무 약해 날았더라도 금세 부서졌으리라는 결론을 내렸다. 부러지거나 끊어졌을 것으로 예상되는 부분이 여덟 군데 이상 발견됐다. "예컨대 동체를 지탱하는 금속관 두 개는 비트는 힘을 견디지도 못했다." 스미스소니언협회 소속 엔지니어 하워드 울코의 설명이다. "날개 하중을 감당하는 빔도 원형으로 되어 있어 가장 취약한 형태라고 할 수 있다. 그렇게 이상한 구조로 된 것은 처음 봤다."³⁵ 랭글리 살아생전에 스미스소니언박물관이 이런 결론에 내지 않은 게 그나마 다행이라고 하겠다. 그는 비웃음을 받을 만큼 받았지만 자신이 만든 비행기가 하늘을 날 수 있다는—비록 잘못된 믿음이었지만—확신을 품고 죽었으니 말이다.

1903년 12월 초에 있었던 에어로드롬 비행 실패에 대한 언론의 비판은 랭글리의 자존심을 짓밟는 수준을 넘어 큰 영향을 미쳤다. 세계 굴지의 신문들에 실패를 비웃는 기사가 실림으로써 여론은 비행기가 하늘을 날 수 있다는 발상 자체를 부정적으로 보게 된 것이다. 실제로 랭글리가 치욕을 당한 지 일주일 만에 라이트 형제가 키티 호크에서 비행에 성공했다는 소식이 알려졌을 때 언론은 회의적이었다. 의회와 스미스소니언협회의 지원까지 받은 미국 과학계의 태두조차 참담한 실패를 맛봤는데 시골에서 자전거나 팔던 형제가 성공했다니 믿기가 힘들었던 것이다. 랭글리는 문제를 일으킨 캐터펄트에만 2만 달러를 쓴 반면 라이트 형제는 발사대 레일에 4달러밖에 쓰지 않았다. 그러나 기자들을 현장에 초대하지 않고 인터뷰도 하지 않은 것이 라이트 형제의 실책이었다.

키티 호크 비행 성공 사실을 처음 보도한 것은 『버지니아 파일럿』이었다. 노스캐롤라이나주 인근 노퍽에서 발행되는 이 일간지는 제보를 받고 기사를 썼다. 비행 후 라이트 형제는 키티 호크 아우터 뱅크스에서 오하이오주 데이턴에 있는 집으로 전보를 보냈는데, 이를 전하던 전신기사가 비행 성공 사실을 알게 됐고 몇 다리 건너 제보로 이어진 것이다. 1903년 12월 18일 『버지니아 파일럿』은 1면 제호 밑 전단을 가로지르는 대문짝만한 제목을 뽑았다. "노스캐롤라이나주 키티 호크 해변의 강풍과 파도가 몰아치는 모래언덕에서 하늘을 나는 기계가 4,800여 미터를 솟구치다."³⁶

오른쪽 아래로 큼지막하게 이어진 기사는 이랬다. "비행을 위해 공기주머니는 일절 달지 않았다. 삼 년 동안의 고되고 은밀한 작업 끝에 오하이오주 출신의 두 형제는 마침내 성공의 월계관을 썼다. 랭글리 교수조차 실패한 일을 해낸 것이다. 탑승자를 태운 거대한 기계가 새처럼 하늘을 날아올랐다. 조종은 완벽했다. 상자 모양의 연에다 프로펠러 두 개를 단 비행기였다." 이처럼 과장이 심한 기사(실제 비행기는 320미터도 못 날았다)가 AP 통신을 타고 곳곳으로 퍼져나갔다. 그러나 라이트 형제는 고향 데이턴에서 발행되는 신문에 실린 기사를 뒤늦게서야 보고 분통을 터트리지 않을 수 없었다. 『데이턴 데일리 뉴스』는 플라이어호를 비행선으로 잘못 알고 AP 통신 기사를 지역 소식란에 단신으로 처박았다. 제목은 '데이턴 출신 형제, 위대한 산투스두몽을 흉내내다'였다.[37]

중상과 비방
─ 세인트루이스만국박람회, 1904년

1904년 대부분의 미국 주류 언론은 비행기가 상업적 성공을 거둘 것이라고 내다보지 않았다. 세인트루이스만국박람회에서 비행경주대회가 시작되기 전날 『뉴욕 타임스』는 대회 참가선수들을 쇼맨이라고 칭하면서 이렇게 단언했다. "박람회 관람객들이 비행에 흥미를 보이는 주된 이유는 아마도 대회에 참가한 비행기 대부분이 이런저런 식으로 박살이 나고 조종사들이 추락하고 말리라 예상하기 때문일 것이다. 위험한 사고를 걱정하는 사람들조차 그런 사건이 일어난다면 꼭 보고 싶은 것이 속마음일 것이다."[1] 『뉴욕 타임스』는 또 사고를 굳이 보고 싶은 사람이라면 목을 빼고 하늘을 쳐다보고 있을 필요가 없다며 다음과 같이 주장했다. "무도한 도전이 얼마나 끔찍한 결과를 야기할 수 있는지 꼭 보고 싶은 사람들에게는 자동차로 충분하다. 자동차가 정말 안전한 기계로 발전하고 나면 엔진에 미친 극소수 인사들은 기구 비행으로 눈을 돌릴 것이다. 하지만 아직 멀었다. 자동차는 자기파괴의 다채로운 양상을 충분히 제공하고 있다. 이런 사태가 한참 더 벌어져야 쓸데없이 기계 가지고 장난치다가 목숨을 잃는 사태를 목격하고 싶은 욕심이 사라질 것이다."

세인트루이스는 비행경주대회를 하기에 좋은 장소였다. 충돌할 산도 침몰할 호수나 강도 없는 지형일 뿐 아니라 비행 전통도 나름 깊었기 때문이다. 세인트루이스는 19세기 미국 최고의 기구 비행사인 존 와이즈의 고향이었다.[2] 산투스두몽이 태어나기 육십여 년 전인 1808년에 태어난 와이즈도 어린 시절에 항공술에 매료됐다. 새끼 고양이들을 연에 태워 날려보고 박엽지로 만든 낙하산에 고양이를 태운 채 창문에서 떨어뜨리는 실험도 했다. 동물들은 죽지 않았지만 이웃들은 와이즈가 자기네 동물에게 다가오지 못하게 했다. 그는 몽골피에풍의 기구로 수차례 시험비행을 해봤지만 그리 성공적이지 못했다. 열네 살 때는 종이로 기구를 제작하고 밑에 붙인 소형 곤돌라에서 불을 지펴 날려보기도 했다. 기구는 100미터쯤 날아가다가 하강하더니 이웃집 초가지붕에 불을 내고 말았다. 사고가 줄을 잇자 와이즈는 결국 비행을 포기하고 말았다. 신학 공부, 가구 제작, 피아노 제작에 손을 댔다가 이십대 말 다시 직업 비행사가 되어 자신만의 기구를 만들기로 마음을 굳혔다. 그러나 후일 그의 고백을 들어보면 어려움이 한두 가지가 아니었던 모양이다. "나는 기구가 이륙하는 것을 직접 본 적이 없다. 기구를 제작하는 데 필요한 실질적인 지식도 전무했다…… 나는 그저 하늘로 날아올라서 더할 나위 없이 멋질 것이 분명한 풍경을 내려다보고 싶은 열망뿐이었다."[3]

와이즈가 기구 비행에 기여한 가장 중요한 부분은 '비상용 가스 배출구'였다. 기구 꼭대기에 붙인 솔기로 비상시에 가스를 방출해야 할 때 줄을 잡아당겨 열 수 있는 구멍을 낸 것이다. 비상시가 아닐 때 당김줄은 보통 착륙 때 당긴다. 착지에 앞서 기구 속 가스를 빼내면 지상에서 기구가 바람에 이리저리 떠밀려 다니지 않았다. 와이즈가 비상용 가스 배출구를 만들게 된 것은 순전히 우연이었다. 1838년 8월 11일 그가 탄 기구가 팽창된 수소가스의 압력을 견디지 못하고 지상 3,900여 미터 상공에서 터져버리고 말았다. 그런데 놀랍게도 기구는 즉시 곤두박질치지 않고 서서히 하강했다. 찢어진 가스주머니가 쭈그러져 내리면서 낙하산 같은 역할을 했다. 그는 두 달간 연구하고 작업한 끝에 사고 당시와 같은 양상을 인위적으로 조작할 수 있는 비상용 가스 배출구를 개발했다.

와이즈는 스포츠맨이었다. 산투스두몽처럼 기록 경신에 신경을 많이 썼다. 1859년 7월 와이즈는 '애틀랜틱호'를 타고 240번째 이륙을 했다. 당시로서는 세계에서 가장 큰 기구였다. 와이즈와 동료 셋은 세인트루이스를 출발하면서 바람을 타고 멀리 뉴욕이나 동부 연안의 다른 도시까지 비행할 수 있길 희망했다. 당시 이들이 기구에 실은 식료품을 산투스두몽이 보았다면 참 잘했다고 했을 것이다. "치킨, 우설牛舌, 장조림, 샌드위치 등 양이 꽤 많았다. 짙은 색깔의 목이 긴 병들도 많았다. 샴페인, 셰리주, 카토바 스파클링 와인, 클라레 와인, 마데이라 화이트와인, 브랜디, 포터 흑맥주 등등을 담은 병이었다."[4] 이렇게 술을 많이 실은 것을 보면 비행이 순조로워 보였을지 모르지만 자칫 사고라도 나는 날에는 목숨이 날아갈 일이었다. 첫날 자정 무렵 와이즈는 동료들에게 잘 자라는 인사를 하고 자리에 누웠다. 목처럼 잘록한 기구 부위 바로 밑에 머리를 뉘였다. 애틀랜틱호는 가스 용량이 33만 9,800리터였지만 고고도에서 가스가 팽창할 것에 대비해 수소가스를 절반만 주입한 상태였다. 와이즈가 자는 동안 기구는 꾸준히 고도를 높여갔다. 수소가스가 팽창해 기구를 압박하다가 결국은 터지기 일보 직전까지 왔다. 기구 목 부위에서 와이즈의 얼굴 쪽으로 가스가 거세게 쏟아져나왔다. 숨소리가 요란하고 불안정해졌다. 동료들은 깜짝 놀라 그를 흔들어 깨웠다. 조금만 늦었더라면 질식사를 하고 말았을 상황이었다. 하늘 위에서 산전수전 다 겪은 산투스두몽으로서도 겪어보지 못한 특이한 사건이었다.

남은 비행도 순탄치 않았다. 온타리오 호수 상공에서는 시속 160킬로미터의 강풍을 맞아 예정 코스에서 80킬로미터나 벗어났다. 간신히 기구를 다잡고 호숫가 숲에 착륙을 시도했지만 기구 속도가 여전히 너무 빨랐다. 닻을 던져 지상에 걸어보려 했지만 허사였다. 닻은 나무에 맞아 튕겨 나갔다가 다시 다른 나무에 맞아 뾰족한 끝부분들이 부러지고 말았다. 이제 어디 닻을 걸 곳도 없는 상황에서 공기주머니가 찢어졌다. 애틀랜틱호는 1.6킬로미터가량 그렇게 숲 우듬지를 세게 스치고 가다가 지상 6미터 높이의 나무 꼭대기에 걸려 간신히 멈췄다. 와이즈는 회중시계를 꺼내보더니 자랑스럽게 외쳤다. 열아홉 시간 사십 분이나 비행을 했다. 와이즈 일행은 세인트루이스에서 뉴욕주 헨더슨까지 1,330킬로미터를 주파함으로써 이후 사십일 년간 깨지지 않을 장거리 비행 기록을 세운 것이다. 이 기록은 1900년 10월 프랑스의 앙리 드 라 보 백작이 파리에서 러시아 코로스티체프까지 1,920킬로미터를 서른다섯 시간 사십오 분간 비행하는 데 성공함으로써 역사 속으로 사라진다.

와이즈는 일흔하나의 나이에 463번째 이륙에 나섰다. 1879년 9월 28일 작고 투박하게 생긴 '패스파인더호'를 타고 세인트루이스 상공으로 날아오른 것이다. 같이 탄 사람은 젊은 은행원 조지 버였다. 두 사람이 출발하기 전에 와이즈는 패스파인더호의 비행 능력에 의문을 표시하며 버에게 이렇게 경고했다고 한다. "한 사람만 갈 수 있다면 내가 가야겠지. 두 사람이 갈 수 있다면 자네도 될 거야. 하지만 난 자네는 남겨두고 싶어. 나야 살 만큼 살았으니 지금 죽어도 여한이 없어. 하지만 자네는 앞날이 창창하다고."[5] 이 말이 일종의 예언이 됐다. 두 사람은 돌아오지 못했다. 한

12

중상과 비방

달 후 부패한 남성 시체 한 구가 미시간 호수 남쪽 연안에 떠밀려왔다. 셔츠 소매에는 조지 버의 이니셜인 G. B.가 새겨져 있었다. 와이즈의 시신은 끝내 발견되지 않았다.

세인트루이스의 비행사 커뮤니티는 1904년의 이 비행경주대회를 비록 규모는 작지만 사반세기 전 미국 항공술을 이끈 이 위대한 인물에게 바치는 헌사로 간주했다. 1904년 1월 세인트루이스만국박람회 주최측은 여름에 있을 비행경주대회 상금을 총 15만 달러로 정하고 경기 규칙도 확정했다. 산투스두몽도 주최측에 환영의 뜻을 보냈다. 상금 10만 달러는 유인이냐 무인이냐, 조종이냐 비조종이냐, 경항공기 방식이냐 중항공기 방식이냐 등에 관계없이 삼각 코스 16킬로미터를 세 차례에 걸쳐 최단 시간에 비행한 사람이 차지하는 것으로 결정했다. 다만 비행 때마다 평균 속도가 시속 32킬로미터 이상이어야 하고, 9월 30일까지 비행을 마쳐야 했다. 기체의 참가 조건은 1.6킬로미터 이상을 왕복비행한 경력이 있는 기구, 비행선, 비행기로 정해졌다. 산투스두몽은 참가를 공언하고 경쟁자들이 꽤 많을 것이라 예견했다. "경기 규칙과 조건이 알려지면 적어도 비행선 150대는 참가할 거라고 봅니다."[6]

모두가 산투스두몽처럼 낙관적인 건 아니었다. 그해 3월 뉴욕에서 활약하던 유명한 비행사 리오 스티븐스는 과학 전문지 『사이언티픽 아메리칸』에 참가 의사가 없다는 서한을 띄웠다. "요구 속도가 너무 빨라요. 참가자는 잃을 것만 있고 얻을 건 전혀 없네요. 규칙에 따르면 시속이 최저 32킬로미터여야 합니다. 그건 불가능해요. 박람회 주최측만 이득 보는 거죠. 경기 규칙을 조금 바꿨으면 합니다. 이를테면 최고 기록을 낸 사람에게는 1등상, 그다음 기록을 낸 사람들에게 2등상과 3등상을 주는 식으로요. 그럼 얘기가 좀 달라지죠."[7]

산투스두몽은 1904년 새해의 첫 석 달을 뉴욕 월도프 애스토리아 호텔 스위트룸에서 보냈다. 그는 거실 샹들리에 밑에 세인트루이스로 가져올 비행선의 10분의 1 크기(약 4.6미터 길이) 미니어처를 매달아놓았다. 호텔 객실 담당자는 산투스두몽보다 머리 하나가 컸지만 방 청소를 할 때마다 고개를 숙이고 다녀야 했다.

한 방문객이 비행선 모형을 보고 감탄하며 산투스두몽에게 비행이 그렇게 즐거우냐고 물었다. "자동차광이 경주용 차를 몰 때 느끼는 것보다 훨씬 즐겁지요."[8] 산투스두몽은 이렇게 답했다. "물론 전속력으로 창공을 올라갈 때 짜릿합니다. 하지만 그게 다는 아니죠. 가장 큰 짜릿함은 길이가 50미터나 되는 기계를 자유자재로 몰고 창공을 누빌 수 있다는 겁니다. 그 쾌감은 말로 다 형용할 수 없어요." 산투스두몽은 웃으면서 자세를 곧추세우며 호리호리한 몸매를 보여주었다. "보시다시피 난 별로 크지도 않고 힘도 세지 않습니다. 하지만 내가 곤돌라에 서면 그 기계는 내 뜻에 복종하지 않을 수 없답니다. 내가 기계에 조종당하는 게 아니라 내가 기계를 지배한다는 말씀입니다. 비행이 환상적인 이유는 바로 그런 힘을 느낄 수 있기 때문입니다."

산투스두몽은 뉴욕에서 몇 차례 언론 인터뷰를 통해 세인트루이스만국박람회 주최측이 상금 10만 달러를 실제로 확보했는지에 의문을 제기하면서 상금을 공탁해놓지 않으면 참가 여부를 재고하겠다고 말했다. 주최측은 그의 참가가 대회의 명분을 더해줄 것이라 계산하고 있었다. 그런데 공개적으로 재정에 의문을 제기하고, 관련 문제를 직접 논의하자고 제안했는데도 그가 세인트루이스로 오지 않자 주최측은 격분했다. 세인트루이스만국박람회는 당시 세계 최대 규모였다. 워싱턴 연방정부와 기업들로부터 총 5,000만 달러를 지원받은 행사였다. 따라서 이미 확정한 비행대회에 의문을 제기한다는 건 있어서는 안 될 일이었다.

그런데 산투스두몽은 거기서 멈추지 않았다. 주최측에 전보를 보내어

대회 참가의 대가로 2만 달러를 요구했다. 산투스두몽 7호 건조와 선적, 엔지니어 세 명을 세인트루이스까지 데려오는 데 그 정도의 비용이 든다는 주장이었다. 특히 2만 달러 지급 사실은 비밀에 붙여야 한다고 요구했다. 주최측은 난감했다. 세계에서 가장 유명한 비행사를 꼭 참가시켜야 했지만 특정인을 우대할 순 없었다. 더구나 언론에 이상한 얘기를 떠드는 인물에게 호의를 베풀기 어려웠다. 변덕스러운 브라질 출신 비행사가 비밀 운운하다가 언제 또 언론에 떠들지 알 수 없잖은가.

박람회 주최측이 월도프 애스토리아 호텔로 특사를 보내자 산투스두몽은 한 발 물러섰다. 그는 호텔에 처박혀 프랑스 시를 읽으며 파리식 고급 요리를 룸서비스로 시켜 먹고 있었다. 심지어 호텔 요리부에 부하 일꾼들에게 지시하듯 강압적인 방식으로 부추 소스는 이렇게 만들라 저렇게 만들라 지시하기도 했다. 산투스두몽은 특사에게 뉴욕 생활이 너무 즐겁다며 이렇게 말했다. "살이 쪘다고 타박하는 사람들도 있더군요."[9] 그는 특사에게 박람회 주최측에 부탁을 하나 전해달라고 했다. 제한 속도를 32킬로미터에서 30.5킬로미터 미만으로 낮춰달라는 것이었다. 산투스두몽은 자기 비행선이 최고라고 떠벌렸지만 파리에서 실험을 해본 결과 그 속도로는 승리를 장담할 수 없다는 것을 알고 있었다.

주최측은 기꺼이 규칙을 바꿔주었다. 대회를 그럴듯하게 치르려면 달리 선택의 여지가 없었다. 비행 관련 행사에 참가 신청을 한 사람은 많았지만 그랑프리 도전에 필요한 참가비 250달러를 낸 사람은 여덟 명뿐이었다. 그중 두 명은 바로 포기했다. 대회 규칙을 잘못 알고 신청을 했기 때문이다. 게다가 남은 여섯 명의 참가 자격을 심판관들이 자세히 조사해본 결과, 기체는 1.6킬로미터 이상의 왕복비행을 한 경력이 있어야 한다는 참가 요건을 갖춘 경우는 산투스두몽 한 명뿐이었다.

3월 22일 산투스두몽은 호텔측에 미리 알리지도 않고 월도프 애스토리아를 떠나 프랑스로 돌아가 산투스두몽 7호의 건조 상황을 점검했다. 진척 상황이 마음에 들지 않았던 듯하다. 5월 16일 박람회 조직위원장에게 이런 전보를 보냈다. "60마력짜리 엔진은 불가능하게 됐음. 40마력 정도 가능. 비행선은 어제 시험비행 했음. 거리는 32킬로미터 정도. 속도 요건을 시속 24킬로미터로 낮추지 않으면 대회 참가 불가."[10] 한편 산투스두몽이 상금 10만 달러를 손쉽게 거머쥐는 상황을 못마땅해한 파리 비행클럽은 세인트루이스만국박람회 주최측에 그랑프리 하나에 상금을 몰아주지 말고 작은 상을 여러 개 주라는 식으로 압력을 가했다.

조직위 관계자들은 머리를 맞댔다. 지금까지는 산투스두몽만이 경기 참가자 중 유일하게 경력이 있는 비행사였다. 따라서 체면을 유지하는 선에서 다시 한번 속도 요건을 낮춰주더라도 그의 참여를 반드시 확보해야 했다. 파리 비행클럽의 요구를 고려해보기는 했지만 상금을 잘게 쪼갠다고 해서 유럽에서 더 많은 참가자가 올 것이라고는 생각하지 않았다. 열띤 논쟁을 거쳐 조직위에서는 상금 10만 달러는 시속 32킬로미터 이상을 유지한 최종 승자에게 지급하고, 이에는 못 미치지만 시속 29킬로미터를 넘겼을 경우에는 7만 5,000달러를 주기로 했다. 시속 24킬로미터를 넘긴 경우에는 5만 달러만 지급하는 것으로 결정을 했다. 산투스두몽은 이 규정에 만족한다는 입장을 밝혔다.

6월 12일 산투스두몽은 프랑스 르아브르에서 증기여객선 '사부아호'를 타고 뉴욕으로 향했다. 엔지니어 샤팽, 조수인 제롬과 앙드레도 동행했다. 화물칸에는 무게가 1.8톤 넘게 나가는 대형 궤짝 세 개가 실려 있었다. 그 안에는 부품별로 분해해놓은 산투스두몽 7호가 들어 있었다. 일행은 뉴욕에서 기차를 타고 세인트루이스에 도착했다. 6월 마지막 주였다. "이 비행선으로는 아직 본격적인 경주를 해본 적은 없습니다."[11] 『뉴욕 타임스』와의 인터뷰에서 산투스두몽은 이렇게 말했다. "파리에서 시험비행을 세 차례 해봤을 뿐입니다. 단거리였지요. 하지만 모든 게 아주 잘 돌아갔습니다. 이 비행선은 에펠탑을 돌 때 탔던 6호보다 훨씬 튼튼하고 강력합니다. 속도를 재본 적은 없지만 수상 요건을 충족시키리라 확신합니다." 여기서 그가 어떤 요건을 염두에 두었는지는 분명치 않다. 이런 언급을 하면서 다른 한편으론 조직위에 규칙을 재개정해달라는 압력을 넣었기 때문이다. 그는 애당초 자신이 제안한 삼각 코스를 면밀히 살피고 나서 직선 왕복 코스로 비행하는 게 낫다는 입장을 밝혔다. 조직위 관계자들은 경악했다. 그의 논리는 삼각 코스는 두 번 선회해야 해서 시간이 많이 드는 반면 왕복 코스는 한 번만 돌면 되므로 시간이 덜 든다는 거였다. 중간 기점을 한 번 돌고 곧장 출발점으로 되돌아오면 되기 때문이다. 이번에도 박람회 조직위는 그 요구를 수용했다. 그러자 산투스두몽은 (미국독립기념일을 기려 제정된) 7월4일상에 도전하겠다고 공표했다.

6월 27일 여러 세관원들이 지켜보는 가운데 산투스두몽과 인부들은 7호의 포장을 풀었다. 세관원들은 가스주머니 실크 주름 속에 수입 금지품을 밀반입하지 않았음을 확인했다. 산투스두몽은 비행선 부품을 점검한 뒤 모든 것이 이상 없다고 밝혔다. 파리에서 실크 두 겹을 접착해 만든 가스주머니는 안쪽에 두 차례, 바깥쪽에 다섯 차례, 모두 합쳐 일곱 차례의 니스칠 작업을 거쳤다. 공기가 투과되지 않게 하려는 조치였다. 여유를 두는 차원에서 산투스두몽은 세인트루이스 현지에서 여덟번째 칠 작업을 할 계획이었다. 일단 니스 기름기가 아직 남아 있는 실크를 건조시키는 게 급선무였다. 그래서 산투스두몽은 궤짝에 담긴 가스주머니를 뚜껑만 연 채로 밤새 놓아두었다. 박람회 조직위는 크리스털팰리스에서 벌어졌던 것과 같은 훼손 사건을 우려해 현지의 민병조직인 제퍼슨 민병대에게 격납고와 박람회 관련 건물 경비를 맡겼다. J. H. 피터슨이라는 민병대원이 자정까지 경비를 섰고, 루시언 질리엄이 교대를 했다. 질리엄은 이튿날 오전 7시 산투스두몽의 인부들이 나올 때까지 경비를 섰다. 그런데 인부 한 사람이 가스주머니가 네 군데나 베어져 있는 것을 발견했다. 베인 부분은 길이가 60~90센티미터 정도였다. 그런데 가스주머니가 여러 겹으로 겹쳐 있던 터라 손상 부위는 표면만이 아니라 안쪽 깊숙이까지 걸쳐져 있었다. 손상 부위는 모두 마흔여덟 곳이었다.

비행대회를 주관하는 항공술 전문가 칼 마이어스가 맨 먼저 격납고로 달려왔다. "내가 볼 때는 무딘 잭나이프로 자른 것 같네요."[12] 그는 언론의 질문에 이렇게 말했다. "다른 뜻이 있는 게 아니라 그저 나쁜 마음을 먹고 장난을 친 것 같습니다. 손상 부위를 수리할 수는 있겠지만 보름 정도는 걸릴 것 같네요. 어쩌면 더 길어질 수도 있고. 정확히 말씀드리긴 어렵습니다. 가스주머니를 궤짝에서 들어내 전부 펴봐야 알겠습니다."

해밀턴 호텔에서 이 소식을 듣고 충격을 받은 산투스두몽은 눈물까지 흘렸다. "이런 악랄한 짓을! 못된 놈들!" 그는 고함을 질렀다. "누가 그런 짓을 저질렀는지 정말 알 수가 없습니다. 내가 여기에 원수진 사람이 있는 것도 아닌데. 정신 나간 자의 소행이 분명합니다."[13]

당장 박람회 조직위와 산투스두몽의 설전이 벌어졌다. 조직위 관계자들은 산투스두몽에게 그러기에 궤짝 뚜껑을 열어놓지 말라고 사전에 경고하지 않았느냐고 주장했다. 산투스두몽은 조직위측이 비행선에 대한 경비를 소홀히 한 탓에 이런 일이 벌어졌다고 맞받았다. 문제의 경비대원 질리엄이 새벽 2시와 4시에 잠시 자리를 떴다는 사실을 인정했다는 것이었다. 경비대 본부로 잠시 커피를 마시러 간 것이었는데 격납고에서 본부까지는 90미터 이상 떨어져 있었다.

경비대원들은 '수상한 남자'가 며칠간 격납고 쪽을 수차례 왔다갔다하는 것을 보았다고 진술했다. 세인트루이스 경찰은 문제의 남자를 추적해 신병을 확보했다. 그러나 그는 그냥 정신병자 같은 인물에 불과했음이 밝혀졌다. 영원히 하늘로 날아오르면 세상 근심걱정을 다 잊을 수 있다는 망상을 가진 자였다. 산투스두몽은 그런 환상을 가졌다는 게 참 대단하다고 농담을 했다. '수상한 남자'는 자신이 격납고 주변을 어슬렁거린 것은 브라질 출신의 유명한 비행사를 만나 자기를 좀 태워달라고 부탁하기 위해서였다고 했다. 이 남자는 작은 잭나이프를 가지고 있었지만 그것만으론 범인이라는 증거가 되지 못했다. 1904년 당시 그런 칼을 가지고 다니는 사람은 많았기 때문이다. 폭력적인 성향이 있어 보이지도 않았다. 게다가 알리바이까지 있었다. 소지한 잭나이프의 검식 결과에서도 날에 니스 자국이나 실크 실밥 같은 게 묻어 있는 흔적은 전혀 없었다. 경찰은 남자를 방면했다. 조직위측은 진짜 범인 체포에 도움이 되는 결정적 제보를 한 이에게 현상금 1,000달러를 주겠다고 공표했다.

박람회 관계자들은 비행선을 현지에서 수리하기를 간절히 원했다. 그래야 대회가 한두 주 이상 지연되지 않기 때문이다. 그러나 산투스두몽은 생각이 달랐다. "비행선 가스주머니는 수많은 정사각형 실크 천으로 구성돼 있고 하나하나 제자리에 꼭 맞게 바느질해 접착제로 붙인 뒤에 니스 칠을 해서 완벽을 기한 것입니다."[14] 그는 언론 인터뷰에서 이렇게 설명했다. "남녀 서너 명이 몇 주를 작업해야 수리가 제대로 끝날 수 있어요. 그리고 반드시 프랑스 직공이어야 하고요." 그러려면 5,000~8,000달러가 추가로 소요된다는 얘기였다. 박람회에 관여한 다른 비행사들은 그가 "너무 격분해서 손상 정도를 과대평가하고 있다"고 입을 모았다.[15] 막힌 상황을 풀고자 마이어스가 자신이 비용을 대서 가스주머니를 수리해주겠다고 했다. 그러나 산투스두몽은 이 제안을 즉각 거부했다. "마이어스 교수가 가스주머니를 수리한다면 그 비행선을 그가 타고 올라갈 수는 있겠지만 나는 신뢰할 수 없습니다."[16]

상황이 악화된 것은 제퍼슨 민병대 대장 킹스버리 대령이 자체 공식 보고서를 내면서였다. 보고서는 우선 문제의 사건이 있던 날 밤 대원들의 일거수일투족을 상세히 서술한 다음, 잠시나마 근무지를 이탈한 질리엄은 해고했다면서 산투스두몽도 경비 실패에 책임이 있다고 주장했다. "박람회 주최측이 대규모 격납고 야간경비에 투입할 수 있는 경비대원은 한 명밖에 없다는 것을 다들 아는 상황이었습니다. 그런데 '자체 인부 한 명을 추가로 7호 옆에 배치하는 것이 좋겠다'는 주변의 당부를 산투스두몽이 무시한 거죠." 킹스버리 대령의 언론 인터뷰를 더 들어보자. "이 사안을 철저히 조사한 경호실의 월시 중위한테서 들은 얘기로는 해양 운송국 책임자인 허드슨 씨가 월시 중위한테 그랬답니다. '어제 수차례 두몽 씨에게 가스주머니에 경비대원을 추가로 배치하고, 상자에 덮개도 씌우는 것이 좋겠다고 말했다.' 그런데 두몽 씨가 그렇게 안 한 겁니다. 덮개도 일부 벗겨내 '가스주머니에 최대한 신선한 공기를 쏘여줘야 한다'고 했다는 겁니다. 공기가 그토록 중요하다면 튼튼한 망사 같은 걸 상자 위에 씌워도 되는 것 아닙니까. 덮개는 이미 반쯤 열어놓은 상태니까 말입니다."[17] 이어 킹스버리는 결정타를 날렸다. "두몽 씨의 조수 하나가 크고 튼튼한 칼을 가지고 다닌다고 합니다. 가스주머니는 여러 겹으로 돼 있고 두껍기 때문에 베려면 그 정도의 칼이 있어야 하지요."

충격적인 얘기였다. 산투스두몽이 자작극을 벌였다는 것이나 다름없는 말이었기 때문이다. 도이치상 수상 이후 처음 산투스두몽은 대서양 양안에서 신문 1면을 장식했다. 언론은 가스주머니가 베여 찢어진 사건이 세인트루이스와 런던만이 아니라 파리에서도 있었다는 사실까지 밝혀내며 의문을 제기했다. '어느 미친 말썽꾼이 산투스두몽을 가는 데마다 따라다니며 사고를 쳤다는 게 정말 가능한 일일까, 아니면 비행사 자신이 어떤 식으로든 사건과 관련이 돼 있는 것일까?'

이런 보도를 접하고 나서 몇 시간 뒤 산투스두몽은 프랑스로 떠나면서

미국의 여러 신문사에 보도 내용을 부인하는 장문의 편지를 보냈다. 편지
에는 분노가 가득했다.

어떻게 그런 생각을 할 수 있습니까? 내가 내 기구를 파괴했다니요.
내 사랑하는 신부이고 숭배하는 우상인데. 나는 지금까지 평생을 창
공 정복에 바쳐왔습니다. 그 과정에서 죽음의 고비를 숱하게 넘겼다
는 얘기는 여러분께 더 할 필요가 없을 겁니다. 트로카데로 호텔 지
붕에 떨어진 것도 보았고, 지중해에 추락한 것도 보았고, 파리에서
100번이나 위기를 넘긴 것도 보았을 테니까요.

그런데 요즘 여기서는 그런 소문이 돕니다. 내가 '수입을 모두 탕진
하고, 근근이 살아가면서도 도박을 계속하고 있다. 약간 재미를 보기
도 했지만 아직도 손을 떼지 못하고 있다.' 나는 파리에서 에펠탑을
정해진 시간 안에 선회하는 비행사에게 주는 도이치상을 탔습니다.
그리고 상금은 모두 자선사업에 기부했습니다.

신세계 미국에서는 사상 최대 규모의 박람회를 주최하는 쪽에서 주
어진 시간 안에 주어진 코스를 완주하는 비행사에게 어마어마한 상
금을 주겠다고 했습니다. 아마도 박람회 최고의 하이라이트가 될 행
사일 겁니다. 나는 엄청난 노력과 비용을 들여서 비행선을 건조했고,
그걸 세인트루이스까지 가져왔습니다. 제 엔지니어 세 명도 함께 왔
습니다. 나는 끊임없이 노력해서 유럽에서 인정을 받았습니다. 이제
는 신세계의 찬사를 받고 싶은 마음에 들떠 있습니다.

누가 그토록 발명 재주가 넘치는 국민들의 박수갈채를 받고 싶지 않
겠습니까? 더없이 에너지 넘치고 참신한 것에 대해 열린 마음으로 환
영해주는 국민의 박수갈채인데 말입니다. 유럽에서는 사정이 매우
달랐습니다. 이제 나는 내가 그동안 창공에서 성취한 일을 미국인들

눈앞에 보여줘야 합니다. 미국식 표현으로 '쇼'를 해야 하는 겁니다. 나는 이곳에 도착하자마자 비행 준비를 시작했습니다. 그런데 그날 밤 정체도 알 수 없는 악당이 내 실크 가스주머니를 파괴해버렸습니다. 내가 스스로 그런 짓을 했다는 게 말이 됩니까? 그런 비난은 그야말로 우습지도 않은 얘기입니다. 하지만 정말 화가 난다는 고백을 하지 않을 수 없습니다. 그런 바보 같은 짓을 내 쪽에다가 덮어씌우고 있으니 말입니다.

정말이지 친구 여러분, 이런 짓거리는 수없이 많이 겪어온 실패보다 훨씬 더 발명가이자 개척자인 나 같은 사람에게 정말로 맥이 빠지는 일입니다. 유럽과 남미에서 이런 얘기를 듣는다면 가가대소할 겁니다. 하지만 미국에서는 이와 같은 헛소문에 귀를 기울이실 분도 일부 있을 겁니다. 그리고 바로 그 점이 저를 슬프게 합니다. 무엇 때문에, 내가 세인트루이스에서 비행하기를 회피한다는 겁니까? 두려워서 그렇다고요? 나는 그동안 3,000회나 비행을 했고, 죽음을 제외하고는 온갖 시련을 겪었습니다. 하늘을 항해하는 사람에게는 그게 다반사니까요. 나는 오늘이라도 당장 이륙할 준비가 돼 있습니다. 도이치상을 타던 날도 그랬습니다.

실패가 두렵기 때문이라고요? 대체 그런 말로 나를 모략하는 이가 누구입니까? 예전에도 실패를 했습니다. 수도 없이 실패했지요. 그게 바로 선구자의 운명입니다. 항공술 분야에서 겪는 실패는 절대 수치가 아닙니다. 대회 규정이 그리 엄격한 것도 아닙니다. 아직 정확한 것은 알 수 없지만 말입니다.

말이 1킬로미터를 얼마나 빨리 달려야 대단한 것인지, 육상선수가 100미터를 얼마나 빨리 달려야 대단한 것인지는 누구나 알고 있습니다. 하지만 비행사의 경우에는 그 기준을 정해줄 수 사람이 아직 없습니다. 비행사의 운명은 그저 하늘에 달려 있을 뿐입니다.

내가 세인트루이스에서 도전을 회피할 이유가 전혀 없습니다. 전혀! 승리했을 경우 받을 상금도 엄청나고 비행시간 요건도 넉넉합니다. 상금을 타면 자선사업에 기부하겠지만 그런 건 다 잊고 승리의 영광만을 생각하고 있습니다. 그 영광은 기록으로 남아 대대로 전해질 겁니다. 항공술 역사에서는 빠지지 않고 언급될 테지요. 그리고 최후의 용감한 비행사는 세인트루이스만국박람회 비행대회 승자의 이름 석 자를 '창공의 콜럼버스'라고 지칭할 겁입니다.

솔직히 나는 영광을 좋아합니다. 명성을 갈망합니다. 그런데 내 평생 최고의 기회가 될 순간을 마다한다는 게 믿기십니까? 여러 나라 군 최고 관계자들이 기구를 전쟁에 사용하는 문제를 두고 내게 많은 자문을 구했습니다. 일본으로부터는 한국에 주둔하는 군대에 와서 기구부대 책임자를 맡아달라는 요청을 받았습니다. 지금 내가 가지고 있는 산투스두몽 7호를 가지고 나가 러시아군이 주둔하고 있는 중국 항구도시 뤼순旅順에 고폭탄을 투하해달라는 놀라운 제안을 받기도 했습니다.

몹시 마음이 동했지만 나는 친한 친구들 중에 러시아인이 많습니다. 그리고 일본인을 대단하게 평가하는 것만큼이나 코카서스인종의 유대감을 저버릴 수 없었습니다. 그래서 아시아인들을 돕지 않기로 했지요. 그랬다 해도 아무 효과가 없었을지 모릅니다. 전쟁의 신만 아는 일일 테니까요.

프랑스는 기구를 군사용으로 사용하자는 내 제안을 받아들여, 앞으로 혹시 전쟁이 나면 사용하게 될 겁니다. 여러분이 추진하는 세인트루이스만국박람회 조직위원장 프랜시스 선생은 신사입니다. 늘 공정한 처신을 보여주시는 분이지요. 그게 바로 대단한 외교관의 매력이기도 합니다. 그분은 아랫사람이 나에 대해 문제를 제기한 것에 분개하면서 사람을 보내 좀더 배려하겠다고 약속했습니다.

내가 이런 말을 하면 대단히 이기적이라고 화를 내겠지만, 다시 한번 상기시켜드리지 않을 수 없습니다. 근무지에서 자고 있었을 제퍼슨 민병대 대장이 누군데 나를 겁쟁이니 뭐니 하는 겁니까. 그 비열한 행동은 도대체 무슨 의도입니까.

심지어 은근히 이런 말까지 퍼뜨리고 있습니다. 내가 그토록 아끼는 샤팽과 제롬과 앙드레가 한 짓이라고. 이들은 사 년간 나와 고락을 같이한 사람들입니다. 이들은 지금까지도 그런 모욕에 분을 삼키지 못하고 있습니다. 하지만 자신들에게 중상과 비방의 화살을 돌리는 경비대원들보다 훨씬 신사입니다.

그들의 수입은 제퍼슨 민병대 경비대원 전체가 받는 급료보다 많습니다. 내가 도이치상을 수상했을 때 그들은 각자 1,000달러를 받았습니다. 그리고 내가 세인트루이스에서 승자가 되면 각자 5,000달러를 받게 된다는 것도 잘 알고 있습니다. 내가 승리하면 그들도 승리하는 겁니다.

내가 이권을 추구했다는 비난도 있더군요. 헛소리입니다. 나는 장사꾼이 아닙니다. 나도 상파울루에 커피농장을 몇 군데 소유하고 있습니다. 장사를 경멸하는 사람이 아닙니다. 그게 약점이기도 하지요. 하지만 일반 대중의 돈을 벗겨먹으려 하지는 않습니다.

얘기가 나왔으니 말이지, 전시회 담당 책임자 스키프 선생이 나한테 와서 그러더군요. 입장료를 받고 기구를 전시하는 데 동의해달라고 말입니다. 그분은 박람회에는 그런 돈줄이 필요하고, 그렇게 되면 박람회측이나 나나, 누이 좋고 매부 좋은 일이라고 했습니다. 나는 거부했습니다.

12 · 중상과 비방

285

나는 시골 축제 같은 데서 쇼를 하는 기구 비행사가 아닙니다. 여기 온 건 원대한 계획이 있어서입니다. 사소한 일에 내 에너지를 낭비할 시간이 없습니다. 이권을 추구하는 건 당신네 박람회측이지 내가 아닙니다. 이제 더이상의 말썽을 없애려면 문제를 정확히 인식하고 서로 확실히 약속을 해야 할 때라고 생각합니다.[18]

이처럼 장황한 산투스두몽의 반론은 자기 정당화와 과장과 소망이 뒤섞여 있음을 보여준 것이자 상금에 대한 복잡한 감정을 드러낸 것이기도 하다. 한편으로는 그는 상금 액수를 상당한 수준으로 높이기 위해 많은 노력을 기울였다. 새로운 도전에는 비용이 많이 든다는 이유에서였다. 그러나 다른 한편으로는 사람들에게 상금에는 관심 없다는 점을 거듭해서 강조했다. 다만 급료가 높은 조수들 때문에 필요하다는 식이었다. 산투스두몽에게 상금의 크기는 자존심의 척도였다. 그의 주된 관심사는 역사에서 자신이 어떤 위치를 차지하게 될 것인가 하는 데 있었다. 굴지의 항공 클럽들과 세계적인 규모의 박람회에서 자신이 세운 비행 신기록에 상금으로 보답을 해준다면 그것이야말로 대단한 업적을 이루었다는 증표가 될 것이다. 그러나 돈에 대한 그의 태도에는 모순적인 측면이 있었다. 그가 관객에게 입장료를 받는 서커스 공연자처럼 되는 것을 싫어한 것은 사실이다. 그러나 영국 크리스털팰리스 전시 행사 관계자들과는 비밀계약을 체결했다. 칼로 베인 그의 비행선을 전시하면서 티켓을 팔고 수입의 상당 부분을 그에게 넘기는 내용이었다. 난자당한 가스주머니는 손상 부위에 알록달록한 반창고를 붙여 단기간 전시했는데 인기가 높았다. 그걸 구경하려고 사람들이 몇 시간씩 줄을 섰다. 산투스두몽 7호를 전시하자는 스키프의 제안을 거부했다고는 하지만 실제로는 세인트루이스에서도 비슷한 식의 물밑거래를 시도했다. 그러나 박람회 조직위 관계자들이 반달리즘이라고 할 만한 악행으로 손상된 물품을 가지고 돈벌이를 하는 것은 도덕적으로 정당하지 않다고 판단해 거부한 것이다.

산투스두몽은 압박을 받으면 종종 사실관계를 비틀어 부인하곤 했다. 예를 들어 그가 커피농장으로 돈을 벌지 않게 된 것은 오래된 일이었다. 그리고 3,000회 비행을 했다는 주장도 과장이다. 또 가스주머니 파손에 본인이 연루돼 있다는 억측은 미국에 국한된 얘기라고 했지만 유럽에서도 그런 소문은 널리 퍼져 있었다. 이처럼 진실을 왜곡하려는 성향을 볼 때 역사가라면 그가 자기방어 차원에서 한 말을 무비판적으로 다 받아들여선 안 된다는 걸 알 수 있다. 일본이 자신의 비행선에 관심을 보였다는 얘기도 의심스럽다. 그전엔 그런 놀라운 사실에 관해 일언반구도 없었기 때문이다. 외국 군부가 그에게 접근해왔다는 풍문은 오래전부터 있었다. 제퍼슨 민병대가 놀라운 주장을 내놓지 않았다면 일본군 운운은 모두가 그냥 거짓말로 치부하고 넘어갔을 것이다.

애당초 산투스두몽이 가스주머니를 스스로 파손한 행위가 대회에서 우승하지 못할 경우 체면 손상을 막으려고 한 일이라고 했던 제퍼슨 민병대가 얼마 뒤에 훨씬 복잡한 속사정이 있다는 주장을 제기했다. 일본 정부가 산투스두몽에게 '세인트루이스 박람회 비행경주대회에서 승리해 7호의 성능을 입증한 뒤 7호와 다른 비행선 두 척을 일본군에 넘기면 100만 달러를 주겠노라'고 약속했고 이들 비행선은 러시아와의 전쟁에 투입할 예정이라고 했다. 제퍼슨 민병대는 또 '모스크바측 요원은 산투스두몽에게 일본과 거래를 포기하는 조건으로 20만 달러를 제안했다'고 주장했다. 일본으로부터 100만 달러를 받으려면 일단 대회에서 우승을 해야 하는데 산투스두몽은 그럴 자신이 없었기에 '현금 20만 달러라는 러시아측 제안에 응해 가스주머니를 찢었다'는 얘기였다.[19] 산투스두몽은 그런 악의적인 비난은 응대할 가치조차 없다고 잘라 말했다. 일본과 러시아 정부도이 문제에 대해 아무 언급이 없었다.

산투스두몽이 가스주머니를 파리에 가져가 수리하고 세인트루이스로 돌아왔다면 비판자들의 입을 다물게 만들 수 있었을 것이다. 하지만 그는 극소수 친구들에게 논란의 악소문을 만회하고 역사에 더 큰 업적을 이룬 인물로 기억되기 위해 훨씬 야심찬 계획을 추진중이라고 밝혔다. 세계 최초의 비행기를 건조할 거라는 얘기였다.

결국 세인트루이스 비행경주대회 그랑프리는 어느 누구에게도 주어지지 않았다. 총상금 15만 달러 중 주최측이 쓴 것은 1,000달러에 불과했다. 연 날리기 대회와 무대에 설치한 기구 전시에 들어간 비용이다. 승자가 없다는 것은 대회 규칙이 너무 엄격했고 산투스두몽이 비록 대회에 도전하지는 않았지만 가장 유력한 우승 후보였다는 것을 의미한다. 그의 비행선은 1.6킬로미터 왕복비행 경험이라고 하는 대회 참가 조건을 충족시킨 유일한 비행선이었다. 비행경주대회는 실패로 돌아갔지만 박람회는 전체적으로 성공이었다. 1,900만 명의 관람객이 다녀갔다. 많은 사람의 관심을 끈 것은 전기 휠체어였다. 전기 휠체어는 지금처럼 장애인을 위한 보조 장치가 아니라 일반인이 넓은 지역을 타고 돌아다닐 수 있게 한 발명품이었다. 박람회에 전시된 각종 신기술 제품은 큰 인기를 끌었다. 그러나 관람객들의 기억에 가장 남은 것은 아이스콘이었다. 산투스두몽도 마지못해 한번 맛을 보았다. 살짝 구운 팬케이크만큼 바삭하지는 않지만 맛이 좋다는 사실은 그도 인정하지 않을 수 없었다.

유럽 하늘을 난 최초의 비행기
── 파리, 1906년

산투스두몽은 파리로 돌아왔다. 새삼스럽게 파리에 대한 애정이 되살아났다. 파리 비행클럽이 그를 심히 홀대했지만 이제는 다 지난일이었다. 더구나 런던과 세인트루이스에서 겪었던 '칼질'에 비하면 그 정도의 불화는 아이들 장난 같은 것이라고 할 수 있었다. 그는 파리와 맺은 오랜 인연을 다음과 같이 회고했다.

젊은 시절 나는 파리에서 처음 기구 비행을 했다. 기구 제조 기술자와 엔진 제작자, 엔지니어 들을 만난 것도 파리였다. 기술에 대한 열정과 인내심으로 똘똘 뭉친 사람들이었다. 그 모든 최초의 실험을 한 것도 파리였다. 처음으로 제한시간 조건을 충족시키는 비행으로 도이치상을 탄 것도 파리였다. 나는 지금 경주용 비행선만이 아니라 소형 자가용 비행선도 가지고 있다. 이걸 타고 불로뉴숲 위를 날아다 니며 즐거움을 만끽한다. 한때 사람들이 나를 '항공 스포츠맨'이라고 놀려대곤 했는데 지금은 그것이야말로 내 최고의 기쁨이다!¹

파리는 가장 가까운 친구들이 있는 곳이기도 했다. 지인들 중에서도 산투스두몽의 아파트를 아무때고 마음대로 드나들 수 있는 유일한 사람은 상이었다. 산투스두몽과 함께하는 하인들과 일꾼들은 상을 식구처럼 대했다. 한번은 상이 그의 아파트에 들렀다가 책상에 웅크리고 앉아서 설계도를 그리고 있는 산투스두몽의 모습을 보았다. 11호가 될 하늘을 나는 기계를 구상하고 있었던 것이다. 이에 앞서 '10호'도 있었다. 열 명을 태울 수 있도록 설계한 비행선이지만 실제로는 두 명도 태운 적이 없다. 그런데 '11호' 설계도에는 가스주머니가 보이지 않았다. 생김새는 주날개가 하나인 단엽 비행기 같았다. 산투스두몽이 갑자기 설계도를 뒤집어 감추는 바람에, 상은 더 자세히 보지는 못했다. 또 한번은 상이 뇌이 작업장에 들렀는데 산투스두몽이 석궁을 쏘고 있었다. 화살들의 깃은 크기와 모양이 제각각인 보드지 날개로 교체된 상태였다. 산투스두몽은 자신이 무슨 일을 하고 있는지 말하려 하지 않았지만, 과학에 문외한인 친구가 보기에도 비행기를 만들 목적으로 날개의 공기역학을 연구중이라는 것을 단박에 알 수 있었다. 상은 샴페인 한 병을 가져왔다. 두 친구는 말 한마디 없이 건배만 하며 잔을 나누었다.

사실 산투스두몽은 항공역학 분야의 연구를 많이 하지는 않았다. 우리가 아는 바로는, 석궁을 쏜 것은 그날 하루 정도였다. 물론 호주의 발명가인 로런스 하그레이브가 부양력 연구를 위해 상자형 연을 날리는 실험을 했다는 기사를 접하고 나서는 며칠 동안 연을 날려보기도 했다. "나는 가만히 앉아서 추상적인 데이터를 가지고 심각하게 연구를 해본 적은 없다."[2] 산투스두몽의 말이다. "나는 직접 실험을 해보는 방식으로 발명을 했다. 그 과정에서 상식과 경험으로 확신을 얻었다." 산투스두몽은 실험실에서 하는 연구보다는 아무리 위험하더라도 새로 만든 기계를 타고 하늘을 직접 날아봐야 직성이 풀리는 유형이었다. 랭글리나 라이트 형제와는 정반대였다. 랭글리는 '회전 탁자'에 박제된 새나 적당한 날개 모양의 인공 구조물을 매달아 며칠씩 돌려본 뒤 비행기 모형 제작에 착수했다. 모형도 차츰 크기를 키워가는 식으로 만들었다. 최종 실물 비행기를 만들고 나서도 다른 사람을 태워 보냈다. 산투스두몽은 자원자가 많았지만 대타를 쓴다는 생각은 해본 적이 없었다. 그의 양심으로는 결과가 어떻게 될지 알 수 없는 일에 남의 목숨을 걸게 할 수는 없었다. 시험조차 해보지 않은 비행기를 처음 모는 스릴을 남에게 양보할 생각도 없었다. 라이트 형제도 다양한 실험을 했다. 글라이더 날개가 각종 자료에 나오는 만큼의 부양력을 내지 못할 경우에는 풍동을 만들어 제대로 된 날개 형태를 찾아내는 방식으로 기존 이론을 뒤집었다. 그들은 1,000회 가까운 글라이더 비행 실험을 하고 나서야 동력 비행을 시도했다.

산투스두몽은 글라이더 단계를 완전히 건너뛰었다. 가스주머니 형태에서 바로 비행기로 넘어간 것이다. 그러나 무모하지는 않았다. 직접 만든 비행기를 타고 이륙하기 전에 랭글리나 라이트 형제는 도저히 할 수 없는 방식으로 성능을 시험해보았다. 하늘을 나는 비행선 밑에 비행기를 매달고 안정성 테스트를 한 것이다. 그 광경이 많은 파리 시민의 눈길을 잡아 끌었다. 산투스두몽이 중항공기 비행에 관심이 있다는 사실이 비로소 알려졌다. 이러한 비밀스러운 비행기 개발은 이제껏 비행선을 공개된 장소에서 시험해 엄청난 주목을 끌었던 것과 극히 대조된다. 산투스두몽이 비행기 개발을 왜 비밀에 부쳤는지 직접 언급한 적은 없다. 하지만 다음과 같이 추정해볼 수 있다. 새로 만든 기계의 특허권을 확보하려고 하거나 무슨 이득을 취하려고 그런 것은 아니었을 것이다. 중항공기 비행은 초보였으므로 그 분야를 오랫동안 연구해온 사람들을 따라잡으려면 충분히 준비를 한 다음에 깜짝 공개를 하는 방식이어야 한다고 생각했을 것이다. 선구자로서 동력 기구 비행을 시도했을 때 산투스두몽은 다른 비행사들보다 훨씬 앞서 나가고 있었다. 예를 들어 에펠탑 선회 비행을 할 수 있는 사람은 산투스두몽 말고는 없었다. 따라서 모든 것을 공개해도 별 상관이 없었다. 하지만 이렇게 경쟁이 치열해진 상황에서는 중항공기 비행에 성공한 최초의 인물이 되기가 매우 어렵다는 것을 그도 알고 있었다. 특히 성공하지 못할 경우 '산투스두몽이 시도했지만 그 역시 실패했다'는 소리가 사람들 입에서 나오는 것도 원치 않았을 것이다.

　처음에는 비행기를 다루는 일이 기구를 다루는 것보다 훨씬 어려웠다. 상이 우연히 목격했던 '산투스두몽 11호'는 설계상 무인 단엽식 글라이더로 안정성이 확인된 바 없는 것이었다. 물에서 뜨고 내리는 기능을 하는 플로트를 장착했지만 쾌속정이 밧줄을 맨 채로 잡아끌어도 수면 위로 거의 날아오르지 못했다. 산투스두몽이 그린 스케치들을 보면 엔진 두 개를 장착해 이중 프로펠러형 비행기로 만들 계획이었음을 알 수 있다. 그러나 안정성 문제로 그 계획은 실현되지 못했다. 프로펠러 두 개를 장착한 헬리콥터형인 '산투스두몽 12호'도 성공하지 못했다. 충분히 가벼우면서도 강력한 헬리콥터용 엔진을 만드는 것은 1905년 당시의 기술 수준으로는 어림도 없었다. 실패를 못 견딘 산투스두몽은 잠시 첫사랑인 비행선으로 돌아갔다. 이때 디자인한 '산투스두몽 13호'는 "하늘을 나는 대형 요트"였다. 13호에 대한 기대감을 그는 프랑스 월간지 『주 세 투』와 나눈 인터뷰에서 이렇게 밝혔다. "이번 여름에 항공술 분야에 새로운 충격을 줄 예정이라고 말하면 어떻겠습니까? 저는 심지어 실험이 끝나기도 전에 하늘을 나는 요트를 타고 꼬박 일주일 동안 유럽 상공을 순항할 수 있을 것으로 기대합니다. 밤에 어디 기착할 필요도 없습니다. 그건 날아다니는 집과 마찬가지니까요."³ 13호가 동력을 유지할 수 있는 비결은 수소를 채운 가스주머니와 몽골피에 스타일의 히터를 결합시킨 형태였기 때문이다. 며칠씩 공중에 떠 있을 수 있는 이유는 수소가 새나갈 경우 가스버너로 발생시킨 뜨거운 공기로 대체할 수 있기 때문이었다. 어쨌든 이론적으로는 그랬다. 하지만 13호가 실제 비행을 했다면 불덩어리가 되고 말았으리라. 산투스두몽이 시험비행을 취소한 건 잘한 일이었다. 그 역시 수소가스 옆에 화염이 너울거리는 가스버너를 둔다는 것은 안심이 되지 않았다. 친구들도 그가 마음을 바꾼 것에 안도했다. 그러나 경쟁자들은 애당초 그런 위험한 발상을 했다는 사실 자체를 비웃었다.

1905년 8월 산투스두몽은 또다른 대형 비행선 '14호'를 완성하고, 파리에서 멀리 떨어진 영불해협 쪽의 여름 휴양지인 도빌 인근 트루빌 해변에서 시험비행에 나섰다. 수면 위를 거침없이 가로지르면서 산투스두몽은 소형 비행선을 조종할 때와 같은 편안함을 느꼈다. 14호 비행 소식이 파리로 전해지자 동료 비행사들은 고개를 가로저었다. 세상은 산투스두몽을 잊은 듯했다. 그는 땅딸막한 형태에 느릿하고 바람에 약한 비행선 시대에 머무는 반면, 다른 비행사들은 글라이더 성공에 자극받아 미래는 빠르고 날렵한 비행기에 있다고 확신했던 것이다.

그러나 파리의 비행사들이 앞다투어 고용하고 싶어할 만큼 재주가 많았던 스물다섯의 엔지니어 가브리엘 부아쟁(일차대전 때 군용기를 대량 생산했고 훗날 자동차 산업에 뛰어들어 큰 성공을 거둔 인물)은 산투스두몽이 도빌에서 비행에 성공했다는 이야기를 전해듣고 회심의 미소를 지었다. 부아쟁은 산투스두몽 팀 합류를 결심했다. 산투스두몽에게 결정적인 카드가 있다고 보았기 때문이다. 14호는 단순한 비행선이 아니라 중항공기 방식의 비행에 큰 역할을 할 수 있는 예인선 같은 것이었다.

1905년 말에서 1906년 초 겨울 부아쟁은 자신이 아는 비행기에 관한 모든 것을 산투스두몽에게 가르쳐주었다. 제대로 하늘을 난 글라이더, 곤두박질쳐 조종사가 죽고 만 글라이더 등 온갖 이야기도 모두 다 해주었다. 두 사람은 안전한 활공에 필요한 사항과 동력원을 공급하는 최상의 방법이 무엇인지에 관해서도 의견을 나누었다. 산투스두몽과 부아쟁은 뇌이에서 투박한 모양의 비행기를 은밀히 제작하기 시작했다.

이번에도 동력원으로는 자동차엔진을, 부양력 강화를 위해서는 기다란 복엽기 날개를 사용했다. 날개는 소나무 각목과 피아노선을 얼기설기 엮어 붙인 상자형 연으로 구성됐다. 첫 안정성 시험을 위해 산투스두몽과 부아쟁은 비행기를 도르래 밧줄에 매달고 당나귀에게 끌게 했다. 경쟁관계에 있는 다른 개발자들의 비행기는 모양은 확실히 멋있어 보이지만 성능이 나을 것 같지는 않았다. 프랑스 엔지니어 루이 블레리오가 만든 글라이더는 당나귀가 아니라 모터보트로 끌었는데 결국은 보기 좋게 센강에 추락하고 말았다. 랭글리의 비행기가 포토맥강에 추락한 것과 마찬가지였다. 한편 영불해협 건너편 런던에서는 저명한 기상학자이자 아마추어 비행사인 퍼시 필처가 시험용 비행기의 꼬리 부분이 부러지면서 땅으로 추락해 사망했다. 당시 런던의 『더 타임스』는 "인위적인 비행 시도는, 어떤 것이든 목숨을 잃을 만큼 위험할 뿐더러 기술적 관점에서도 실패할 수밖에 없다"고 진단했다.[4]

1906년 7월 19일 산투스두몽과 부아쟁은 당나귀 대신 비행선 14호로 비행기를 끌었다. 14호를 일종의 예인선으로 활용한 것이다. 이렇게 이상해 보이는 실험을 통해 산투스두몽은 상자형 연 모양의 비행기가 안정적임을 확신했다. 한 달 후인 8월 23일 그는 처음으로 비행선 없이 시험비행에 나섰다. 비행기 이름은 '카토르즈 비스호'(프랑스어로 quatorze는 '14'를, bis는 '중복'을 뜻한다)라고 붙였다. 이 비행기는 상자형 연 하나를 머리쪽에 배치하고 엔진은 후미에 장착했기 때문에 뒤로 날아가는 것처럼 보였다. 이런 형태를 항공 용어로 카나르 날개(오리canard 날개, 주날개 앞쪽에 달린 작은 날개)라고 한다. 맨 앞에 배치한 상자형 연이 새의 머리처럼 생겼다고 해서 언론에서는 카토르즈 비스호를 '독수리호'라는 별명으로 불렀다. 역사상 최초의 비행기이자, 비행중에 조종사가 계속 서 있어야 했던 유일한 비행기일 것이다.

시험비행은 성공이었다. 『뉴욕 헤럴드』는 1면 머리기사 제목을 '소형 엔진으로 비행기가 날다! 산투스두몽, 유럽 최초의 위업 달성!'이라고 뽑았다. 8월 23일 오전 5시 산투스두몽은 50마력짜리 엔진을 돌렸다. 전체 길이 12미터, 날개폭 10미터인 비행기가 시속 19.3킬로미터 속도로 땅을 박차며 달려나갔다. 그러나 들판 끝까지 가서도 이륙은 하지 못했다. 산투스두몽은 엔진을 끄고 손을 본 뒤 후진했다. 이번에는 "현장에 나와 있던 사람 모두가 두 바퀴가 지면에서 살짝 떠오르는 것을 목격했다. 비행기는 공기의 부양을 받아 전진했다. 기체는 지상 15센티미터 높이로 날았다. 하지만 비행이 오래 이어지지는 못했다. 엔진이 요동치면서 기체는 더이상 상승하지 못하고 위아래로 출렁거렸다."[5] 그러나 동료 비행사들은 "직경 1미터가 채 안 되는 양날 프로펠러가 공기 저항을 헤치고 그 거대한 구조물을 울퉁불퉁한 지면에서 그렇게 빠른 속도로 전진시켰다는 사실에" 깊은 감명을 받았다.

일단 비행을 끝낸 산투스두몽은 오후 내내 엔진 속도를 높이려고 애썼지만 잘 되지 않았다. "그렇지만 저는 대만족입니다." 산투스두몽은 나중에 이렇게 말했다. "원했던 것 이상을 해냈으니까요. 지금은, 엔진이 최고 성능을 발휘했더라면 비행을 지속할 수 있었을 거라는 확신이 듭니다. 처음에는 어떻게 해야 할지 판단이 서지가 않았어요. 나는 기존 엔진 대신에 50마력짜리 엔진을 사용하고 싶었지만 제작자들이 그런 걸 만들려면

한 여드레는 걸린다고 했거든요. 그러나 이제는 내 방식으로 계속 실험을
해나갈 생각입니다."[6]

산투스두몽은 다시 상금에 눈을 돌렸다. 두 개를 노렸다. 변호사이자 금
융가로 파리 비행클럽 신임 회장이 된 에르네스트 아르슈데콩은 중항공
기를 몰고 세계 최초로 25미터 이상 비행한 이에게 3,500프랑의 상금을
수여하겠다고 선언했다. 그리고 클럽 자체 명의로는 왕복 100미터 비행
에 1,500프랑이 걸렸다. 산투스두몽은 세 차례 심판관들을 불렀다. 첫 시
도는 1906년 9월 13일에 있었다. 카토르즈 비스호가 지상에서 뜨자 심
판관들이 환호했다. 그러나 속도가 떨어지면서 심판관들 쪽으로 날아갔
다. 심판관들이 허둥지둥 자리를 피하는 사이, 비행기는 요란하게 불시착
했다. 프로펠러와 동체와 바퀴가 파손됐다. 산투스두몽은 다리를 절룩이
며 기체에서 나왔다. 비행 거리 11미터는 상금을 타기엔 너무 짧았다. "그
러나 그는 분명히 날았다." 『뉴욕 헤럴드』는 이렇게 썼다. "그것만큼은 논
란의 여지가 없다. 기체가 파손되긴 했지만 지금까지 유럽에서 그 누구도
못한 일을 해냈다는 것에 그는 매우 만족해했다."

9월 내내 조수들이 카토르즈 비스호를 수리하는 동안 산투스두몽은
『뉴욕 헤럴드』가 후원하는 국제기구비행경주대회에 참가했다. 비행선과
중항공기의 발전을 감안하면 구 모양의 기구로 하는 경주는 과거로 뒷걸
음치는 것이었지만 기구경주대회는 세계의 주목을 끌었다. 9월 30일 오
후, 대회 경기장으로 선정된 파리 시내 중심가 튈르리 공원에 100만 명의
인파가 구름처럼 모여들었다. 총 일곱 개의 국가에서 온 열여섯 개의 기
구가 모습을 드러냈다. 기구는 어디로 착륙할지 모른다는 점에서 낭만적
인 측면이 있었다. 선수들이 목에 건 신분증에는 영어, 프랑스어, 러시아
어, 라틴어로 다음과 같은 글이 적혀 있었다.

1) 우리는 기구를 타고 파리에서 시작된 국제기구비행경주대회에 참가중인 선수입니다. 이 지도에서 우리의 현 위치가 어디인지 알려주시면 고맙겠습니다. 2) 여기는 어느 나라인가요? 3) 가장 가까운 도시는 어디이며 여기서 거리는 얼마나 됩니까? 4) 가장 가까운 기차역은 어디이며 여기서 거리는 얼마나 됩니까? 5) 기구를 기차역까지 운반해줄 마차를 구할 수 있을까요? 6) 마차를 빌릴 수 있는지 좀 알아봐주실 수 있을까요? 7) 이곳 시장님이나 고위 관리의 관사로 저를 데려다주시겠습니까? 대회 규정에 따라 이곳에 착륙했다는 증명서에 그런 분의 서명을 받아야 하기 때문입니다. 8) 이 마을, 이 도시의 이름은 무엇입니까? 그걸 모르면 러시아 경찰이나 카자흐스탄 군인들이 무단비행을 했다는 이유로 잡아갈 수 있기 때문입니다.[7]

기구에 실은 각종 식료품에 대해 런던에서 발행되는 신문 『트리뷴』은 영국 출신의 세 팀을 예로 들어 다음과 같이 소개했다. "병에 담긴 멀리거토니 수프와 모크 터틀 수프는 깡통에 따라 데워 먹는다. 이밖에도 소고기 농축액, 압착 쇠고기, 압착 우설, 치즈, 산적, 비스킷, 멸균 우유, 커피 농축액, 생수 여러 병이 있다. 샴페인은 각성제로 사용하고, 브랜디는 고고도에서 현기증이 날 때 치료용으로 마시는 것이다. 산소통을 여러 개 구비한 것도 공기가 희박한 고도에서 어지러울 때 사용하기 위한 것이다."[8] 영국 비행사들은 "빨래용 물 수십 리터도 실었는데 이는 밸러스트 역할도 한다." 또다른 영국 신문은 비행시 기구가 위아래로 크게 출렁이기 때문에 "목덜미에 병이 떨어지거나 등허리에 닻을 맞거나 명치에 의자 다리가 날아올지도 모른다"면서 "운명의 장난을 기꺼이 감수하는 이들에게는 흥미진진한 게임이 될 것"이라고 예견했다.[9]

이 대회는 산투스두몽이 수상하지 못한 드문 경우였다. 그는 곤돌라에서 수평 방향으로 튀어나온 프로펠러 두 개를 장착한 기구를 가지고 출전했다. 프로펠러로 고도를 일정하게 유지할 수 있다고 판단했기 때문이다. 따라서 밸러스트를 많이 적재할 필요가 없었기에 그만큼 식료품을 더 실을 여유가 생겼다. 그러나 대회 첫날 가죽 코트 소매가 프로펠러 조정 장치에 걸리고 말았다. 산투스두몽은 팔을 삐었고 치료를 받고자 어쩔 수 없이 베르네에 착륙했다. 사흘 뒤 그는 팔에 삼각붕대를 한 채로 작업장에 돌아와 카토르즈 비스호 수리에 힘을 보탰다.

카토르즈 비스호가 다시 시험비행에 나선 것은 1906년 10월 23일이었다. 십여 차례 출발 실패와 이런저런 난관 끝에 오후 4시 45분 산투스두몽은 조수들에게 비행기를 풀라는 신호를 보냈다. 비행기는 들판을 내달리다가 가뿐히 날아올랐다. 고도는 지상 3미터. "군중은 열광했다."[10] 당시 상황을 전한 『뉴욕 헤럴드』 기사다. 군중은 카토르즈 비스호가 50미터 정도 비행하는 것을 목격했다. 축구장 절반이 넘는 거리를 날다가 기수를 돌려 '우아한 곡선'을 그렸다. 관객들은 "완벽한 원을 그릴 것으로 기대했지만 엔진이 갑자기 꺼지며 기체가 땅에 떨어지고 말았다." 산투스두몽이 비행한 거리는 아르슈데콩이 요구한 것의 두 배나 됐다. 처음에는 더 비행할 생각이었다. "정말이지 계속 날지 못할 이유가 없었어요."[11] 산투스두몽은 기체에서 내리며 말했다. "순간 기체가 비뚜로 나가는 느낌이 들었습니다. 그래서 바보같이 가솔린 공급을 끊었지요. 이 모두가 경험 부족 탓입니다. 몇 차례 시험비행을 더 해보고 나면 수 킬로미터를 날 수 있으리란 확신이 들었습니다. 느낌이 정말 짜릿했습니다. 바퀴가 이륙하는 순간 불가사의한 힘으로 추진되는 기구를 탄 느낌이었어요. 약간만 더 손보면 비교적 쉽게 비행할 수 있으리라 단언합니다."

11월 12일, 산투스두몽은 다시 비행에 나섰다. 비행 거리를 배로 늘려 비행클럽 본상까지 거머쥘 심산이었다. 그러나 이번에는 실패했다. 부아쟁의 도움을 받은 루이 블레리오는 새로 만든 복엽기를 가지고 불로뉴숲에서 대기하고 있었다. 산투스두몽이 부아쟁을 향해 배신했다고 비난하는 상황이어서 비행클럽 심판관들은 산투스두몽과 블레리오가 말싸움이라도 하지 않을까 걱정하고 있었다. 그러나 자신감에 차 있던 산투스두몽은 오히려 블레리오를 염려해줬다. 산투스두몽은 서너 차례 이륙을 시도했지만 엔진이 털털거리는 바람에 물러났고, 블레리오에게 도전해보라고 격려를 해줬다. 블레리오는 자신 있게 나섰지만 이륙도 하기 전에 기체가 주저앉고 말았다. 날이 어둑해지자 산투스두몽은 카토르즈 비스호에 올라 이륙했다. 네번째 시도였다. 구경꾼들은 열광한 나머지 비행기 쪽으로 달려갔다. 순간 산투스두몽은 겁에 질려 '기수를 높였다.' 당시 『뉴욕 헤럴드』 기사다.

> 그렇게 계속 위로 방향을 잡고 사람들 머리 위를 훌쩍 넘겨 비행했다. 그런데 비행기가 지나가는 순간 바로 밑에 있던 여성들이 겁을 먹고 이리저리 내달렸다. 한두 명은 땅바닥에 넘어졌고 주변은 아수라장이 되었다. 이렇게 난장판이 되자 겁을 먹은 산투스두몽 씨는 어디로 방향을 잡아야 할지 난감해했다. 급히 우회전을 시도했다. 사람이 없는 쪽으로 가려는 것이었다. 그러나 너무 급히 방향을 틀었다. 갑자기 곤두박질치거나 동체가 뒤집히는 상황을 염려한 산투스두몽은 가솔린 공급을 끊고 서둘러 하강했다. 착륙하는 순간 비행기 날개 한쪽이 약간 손상되고 바퀴 한쪽은 찌그러졌다.[12]

차고 있던 카르티에 손목시계를 보니 21.2초 동안 220미터를 날아간 것으로 나왔다. 『뉴욕 헤럴드』는 "그렇게 계속 위로 방향을 잡았다"고 흥분했지만 고도는 지상 4.6미터를 넘지 못했다.

"대단히 만족합니다." 산투스두몽은 옆에 있던 관객에게 말했다.

> 하지만 대단히 실망스럽기도 합니다. 훨씬 더 먼 거리를 날 수 있었
> 는데 바보 같은 군중 탓에 그러지 못했으니까요. 자세히 보겠다고 비
> 행기 밑으로 달려들었기 때문에 생긴 일입니다. 바로 밑에 수많은 사
> 람이 있는 걸 보면서 큰일났다 싶었거든요. 어쩔 줄 몰랐어요. 자칫
> 엄청난 사고가 날 수 있는데…… 어디로 가야 사람들이 다치지 않을
> 지 갈피가 안 잡혔습니다. 그래서 내키지 않았지만 오른쪽으로 방향
> 을 튼 겁니다. 하지만 그 순간에는 제정신이 아니었죠. 그냥 무조건
> 하강해야 한다는 생각뿐이었습니다.

산투스두몽이 착륙하자 군중이 비행기로 몰려와 그를 헹가래쳤다. 그
런 식으로 반나절 동안 그를 떠메고 파리 시내 곳곳을 누볐다. 전 세계에
서 찬사가 쏟아졌다. "산투스두몽, 하늘의 정복자!" 신문들은 법석을 떨었
다. 그로부터 일 년 사이에 유럽에서만 일곱 명이 그의 성공에 자극을 받
아 자체 설계한 기체로 비행에 도전한다.

이후 카토르즈 비스호로 비행한 건 딱 한 번뿐이었다. 산투스두몽은 독
수리호의 결함을 잘 알았다. 다른 디자인을 계속해봤지만 성공하지 못했
다. 1907년 3월 27일, 산투스두몽은 다른 복엽기 '15호'를 만들었지만 띄
워보기도 전에 포기했다. 잔디를 스치며 이륙을 시도하다가 균형을 잃어
한쪽 날개 끝이 땅바닥을 스치며 기체가 주저앉았다. 산투스두몽은 중상
은 아니어도 찰과상을 입고 출혈까지 보였다. '16호'는 날개 달린 비행선
이었다. 1907년 6월, 16호도 지상에서 파손되고 말았다. 복엽기 '17호'는
완성조차 못했다. 물에서 이착륙하는 수상비행기 '18호'는 센강에 떠 있
었지만 수면을 벗어난 적은 없다. 그해 가을 그때까지의 실패 경험을 곰곰

살핀 후, 비행선 때 잘됐던 부분을 비행기에 써먹어보기로 결심했다. 1인 승 초소형 비행기를 제작하자. 그렇게 해서 '산투스두몽 19호'가 나왔다. 대나무로 만든 가볍고 단순한 구조의 이 단엽기는 크기가 작고 운반도 쉬웠다. 프로펠러는 길이 8미터, 날개폭 5.5미터에 직경 0.9미터짜리 목재였다. 비행기 동체는 대나무 장대 하나로 간소화하되, 장대 뒤쪽에 방향타를 붙이고, 중간에 날개를 배치하고, 날개 옆에 프로펠러와 딜틸차머스 오토바이 엔진을 개조한 18마력 엔진을 배치했다.

산투스두몽이 과거에 운항하던 비행선의 좌석이 위태롭다 싶을 정도라면, 19호는 그야말로 무모했다. 삼륜차 바퀴 세 개가 장대 밑으로 튀어나와 있는데, 그는 두 앞바퀴 사이의 축에 앉았다. 머리 위로 불과 몇 센티미터 떨어진 지점에 22킬로그램짜리 엔진이 장착돼 있었다. 엔진이 불을 내뿜거나 폭발하기라도 하는 날이면 머리통이 남아나기 어려웠다. 엔진이 장대에서 떨어져나가 그를 덮칠 위험도 있었다. 잘 붙어 있다고 해도 비행기 전체로 보면 윗부분이 너무 무겁고 불안정했다. 산투스두몽은 19호로 앙리 도이치와 에르네스트 아르슈데콩이 신설한 항공그랑프리를 차지할 수 있을 것으로 기대했다. 1킬로미터 왕복비행에 성공한 최초의 중항공기 비행사에게 주는 상이었다. 그러나 결과는 그의 뜻대로 되지 않았다. 19호는 이륙은 했지만 불안정한 상태로 착지하고 말았다. 산투스두몽은 1907년 11월 21일 19호를 폐기했다. 왜냐하면 불로뉴숲에서 122미터를 비행한 뒤 심하게 망가졌기 때문이다. 항공그랑프리는 1908년 1월 13일 프랑스 비행사 앙리 파르망이 차지했다.

라이트 형제는 산투스두몽의 카토르즈 비스호 비행 소식을 듣고도 대수롭지 않게 여겼다. 그가 220미터를 비행함으로써 아르슈데콩상을 받은 직후 라이트 형제는 고향 데이턴의 한 언론사 인터뷰에서 말했다. "우리는 그가 이룬 것을 별로 중요하게 생각지 않아요. 저쪽 유럽 사람들은 다

13 · 유럽 하늘을 난 최초의 비행기

르겠죠. 중항공기라는 존재가 등장한 게 여기보다 훨씬 최근 일이니까 말입니다."[13] 말은 이렇게 했지만 형제는 산투스두몽이 어떻게 비행했는지 자세한 내용은 전혀 모르고 있었다. 옥타브 샤누트가 왜 그렇게 생각하느냐고 캐묻자 윌버 라이트는 브라질 비행사가 100미터 넘게 날 수 있다는 게 믿기지 않는다고 말했다. "그가 90미터만 넘게 갔어도 정말 대단한 일을 한 것이지요. 하지만 그 미만이라면 아무것도 아닙니다."[14] 실제로 산투스두몽이 비행한 거리는 윌버 라이트가 말한 거리의 약 2.5배나 됐다. 그러자 신문들은 라이트 형제에게 대중이 보는 앞에서 비행을 해보라고 다그쳤다. 『뉴욕 헤럴드』는 사설에서 이렇게 단언했다. "산투스두몽 씨가 이제 곧 그 어떤 발명가보다 위대한 업적을 이룩한 인물로 판명될 듯하다. 오하이오주 데이턴의 라이트 형제가 그를 제칠 수도 있지만 형제는 지금까지 시험비행을 비밀주의로 일관해왔다."[15]

　항공사가 톰 크라우치는 라이트 형제 전기의 결정판이라고 할 만한 책을 썼는데, 여기서 그는 이들이 경쟁자들의 동향에 대해서 이상하리만큼 무심했던 이유를 다음과 같이 분석했다.

　　산투스두몽이 1906년 가을 짧게 비행을 한 때부터 라이트 형제가 1908년 한여름 대중 앞에서 처음 시험비행을 할 때까지, 극소수이지만 유럽과 미국의 항공 선구자들 역시 중항공기 방식의 비행에 도전했다. 이들이 들고 나온 항공기는 라이트 형제의 것보다 훨씬 원시적이고 활공도 매우 짧았다. 사실 이들 비행기는 라이트 형제의 성공담에 자극을 받은 사람들이 형제의 개발기술을 대략 이해한 것을 가지고 제작한 것들이었다. 하지만 그런 게 무슨 문제겠는가. 어쨌거나 그들은 하늘을 날았고 세계가 그걸 다 아는데.
　　한편 라이트 형제는 그런 경쟁자들의 움직임에 이상할 정도로 무관심했다. 그도 그럴 것이 유럽 비행사들이 제작한 비행기는 형제의 발명품에 훨씬 못 미쳤다. 특히 가로 조종장치를 도입한 비행기는 하나도 없었다. 본질적으로 말하면 제대로 된 비행기는 없었다고 해야 할 정도였다.

라이트 형제의 생각은 옳았다. 그러나 형제는 대중 앞에서 비행하지 않음으로써 중요한 부분을 놓치고 있었다. 그들 자신이 만든 비행기가 아무리 우수하다 해도 라이트 형제는 여전히 허풍선이 취급을 받았고, 사람들은 때맞춰 유럽 비행사들이 하늘을 나는 모습을 직접 목격하고 있었으니 말이다.

라이트 형제는 어떤 이가 아무리 대담하다 해도 사실상 통제 불능의 기계로 상당한 거리를 날아갈 거라고는 상상도 하지 못했다. 그런데 바로 그런 일이 실제로 일어났던 것이다.[16]

비행기 조종은 요yaw, 피치pitch, 롤roll이라는 세 가지 운동 축에 상응하는 세 가지 차원에서 이루어진다. 피치는 기수를 올리거나 내리는 것으로 승강키, 즉 수평 방향타로 조절된다. 라이트 형제는 승강키를 기체 앞쪽에 배치했지만 다른 비행사들은 날개 사이에 배치했다. 라이트 형제가 승강키를 기체 앞쪽에 배치한 것은 십 년 전 독일의 유명한 행글라이더 조종사이자 항공역학 이론가 오토 릴리엔탈의 사망을 야기했던 것과 같은 문제를 되풀이하지 않으려는 방편이었다. 릴리엔탈은 2,000회 가까이 활공에 성공했지만 1896년 8월 9일 갑작스러운 강풍에 단엽식 글라이더의 속도가 떨어지면서 15미터 아래 땅바닥으로 추락했다. 릴리엔탈이 사고를 당했다는 소식을 듣고 라이트 형제는 곧바로 항공역학 연구에 뛰어들었다. 승강키는 기체가 갑자기 속도가 떨어질 경우에도 기수를 위쪽으로 유지할 수 있게 함으로써 치명적인 추락을 막아준다.

요, 즉 좌우 방향 조종은 대개 기체 후미에 배치한 수직 방향타로 한다. 특이한 예외가 산투스두몽의 카토르즈 비스호로, 이 비행기는 기체 앞쪽에 방향타와 승강키를 결합해 배치한 형태였다. 라이트 형제의 경쟁자들도 하나같이 방향타와 승강키를 사용했다. 그러나 라이트 형제와 달리 '롤' 운동, 즉 한쪽 날개 끝이 올라가면 다른 날개 끝이 내려가는 세로축 운동의 중요성을 제대로 몰랐고 해결책을 마련하지도 못했다. 랭글리는 콘도르의 두 날개가 약간 위로 향한 것에 주목해 에어로드롬 날개를 그와 비슷하게 배치했다. 두 날개의 끝부분을 뿌리 부분보다 약간 높인 형태로 직진 비행 때 횡적 안정성이 비교적 높아졌다. 그러나 동체가 좌우로 움직이는 롤 운동 때는 거의 도움이 되지 않았다. 라이트 형제는 랭글리처럼 활공하는 새들을 연구했지만 날개 끝을 뿌리 부분보다 약간 높이는 상반각上反角 구조는 큰 도움이 안 된다고 봤다. 모든 새가 상반각 구조의 날개를 가진 게 아니기 때문이다. 하지만 활공하는 새들이 날개를 꼿꼿하게 쫙 펴기보다 약간 유연하게 한다는 사실에 주목했다. 이것이 비행의 횡적 안정성에서 핵심이라고 생각한 라이트 형제는 '날개 비꼬임'이라는 개념을 창안해냈다. 양쪽 날개를 비틀어 오른쪽 날개와 왼쪽 날개가 바람 맞는 각도를 달리함으로써 양 날개가 받는 양력을 다르게 한 것이다. 이렇게 함으로써 롤 운동이 심해지는 걸 막을 수 있었다. 1903년 플라이어호 비행 때 조종사는 복엽기 날개 사이에 엎드리고 엉덩이를 움직여 날개를 비틀었다. 엉덩이에 매단 밧줄이 날개 끝에 이어져 있었다. 키티 호크에서 비행할 때 조종사는 엎드리는 자세를 취했는데, 이는 불시착할 경우 얼굴이 모래밭에 처박힐 수 있는 자세였다. 그래서 나중에 개량한 플라이어호에서는 조종장치 자리를 조정해 조종사가 앉는 자세를 취하게 했다. 그러나 안정적인 비행에 중요한 역할을 하는 '날개 비꼬임'은 그대로 유지했다. (요즘에는 날개 자체를 비틀지 않고 날개 후미에 보조 날개나 플랩이라는 소형 장치를 달아 동일한 효과를 얻는다.)

　카토르즈 비스호가 시험비행을 하던 1906년 10월 23일, 구경꾼들은 "기체가 '우아한 곡선'을 그렸다"고 했지만 사실 당시 산투스두몽은 기체의 횡적 안정성에 대한 통제력을 상실한 상태였다. 기체가 불능이 된 채 요동치자 그는 엔진을 끄고 바로 하강을 시도했다. 불시착 충격으로 바퀴 두 개는 부서지고 말았다. 다음 비행은 1906년 11월 12일에 있었다. 산투스두몽과 부아쟁은 바깥날개 버팀목들 사이에 팔각형 날개면—초보적인 형태의 보조 날개—두 개를 추가했다. 이들 버팀목에 매단 밧줄은 산투스두몽의 재킷 뒤에 꿰매어 붙이거나 양쪽 팔 주위에 묶음으로써 비행사 몸의 움직임에 따라 날개면의 위치를 조정했다. 라이트 형제의 엉덩이 조종법에 못지않은 참신한 방법이지만 훨씬 어려웠다. 이 보조 날개 조종법을 동시대인들은 '룸바댄스'라고 표현했다. 그러나 팔각형 날개면이 실제 효과를 발휘했는지는 분명치 않다. 11월 12일 비행에서 산투스두몽은 군중과 충돌하는 사태를 피하고자 방향을 틀었지만 비행기는 의도와 달리 옆으로 미끄러져나갔다. 어쩔 수 없이 맨 처음 계획했던 것보다 앞당겨 억지로 착륙을 시도했다. 이는 군중이 다칠까봐 겁이 나서 그런 게 아니라, 또다시 동체의 통제력을 상실한 탓이었다. 산투스두몽이 대중 앞에서 수차례 세계 최초의 비행을 시도한 것은 사실이지만 그것은 분명히, 제대로 통제된 비행은 아니었다.

　라이트 형제는 1903년 비밀 시험비행 이후 데이턴에서 동쪽으로 13킬로미터 떨어진 소 목초지 허프먼 프레리에서 100여 차례 비행을 하면서 결점을 보완해 플라이어호를 완벽하게 다듬었다. 그러나 플라이어호를 특정 국가에게 판매하려는 노력은 성공하지 못했다. 형제는 구매자가 될 정부가 비행기 실물이나 비행 현장을 보지 않고도 구매계약을 체결해주리라 기대했다. 1905년 워싱턴과 런던에서 퇴짜를 맞은 뒤로 형제는 프랑스 정부에 100만 프랑이라는 값을 제시했다. 프랑스는 숙적 독일과의 전쟁 발발시 유용할 것으로 보고 5,000달러를 사전 기탁할 만큼 구매에 열의를 보였다. 그러나 판매는 성사되지 못했다. 프랑스 전쟁부에서 자국 비행사들의 비행 모습을 보고 그쪽에 더 관심을 갖게 됐기 때문이다. 이후 라이트 형제는 독일에 접근했다. 독일은 국내에 개발중인 중항공기가 없었다. 그러나 협상은 지지부진했다. 황제 보좌관들이 계약서에 서명하기 전에 실물을 보자고 했기 때문이다. 라이트 형제의 전기를 쓴 크라우치의 지적대로 "형제는 발명은 명수였지만 사업은 젬병이었다."[17]

형제가 극소수 지인들 중 흉금을 터놓고 이야기할 수 있었던 옥타브 샤누트는 구매자에게 자극을 주려면 대중 앞에서 여봐란듯이 비행에 성공해야 한다고 조언했다. 형제는 주저했다. 그러자 샤누트는 "일확천금에 눈이 멀어" 판단력이 흐려졌다고 질책했다.[18] 미국 언론도 인내심이 다했다. 1906년 1월 프랑스에 우호적일 이유가 없는『사이언티픽 아메리칸』은 "데이턴 인근에서 시험비행을 했다는데 진짜 한 것이냐"며 의문을 제기했다. 이 잡지는 윌버 라이트가 1905년 10월, 39분 동안 38.9킬로미터라고 하는 놀라운 거리를 비행했다는 소문을 깐깐하게 따지고 들었다.『사이언티픽 아메리칸』은 "그런 얘기를 과연 믿을 수 있을까? 미국 기자는 적극적이기로 유명하다. 문이 잠겨 있다면 15층짜리 고층건물이라도 타고 올라가 굴뚝을 통해 내려가 집 안으로 쳐들어갈 정도다. 그런 기자들이 왜 오래전에 사실관계를 확인해 기사화하지 않았을까?"라고 했다.[19]『뉴욕 헤럴드』는 더 신랄했다. 1906년 2월 10일 사설에서 "라이트 형제는 비행사인가 거짓말쟁이인가"라고 반문했을 정도다.[20]

1906년, 라이트 형제는 비행기를 판매하려고 수개월을 유럽에서 체류했다. 그러나 현지에서 비행을 하지는 않았다. 유럽 언론에 실린 형제 관련 기사는 미미했고 그나마도 부정적이었다. 비행에 성공했다는 증거가 없었기 때문이다. 그 내용도 오류투성이였다. 라이트 형제의 플라이어호와 랭글리의 에어로드롬도 제대로 구분 못했을 정도다. 모든 기사가 플라이어호는 자체 동력으로 이륙한 것이 아니라 캐터펄트에서 발사됐다고 서술했다. 이런 잘못된 기사 탓에 프랑스 비행사들은 라이트 형제가 1903년 키티 호크에서 이륙에 성공했다고 주장했음에도, 외부 장치의 도움 없이 최초로 동력 비행에 성공한 인물은 1906년의 산투스두몽이라 주장했다. 후일 브라질 정부도 같은 입장을 보였다. 그러나 분명한 사실은 라이트 형제가 키티 호크에서 캐터펄트를 쓴 것은 아니란 점이다. 플라이어호는 길이 18미터 레일을 타고 이륙했다. 해변에 덜컥 추락하는 것을 방지하는 장치였다. 그러나 레일이 기체를 추진하지는 않았다. 맨 처음 비행을 시도한 1903년 12월 14일 플라이어호가 18미터를 비행할 당시 레일은 모래언덕을 따라 아래쪽으로 깔려 있었으므로 플라이어호가 가속도를 높이는 데 중력의 도움을 받았을 수는 있다. 하지만 12월 17일 네 차례의 비행에서는 레일을 아예 수평으로 깔았다. 어떤 외부 장치의 도움 없이도 역사상 최초로 비행했음을 보여주기 위한 조치였다.

1904년 9월, 더이상 비행 능력을 입증할 필요가 없다고 여긴 라이트 형제는 레일에 기중기 시스템을 보완했다. 레일이 필요했던 것은 플라이어호에 바퀴가 없었기 때문이다. 기체를 자전거 바퀴 축에 탑재하고 축 가장자리 부분이 레일을 살짝 감싸안고 미끄러져가는 방식이었다. 허프먼 프레리─비행기를 띄우는 데 도움이 되는 바람이 키티 호크만큼 강하지 않았던 장소─에서 라이트 형제는 만족할 수준까지 속도를 높이려면 레일 길이가 73미터는 돼야 한다는 결론을 얻었다. 바로 이 점이 종종 문제가 됐다. 6미터짜리 레일 열두 개를 잘 연결해 붙여도 풍향이 바뀌면 레일을 뜯어 다른 방향으로 조립해야 했다. 그렇게 해놓아도 다시 바람 방향이 바뀔 수 있다. 따라서 원래대로 길이 18미터짜리 레일로 이륙하는 편이 나왔다. 이렇게 해서 1904년 9월 형제가 얻은 해결책은 18미터짜리 기중기였다. 726킬로그램짜리 저울추 같은 것을 밧줄과 도르래로 비행기에 부착한 뒤 기중기 꼭대기 부분까지 끌어올린다. 추가 떨어지면서 그 힘으로 비행기를 트랙을 따라서 잡아당기는 것이다. 이 시스템은 잘 먹혀들었다. 그러나 바로 이것 때문에 유럽에서는 외부 장치의 도움 없이 비행했다는 형제의 주장을 극히 회의적으로 보았다.

그러나 1907년 말이 되면 적어도 미국 쪽에서는 라이트 형제의 주장을 사실로 인정하게 된다. 심지어 『사이언티픽 아메리칸』도 노스캐롤라이나와 오하이오에서 형제가 비행하는 광경을 목격한 열일곱 명을 인터뷰하고 나서 형제의 주장을 승인했다. 언론을 꺼리는 라이트 형제도 1908년 마침내 의심 많은 유럽인들에게 확신을 심어주기로 작심했다. 윌버 라이트는 산투스두몽의 앞마당에서 비행시범을 보이기로 했다. 윌버가 파리에 도착한 것은 5월 말이었다. 파리에서 남동쪽으로 160킬로미터 떨어진 르망 인근에서 비행 준비에 들어갔다. 처음에는 모든 게 여의치 않았다. 기체는 손이 험한 프랑스 세관원에 의해 심하게 손상됐다. 세관원들이 여기저기 조사를 하는 과정에서 날개에 붙인 피륙이 찢어지는가 하면 지지대, 냉각기, 좌석 등이 일그러지고 찌그러졌다. 이런 플라이어호를 수리하는 데 윌버는 십 주를 써야 했다. 냉각기 호스를 손보다가 끓는 물이 튀어 심한 화상을 입기도 했다. 프랑스 언론은 여전히 라이트 형제를 허풍선이로 여겼고 윌버를 투박한 촌놈이라고 비아냥거렸다. 언론에서는 윌버는 호텔을 싫어하고 비행기 날개 밑에 담요 한 장 달랑 깔고 자는 걸 좋아하는 시골뜨기라는 식으로 떠들어댔다. 옆에 있는 호스를 집어들고 물을 뿌려대는 것으로 목욕을 대신하고, 깡통에 든 음식으로 끼니를 때우며, 옷에 기름때가 얼룩덜룩한 것도 촌놈의 표시였다. 남들이 보는 앞에서 거침없이 트림을 해대는가 하면 와인도 마시지 않았다. 산투스두몽이 보여주는 '우아함과 지성' 같은 것은 전혀 없었고 산투스두몽보다 훨씬 더 말이 없기까지 했다. 왜 그렇게 말이 없느냐는 질문에, 윌버는 "말 많은 새는 앵무새뿐인데, 앵무새는 높이 날지 못하죠"라고 대답했다.[21] 산투스두몽에 관한 그림책을 펴낸 바 있는 낸시 윈터스는 브라질 사람 산투스두몽이 윌버의 말을 들었다면 "우리나라에서는 앵무새가 놀라울 정도로 높이 난다"고 했을 것이라고 비꼬았다. 그러나 산투스두몽이 실제로 라이트 형제를 만난 적은 없다.

8월 둘째 주에 윌버는 마침내 유럽에서 처음으로 비행했다. 여덟 번의 비행에서 윌버는 위노디에르 자동차경주 코스를 따라 선회 비행을 해보임으로써 탁월한 조종 능력을 전 세계에 입증했다. 그 시각, 미국에서는 동생 오빌이 대중이 보는 앞에서 비행하고 있었다. 군납품 계약을 따내기 위한 노력의 일환이기도 했다. 1908년 9월 11일, 오빌은 버지니아주 포트 마이어에서 27분 24초에 달하는 체공 기록을 세웠다. 그러나 그로부터 엿새 뒤, 토머스 셀프리지 중위를 태우고 시도한 비행은 처참한 실패였다. 알링턴 국립묘지 상공을 나는 순간 오른쪽 프로펠러가 부서지면서 프로펠러 날이 방향타와 연결된 와이어를 잘랐다. 기체는 통제 불능이 된 채 시속 80킬로미터 속도로 지상을 향해 곤두박질쳤다. 추락 당시의 충격으로 오빌은 의식을 잃었다. 한쪽 다리와 갈비뼈 여러 개가 부러졌고 허리도 삐었다. 셀프리지 중위는 두개골 골절상을 입고 수술을 받다가 사망했다. 최초의 비행기 인명사고였다.

일이 이렇게 되자 형 윌버는 부담이 더 커졌다. 비행이 안전하다는 것을 더 확실히 보여줘야 했다. 오빌의 사고가 발생한 지 나흘 뒤, 윌버는 동생의 체공 기록을 갈아치웠다. 이어서 1908년 말에는 2시간 18분이라고 하는 경이적인 비행시간 기록을 세웠다. 자국우월주의가 강하기로 유명한 프랑스 사람들도 이제는 라이트 형제가 진정한 창공의 지배자임을 인정하지 않을 수 없었다. 그때까지 산투스두몽의 비행기는 비행시간이 20여 초 정도에 불과했기 때문이다. 라이트 형제는 파리의 유명 인사가 되었다. 산투스두몽 주위를 에워쌌던 부자들은 이제 윌버 라이트한테로 몰려갔다. "귀족과 백만장자들이 전부 다 친구가 됐어." 윌버는 고향에 있는 동생 오빌에게 보낸 편지에서 그렇게 전했다.[22]

이제 프랑스 신문들은 불과 얼마 전까지만 해도 비웃기 일쑤였던 윌버의 행동거지에 찬사를 늘어놓았다. "윌버 일행의 소소한 면모조차 프랑스 언론에는 엄청나게 놀라운 것으로 비쳐졌던 것 같다."[23] 크라우치가 쓴 라이트 형제의 전기에는 이런 이야기도 나온다. "윌버가 캉도부르 격납고에서 밥을 지을 때 쓴 프라이팬이 루브르박물관에 전시될 예정이라는 보도가 나왔다. 또한 윌버는 비행을 할 때마다 거의 매번 오빌이 그 전해에 프랑스에서 선물해준 납작모자를 눌려 썼는데, 프랑스 전역에서 그 '윌버 라이트 모자'가 대유행을 탔다."

산투스두몽은 속이 편치 않았다. 겉으로는 하늘은 누구나 도전할 만큼 아주 광대하다며 여유를 부렸지만, 속으로는 의기소침해했다. "이제야 하는 말이지만, 그때는 정말 괴로웠어. 비행선과 중항공기 분야에서 그토록 많은 업적을 이뤘건만 얼마 전까지는 날 칭찬하지 못해 안달하던 인간들이 본 척도 안했으니까 말이야."[24]

산투스두몽으로선 라이트 형제에게 최초의 비행사 지위를 빼앗긴 것만 해도 참담한 일인데, 설상가상 새로 제작한 15호, 16호, 17호, 18호, 19호 모두 조종에 실패하고 말았다. 그는 최소한의 중량에 우아한 단순함을 자랑하는 19호 방식의 가능성을 여전히 믿고 있었다. 몇 주 동안 막심 레스토랑에서 늘 하던 저녁도 거른 채 밤늦게까지 19호의 개량형인 '20호'의 완성에 몰두했다. 우선 엔진 위치를 머리 위에서 좌석 밑으로 바꿨다. 이를 통해 19호의 문제였던 위쪽이 무거운 약점을 없앴다. 그러나 달라진 엔진의 위치가 전보다 더 안전하다고 할 수는 없었다. 엔진은 "무릎 밑에 있는 것이나 마찬가지였다. 뜨거운 엔진 파이프들 위에 두 다리를 벌린 채 있어야 했고 발가락 바로 옆에는 프로펠러 벨트가 돌아가고 있었다."[25] 산투스두몽은 1909년 3월 파리와 베르사유 중간쯤에 자리한 생시르의 풀밭에서 20호를 일반에 공개했다. 19호처럼 초소형 비행기였지만 한결 우아한 자태를 뽐냈다. 날개 부위를 실크로 덮은 것이 반투명한 잠자리 날개 같다고 해서 '드무아젤'('잠자리' 또는 '숙녀'라는 뜻)이라는 별명을 얻었다. 드무아젤호는 세계 최초의 '스포츠 항공기'였다.

1909년 여름 산투스두몽은 매일 드무아젤호를 운항했다. 샹젤리제에 있는 아파트 앞에 착륙시키기에는 너무 컸지만 '발라되즈호' 이후 줄곧 그가 꿈꾸던 자가용 비행기에 가장 가까운 작품이었다. 그는 드무아젤호를 타고 파리 외곽에 있는 친구들의 시골 별장에 자주 들렀다. 9월 어느 날 아침, 그는 8킬로미터 떨어진 뷔크에 있는 동료 비행사 집에 가기 위해 드무아젤호에 몸을 실었다. 새벽 5시에 생시르를 이륙해 5분 30초 만에 뷔크에 도착했다. 시속으로 따지면 89.8킬로미터로 당시 그 어떤 비행사보다 빠른 기록임이 분명하다.

"기분 내키면 아무때나 비행을 나갔기에 세계 최초의 항공기 실종신고 사건이라 할 만한 일도 벌어졌다."[26] 존 언더우드가 1976년 항공 전문지 『에어 클래식스』에 게재했던 드무아젤호에 관한 상세한 소개글인 「산투스두몽의 선물」의 한 대목이다.

9월 하순 비 오는 날이었다. 그는 생시르를 이륙해 먹구름 속으로 사라졌다. 두 시간 후 불안해진 조수가 경찰에 실종 사실을 알렸다. 일간지 『르 마탱』은 민완 기자를 현장에 급파했다. '작은 산투스'가 추락한 게 거의 분명했다. 어쩌면 죽었을지도 모른다. 그런데 새벽 1시

30분에 다이옹 성에서 전화가 왔다. 드무아젤호는 60분 동안 18킬로 미터를 비행한 끝에 성 앞뜰 잔디밭에 착륙했으며, 산투스두몽은 가 야르 백작의 저택에서 단잠에 빠져 있다는 것이었다.

백작은 일면식도 없는 사람이었다.

기구 비행의 경우 고도를 낮게 나는 게 한결 안전하다는 사실을 산투스 두몽은 잘 알고 있었다. 가이드로프를 적절히 활용할 수 있기 때문이다. 그런데 비행기 비행은 사정이 반대였다. 그는 다이옹 성으로 비행할 때 고도를 200미터로 유지했다. 그가 언론에 했던 설명을 들어보자.

그 정도의 고도는 사실 불시착할 경우에 대비해 필요한 것이었습니 다. 급작스럽게 착륙하다가 와장창 깨지지 않으려면 적당한 착륙지 점을 찾을 시간적 여유가 있어야 하니까요. 높이 날수록 덜 위험하다 고 말할 수 있습니다. 저 불쌍한 르페브르를 보세요. 겨우 지상 4.6미 터로 날다가 사망했습니다. 랭스에서 브레게가 어떤 일을 당했는지 보세요. 이륙하고 바로 동체가 결딴났지요. 높이 날수록 위험을 인지 할 시간적 여유가 생깁니다. 반면에 땅에 가까울수록 더 조심해야 하 지요. 엔진이 멈춘 걸 인지하는 순간과 착륙 시점이 가까울수록 상황 을 통제할 여유가 없으니까요.

미리 준비해놓고 그 정도의 고도로 상승한 건 잘한 일이었습니다. 그 런데 엔진 점화가 안 되기 시작했습니다. 다행히 운도 좋았습니다. 성 의 잔디밭이 보였으니까요. 다른 선택의 여지가 없었지요. 그래서 하 강했고, 가뿐히 착륙했습니다. 특히 잔디에 손상을 가하지 않도록 조 심했습니다…… 결국 무단 침입자가 된 꼴이죠. 문으로 들어간 것도 아니고 방문 사실을 사전에 통지한 것도 아니니까……

가야르 백작 부인과 그 아드님이…… 저녁 식사 자리에 불러주었습니다. 식당에서 밥을 먹는데 다른 아드님이 들어오더니 나를 보고 깜짝 놀라더군요. 내가 죽었다고 생각했던 모양이에요. 다른 스포츠맨들과 함께 생시르에서 내가 이륙하는 모습을 구경했는데 하도 돌아오지 않아서 집으로 그냥 돌아왔다는 겁니다. 그때 깜짝 놀라던 모습이 지금도 생생하네요.
"아저씨 비행기는 어떻게 됐어요?"라고 그 아드님이 묻더군요. 말처럼 얌전히 마구간에 들어가 있다고 했지요.[27]

　드무아젤호 비행은 성공적이었지만 산투스두몽의 우울함은 여전했다. 아무리 위로를 해주려고 해도 소용이 없자 친구들은 체념했다. 거꾸로 산투스두몽은 친구들이 자신을 버렸다고 비난했다. 그게 사실이든 아니든 상과 이자베우 황녀, 에메는 이제 산투스두몽과 대화도 나누지 않았다. 산투스두몽은 자신의 체구가 왜소하다는 사실을 끊임없이 투덜거렸다. 몸이 가볍다는 것이 비행에 대단히 유리한 쪽으로 작용했다는 사실을 볼 때 납득하기 어려운 불만이었다. 그는 만나는 사람마다 '돈이 떨어졌다'는 하소연도 했다. 아무도 그 말을 믿지 않았지만 비위를 맞춰줄 요량으로 드무아젤호 특허권을 따내라고 권유했다. 그는 거부했다. 드무아젤호는 자신이 인류에게 준 선물이라면서, 돈을 받고 발명품 저작권을 파느니 차라리 빈민구제소에 가서 생을 끝내는 게 낫다고 했다.
　파리의 자동차 제조업자 클레망 바야르는 산투스두몽의 동의를 얻어 드무아젤호 300대를 제조했다. 30마력짜리 자체 자동차엔진을 장착해 유럽에서 대당 1,250달러에 판매했다. 클레망 바야르는 또 드무아젤호 비행학교를 세웠고, 산투스두몽은 가끔 초빙 교관으로 나섰다. 미국에서는 청소년 발명가로 유명한 톰 해밀턴이 운영하는 해밀턴항공제작소가 드무아젤호를 엔진 없이 250달러에 팔았고, 시카고의 한 기업은 엔진을 장착한 버전을 1,000달러에 판매했다. 기술 전문지 『포퓰러 메카닉스』는 산투스 두몽의 설계도를 조립설명서와 함께 1911년 6~7월호에 게재했다. 그러자 "몇 개월 후 개인이 자체 제작한 드무아젤호가 미국 곳곳에 날아다니게 됐다."(언더우드의 설명)[28] 드무아젤호는 대중에게 자가용 비행기를 선물하고자 한 최초의 노력이라 할 수 있지만, 일반 성인들은 몸이 너무 무거워서 이 비행기를 타기에 적합하지 않았다. 조종사 몸무게가 54.4킬로그램 이하로 나가야 했으니까 말이다. 따라서 드무아젤호는 비교적 몸이 가벼운 고등학생들 사이에서 인기가 많았다.

기체에 부딪쳐 타박상을 입는 정도를 빼고는 드무아젤호를 타다가 중상을 입은 사람은 없었다. 그러나 어지간한 사고는 흔했다. 진 로치 군은 만 열여섯 살도 채 되지 않았는데, 1910년 뉴욕 현지에서 자체 제작하는 드무아젤호 버전의 시험 비행사로 뽑혔다. 비행기는 뉴욕 양키스타디움 운동장에서 조립되었다. 로치의 기억에 따르면, 드무아젤호는 야구장을 시속 32킬로미터로 돌진하다가 갑자기 공중으로 붕 떠오르더니 외야에 내려앉았다. 이 정도를 가지고 비행이라고 하기는 뭐했다. 그나마 비행기가 떠오른 것도 자체 부양력 덕분이라기보다는 웃자란 잔디에 감춰둔 사다리 도움을 받은 덕분이었다. 로치는 기체를 돌려 관람객들이 모여 있는 곳으로 질주했다. 갑자기 다들 소리를 지르며 모래주머니와 물 양동이를 들고 앞으로 달려왔다. 로치는 깨닫지 못했지만 14마력짜리 안자니 엔진이 씩씩거리며 불꽃을 내뿜었기 때문이었다. 날개는 이미 불이 옮겨붙어 있었다. 연기로 질식할 뻔한 로치는 간신히 조종석을 탈출해서 뛰어나왔다. 잠시 후 드무아젤호 기체는 완전히 화염에 휩싸였다. 이런 사고가 있긴 했지만 로치의 비행 열정을 꺾을 순 없었다. 십오 년 후 진 로치는 에어론 카라는 단엽 경비행기를 개발해낸다. '날아다니는 욕조Flying Bathtub'라는 별명을 얻은 이 비행기는 대공황 시기에도 어지간한 사람이면 살 수 있을 정도로 값이 저렴했다.[29]

산투스두몽은 1910년 1월 4일 드무아젤호를 타다가 심한 사고를 당했다. 자세한 양상은 베일에 싸여 있다. 본 사람이 없었고 본인도 이 사고는 말이나 글로 언급한 적이 없다. 한 기사에는 "버팀줄이 끊어지면서 날개가 파손되어 30미터 아래 지상으로 곧장 떨어졌는데, 여기저기 심하게 부딪힌 산투스두몽은 얽히고설킨 와이어에 걸린 덕분에 동체 밖으로 튕겨 나가지는 않았지만, 세 번 빙글빙글 맴돌며 추락했다"고 적혀 있다.[30] 이것이 그의 마지막 비행기 조종이었다. 언론도 열광하는 팬도 없이 마지막 비행은 이렇게 쓸쓸하게 끝났다.

봄이 되면서 그는 심한 병에 시달렸다. 물체가 둘로 보이는 복시復視와 현기증이 극심해 비행은커녕 운전조차 엄두를 못 냈다. 증상이 호전될 기미가 없자 의사를 찾아갔다. 의사는 다발성경화증으로 진단을 내렸다. 당시 산투스두몽의 나이 서른여섯이었다. 의사는 그가 운동마비와 시각장애를 일으키는 이 중추신경계 질환으로 오래 살지 못할 거라고 내다봤다. 그날 밤 산투스두몽은 비행선 작업장을 판자로 가로막고는 충성스러웠던 일꾼들을 갑자기 해고했다. 그리고 일주일간 아파트에 틀어박혀 아무도 만나지 않았다. 신경쇠약에 걸렸다는 소문이 나돌았다. 얼마 뒤 마침내 모습을 드러낸 산투스두몽은 그사이에 잘 지냈다고 주장했다. 친구들에게는 평생 꿈꿔왔던 일을 모두 다 했기 때문에 일찍 은퇴할 거란 말을 했다. 친구들은 맞장구를 쳐주긴 했지만 그의 얼굴은 병색이 완연했다. 그러나 후일 다른 의사들은 다발성경화증 진단에 의문을 표하며 증상만으로는 정신과적 문제로 보인다고 했다.

1911년 초 산투스두몽은 몰래 파리를 빠져나와 도빌 근처 베네르빌의 바닷가 작은 집으로 옮겨갔다. 비행기를 조종하기에는 여전히 상태가 불안정했으므로 하늘과의 교류는 자이스 망원경을 지붕에 올려놓고 별을 관찰하는 것으로 대신했다. 비교적 멀리 떨어진 지방에 자리한 집이라, 다행히 파리의 열광적인 국수주의자들과는 담을 쌓고 지낼 수 있었다. 광신적인 애국주의 물결은 제1차 세계대전이 가까워지면서 점점 거세졌고 이후 마지막에 가서는 산투스두몽 같은 유명인일지라도 외국인이라면 무조건 의혹의 눈초리를 던지는 지경에 이른다.

1913년 10월 19일, 산투스두몽은 스스로 부과한 망명상태에서 벗어나 자신의 비행 관련 업적을 기리는 기념비 제막식에 참석했다. 장소는 생클루였다. 카토르즈 비스호의 제작과 도이치상을 받은 산투스두몽 6호 비행선을 기념하는 문구를 새긴 비석 위쪽에 날아오를 듯이 우뚝 선 거대한 이카로스의 동상이 눈길을 사로잡았다. 과거 그가 비행할 때마다 수천 명씩 군중이 몰려들곤 했지만 그 제막식에 모인 사람은 고작 수백 명이었다. 그는 무언가 망설이는 것처럼 흔들리는 목소리로 어색하게 연설을 하며, 이날의 영광스러운 자리를 마련해준 생클루 시장에게 감사의 뜻을 표했다. 그와 더불어 시장에게 생클루의 가난한 사람들에게 써달라며 금일봉을 전달했다. 시장은 답례로 축하의 말과 함께 프랑스 최고 영예의 레지옹도뇌르 훈장을 수여했다. 산투스두몽은 대중 앞에서 연설하는 일을 극도로 두려워했다. 그래서 제막식이 진행되는 중간에 자리를 떠서 곧장 베네르빌로 돌아갔다.

그러고 나서 몇 년 동안 산투스두몽은 베네르빌 집에서 두문불출했다. 1914년 8월 3일, 독일이 프랑스에 제1차 세계대전의 선전포고를 했던 그날도 여느 때처럼 그곳 집에서 밤에는 망원경으로 밤하늘의 별을 관찰하고 낮에는 바다를 관망했다. 산투스두몽은 제2의 고향이 침략당했다는 것에 경악한 나머지 프랑스군에 자원입대를 하리라 마음먹었다. 그러나 그에게 그런 기회는 오지 않았다. 프랑스군이 먼저 왔기 때문이다. 평소 외부인과 거의 만나지 않던 외국인이 독일제 망원경으로 밤하늘을 살피는 걸 수상히 여긴 이웃에서 스파이로 신고를 한 것이다. 헌병이 들이닥쳤을 때 산투스두몽은 심한 충격을 받았다. 한때 프랑스에서 가장 잘나가고 존경받던 인물이 이제는 반역자로 의심을 받게 되다니. 수색 끝에 아무 혐의점도 찾지 못한 헌병들은 결국 사과를 했다. 그러나 그들이 떠나자마자 산투스두몽은 비행 관련 서류와 문건을 모조리 불태웠다. 스케치, 설계도, 축하 편지 등을 모두 다 불태워 없앴다.

14
엔지니어와 화학자 간의 전쟁
― 제1차세계대전 1914~1918년

1914년 시작된 제1차 세계대전은 누구도 예상치 못한 한 사건으로 촉발됐다. 광신적인 세르비아 민족주의자가 오스트리아헝가리제국 황태자를 암살한 것이다. 물론 유럽 지도자들은 전쟁 발발을 예상하긴 했다. 군사전략가들은 일찍부터 전쟁을 대비하고 있었다. 20세기 초 프랑스는 여전히 알자스와 로렌 지방을 합병한 독일과 화해하지 못한 상태였다. 독일황제 빌헬름 2세는 광대한 식민지를 거느린 대영제국을 부러워하면서 영토 확장 야심을 노골적으로 드러냈다. 다른 나라들 간에도 이런저런 지역 분쟁이 터질 수 있는 상황이었다. 그러나 군사전략가들은 전쟁이 나더라도 단기간에, 한두 주에 끝날 것이고, 사상자도 제한적일 것이고, 지리적으로도 한정된 지역에서 일부 국가만이 전쟁에 참여할 거라 생각했다. 그들은 구식 전쟁을 예상했다. 아이가 서로 힘과 용기를 과시하려고 주먹싸움을 하는 정도의 싸움 말이다. 유럽 전체가 사 년간 전쟁의 소용돌이에 휘말리면서 1,000만 명이나 목숨을 잃을 거라고 예상한 이는 아무도 없었다. 비좁고 악취 나는 참호에 겨자가스가 뿌려지고, 기계화된 화력으로 맥없이 죽어나가는 전쟁에서 영웅적이라고 할 만한 것은 전혀 없었다. 보이지도 않는 적이 멀리서 대포와 기관총을 쏘아댔다.

19세기 말 서유럽의 생활수준을 높이고 진보를 촉진했던 요소들은 전쟁에 큰 보탬이 되었다. 메소포타미아에서 영국에 맞섰던 오스만 제국군을 지휘한 바 있는 독일 장군 출신의 골츠 남작은 1883년에 이미 "현대의 발전된 과학기술은 인류를 삽시간에 몰살할 끔찍한 기술로 전용됐다"고 진단했다.[1] 과학기술의 군사적 전용은 용의주도하게 이루어졌다. 일례로 화학의 발전은 연기가 나지 않는 무연화약 개발로 이어졌고 그 덕에 전쟁터의 시야를 훨씬 넓게 확보해 적군이 진짜 죽었는지를 육안으로 확인할 수 있게 됐다. 겉으로 드러나진 않지만 전쟁 준비에 도움을 준 과학적 발전도 있었다. 이를테면 의학, 위생시설, 냉동기술, 식수 정화기술은 유아사망률을 낮췄고 유럽 인구를 급증시켰다. 더 많은 젊은이를 징집할 수 있게 됨으로써 상비군 규모가 훨씬 커진 것이다.

산투스두몽 같은 기술이상주의자들은 전쟁이 전 유럽을 휩쓸 만큼 어마어마하리라곤 예측하지 못했다. 그들은 또 애지중지하던 자신의 발명품들이 광범위하게 군사용으로 쓰이는 현실을 괴로워했다. 1915년 산투스두몽은 다음과 같은 말을 했다. "나는 나이프로 그뤼에르 치즈를 썬다. 하지만 그 나이프는 사람을 찌르는 데 쓸 수도 있는 물건이다. 치즈 썰기만 생각한 내가 바보였다."[2] 1914년 8월까지 대다수 유럽 지식인들은 경제 강국들은 대규모 분쟁에 휘말려 위험을 자초하지 않으리라 예상했다. 국제무역이 붕괴되는 참담한 결과가 나올 것이기 때문이다. 전화니 철도니 하는 발명품은 국가를 초월해 표준 규격을 채택하게 했다. 그래야 국경을 넘어도 상호 호환이 가능하기 때문이다. 그런 식의 유례없는 협력이 군사분쟁을 제어하는 장치가 되리라 확신했다. 전쟁이 터지는 순간까지도 수많은 산투스두몽의 동료 비행사들은 에스페란토 공부에 열을 올렸다. 이 새로운 국제어가 머잖아 프랑스어, 독일어, 영어, 이탈리아어, 러시아어 같은 민족어를 대체하리라 확신했기 때문이다.

전쟁에서 과학기술 덕을 가장 톡톡히 본 분야가 바로 무기였다. 금속학, 공작기계의 발전에 힘입어, 골츠 남작의 예측이 있은 지 십 년 만에 대포와 소총은 사거리, 정확도, 분당 발사속도가 다섯 배나 증가했다. 통계에 따르면 "워털루전투에서 보병은 분당 3발을 발사했지만, 1893년경에는 분당 16발 발사가 가능한 수준이 됐다."[3] 1914년에는 대포의 유효 사거리가 서른 배 증가했다. 미국 역사학자 마이클 애더스의 설명을 들어보자. "독일의 유명한 크루프공작소는 구경 42센티미터짜리 대형 곡사포를 생산했다. 이 포는 816킬로그램의 포탄을 9.1킬로미터 거리까지 쏘아서 보낼 수 있었다. 탄도의 가장 높은 지점은 지상 4.8킬로미터였다."[4] 미국이 산업혁명에 기여한 부분은 단연 호환 가능한 부품을 규격화하고 대량생산 방식을 도입했다는 데 있다. 교전 당사국들은 하나같이 미국식 시스템이라고 하는 공장생산 방식을 차용했다. 그 목적은 수백만 명의 군인에게 최신 무기와 탄약을 지급하기 위해서였다. 그 결과 1914년에는 "야포부대 한 연대가 한 시간 동안 나폴레옹전쟁 때 프랑스와 싸운 모든 나라가 발사한 것 이상의 화력을 발휘할 수 있었다."[5]

영국의 한 물리학자는 1915년 서글픈 어조로 일차대전은 "군인들 간의 전쟁이었던 것만큼이나 엔지니어들과 화학자들 간의 전쟁"이라고 했다.[6] 그 문제를 다룬 애더스의 고전적인 저서 『기계, 인간의 척도가 되다Machines as the Measure of Men』(1990)에는 구체적으로 아래와 같은 설명이 나온다.

철도 덕분에 수백만 병력을 며칠 만에 전쟁터에 투입할 수 있었다. 더 중요한 것은 일단 참호전이 개시되자 전선 중앙에서 적군을 돌파할 수 있는 지점을 보강하는 데 철도가 큰 역할을 했다는 점이다. 또 무전 통신은 참모부의 장군들과 사단장들이 즉시 협의해서 광범위한 지역에 배치된 수십만 수백만 병력을 착오 없이 이동시키는 데 일익을 담당했다…… 식품보관 기술이나 통조림 기술은 엄청난 숫자의 신병과 징집병에게 장기간 음식을 공급할 수 있는 수단이 됐다. 대량생산은 병사들에게 헬멧, 군복, 군화, 야전삽 같은 물품을 끊임없이 공급할 수 있음을 의미했다. 강대국 전투원들은 개전 첫날부터 이런 보급품을 받아들고 전쟁터로 들어갔다. 일단 기동전 단계가 끝나자 전황은 교착상태에 빠졌다. 프랑스군을 궤멸시키고자 한 독일 슐리펜 장군의 작전이 프랑스 북동부 마른에서 좌절된 탓이었다. 그러자 미국인들은 들소 떼를 가두기 위해 고안한 발명품인 '철조망'을 설치했고, 독일군은 그들의 장기인 '콘크리트'와 '강철'을 조합해 거대한 요새를 건설했다. 이 요새들은 1918년 봄 공세가 개시될 때까지 서부전선의 전황을 좌우했다.[7]

이 전쟁이 발발하기 전 십오 년 동안 적극적으로 노력했다면 불필요한 전쟁을 막을 수도 있었을 것이다. 1899년 러시아 황제 니콜라이 2세의 발의로 26개국이 네덜란드 헤이그에서 모여 만국평화회의를 개최했다. 독일은 마지못해 참여했다.[8] 독일 지도자인 마흔 살의 빌헬름 2세 황제는 군사적인 것에 완전히 푹 빠진 인물이었다. 1898년 황제로 등극하고 나서 그가 처음 공식적으로 했던 선언은 독일 국민을 향한 것이 아니라 휘하 장병들을 향한 것이었다. 그는 말했다. "우리는 하나다. 나와 군, 우리는 함께 손잡고 끝까지 간다."[9] 군 최고 통수권자가 모두 그러하듯 그는 군의 절대 복종을 기대했다. 그러나 권위를 과시하는 방식이 대단히 자극적이었다. 그는 장병들에게 "그대들의 황제가 그렇게 하라고 명령하면 부모를 향해서라도 총을 쏘아야 한다"고까지 했다.[10]

베르타 폰 주트너 남작부인 같은 평화운동가들은 빌헬름 2세가 평화운동에 위해를 가할지도 모른다고 우려했다. 실제로 헤이그만국평화회의 첫날부터 실망스러운 분위기가 지배적이었다. 빌헬름 2세의 대리인들은 군비축소 문제는 의제에서 아예 빼버렸다. 그리고 두 주 동안 해군력 확장 규제 문제로 토론이 이어졌지만 아무 성과도 없었다. 당시 세계 최강의 해군력을 보유하고 있던 영국은 현상유지를 고착화하는 제안은 무엇이든 지지했다. 반면에 독일, 일본, 미국은 현상유지에 반대했다. 세 나라 모두 해양을 장악하는 데 야욕이 있었다.

오대륙에서 몰려든 평화운동가에 둘러싸인 각국 대표단은 단 한 건의 무기 금지에도 합의를 보지 못했다. 이들은 당혹감을 감추지 못했다. 결국 투표로 갔다. 평화회의는 찬성 22표 대 반대 2표로 보통탄보다 살상력이 큰 덤덤탄의 사용만큼은 불법화했다. 반대표를 던진 국가 중 하나는 영국이다. 재래식 총알을 맞고도 달려드는 '아프리카 야만인'을 저지하고자 인도의 공업도시 덤덤에서 이 총알을 개발한 당사국이다. 그리고 나머지 한 표는 영국 대표단의 강력한 반대를 지지한 나라 미국이다. 그들은 필리핀에서 덤덤탄을 써볼 계획이었다.

문명국 병사라면 총에 맞으면 부상당했다는 걸 깨닫고 빨리 치료를 받을수록 빨리 회복된다고 생각할 겁니다. 부상병은 들것에 눕고 전투 현장을 떠나 야전병원으로 이송됩니다. 여기서 군의관이나 적십자사 요원들이 제네바조약 규정에 따라 붕대를 감고 반창고를 붙이는 치료를 해줍니다.

반면에 당신네 나라의 광신적인 야만인들은 부상을 당해도 창칼을 들고 막무가내로 달려듭니다. 그런 야만인에게 당신네 나라 병사가 '이런 행동은 부상자가 따라야 할 조약 규정에 대한 심각한 위반'이라고 설명해주려고 하다가는 입을 떼기도 전에 벌써 목이 잘려나가고 말 겁니다.[11]

평화회의는 또 독가스의 일종인 질식가스 사용을 금지했다. 이때 반대표를 던진 나라는 미국뿐이었다. 유일하게 만장일치로 채택된 제안은 기구에서 폭발물이나 발사체 투하를 금지하는 내용이었다.

폭발물 지상투하 금지가 쉽게 합의에 이른 것은 회의가 열린 1899년 상황에서는 무동력 기구를 비행기로 개조하려는 산투스두몽의 노력이 겨우 시작 단계인 수준이었기 때문이다. 더구나 기구에서 폭탄을 투하하는 데 성공한 나라는 그때까지 없는 상태였고 그럴 계획을 품고 있는 나라도 없었다. 심지어 체펠린 백작이 매머드급 경비행선을 제작중이던 독일도 이 제안에 찬성표를 던졌다. 체펠린이 개발중인 가스주머니를 사용하는 비행선은 민간인 수송용이었다. 그러나 그는 미국의 남북전쟁 때 북군 자원병으로 활동한 시절의 경험으로 기구가 군용정찰기로 효과적일 수 있다는 사실은 알고 있었다.

원래 공중폭격 금지조치는 무기한 효력을 갖는 것으로 발의됐다. 대부분의 국가들은 전투행위를 지상과 해상으로만 국한하고 싶어했다. 그러나 미군 대령 두 명이 다른 국가 대표단들을 설득해 공중폭격 금지조치를 오 년으로 제한하는 데 성공했다. 두 대령은 개틀링과 노벨, 랭글리가 했던 것처럼 '무기가 평화를 가져온다'는 식의 논리를 폈다. 이들 역시 오래 살았더라면 자신들의 논리가 잘못됐다는 사실을 참혹한 현실을 보며 절감했으리라. 두 대령은 기구에서 폭발물을 투하하는 시대가 올 거라고 하면서, 공중전을 하겠다고 위협만 해도 각 나라가 겁을 먹고 즉각 무기를 내려놓을 것이며, 그러면 수많은 인명을 구할 수 있다고 주장했다.

오 년 동안 한시적으로 시행된 공중폭격 금지 규정은 1904년에 만료됐다. 그리고 제2차 헤이그만국평화회의는 1907년에야 열린다. 그사이 삼 년 동안 다른 국가를 폭격한 나라는 없었다. 제2차 헤이그만국평화회의에서 프랑스는 공중폭격 완전 금지 조항을 연장하는 데 반대했다. 당시 프랑스군은 폴 르보디와 피에르 르보디 형제로부터 막 비행선을 구입한 참이었다. 르보디 형제는 산투스두몽이 비행하는 모습을 보고 자극받아 항공 분야에 뛰어들었지만 산투스두몽처럼 군과 적극적으로 손을 잡는 일에 망설이지는 않았다. 프랑스군은 르보디 형제가 만든 비행선 '파트리호'를 가지고 무엇을 할지 정확히 안 건 아니었지만 다양한 가능성을 열어두고 있었다. 헤이그평화회의에서 프랑스 대표단은 결국 공중폭격 대상을 군사 목표물에 한정하자는 제안에 동의했다. 이런 프랑스의 태도와 더불어, 그들의 비행선이 연료 적재 후 독일 영토 안 128킬로미터 지점까지 침투할 수 있다는 소식을 접한 독일군은, 큰 우려를 나타내면서 체펠린에게 군사용 비행선 건조를 강력히 요구했다.

제2차 헤이그만국평화회의 때 영국은 비행기의 군사적 활용 가능성에 별 관심이 없었다. 100년 이상 전 세계 바다를 제패해온 해군이 있어 어떤 공격도 막을 수 있다고 여겼기 때문이다. 그러나 1909년 7월 25일 상황이 달라졌다. 프랑스 엔지니어 루이 블레리오가 중항공기를 타고 최초로 영불해협을 건넌 것이다. 이로써 블레리오는 『데일리 메일』로부터 상금 5,000달러를 받고 산투스두몽에게 빚진 과거의 패배를 설욕했다. 이 소식을 들은 산투스두몽은 격려 서신을 보냈다. "지리의 변화는 바다에 대한 하늘의 승리입니다. 언젠가 귀하 덕분에 항공기로 대서양을 횡단하는 날이 올 겁니다."[12] 블레리오는 답신을 보냈다. "저는 선생을 따르고 흉내를 냈을 뿐입니다. 우리 비행사들에게 선생은 하나의 깃발입니다. 선생은 우리의 선구자이십니다."[13] 대중은 그가 37분 만에 영불해협을 횡단했다는데 열광했다. 그러나 홍분이 차츰 가시면서 영국이 외부의 침공으로부터 더이상 안전하지 않다는 생각을 하기에 이르렀다. 그 전해 독일 비행선이 뉴욕을 공격한다는 줄거리의 과학소설『공중전*The War in the Air*』을 발표한 H. G. 웰스도 "영국은 이제 섬이 아니다"라는 말로 불안감을 부추겼다. 영국 해군은 공중 침입자에게 힘을 쓰지 못할 것처럼 보였다. 신문에는 나폴레옹의 유령이 블레리오에게 "왜 100년 전에 태어나지 않았는가?"라고 반문하는 만평이 실리기도 했다.[14]

1909년 8월 말, 전 세계의 비행사 대부분이 프랑스 랭스에서 열린 비행 경주대회에 참가했다. 불참한 것은 팬들이 등을 돌린 것에 섭섭한 마음을 버리지 못한 산투스두몽과 라이트 형제뿐이었다. 특히 라이트 형제는 대회 참가 권유에 자신들은 '서커스 곡예사'가 아니라며 버럭 화를 냈다. 이 대회에서 라이트 형제의 경쟁자인 글렌 커티스가 최고의 기량을 선보였다. 커티스는 라이트 형제와 마찬가지로 자전거 제조공에서 출발해 오토바이경주에서 시속 219킬로미터로 신기록을 달성한 인물이자, 키티 호크 비행 이후 비행에 성공한 최초의 미국인이었다. 25만 명의 관중이 커티스가 20킬로미터 경주 코스를 시속 75킬로미터라는 세계기록으로 비행하는 모습을 지켜보았다.

무덤덤하던 군 관계자들의 눈에도 비행술의 급속한 발전은 분명 주목할 만했다. 크라우치에 따르면 1909년 이전에는 "일 분 이상을 하늘에 머문 사람은 세계를 통틀어 단 열 명에 불과했다."[15]

그러나 여덟 달 뒤 일주일간 계속된 랭스에서 열린 비행경주대회에서 스물두 명의 비행사가 120회를 이륙했고 서로 다른 열 종의 비행기 스물세 대가 우열을 겨뤘다. 전체 비행 중 87회는 비행 거리가 4.8킬로미터 이상이었다. 그중 7회는 96킬로미터 이상이었다. 어떤 조종사의 경우는 180킬로미터나 비행했다. 최고 고도는 지상 155미터였다. 최고 속도는 시속 77킬로미터였다. 이로써 전년도에 라이트 형제가 세운 기록은 모두 깨졌다.

랭스대회 이후 비행기 제작자들이 유럽 곳곳에서 우후죽순 생겨났다. 아무 생각 없던 군 관계자들도 비행기를 어디에 써먹을 수 있을지 잘 모르면서도 비행기를 구입할 필요를 느끼게 됐다.

기술 선진국들 중 일차대전 이전 시점에 항공 관련 발전 속도가 가장 뒤처진 나라가 라이트 형제를 배출한 미국이었다. 1909년 라이트 형제는 처음으로 비행기를 미국 국무성에 2만 5,000달러를 받고 팔았다. 속도가 시속 64킬로미터를 넘으면 5,000달러의 상여금을 지급한다는 조건이었다. 라이트 형제는 밴더빌트 같은 재벌 가문들로부터 100만 달러의 융자를 받아 비행기 제조회사를 세웠다. 커티스도 자본금 36만 달러를 가지고 회사를 차렸다. 1910년에는 이들 외에 비행기 제조회사 열 개가 활동을 시작한다. 부품과 엔진을 공급하는 회사도 쉰 개가 생겼다. 그러나 군용 판매와 일반 상업용 판매는 부진했다. 커티스는 초기에 라이트 형제와 마찬가지로 군을 상대로 비행기 판매에 나섰으나 실패했다. 그해 1910년에는 항공우편을 도입하자는 획기적인 제안이 나왔지만 의회에서 부결되고 말았다. 『뉴욕 텔레그래프』를 비롯한 언론이 일제히 "큐피드의 날개를 달고 향기 나는 가솔린으로 작동되는 장밋빛 비행기에 연애편지를 실어 띄우자는 얘기냐"며 조롱하고 비난했기 때문이다.[16]

자잘한 성과가 없지 않았지만 썩 대단한 것은 아니었다. 최초의 항공

화물운송이 1910년 11월에 시작됐다. 오하이오주 콜럼버스의 한 백화점에서 라이트 형제의 회사에 데이턴에서 생산된 실크 다발을 실어오는 일을 맡긴 것이다. 콜럼버스 지역 신문『저널』은 호들갑을 떨며 "이제 여기 데이턴에서 사람이 하늘로 날아오른다. 철도와 전차와 자동차는 어떻게 되는가? 다 철지난 시절의 유물이 될 것이다. 역마차와 운하용 짐배가 그랬던 것처럼"이라며 대단한 일로 소개했지만 항공 화물운송은 제대로 자리를 잡지 못했다.[17] 당시의 비행기는 크기가 크거나 무게가 나가는 화물을 실을 만한 공간이 모자랐다. 그래서 작은 짐을 운송하는 데도 요금이 터무니없이 비쌌다. 백화점은 이 비용을 실크를 작은 조각으로 잘라서 '항공 기념품'으로 판매해서 충당했다. 1911년에 있었던 항공우편 관련 시도들도 배달 속도가 빠르다는 것은 입증했지만 비용 대비 효과라는 측면에서는 한계를 보이고 있었다.

1913년 비행기로 출퇴근하는 사업가가 처음 나타났다. 해럴드 매코믹은 일리노이주 에반스톤의 호숫가 저택 앞에 격납고를 짓고 수상비행기로 가업인 농기구 제조회사 인터내셔널하베스터 사무실 인근의 시카고 요트클럽까지 45킬로미터 거리를 출퇴근했다. 미국 항공업계의 선구자 중 하나인 앨프리드 로슨도 뉴저지주 래리턴 베이 자택에서 이스트강 인근 맨해튼의 사무실까지 수상비행기로 출퇴근했다. 그러나 매코믹과 로슨 같은 사람이 대세가 될 순 없었다. 비행기 값이 자동차의 열 배에서 열다섯 배나 됐다. 자동차만 해도 노동자의 평균 연봉을 넘는 500달러 수준인지라 미국인 대부분은 자전거 한 대를 사는 것에 만족해야 했다.

미국 최초의 정기 여객항공편이 운항된 것은 1914년 1월 1일이다. 플로리다주의 관광 시즌에 맞추어 세인트피터즈버그에서 탬파까지 운항을 했다. 수상비행기 석 대가 하루에 네 편 운항했다. 왕복항공편 요금은 10달러라는 어마어마한 고가였다. 30킬로미터 비행에 삼십 분이 소요되어 여객선보다 두 시간 삼십 분이 빨랐다. 그해 1월에 승객은 184명이었다. 세인트피터즈버그-탬파 항로는 세계 최초의 항공여객기 서비스였다. 물론 독일에서는 그 당시에 이미 체펠린비행선들이 훨씬 많은 승객을 정기적으로 실어나르고 있었다.

1915년까지 미국 비행기 제조사 여덟 곳이 폐업했다. 일이 어그러진 것은 비행기 가격과 항공 봉사료가 워낙 비쌌기 때문이다. 다른 장해 요인은 미국인 대부분이 새로운 형태의 수송수단을 아직 신뢰하지 않았다는 점이다. 사람들은 직접 눈으로 보기까지 비행기가 하늘을 난다는 사실을 믿으려 하지 않았다. 1910년에 이미 커티스와 라이트 형제는 전시와 비행 시범을 전담하는 회사를 세워 일반의 인식을 깨우려 시도했다. 미국 전역을 돌며 축제나 장터 같은 데서 에어쇼를 펼쳤다. 물론 돈도 되는 일이었다. 라이트 형제는 에어쇼 비행기 한 대당 5,000달러나 받았다. 비행사에게는 일당 50달러만 지급했다.

스탠퍼드대 역사학과 교수 조지프 콘이 『미국 초기 항공사』(2002)에서 설명한 바 있듯 당시 사람들에게 비행기가 하늘로 날아오르는 모습은 거의 종교적인 체험과 같았다. 비행 장면에 '기적적'이라든가 '불가사의한'이나 '인간으로선 도저히 불가능한' 같은 표현을 썼다. 1910년 1월 로스앤젤레스 웨스트코스트에서 처음 열린 에어쇼를 구경한 한 관객은 이런 고백을 했다. "3,000개의 눈이 고무타이어 바퀴에 쏠렸다. 기적의 순간을 고대하는 것이다. 아직 보지 못한 사람에게는 역사적 순간이었다. 빙글빙글 돌던 바퀴가 갑자기 이상해진다. 돌아가는 속도는 느려지는데 기체는 더욱더 빨리 돌진한다."[18] 그해 연말 시카고 하늘에 처음 비행기가 떴다. 한 목사는 100만 명의 인파가 지켜보는 모습을 이렇게 묘사했다. "엄청난 인파가 그렇게 경이로운 표정을 짓는 모습은 여태까지 본 적이 없다. 백발 노인부터 어린아이까지 천지개벽을 느끼는 듯했다." 비행기라는 낯설고 새로운 발명품을 목격한 어떤 이는 아주 진지하게 "저걸 타면 하늘나라로 갈 수 있느냐"고 묻기도 했다.[19]

하늘을 난다는 것은 신학적으로 보면 거룩한 것과 사악한 것이라는 양극단과 이어져 있다. 로마 다신교 신과 기독교 천사는 날 수 있다. 악마의 협력자인 마녀들도 마찬가지다. 많은 미국인이 처음에는 비행기가 성경에 나오는 '하늘을 나는 거룩한 수레' 같은 것으로 봤지만 그런 믿음은 고장으로 조종사가 추락해 죽는 사건들 때문에 시들해졌다. 에어쇼 비행사는 곡예가 장기였다. 그들은 좁다란 원을 그리거나, 거꾸로 나는가 하면, 안전벨트 없이 비행하기도 했다. 1912년 미국 최초의 여성 조종사이자 여성 최초로 영불해협 횡단 비행에 성공한 해리엇 큄비는 보스턴 비행경주대회에서 기체 통제력을 상실한 나머지 추락사했다. 에어쇼 초기에 멋진 모습을 보여준 여성 조종사는 큄비 말고도 몇 명이 더 있다. 그러나 큄비의 사망과 비행기가 너무 고가라는 이유 때문에, 혼자서 비행하는 것이 미국 여성의 자유 권리를 촉진할 것이라는 평등주의적 기대는 꺾이고 말았다. 과거 프랑스 여성들이 자전거를 타고 좁은 동네를 벗어나 마음껏 자유를 누렸던 것과는 이야기가 달랐던 것이다.

일부 조종사는 곡예비행의 난이도를 점점 높여갔다. 커티스가 고용한 조종사로 '바보 비행사Flying Fool'로 불리던 '링컨 비치'는 물안개 자욱한 나이아가라폭포를 누비거나 그 강을 가로지르는 현수교 밑을 비행하는 등 위험천만한 묘기를 선보이며 하루에 1,000~1,500달러를 벌었다. 그러고도 잘 살아남은 그는 당시를 이렇게 회고했다. 농장 위를 날 때는 바닥에 먼지구름이 일 정도로 한쪽 날개를 지면에 바짝 붙였다고.

비치는 시카고 미시간 대로에 있는 콘크리트 벽에 도전했다. 웅 하는 굉음과 함께 대로를 따라 보행자들의 머리 위를 스치듯 날았다. 사람들은 혼비백산했다. 비치는 그런 특별한 비행을 구경하는 사람들은 자기에게 돈을 내야 한다고 생각했다. 한번은 로스앤젤레스 애스콧 파크에서 비행하다가 한 무리의 시민이 나무그늘 속에 옹기종기 모여 있는 걸 보았다. 관람료를 내지 않으려고 숨어서 구경하던 사람들이었다. 비치는 기체를 대담하게 좌우로 흔들면서 나뭇가지를 치고 지나갔다. 언론에선 놀란 관객이 허둥지둥 달아나다 세 명이 팔이 부러지고 두개골 골절상까지 입었다며 그 행동을 비난했다. 1913년에는 뉴욕주 해먼즈포트에서 헛간 지붕에 바짝 붙여 비행하는 바람에 구경꾼 한 명이 죽고 셋이 다쳤다.[20]

하지만 언론에서는 여전히 그를 영웅으로 취급했다. 1915년 "그는 직접 만든 특별기로 수직 상승 비행을 계획했다. 시험비행을 하는 동안 두 날개가 뒤집어지며 공중제비를 도는 형국이 됐다. 비치는 예민한 직업인답게 위기를 직감하고 바로 엔진을 끄고 연료공급선 밸브를 막았다. 그렇게 함으로써 간신히 추락을 면했다."

1911년 라이트 형제는 비행시범 사업에서 손을 뗐다. 너무 많은 조종사가 목숨을 잃었기 때문이다. 원래 네 명이 이 년 전속계약을 맺었는데 계약기간을 채운 사람은 딱 한 명뿐이었다. 처음부터 무리하게 진행된 곡예비행은 결국 인명사고로 이어질 수밖에 없었다. 비행기 안정성도 제작자들의 주장처럼 그렇게 믿을 만한 것은 못 됐다. 물론 비행기는 통제가 가능했다. 산산조각이 날 때까지는…… 날개 전체가 부러지기도 하고, 유도용 와이어가 끊어지기도 하고, 날개 비꼬임 장치가 작동 불능이 되기도 하고, 엔진이 갑자기 멎는가 하면, 날개에 씌운 피복이 찢어지거나 연료 탱크가 폭발하거나 프로펠러 날이 부러지기도 했다. 어지간한 돌풍에 기체가 뒤집어지는 일도 있었다.

1912년 베네르빌에서 두문불출하고 있던 산투스두몽에게 한 손님이 찾아왔다. 오랜만에 있는 일이었다. 그 손님은 그에게 미국의 스턴트 비행 이야기를 들려주었다. 스턴트 비행은 프랑스에서도 하고 있는 것이긴 했지만 미국처럼 번성하지는 않았다. 세계 최초의 비행 쇼맨이라고 할 수 있는 산투스두몽은 깜짝 놀랐다. "나는 좁은 원을 그리고 급커브 비행을 하기도 했어요. 새들도 그러니까요." 이어 산투스두몽은 그에게 이렇게 말했다. "하지만 공중제비를 돌고 거꾸로 나는 새가 어디 있단 말입니까. 그건 자연스러운 게 아닙니다."[21]

조종사가 땅으로 곤두박질쳐 죽는 까무러칠 장면은 미국의 상업비행 발전을 저해하는 요소였다. 하지만 사람들은 계속 곡예비행을 보러 몰려들었다. 역사학자 로저 빌스타인이 『미국 항공사*Flight in America*』(2001)에서 미국 최초의 국제 비행기 전시회를 참관한 어느 젊은 장교의 말을 인용한다. 그 장교는 1910년 10월 뉴욕주 벨몬트파크에 모인 수만 관람객을 다음과 같이 묘사했다. "군중은 이 놀라운 광경에 입을 다물지 못했다. 국내외에서 출품된 비행기들이 줄지어 서 있었다. 그들은 저녁때까지 누군가 추락해 목이 부러져 죽는 사고를 직접 볼 수 있는 더 좋은 기회는 이곳 말곤 세상 어디에도 없다는 생각에 흐뭇해했다."[22] 당시 유행하던 엉터리 시에도 그런 병적 호기심이 서려 있다.

> 옛날에 한 노파가 살았다네. 격납고에서
> 많은 아이를 키웠지. 때가 되면 땡땡 종을 쳤다네.
> 어떤 아이들에게는 독약을 주고,
> 또 어떤 아이들에게는 비행기를 주었다네.
> 그래봐야 끔찍한 고통 속에서 죽기는 매한가지라네.[23]

15
구름 속의 기사들

1914년 유럽에서 일차대전이 터졌을 때 독일, 프랑스, 영국, 이탈리아, 러시아, 오스트리아헝가리제국이 보유한 항공기는 대략 700대였다. 독일이 보유 대수가 가장 많았고(비행기 264대, 체펠린비행선 7대), 프랑스(비행기 160대, 비행선 15대)와 영국(비행기 113대, 비행선 6대)이 그뒤를 이었다. 모든 나라가 전쟁 발발 이전에 공중폭격 실험을 한 바 있었다. 하지만 만족스러운 결과를 얻은 나라는 하나도 없었다. 공중에서 투하한 폭탄은 대부분 목표물을 빗나가거나 아예 폭발을 하지도 않았다. 실제 공중전이 있었던 딱 두 건, 즉 예컨대 1911~1912년 이탈리아와 오스만 제국이 싸운 이탈리아터키전쟁과, 1912년 불가리아, 세르비아, 그리스, 몬테네그로가 오스만 제국과 맞서 싸운 발칸전쟁이다. 이때도 항공기는 폭격기라기보다 정찰기 노릇만 했다. 이탈리아와 터키는 리비아 영유권을 놓고 싸웠다.

1911년 10월 23일 이탈리아군 대위 카를로 피아차는 블레리오가 영불해협을 횡단할 때 탄 것과 같은 종류인 상자형 연 모양의 단엽기를 타고 한 시간 동안 북아프리카 일대의 터키군 배치 상황을 정찰했다. 교전지역에서 이뤄진 세계 최초의 정찰비행이었다.

그리고 여드레 뒤 역사상 처음으로 비행기 한 대가 공격용 무기로 투입됐다. 줄리오 가보티 중위가 이탈리아 육군에 배치된 여섯 대의 '블레리오 11호' 중 하나를 타고 리비아 상공을 날며 소프트볼만한 수류탄의 핀을 이로 뽑아, 하나는 아인자라 마을에, 나머지 셋은 타구이라 오아시스에 각각 투하했다. 피아차 대위의 정찰비행에서 터키군 요새로 지목됐던 곳들이다. 1912년 10월 이탈리아터키전쟁이 끝날 때까지 이탈리아군은 리비아 상공에서 127회의―일부는 비행선을 사용한―비행작전을 벌여 폭탄 330발을 투하했다. 발칸전쟁 때도 터키군은 다시 공습을 당했다. 이번엔 불가리아 비행기들이 폭탄 10킬로그램을 퍼부었다. 폭탄을 비행기 꼬리부에 연결된 밧줄에 매달고 이 줄을 또 조종사 발에 감아 고정시켰다. 투하는 조종사가 밧줄을 걷어차면 폭탄이 떨어지는 식이었다. 그러나 이 두 전쟁에서 비행기와 비행선은 적에게 극히 미미한 피해밖에 주지 못한 게 분명하다. 적군 사상자도 전혀 없었다.

일차대전이 시작되자 교전국들은 비행기를 정찰용으로 쓰느라 바빴다. 비행기는 곧 각국의 중요 군사장비로 자리를 잡았다. 공중정찰의 위력을 처음 과시한 건 프랑스군이다. 1914년 9월 3일 블레리오호 비행기들이 마른으로 진군하는 독일 제1군단과 제2군단의 간격이 크게 벌어졌음을 탐지했고, 연합국은 이를 바탕으로 독일의 진격을 막을 수 있었다. 항공정찰기 탓에 각국 군대는 적군 모르게 보병과 포병을 이동시키느라 애를 먹었다. 비행기와 비행선은 지상에서 화력을 어느 쪽에 집중해야 하는지를 판단하는 데 없어선 안 될 무기였다.

정찰기는 대개 좌석이 한두 개였고 조종사들은 애당초 비무장이었다. 그러나 개전 후 며칠 되지 않아 (누가 그런 꾀를 처음 냈는지 모르지만) 한 조종사가 권총 또는 소총을 휴대하고 비행에 나서서 상대편 비행기에 총을 쏘아댔다. 그러자 모든 조종사가 자동화 무기를 소지하게 됐고, 이는 더 강한 화력을 뿜을 수 있게 비행기를 개조하는 기술경쟁으로 이어졌다. 한 가지 걸림돌은 프로펠러였다. 조종사가 앞쪽으로 총을 때 프로펠러가 파손되기 십상이었다. 스턴트 조종사였다가 프랑스군에 입대한 롤랑 가로스는 이 문제를 목제 프로펠러 날 뒤에 강철판을 붙임으로써 해결했다. 프로펠러 쪽으로 기관총을 쏠 경우 총탄이 강철판에 맞고 튕겨나가고 나머지는 틈새로 뚫고 나가 적기를 격추시키기에 아주 좋았다. 하지만 이 손쉬운 해결책의 기밀유지는 오래가지 못했다.

1915년 4월 18일 가로스는 엔진 고장으로 어쩔 수 없이 적 후방에 불시착해 독일군에게 붙잡혔다. 독일군은 그에게 와인과 맥주, 고기구이, 페이스트리 빵을 푸짐하게 대접했다. 그러는 한편, 기술자들을 동원해서 가로스가 발명한 장치를 철저히 분해했다. 후일 독일 전투기를 제조하게 되는 네덜란드 출신 엔지니어인 안토니 포커는 이틀 만에 가로스가 고안한 장치를 개량해냈다. 프로펠러 회전 속도와 기관총 자동발사 속도를 일치시킴으로써 발사되는 탄환 전체가 빙글빙글 돌아가는 프로펠러 날 사이로 뚫고 나갈 수 있게 만든 것이다.

전쟁이 계속되면서 용감무쌍한 조종사들의 처절한 싸움에 얽힌 이야기들이 대중을 열광시켰다. 참호 안에서 쓰러져가는 이름 없는 수백만 병사들의 죽음은 차츰 사람들의 관심 바깥으로 멀어지게 됐다. 지상에서 벌어지는 기계화 전쟁의 참혹함은 애더스가 인용한 끔찍한 통계 수치에서도 확인할 수 있다. 예를 들어 1916년 프랑스 베르됭 요새 인근 접전지만 보더라도 1제곱미터당 1,000발의 포탄이 떨어졌다.

포탄이 터지면 금속 파편이 인간의 살을 찢어버린다. 전선에서 간호사로 복무한 베라 브리튼은 엔지니어들과 화학자들이 만든 물건이 어떤 결과를 가져오는지 생생히 목격했다. 그녀는 "얼굴 없는 사람, 눈 없는 사람, 사지가 날아간 사람, 내장이 거의 다 쏟아진 사람, 몸통 일부가 잘려나간 소름끼치는 형상을 한 사람들"을 치료했다. 염소, 포스겐, 겨자가스 같은 것을 발산하는 포탄도 있었다. 가스에 노출된 사람들은 "심한 화상을 입고 온몸에 물집이 잡혔다…… 눈이 멀기도 하고…… 몸에서 진물이 나와 끈적끈적한 채로 서로 들러붙어 있었다. 다들 숨이 넘어갈 듯 가쁜 호흡을 쉬고 있었다."[1]

반면에 '공중의 검투사들'이 벌이는 싸움은 고결한 용사들이 싸우던 시대로 돌아간 듯한 착각을 불러일으키면서 대중의 환호를 받았다. 그들의 운명은 완전히 자신의 기량에 좌우됐다. 언론은 그 자랑스러운 이름과 살아온 내력을 소개하기 바빴다. "비행은 젊음에 도취한 직업이었다." 영국 해군의 한 조종사는 1918년 이런 기록을 남겼다. "그것은 전적으로 냉철한 대담함과 강철 같은 의지, 무한한 젊음의 도취로 일관된 일종의 소명이었다. 고대와 같은 찬란함과 영웅정신은 약간 퇴색했을지 모르지만, 조종사는 여전히 신의 은총을 입은 자들이다."[2]

독일군이 가로스를 정중하게 대해준 것은 모든 교전국이 '하늘의 사나이들'을 얼마나 존중하고 있는지를 보여주는 전형적인 사례였다. 이는 그 영국 해군 조종사의 말에서도 나타난다.

적군과 우리 사이에도 '동료애'가 형성된 것은 영국군 조종사가 유산탄에 맞고 적지에 추락했을 때로 거슬러간다. 당시 비행편대 대원들은 적기가 떨어뜨린 쪽지를 보고 전우가 불행에 빠졌다는 것을 알 수 있었다. 그때부터 그 관행은 줄곧 살아남았다. 상호 존중은 모든 조종사가 지켜온 관습이며, 최근 베를린에서 생긴 일을 봐도 알 수 있다. 베를린 현지의 '공중전 전리품' 전시회장에 따로 마련된 유명한 포커 전투기 조종사 오스발트 뵐케를 기리는 자리에는 영국 육군 항공대의 조종사들이 보낸 제비꽃 꽃다발도 놓여 있다. "용감하고 고귀한 정신을 가진 적을 기억하며"라는 문구와 함께.[3]

연합국 전투기 80대 격추라는 기록을 세운 독일군 전투기 조종사—동체 전체에 진홍색을 칠한 전투기를 탔다고 해서 '붉은 남작'으로 통했던—만프레트 폰 리히트호펜이 마침내 전사했을 때 영국군은 "그의 놀라운 용기와 신사도, 불굴의 정신을 기려 군장軍葬의 예를 다해" 매장해주었다.[4] 한 영국군은 많은 동료를 리히트호펜의 손에 잃었으면서도 그를 극찬했다. 그 문장을 보면 마치 붉은 남작의 가족이 쓴 추도사 같다.

그는 증오가 아니라 전투에 대한 사랑으로 싸웠다. 전투는 그에게 기쁨이자 스포츠, 열정이었다. 도전하고 죽는 것이 그의 삶이었다. 죽일 때도 용감했고 죽을 때도 용감했다…… 그는 용감했다. 용맹이 무엇인지 알았고 용맹을 자랑으로 삼았으며 적에게 달려드는 것으로 용맹을 과시했다. 그는 적에게 자신의 존재를 각인시켰고 자신의 이름이 적의 입에 오르내리게 했다. 전쟁에 뛰어들 때만 해도 그 소위의 이름은 무명에 가까웠다. 그러나 부상당하고 훈장을 타면서 국왕 내외나 고관대작의 초대를 받았다. 청소년은 그를 우상시했고 그가 나타나면 환호했으며 가는 곳마다 쫓아다녔다. 수줍고 잘생긴 금발 청년은 당당하고 진지했다. 수천 명씩 무리지어 소녀들이 사진을 보고 환호했고 하루에도 팬레터가 몇 자루씩 쏟아져 들어왔다. 그런 소녀

중 하나를 그는 사랑했다. 그중 한 소녀를 아내로 삼고 싶었지만 과부로 만들 생각은 없었다. 그는 언젠가 전사하리라는 걸 알고 있었다. 그는 적으로부터도 찬탄과 존경을 받았다.[5]

리히트호펜을 비롯한 조종사들을 찬미하는 이들은 그들이 얼마나 끔찍하게 죽는가에 대해서는 무관심했다. "어떤 조종사는 불타는 혜성처럼 추락해 형체를 알 수 없으리만큼 불탔다. 새까만 숯덩이처럼 변한 시신은 땅속 깊숙이 처박혔다."[6] 한 관찰자의 기록이다. "또 어떤 경우는 술 취한 사람처럼 흐느적거리며 창공에서 땅으로 곤두박질쳤다. 총알 세례에 벌집이 된 시신은 맥없이 조종간에 처박혔다. 아찔한 고도에서 산산조각난 기체로부터 하릴없이 떨어져내리는 시신도 있었다. 커다란 종이봉투가 터져서 내용물이 쏟아져나오는 것처럼 기체에서 튕겨나온 경우도 있었다. 걸레 조각이 된 시신은 추락해 땅속에 처박혔다." 엘리트 비행대원은 밤에 따뜻한 침대에서 잠을 잤다. 참호에서 썩어가는 시신과 함께하는 육군과는 사정이 달랐다. 그렇다고 전쟁에서 살아남을 보장이 있는 건 전혀 아니었다. 일차대전이 끝날 때까지 영국, 독일, 프랑스군 조종사 1만 5,000명이 사망했다. 7,000명이 실종되거나 포로가 됐고 1만 7,000명이 부상당했다.[7] 물론 이 통계 수치는 학살당한 지상군과 비교하면 새발의 피였다. 하지만 조종사의 임무는 위험천만한 것이었다. 전사나 부상을 당하지 않을 확률은 50퍼센트가 약간 넘는 정도였다.

조종사의 임무가 공중전이 아닌 폭격으로 확대됐을 때에도 비행기 조종사의 그 명성은 떨어지지 않았다. 영국 총리 로이드 조지에게 조종사들은 여전히 '구름 속의 기사들'이었다.

그들은 무장한 제비처럼 스치듯 날아간다. 무장 병력이 가득한 참호

위를 맴돌며 수송차량을 파괴하고 보병을 분산시키며 행군중인 병력을 공격한다…… 그들은 전쟁터의 기사騎士들이다. 두려움도 없고 불명예도 모른다. 그들은 고대의 기사 전설을 연상시킨다. 그 용감무쌍한 위업뿐만 아니라 고귀한 정신도 그러하다. 무수한 영웅들 중에서도 우리는 하늘의 기사들을 생각하지 않을 수 없다.[8]

공중폭격은 개전과 거의 동시에 시작되었다. 독일은 1914년 8월 3일, 프랑스가 먼저 그 전날 독일의 뉘른베르크를 폭격하는 도발을 했다는 꼬투리를 잡아 프랑스에 선전포고를 했다. 그러나 그런 일은 일어나지도 않았다. 뉘른베르크는 국경에서 너무 멀리 떨어져 있어 프랑스군 비행기가 거기까지 날아갈 수도 없었다. 어쨌거나 독일은 이를 빌미로 보복에 나섰다. 8월 6일, 체펠린비행선들이 독일군 진격을 저지하던 리에주의 프랑스군 요새들을 폭격했다. 8월 말 독일군 타우베 단엽기가 소형 폭탄 다섯 발을 파리의 한 기차역에 투하했다. 폭탄은 목표물에서 빗나갔지만 비녜그리예 거리 39번지에 있던 여성 한 명이 사망했다. 군사사에 정통한 역사학자 리 케넷에 따르면, 그녀는 "독일군의 폭격과 포격으로 사망한 파리 시민 약 500명 중 첫번째 희생자"였다.[9] 당시 폭격은 상당히 엉뚱한 면도 있었다. 조종사는 폭탄과 함께 독일제국 깃발 모양의 리본에 글을 쓴 전단을 살포했다. '독일군이 파리 코앞에 도착했다. 선택의 여지가 없으니 항복하라. 폰 히데센 중위.' 파리 철도는 프랑스군 병력을 전선으로 수송하고 있었기에 폰 히데센의 기차역 폭격이 헤이그만국평화회의의 민간 목표물 공격금지 조약 위반이 아니냐의 문제에는 이견이 있을 수 있다. 1914년 전쟁이 끝날 때까지 파리에는 수류탄 크기의 폭탄 약 쉰 발이 떨어졌다. 그러나 노트르담 대성당에 떨어져 프랑스의 자존심을 상하게 했던 한 발 외에는 별다른 타격을 주지 못했다.

1915년 1월 7일 영국 폭격기들은 독일 프라이부르크에 있는 기차역 한 곳을 조준했다. 하지만 으레 그렇듯이 소형 소이탄은 목표지점에서 멀리 떨어졌다. 수많은 민간인이 죽었다. 분노한 빌헬름 황제는 체펠린비행선을 동원해 영국을 공격했다. 그때까지만 해도 영국은 독일 황제의 친척과 친구들이 많이 거주하는 곳이라 공격 대상에서 제외된 상태였다. 이 시기에는 매머드급 비행선이 비행기보다 훨씬 위협적인 존재였다. 크기가 무척이나 커서 수백 킬로그램의 폭탄을 적재할 수 있었기 때문이다. 1915년 1월 19일 체펠린비행선 두 대가 영국 동부 연안 야머스와 킹스린을 공격했다. 땅거미가 질 무렵 독일을 출발해 밤에 영국 상공에 도착한 뒤 가로등 불빛으로 목표지점인 두 도시를 식별했다. 비행선은 새벽에 귀항했다. 그해 봄 독일 황제는 체펠린비행선들을 동원해 런던을 공격할 것을 명했다. 그러나 왕궁은 공격 대상에서 제외했다. 5월 31일 체펠린비행선의 일종으로 길이 163미터인 LZ-38이 영국 수도에 폭약 2톤을 투하해 스물여덟 명이 사망하고 예순한 명이 부상했다. 그러나 영국도 결국 체펠린비행선을 격추할 방법을 찾아냈다. 비행선은 폭발성이 강한 수소가스 주머니를 장착하고 있어서 목표물로는 손쉬운 대상이었다. 어쨌든 독일 비행선들의 공격으로 런던에서만 어린이를 포함해 500여 명이 사망했다.

1917년 5월 독일군은 런던을 다시 공격했다. 이번에는 엔진이 두 개인 고타Gotha 쌍발 폭격기와 엔진을 여럿 장착한 아르플레인R-plane을 투입했다. 두 폭격기 모두 1톤의 폭탄을 적재할 수 있었다. 이들 폭격기는 이듬해까지 런던을 스무일곱 차례 강타했다. 케넷은 '끔찍한 통계'를 제시하며 공습의 효과를 이렇게 설명한다.[10]

새로운 폭격기가 체펠린비행선보다 한결 효율적이긴 했다. 더 적은 양의 폭약으로 더 많은 인명을 앗아갈 수 있었다. 하지만 체펠린비행

선과 일반 폭격기를 막론하고 영국 공습의 전체적인 효과는 수치상
으로 보면 놀라우리만큼 보잘것없다. 독일군은 영국에 300톤이 조금
안 되는 폭탄을 투하했다. 그 결과 1,400명이 사망하고 4,800여 명이
부상했다. 이것은 '조용한' 날 하루 동안에 서부전선에서 발생하는
사상자 수 정도에 불과하다. 전체 재산 피해도 200만 파운드를 약간
상회하는 수준이었다. 이는 일차대전 때 영국이 매일 입은 재산 피해
의 절반도 안 되는 규모였다.

반면에 심리전 수단으로 공습은 성공적이었다. 공습은 민간인을 공포
에 빠뜨렸다. 체펠린비행선이 공습하면 평소 지하철 같은 건 타지 않던
런던 상류층은 잠옷 바람에 허둥지둥 지하로 대피했다.

연합국 폭격기들이 독일에게 가한 피해도 비슷한 정도였다. 1918년
657회의 공중폭격으로 독일인 1,200명이 사망 또는 부상했다. 양쪽의 폭
격기가 좁은 참호에 폭탄을 떨어뜨릴 정도로 정밀성을 갖추게 된 것은,
전쟁이 끝나가던 1918년 11월 11일 무렵에 이르러서였다. 결국 공중폭격
에 의한 일차대전 사상자의 수는 전체의 1퍼센트 미만이었다. 어찌 보면
종전은 아주 적기에 찾아왔다. 연합국은 독일 중소도시에 독가스탄을 투
입할 계획이었고 독일군은 섭씨 1,650도의 화염을 내뿜는 신형 소이탄을
파리에 투하할 태세였기 때문이다. 독일군의 계산대로라면 소이탄이 투
하될 경우 파리의 3분의 1이 초토화될 상황이었다.

종전 이후에도 오빌 라이트는 '무기가 평화를 보장한다'고 확신했다.
"비행기의 등장으로 전쟁의 양상이 너무나 끔찍해지기 때문에, 어떤 나라
도 다시는 전쟁을 시작할 엄두를 내지 못하리라 믿는다."[11] 오랜 세월 이
런 생각을 견지한 사람들 중 오빌은 그 마지막 인물이었다.

과루자에서 보낸 마지막 나날

― 브라질, 1932년

산투스두몽은 일차대전 기간의 대부분을 조국 브라질에서 보냈다. 그는 미국 워싱턴과 칠레 산티아고에서 열린 항공 관련 국제회의에 참석해서 몇 차례 언론 인터뷰를 갖고 자신이 비행기의 진정한 발명자라는 주장을 입증하려 애썼다. 그는 모든 사람에게 자신이 카토르즈 비스호를 타고 이륙하기 이전에 라이트 형제가 하늘을 나는 것을 본 공식적인 목격자나 권위 있는 비행클럽 대표단은 없다는 사실을 강조했다. 전쟁의 와중이었던 만큼 이 주장에 귀 기울이는 사람은 아무도 없었다. 그는 '내가 본 것, 우리가 보게 될 것O Que eu Vi, O Que nós Veremos'이라는 제목으로 자신의 업적을 강력히 정당화하는 소책자를 쓰기도 했다. 그의 저술과 발언은 모두 퉁명스럽고 산만했다. 그는 그 옛날의 세련됨과 활기 같은 것을 전혀 보여주지 못했고, 역사적 사실을 왜곡하기까지 했다. 예를 들어 도이치상을 수상한 날을 틀리게 기록하는가 하면, 처음 비행선을 타고 비행한 때가 2월 눈보라가 치던 어느 날이었다고 주장하기도 했다. 그러나 사실 최초의 비행이 있던 그날은 늦여름이었고 날씨도 고요했다.

신체적인 문제가 정신질환을 악화시켰을 가능성이 농후한 상황에서 비행기가 군사용으로 사용됐다는 소식에 그는 참담해했다. 그는 분명 평화지상주의자는 아니었다. 두어 차례 프랑스군에 자신이 만든 비행선을 사용할 것을 권유한 적도 있다. 그러나 비행기와 체펠린비행선이 그런 학살극을 야기하리라곤 상상도 하지 못했다. 산투스두몽이 '내 새끼들'이라고 불렀던 비행선을 이용한 공중폭격은 특히 마음을 아프게 했고 비행선을 발명했다는 사실에 대한 심한 자책을 가져다줬다. 비행기로 인한 인명 피해도 다 자기책임이라 여겨, 스스로 벌하는 방법으로 전사자에 관한 끔찍한 기사를 모조리 찾아 읽었다. "그는 이제 악마보다 더 악명이 높아졌다고 여긴다."[1] 산투스두몽과 알고 지내던 마르탱 뒤 가르는 이렇게 썼다. "그는 통한에 빠져 눈물을 펑펑 쏟았다."

산투스두몽은 일차대전이 끝나고도 십오 년을 더 살았다. 그러나 마음이 평온한 순간은 거의 없었다. 그는 번갈아가며, 유럽에서 지내거나 브라질의 두 거처에서 지내곤 했다. 두 거처란 바로 어릴 적에 살던 카방구의 옛집(1918년 브라질 정부가 산투스두몽에게 선물로 증정한 집)과 '라 엔칸타다'라고 하는 작은 가옥을 가리킨다. '황홀한 장소'라는 뜻의 라 엔칸타다는 한때 포르투갈 왕실 행락지로 쓰이던 곳으로 산투스두몽이 리우데자네이루 위쪽 페트로폴리스의 구릉에 직접 지은 집이었다. 타고난 발명가였지만 미신적인 면이 있었던 산투스두몽은 라 엔칸타다에 이상한 계단을 만들었다. 첫 계단 왼쪽 절반은 의도적으로 잘라내 본인은 물론 방문객도 어쩔 수 없이 오른발을 먼저 딛고 올라가야 했다. 맨 위 계단도 비슷한 형태로 되어 있어 아래로 내려가려는 사람은 다시 오른발을 먼저 디여야 했다. 라 엔칸타다는 자그마했다. 옆에 딸린 하녀의 집이 오히려 더 크고 화려했다. 그는 장식장 위에 얇은 매트리스를 올려놓고 그 위에서 잠을 잤다. 모든 식사는 인근 호텔에서 시켜다가 집에서 혼자 먹었다. 때로 호텔 테니스코트로 나가 테니스를 했는데 게임은 거의 졌다. 운동신경 이상으로 지는 경우가 잦았다. 특히 게임이 끝난 뒤에는 상대방에게 작별인사도 하지 않고 휙 나가버리는 식으로 성질을 부리기도 했다. 그는 페트로폴리스에 칩거하면서 방문객을 회피했다. 브라질 대통령이 들렀을 때에도 문밖으로 나가보지도 않았다. 카방구에서는 네덜란드에서 수입한 난초와 소를 키웠다. 그러나 카방구든 페트로폴리스든 어느 한 곳에 완전히 정착하지는 않았다.

1920년대 초 산투스두몽은 유럽을 비롯한 북미와 남미의 각국 정부에게 비행기의 군사적 사용을 포기할 것을 촉구했다. 국제연맹에도 호소했다. "저처럼 하늘을 정복하는 과정에서 선구적인 역할을 한 보잘것없는 비행기 발명가들의 원래 의도는 지구상 모든 민족이 먼 곳을 오갈 수 있는 평화적인 수단을 만들자는 것이었지 새로운 파괴도구를 제공하자는 게 아니었습니다."[2] 각국 정부는 신중한 반응을 보였지만, 군사적 사용을 포기한 나라는 한 곳도 없었다.

어느 날 산투스두몽이 곡기를 끊었다. 친척들은 요양원에 들어갈 것을 권유하면서도 대외적으로는 그가 잘 지내고 있다는 식으로 둘러댔다. 1920년대 내내 그는 스위스와 프랑스에 있는 여러 요양원을 전전했다. 요양원은 대개 외진 소도시에 자리한 터라 항공 분야의 변화와 불쾌한 소식을 멀리할 수 있었다. 그는 요양원에 있는 동안 손수 시집을 제본하면서 보냈다. 그리고 잠깐이지만 항공학에 새삼스럽게 관심을 쏟기도 했다. 그는 양팔에 아교로 깃털을 붙이고 가죽 끈으로 날개를 묶고 등에 짊어지는 배낭 속에 든 소형 모터에 연결했다. 산투스두몽을 담당하던 정신과 간호사는 그가 날개를 시험해보겠다고 창문에서 뛰어내리지 못하도록 그를 감시하고 있어야 했다.

그는 그런 모터를 다른 방식으로 활용할 수 있는 방안을 찾기도 했다. 당시는 스키 리프트라는 것이 없었다. 그래서 스키에 모터를 연결해 스위스의 눈 덮인 생 모리츠 산록을 올라가는 데 필요한 보조 장치 역할을 하게 하고자 했다. 모터가 보행에 큰 도움이 될 정도로 힘이 셌다고 보기는 어려울지 모른다. 그리고 등에 모터를 짊어지고 포즈를 취한 친구들의 사진이 남아 있기는 하지만 실제로 그것을 사용해 산을 오르는 것을 본 사람은 없었다. 아이러니한 것은 평생을 지상을 벗어나는 작업에 헌신했던 사람의 마지막 발명품 중 하나가 인간의 가장 오래된 형태의 이동 방식인 보행을 위한 보조 장치였다는 점이다.

산투스두몽은 물에 빠져 허우적대는 사람에게 구명대를 던져주는 일종의 새총 같은 것도 발명했다. 또한 후일 그레이하운드 경주에서 개들 앞에 먹잇감을 매달아 개들이 한눈팔지 않고 트랙을 계속 돌도록 하는 장치와 비슷한 것을 만들어 특허를 따내기도 했다. 산투스두몽이 특허를 딴 것은 아마도 이것이 유일한 경우일 것이다. 그러나 그 어느 장치도 실제로 사용되지는 않은 것으로 보인다.

1926년 12월 A. 카밀로 지 올리베이라라는 지인이 스위스 글리옹쉬르몽트뢰에 있는 요양원 '발몽 클리닉'으로 그를 찾아왔다. 산투스두몽은 기분이 좋은 상태였다. 그는 올리베이라에게 손으로 직접 제본한 책들을 보여주었다. 그리고 두 사람은 그 이튿날 스키를 타러 가기로 했다. 그런데 그날 아침, 올리베이라가 깨어났을 때 산투스두몽은 없었다. 그가 쓴 메시지만 남아 있었다. "친구에게. 밤새 스키 탈 생각에 잠을 한숨도 못 잤다네. 나중에 보세. 다음에 타도록 하지. 지금은 나가서 스키를 탈 힘이 없어서 말이야."[3]

1926년은 산투스두몽에게는 실망스러운 해였다. 프랑스에 체류하는 동안 그는 카토르즈 비스호를 함께 만든 가브리엘 부아쟁이 이시레물리노에 연 사무실을 예고 없이 찾아갔다. 산투스두몽은 아무 말도 없이 안절부절못했다. 부아쟁이 어떻게 지내느냐 물어도 묵묵부답이다가 느닷없이 부아쟁의 열일곱 살 난 딸 자닌을 사랑한다며 결혼을 허락해달라고 했다. 부아쟁은 어안이 벙벙했다. 그가 여자에게 관심을 표명한 적은 한 번도 없었기 때문이다. 게다가 그는 자닌을 잘 알지도 못했다. 그러나 부아쟁은 섬약한 친구의 마음을 상하게 하고 싶지 않았다. 그래서 나이 차가 삼십육 년이나 나는 만큼 결혼은 어렵다고 찬찬히 설명해주었다.

1927년 8월, 올리베이라가 발몽 클리닉으로 다시 찾아왔다. 클리닉 원장 비트머 박사가 갑자기 와달라고 했던 것이다. "선생은 산투스두몽 씨와 사이가 좋은 것으로 알고 있습니다."[4] 비트머가 말했다. "그에게 기분을 상하지 않게 하면서 충고를 해줄 수 있는 유일한 분이실 겁니다. 우리는 산투스두몽 씨가 여기 머무는 것을 환영합니다. 다만 여기 너무 오래 칩거해 있으면 결국 본인에게 해가 되리라는 점을 알려드리지 않을 수 없습니다. '바깥세상'에 나가서 사는 게 두려울 수도 있어요. 하지만 그분은 장애가 있거나 허약한 게 아닙니다. 그리고 나중에 다시 오더라도 우리는 언제든 환영할 겁니다." 아닌 게 아니라 산투스두몽은 벌써부터 사회에 다시 나가는 것을 두려워하고 있었다. 석 달 전 찰스 린드버그가 대서양 횡단이라는 역사적 비행을 축하해달라며 마련한 파리 저녁 만찬 초대를 거절한 바 있었다. 산투스두몽은 초대장을 받고 눈물을 흘리면서도 선약이 있다는 핑계로 정중히 거절했다.

비트머 박사의 충고를 들은 올리베이라는 산투스두몽의 친척 한 명에게 연락했다. 산투스두몽의 조카 조르지 두몽 빌라레스가 달려와 외삼촌을 퇴원시켰다. 1928년 말, 산투스두몽은 브라질로 돌아갈 만큼 건강이 좋아졌다. 12월 3일, 배가 리우데자네이루만으로 들어서는 가운데 브라질 최고 과학자와 지식인 열두 명이 '산투스두몽호'로 명명된 수상비행기에 올라 환영 비행을 시작했다. 산투스두몽은 갑판에 서서 미소를 지으며 동포들이 아직도 자신을 기억하고 있다는 사실에 기쁨을 감추지 못했다. 그런데 비행기가 하강하면서 풍선과 색종이 조각을 뿌리는 순간, 기체가 폭발해 탑승자 전원이 사망하고 말았다. 좋아지던 산투스두몽의 건강이 다시 나빠진 것은 물론 브라질 과학계로서도 큰 손실이었다. "내가 온다고 축하 비행 같은 건 하지 말라고 그렇게 당부했는데……"[5] 산투스두몽은 축하 행사 주최자들에게 이렇게 말했다. "얼마나 무신경했으면 이런 참사가 난다는 말입니까. 이 보잘것없는 사람 하나 때문에 그렇게 많은 사람이 희생되다니요!" 산투스두몽은 코파카바나 해변에 있는 한 호텔로 들어가 부음기사를 찾아 읽고 몽땅 외워버렸다. 그리고 그다음주까지 사망자 열두 명 전원의 장례식에 모두 참석했다.

팔 년 전인 1920년, 산투스두몽은 리우데자네이루에 있는 세례요한 공동묘지에 본인이 영면할 묘를 마련했다. 그는 무덤 파는 일꾼들을 도와 흙을 직접 퍼날랐다. 그리고 생클루에 있는 이카로스상 모조품 제작을 주문하고, 후일 부모님 유해를 이곳으로 이장할 준비까지 끝마쳐놓았다. 본인의 묘 위치는 부모님 묘 사이로 잡았다. 1928년 수상비행기 참사사건 이후 그는 이 묘에 들러 흙을 움켜쥐고는 했다. 그는 수상비행기 참사사건이 머리에서 떠나지 않는다고 친구들에게 말하고 유럽으로 돌아가기로 결심했다. 유럽에 가면 그 악몽을 다시 떠올리게 할 만한 것이 별로 없을 것이라 생각했기 때문이다. 그는 다시 요양원을 찾았다.

1920년대 중반 잠깐이긴 하지만, 누구나 자가용 비행기를 갖게 하자는 "각자의 차고에 비행기를"이라는 산투스두몽의 꿈이 이루어질 것 같았던 시기가 있다. 모든 미국인이 차고에 차를 구비할 수 있게 자동차 값을 낮춘 한 혁신가의 노력 덕분이었다. 20세기 초 몇 년간 엄청난 가격 탓에 일반 가정이 자동차를 갖는다는 것은 어림도 없었다. 실제로 1906년 당시 프린스턴 대학교 총장 우드로 윌슨은 차가 없어 분노한 하층계급이 사회혁명을 일으킬지 모른다는 주장까지 했다. 윌슨의 우려는 1908년 헨리 포드가 T형 자동차를 생산하자 약화됐다. '플리버(싸구려 차)' 또는 '틴리지(털털거리는 자동차)'라는 별명으로 불린 T형 자동차는 조립 생산라인 혁신을 통해 일반인도 구매가 가능할 만큼 가격을 대폭 낮췄다. 1924년까지 포드는 플리버 1,500만 대를 팔아치웠다. 그런 다음, 포드는 항공기 제조 분야에 뛰어들어 1925년에 고가의 8인승과 12인승 상업용 비행기 판매를 시작했다. 대중은 포드에게 값을 낮춘 '에어리지air lizzie'를 만들어달라고 아우성쳤다. 비행에 열광한 이들은 신선한 공기의 고고도에서 '운전하는 것'이 건강에도 좋다는 주장까지 했다. 사회개혁가들은 평범한 노동자가 산이나 바닷가로 대거 이주해 현지에서 자가용 비행기를 타고 출퇴근하는 미래를 그려보였다.[6] 1926년 포드가 1인승 비행기 시제품 '포드 플라잉 플리버'를 선보이자 언론은 열광했다. 당시 분위기를 역사학자 조지프 콘은 이렇게 밝힌다.

> 뉴욕에서 발행되는 『이브닝 선』의 한 칼럼니스트는 그 작은 비행기를 타고 벌써 하늘 높이 날아오르는 상상을 했다. 그는 신형 비행기를 소유한 '기쁨'을 다음과 같이 묘사했다.
>
> 나는 천사가 되기를 꿈꾸었다네,
> 다른 천사들과 함께 높이 날아오르는 꿈.
> 하지만 지금 난
> 포드 비행기를 몰고 하늘을 날고 있다네.

포드는 거대도시가 아닌 농장이나 작업장 같은 곳에서도 인기가 대단했다. 포드도 시골 출신이다. 많은 사람이 포드의 노력을 예언자적인 것으로 여겼다. 농촌 지역의 한 언론인은 농장에서 키우는 겁 많은 가축들이 자동차 경적에 깜짝깜짝 놀란다는 사실은 까맣게 잊고 "농부가 자가용 비행기를 타고 농장 안마당에 착륙하면 닭들이 뛰어나와 환영할 것"이라고 주장했다.[7]

산투스두몽은 자가용 비행기 시대가 열릴 것 같다는 소식에 흥분했다. 그러나 그것은—다른 사람들도 마찬가지였지만—일장춘몽으로 끝났다. 1928년 2월 25일 비행기 성능을 조사하던 시험비행사 해리 브룩스가 포드 비행기를 몰다가 마이애미에서 추락해 사망했다. 포드가 세번째로 생산한 비행기였다. 비통에 빠진 포드는 항공기 사업에서 완전히 손을 뗐다. 그 이후 자가용 비행기의 꿈은 상상력이 강조된 일러스트 같은 데서만 표현됐다. 이를테면『포퓰러 사이언스』같은 잡지 표지에, 신이 난 사람들이 '자가용 헬리콥터'를 교외에 있는 차고에 밀어넣는 그림이 실리기도 했다. 그러나 현실에서 어떤 기술자도 누구나 조종할 수 있는 단순한 비행기를 만들진 못했다. 비행기 조종을 단순화하려다 보면 불가피하게 안전성이 떨어졌다. 조종장치가 그렇게 '복잡한' 데는 다 이유가 있었다. 하늘에 자가용 비행기가 많아지는 것도 골치 아픈 문제였다. 항공기술이 발달한 오늘날까지 역사적으로 프랑스 과학소설가 쥘 베른이 말한 "하늘의 자유"를 만끽한 인물은 산투스두몽 하나뿐이다. 꼬마 비행선 발라되즈 호를 몰 때처럼 비행의 편리함을 즐긴 사람은 그 말고는 없다. 그는 지상에 사뿐히 내려앉아 비행선 고삐를 막심 레스토랑 도어맨이나 불로뉴숲 폴로 경기장 마구간지기 소년에게 넘겨주곤 했다.

1929년 산투스두몽은『기계와 나_L'homme Mecanique_』라는 제목의 짧은 소책자를 써서 '후세'에 헌정했다. 출판되지 않은 이 소책자는 1, 2부로 구성되어 있는데, 2부는 초기 항공술의 발전사를 간략하게 개관하는 내용으로, 그 자신이 역사상 처음 비행기로 비행을 했다는 익히 해오던 주장을 담고 있다.

> 라이트 형제의 열렬한 지지자들은 1903년부터 1908년까지 북아메리카에서 비행을 한 것은 라이트 형제라고 주장한다. 레일을 따라 펼쳐진 데이턴 인근 벌판에서 여러 차례 비행을 했다는 것이다. 그런 말도 안 되는 주장을 듣고 나는 심히 놀라지 않을 수 없었다. 라이트 형제가 삼 년 반 동안 그토록 많은 비행을 했는데도, 발 빠르기로 유명한 미국 기자가 단 한 사람도 현장을 보지 못했다는 게 말이 되는가. 당시로서는 최고의 기삿거리였을 텐데.[8]

소책자의 서두에서 우리가 잘 몰랐던 내용을 소개한다. 스키를 신고 산기슭을 쉽게 오를 수 있게 해주는 장치(그는 자신의 이 발명품을 '화성인 변환기'라고 불렀다)에 대한 장황한 기술적 설명이다. 그는 배낭 크기의 초강력 모터가 일으키는 회전운동을 스키의 왕복운동으로 변환하는 법을 찾아냈음을 자랑스러워했다. '화성인 변환기'라는 명칭은 H. G. 웰스의 소설 『우주전쟁』에 경의를 표하는 뜻에서 붙인 것이었다. 이 작품에서 바퀴의 존재를 모르는 화성인은 "런던을 쑥대밭으로 만드는 거대한 전차를 포함해 모든 기계에 자동다리를 달아놓은" 것으로 나온다.[9] 산투스두몽은 스키 보조 장치가 카토르즈 비스호나 드무아젤호보다 훨씬 더 중요한 발명이라 생각했다. 그는 회전운동을 왕복운동으로 변환하는 동일한 원리를 이용해 팔에 붙이는 깃털 달린 날개를 제작할 수 있다고 설명했다. 등에 장착한 가벼운 모터로 동력을 공급받은 날개가 빠른 속도로 퍼덕여서 인간을 하늘로 날게 할 수 있다는 것이었다. 이 장치가 완성됐다면 발라 되즈호와 드무아젤호에서 시작된 비행 연구의 정점이 되었을 것이다. 세상에서 가장 작고 가장 간단한 개인용 비행기의 탄생이라고나 할까. 사실 기계라고 명명할 만한 것이 전혀 없는 장치였다. 기체도 없고, 악천후로부터 보호해주고 또 지상으로 추락할 때 충격을 완화해줄 만한 동체 뼈대도 없다. 완전히 비현실적인 아이디어였지만 그의 낭만적인 기질에 기가 막히게 잘 어울리는 발상이었다. 어찌 보면 하늘을 날겠다고 날개를 붙이고 높은 데서 뛰어내리다 추락사하곤 했던 중세로 회귀한 거였다. 그는 인간에게 날개를 줄 수만 있다면, 그리하여 적극적인 이동의 자유를 줄 수만 있다면, 자신의 항공술은 확고한 업적이 되리라 생각했다. 그러나 요양원에서 연구를 거듭하다 실패한 후에는 그런 발상을 밀어붙일 힘을 더이상 가지지는 못했다.

1930년 10월 3일, 조국 브라질에서 혁명이 일어났다는 심란한 소식이 들려왔다. 오랫동안 우정을 이어온 친구 안토니우 프라두가 투옥되자 산투스두몽은 프라두의 아내에게 편지를 보냈다. "브라질에서 들리는 소식에 더 아파졌습니다. 이러다가 미쳐버리는 것은 아닌지 두렵습니다. 지금은 사설 병원에 있습니다."

한창 비행하던 시절, 산투스두몽이 구사일생으로 죽음을 면한 건 한두 번이 아니었다. 그런데 이제는 고개를 돌리는 곳곳에서 죽음과 마주쳐야 했다. 동족상잔의 브라질혁명이 터진 그 이튿날, 인도로 출항한 영국 비행선 'R101호'가 프랑스 보베 산허리에 추락해 승객 마흔여덟 명이 사망했다. 비행선 여행의 안전성을 과시하려고 대대적인 홍보까지 했던 비행선이었다. 산투스두몽은 이 사고를 보면서도 크게 자책했다.

1931년 프랑스 비아리츠의 요양소에 머물던 산투스두몽을 조카 조르지가 다시 퇴원시켰다. 두 사람은 브라질로 돌아갔다. 이듬해 '헌정수호혁명'이라는 이름으로 브라질 내전이 일어났다. 상파울루 지역 민주주의 수호세력이 독재 성향이 점점 강해지는 제툴리우 바르가스 대통령에 맞서 반란을 일으켰다. 반란 초기 조르지와 산투스두몽은 상파울루 시내에 거주했지만 주치의는 더 한적한 장소로 가는 게 좋겠다고 권했다. 조르지는 외삼촌을 생각해 해안 휴양도시 과루자에 호텔을 잡았다. 둘은 아침 점심을 호텔 식당에서 먹었다. 종종 산투스두몽을 알아본 손님이 다가와 인사하려고 하면 조르지는 그가 병중이니 조용히 식사를 해야 한다고 양해를 구했다. 조카 외에 산투스두몽이 대화를 나눈 건 호텔 밖 해변에서 조가비를 줍는 아이들뿐이다. 그는 이제 외모도 전혀 돌보지 않았다. 흐트러진 모습은 한때 패션을 선도한 사람이 정말 맞나 싶을 정도였다. 호텔에서도 정장을 입지 않았다. 저녁때는 정장을 착용해야 했으므로 산투스두몽과 조르지는 매일 룸서비스로 객실에서 저녁을 먹었다.

조르지는 아침마다 일찍 일어나 정부군이 상파울루 시민을 폭격하고 있다는 조간신문 기사들을 오려냈다. 가슴 아픈 소식을 외삼촌이 못 보게 하려는 의도였다. 그러나 오래 속일 수는 없었다. 1932년 7월 23일 호텔 로비에 있던 산투스두몽은 비행기가 스쳐가며 인근 목표물에 폭탄을 투하하는 소리를 들었다. 그는 모르는 척 조카에게 심부름을 보낸 뒤 엘리베이터를 타고 객실로 올라갔다. 그로부터 육십팔 년 후 엘리베이터 보이였던 올림피우 페레즈 문호스는 산투스두몽이 엘리베이터에서 내리면서 했던 고뇌에 찬 독백을 기억해냈다. "내 발명품이 형제지간에 유혈사태를 불러올 줄은 정말 몰랐어. 내가 무슨 짓을 한 거지?"[10]

산투스두몽은 침실로 들어가 몇 달 만에 처음으로 정장으로 갈아입었다. 그는 벽장을 뒤져 파리에서 비행하던 시절 착용했던 진홍빛 넥타이 두 개를 찾아냈다. 넥타이를 목에 걸고 매듭을 지은 뒤 의자 하나를 들고 욕실로 갔다. 삼촌을 혼자 둔 것이 영 찜찜했던 조카가 돌아왔을 때는 이미 늦었다. 쉰다섯의 산투스두몽은 욕실 걸쇠에 건 넥타이 끝에 매달려 있었다. 몸이 아주 가벼운 사람만이 택할 수 있는 방식이었다.

현지 경찰은 호텔 객실을 봉쇄하고 산투스두몽이 심장마비로 사망했노라고 발표했다. 바르가스 대통령 선의 고위층에서 그렇게 하라고 명령했을 가능성이 높다. 검시관은 사망증명서를 위조했다. 산투스두몽의 타계 소식이 전해지자 반군과 정부군은 사흘간 휴전을 선언했다. 그의 고향 카방구는 산투스두몽시로 이름이 바뀌었다. 상파울루에서는 관에 누운 산투스두몽에게 애도를 표하고자 양측 전투원이 뒤섞인 채로 수 킬로미터씩 줄을 섰다. 조문객은 비행선 모양의 화환을 놓고 갔다. 정식 장례식은 내전이 끝나고 시신을 리우데자네이루로 안전하게 옮길 수 있을 때까지 여섯 달 뒤로 연기됐다. 관을 멘 사람들이 그가 미리 마련해둔 무덤에 시신을 눕히는 순간, 전 세계의 조종사 수천 명이 비행기 날개를 땅 쪽으로 기울였다. 그를 보내는 마지막 경의의 표시였다.

브라질의 심장을 찾아
― 리우데자네이루, 2000년

한 인간이 얼마나 위대했는지 사후에 알아볼 수 있는 한 징표로, 주검이 무덤에 온전히 매장되지 못하는 일이 빚어지곤 한다. 아인슈타인의 뇌와 레닌의 뇌가 그랬던 것처럼 그것은 과학 연구를 목적으로 하는 장기 적출이 아니다. 광신적인 추종자들이 시신 일부를 떼어 위인을 상징하는 기념물로 삼으려고 해서 생기는 일인 것이다. 갈릴레이의 운명이 그랬다. 이이탈리아 천문학자의 시신이 사후 근 한 세기 만인 1737년에, 산타크로체 교회묘지로 이관됐다. 그러자 그의 열렬한 추종자였던 안톤 프란체스코 고리는 시신에서 오른손 가운뎃손가락을 떼어냈다. 오늘날 이 손가락은 피렌체 과학사박물관의 설화석고 기둥 위 자그마한 투명 유리 상자 속에 보관되어 있다. 기둥 맨 밑에는 라틴어로 다음과 같은 명문이 새겨져 있다. "이것이 그 유명한 천문학자가 천체를 연구하고 광대무변한 우주를 가리켜 보이던 손가락이다. 그는 유리알로 만든 놀라운 도구를 가지고 이 손가락으로 새로운 별들을 찾아내어 우리에게 보여주었다. 그리하여 요정 나라의 여왕 티타니아도 결코 해내지 못한 업적을 이룰 수 있었다." 교회 당국이 갈릴레이를 심하게 고문하자 갈릴레이가 이 가운뎃손가락을 쳐들어 조롱했다는 우스갯소리도 있다.

폴란드 작곡가 쇼팽은 1849년 파리에서 사망하기 직전에 갈릴레이의 손가락을 생각하고 있었다. 그는 폴란드를 강점하고 있던 러시아가 자신의 시신이 바르샤바로 가지 못하게 방해할 것이란 점을 우려했다. 그래서 누이인 루드비카에게 부검할 때 심장을 떼어내서 단지에 담아 조국으로 가져가달라고 당부했다. 루드비카는 쇼팽의 심장을 빼돌리는 데 성공했고 바르샤바의 성십자가 교회묘지에 심장을 담은 단지를 숨겨놓았다. 1939년 바르샤바 공습으로 교회 건물이 상당 부분 파괴되었지만 단지는 무사했다. 오늘날에는 재건된 교회의 기둥 밑에 그 심장이 묻혀 있다. 폴란드인들은 이 교회를 찾아 쇼팽에게 경의를 표한다. 슬프면서도 영감을 주는 그의 음악은 조국 폴란드의 아프고도 당당한 역사를 고스란히 보여주는 듯하다. 그의 심장은 나치의 공격도 견뎌냈다.

1932년 산투스두몽이 사망했을 때 시신의 방부처리를 책임진 것은 발터 하버필드 박사였다. 브라질 내전이 끝난 뒤 상파울루에서 리우데자네이루로 안전하게 시신을 옮겨 정식 장례를 치를 때까지 시신의 손상을 막기 위한 조치였다. 하버필드 박사는 쇼팽의 심장 이야기를 잘 알고 있었다. 그래서 시체안치소에 혼자 있을 때 산투스두몽의 심장을 떼어냈다. 그는 소나 양처럼 산투스두몽의 심장이 매우 크다는 사실을 알고는, 이것이야말로 이 심장의 소유자가 영웅적이고 관대한 인물임을 보여주는 징표라고 여겼다. 박사는 심장을 포름알데히드 용액이 든 단지에 넣은 뒤 코트

안깃에 숨겨 집으로 가져갔다. 하버필드는 바르가스 정권이 시신을 제대로 관리할지 의심스러웠다. 산투스두몽은 브라질 국민 전체의 영웅이기에 최소한 심장만이라도 국민이 소유하는 것이 마땅했다. 십이 년 뒤인 1944년 하버필드는 산투스두몽의 가족과 접촉해 그동안 보관해왔던 장기를 넘겨주겠노라고 했다. 그러나 가족들은 부담스러워했고, 그래서 박사는 심장을 정부에 기증했다. 단 대중에게 공개해 누구나 자유롭게 방문해 '작은 산투스'의 영혼과 교감할 수 있도록 한다는 조건을 달았다. 그 조건은 수용됐다. 오늘날 산투스두몽의 심장은 리우데자네이루 외곽 캄푸도스아폰소스 공군사관학교의 작은 박물관이 전시와 소장을 담당한다. 그러나 그곳으로 순례를 가는 브라질 사람은 거의 없다. 심장이 거기에 있다는 것조차 잘 모르기 때문이다.

2000년 1월 말, 나는 코파카바나에서 택시로 한 시간을 달려 박물관에 도착했다. 그때껏 사람의 심장을 본 적이 없었기에 과연 어떤 모습일지 궁금했다. 산투스두몽처럼 키가 작은 준장 계급의 박물관장이 사무실로 안내하더니 진한 커피를 대접해주었다. 벽에는 평소보다 명랑하고 활기찬 모습의 산투스두몽 초상화가 걸려 있었다. 장군은 브라질에서 가장 낭만적인 영웅을 기념하는 박물관에서 근무하는 게 영광이라고 했다. 그는 옛날 비행기가 잔뜩 전시된 격납고로 나를 데려갔다. 격납고 안을 거니는데 젊은 병사 서너 명이 보였다. 장군보다 머리 하나둘 정도는 큰 그 병사들이 갑자기 차렷 자세를 취했다. 청바지에 운동화 차림으로 나는 난생처음 거수경례를 받았다. 자유와 방종의 시대였던 1960년대에 청소년기를 보낸 나는 어떻게 할지 몰라 얼떨결에 거수경례로 맞받았다.

사전에 각본이라도 짠 것처럼 병사들 전원이 오른팔을 뻗어 저쪽에 있는 실물 크기의 카토르즈 비스호 복제품을 가리켰다. 대나무와 하얀 실크로 만든 복제품은 정교한 것이 마치 일본 가구 같았다. 카나르 스타일의 비행기 카토르즈 비스호는 그 당시 동료 비행사들에게 엄청난 충격을 주었지만, 지금 와서 보니 더러 지적을 받는 것과는 달리, 미운 오리새끼처럼 보이지는 않았다. 참으로 우아하고도 아름다웠다.

장군은 전화가 왔다며 자리를 비웠다. 영어를 곧잘 하는 병사가 안내하는 대로 나는 카토르즈 비스호 앞으로 다가갔다. "생각해보세요." 병사가 말을 이어갔다. "아무도 하늘을 난 적이 없는 시대에 이 비행기를 몰고 처음으로 하늘을 날려면 얼마나 대단한 용기가 필요했겠어요. 선생님이나 저 같은 사람은 그런 용기를 선뜻 가질 수 없을 겁니다. 게다가 아주 크기가 작아서 우리 같은 사람은 탈 수도 없었을 거에요."

곧이어 병사는 나를 산투스두몽의 기념품과 기록이 전시된 작은 방으로 데려갔다. 한 유리 상자에는 그의 트레이드마크인 높이 올린 셔츠 칼라가 놓여 있었다. 세월 탓인지 노랗게 색이 바랬다. 가장 화려할 때의 모습을 담은 사진도 있었다. "저분은 우리나라의 영혼입니다." 진짜 사나이처럼 잘생긴 병사가 말했다. 산투스두몽이 18세기 독립운동가 치라덴치스보다 더 많은 사람에게 감동을 주었음이 분명했다.

나는 존경의 마음을 품고서 산투스두몽의 사진을 한참 들여다보다가, 궁금해 못 견디겠다는 티를 내지 않으려고 노력하면서 넌지시 병사에게 물었다. "실례하지만 심장은 어디에 있나요?"

"저기요." 병사는 이렇게 답하며 황금을 입힌 지름 25.4센티미터 구에 대고서 거수경례를 했다. 구는 날개 달린 작은 인물상이 두 손으로 떠받치고 있었다. 아마도 이카로스상인 듯하다. 구에는 남반구의 밤하늘을 수놓는 주요 별들을 나타낸 구멍이 곳곳에 뚫려 있었다. "구 안에 유리병이 있고, 병 안에 심장이 들어 있습니다." 병사는 그 구에 다시금 거수경례를 하고 차렷 자세를 취했다. 나는 별의 구멍으로 안을 들여다보려 했지만 구멍이 너무 작고 전시실 조명이 밝지 않아 잘 보지 못했다. "심장은 잘 안 보여요." 병사가 답했다. "색소가 다 빠지고 방부액 안에 떠 있어서 그래요. 하지만 그걸 본다면 브라질의 심장을 보시는 겁니다."

나는 엄숙한 표정으로 고개를 끄덕이곤 다시 구멍 안을 들여다봤다.

병사가 자세를 풀면서 내게 물었다. "그런데, 선생 나라 사람들은 왜 라이트 형제가 최초의 비행사라고 주장하나요? 형제가 그 해변이라는 곳에서 비행하는 걸 본 사람이 아무도 없는데. 증인이 없으면 아무나 무슨 주장이든 할 수 있잖아요. 산투스두몽이 한 비행은 온 파리가 다 봤습니다. 왜 세계가 그분을 잊었을까요? 게다가 비행기를 파괴용으로 사용해선 안 된다는 그분 메시지까지 잊지 않았습니까? 그랬다면 얼마나 많은 목숨을 구할 수 있었겠습니까?" 병사는 잠시 말을 끊고 플로어를 내려다봤다. "우리가 그분 메시지를 따랐다면 지금 브라질 공군도 필요 없겠지요. 그럼 저도 다른 업무를 하고 있을 테고요." 병사가 눈가를 비비면서 말했다. "선생님이 산투스두몽에 대해 온 세상에 말해주셔야 합니다. 브라질의 영광을 위해 꼭 그렇게 해주세요!"

이 책을 쓰기까지

Santos Dumont

대부분의 미국인이 그렇겠지만 나도 이 책을 쓰기 전까지 산투스두몽이란 이름을 들어본 적이 없었다. 1996년 친구인 매트 프리드먼이 브라질 여행을 다녀온 적이 있다. 매트는 내가 새 책의 소재를 물색하고 있다는 걸 알고는 산투스두몽 이야기를 써보는 게 어떻겠느냐고 제안했다. 브라질에 갔더니 도처에서 흔적을 느낄 수 있을 만큼 매력적인 인물이라는 거였다. 사람들은 그를 전설적인 인물로 높이 떠받들고 있다고 했다. 과단성, 독창성, 쇼맨십, 가난한 이들에게 아낌없이 내어주는 따스한 마음이 하나로 결합된, 시대정신을 가장 긍정적으로 구현한 인물이라고. 직접 확인해보고 싶은 마음에 2000년 1월 나는 브라질로 날아갔다.

그런데 미국 땅을 벗어나기도 전에 그의 신비한 매력을 체험할 수 있었다. 시카고 오헤어 국제공항에서 나는 리우데자네이루에 도착하면 랩

톱을 쓰는 데 필요한 컨버터와 전화선 어댑터를 구매할 생각으로 컴퓨터 용품 가게에 들렀다. 그런데 공교롭게도 점원이 브라질 사람이었다. 그는 왜 자기 나라에 가느냐고 물었다. 나는 산투스두몽에 관심이 있어서라고 했다. 그러자 점원은 다른 점원이 이쪽을 보는지 유심히 살피더니 어댑터 등속을 내 손에 꾹 찔러주었다. "그냥 가져가요." 점원은 나직이 속삭였다. "아저씨는 산투스두몽 친구니까."

브라질에 도착해서도 가는 곳마다 비슷한 대접을 받았다. 리우데자네이루에 도착한 첫날 중고서점 여섯 군데를 들렀다. 나는 포르투갈어는 전혀 못했고 통역도 못 구한 상태였다. 그런데 가는 책방마다 주인한테 "산투스두몽……"이라고 하면 항상 똑같은 반응을 보였다. 흐뭇한 표정으로 고개를 끄덕거리는 거였다. 책을 고르던 손님들도 그 자리에 멈춰 서서 나를 보며 활짝 웃어보였다. 오헤어 공항에서 했던 것처럼 공짜 선물을 주는 곳은 없었지만, 몇몇 서점에서는 내가 먼저 말을 꺼내지도 않았는데 책값을 반으로 깎아주었다.

그날 저녁 나는 전통 브라질식 바비큐 식당인 슈하스카리아에서 식사를 했다. 투숙한 바닷가의 호텔 근처에 자리한, 리우데자네이루에서도 유명한 주문 뷔페식 식당이었다. 수많은 웨이터가 날카로운 나이프와 쇠고기, 돼지고기, 닭고기를 끼운 기다란 쇠꼬챙이를 들고 테이블 주위를 정신없이 돌아다녔다. 테이블에는 컵받침 세 개가 포개져 있었다. 녹색, 노란색, 빨간색 컵받침이다. 녹색 컵받침을 맨 위에 올려놓으면 쇠꼬챙이를 든 웨이터들이 달려와 고객이 먹기가 무섭게 접시에 고기를 양껏 썰어준다. 노란색 컵받침을 맨 위에 놓으면 좀 천천히 썰어달라는 뜻이다. 빨간색 컵받침은 신경 쓰지 말고 그냥 놓아두라는 뜻이다.

나는 빨간 컵받침을 올려놓고 대낮에 중고서점에서 산 산투스두몽 관련 책들을 한창 훑어봤다. 사진도 많았다. 흥미로운 장면이 눈길을 끌었다. 망가진 산투스두몽 5호가 트로카데로 호텔 지붕 밑에 매달린 사진, 검은색 정장을 입은 산투스두몽이 샹젤리제의 자기 아파트 앞에 착륙해 발라되즈호에서 걸어나오는 사진, 일부 사진에서는 움푹 들어간 두 눈이 서글퍼 보였고, 콧수염에 덮인 입술도 미소와는 거리가 멀었다. 신기록을 세웠거나 새로 건조한 비행기의 시험비행에 성공한 기분이 매우 좋았을 것 같은 순간에 촬영한 사진인데도 그랬다.

잠시 그렇게 사진을 살펴보는데 웨이터 하나가 필레미뇽을 꿴 쇠꼬챙이를 흔들며 테이블로 다가왔다. 빨간색 컵받침을 못 본 걸까? 그런데 그는 고기를 썰어주러 온 게 아니었다. "라이트 형제네요. 이건 캐터펄트고!" 못마땅하다는 듯이 말을 뱉었다. 나는 말을 붙여보려 했지만 그가 영어가 짧아 대화가 곧 끊겼다.

그렇게 리우데자네이루에서 딱 하루를 지냈을 뿐인데도 산투스두몽이 평범한 브라질 사람들에게 얼마나 매력적인 인물로 남아 있는지 체감할 수 있었다. 나는 저녁을 먹으면서 자료조사를 철저히 해서 그의 전기를 쓰기로 결심했다. 얼마 후 리우데자네이루의 언론들은 내가 브라질이 낳은 영웅에게 관심이 있다는 걸 알고 전기 집필계획을 대서특필해주었다. 나는 기자들에게 기사에 내 이메일 주소도 반드시 같이 기재해달라고 부탁했다. 더불어 비행사 산투스두몽의 편지나 유품, 추억 같은 것이 있으면 꼭 연락해달라고 독자들에게 당부했다. 일차자료를 찾는 데 어려움이 컸기 때문이다. 산투스두몽은 직계 자손이 없는 탓에 각종 기록들이 여기저기 흩어져 있었다. 더구나 스케치나 노트 같은 것은 다 없애버렸다. 그가 머물던 요양원들도 진료 기록을 보관하고 있지 않았다. 상파울루박물관에서 소장하던 비행선들과 기타 중요한 유품들도 일부는 도둑을 맞거나 못된 자들이 망가뜨린 상태였다.

이메일 주소를 알린 게 결국 큰 도움이 되었다. 브라질 사람 서른여섯 명이 포르투갈어로 된 자료를 영어로 번역해주겠다고 나섰다. 더욱이 공짜로 일을 해주겠다는 사람들도 많았다. 그 이유는 '누군가 거짓 없는 산투스두몽 전기를 써서 브라질 바깥세상에 그가 어떤 인물인지 널리 알리는 것이 중요하다'고 생각하고 있었기 때문이다. (브라질에서 나온 전기들은 구체적인 내용이 빈약할 뿐더러, 아주 긍정적인 측면만 쓰거나, 부정적인 측면마저 긍정적으로 서술하려는 경향이 있었다. 1962년에 출판된 영문판 전기도 나로서는 작업 초기에 엄청난 도움을 받긴 했지만, 불완전하고 오류투성이였다. 예를 들면, 초입부터 산투스두몽이 칠남매 중 막내라고 서술하는 식이었다. 팔남매 중 여섯째였는데 말이다……) 그밖에도 연락을 준 사람이 네 명 더 있었다. 그분들이 보관하고 있는 집안 유품 중에는 산투스두몽이 파리에서 비행한 광경을 직접 목격한 기록과 산투스두몽한테서 받은 편지가 포함되어 있었다. 그렇게 해서 나는 산투스두몽의 육필편지 수백 통을 확보하게 되었다. 그야말로 가치를 가늠할 수 없는 물품이었다. 특히 세계 곳곳을 돌아다닌 그가 어떤 시기에 어디에 있었는지 파악하는 데 엄청난 도움이 됐다. 산투스두몽은 브라질에도 집이 두어 군데 있었고, 프랑스에서도 파리와 베네르빌에 거주했고 유럽 여러 요양원에도 있었다.

내가 확보한 산투스두몽 유품에는 자신의 활동을 성찰한 미출간 원고, 마지막 편지, 드무아젤호의 날개부 스케치, 명함, 정신과 치료 영수증을 비롯해, 유년기의 희귀 사진도 있었다. 그가 비행하는 것을 직접 본 사람은 남아 있지 않을 성싶었다. 있다면 100살 안팎일 테니까. 그래도 혹시나 싶어 이들을 추적해봤다.

리우데자네이루에서 서쪽으로 320킬로미터 떨어진 미나스제라이스주의 주도 벨루오리존치. 와인과 파스타를 파는 한 심야업소에서 여든둘의 웨이터를 만났다. 올림피우 페레즈 문호스. 노인은 산투스두몽이 말년을 보낸 상파울루의 해안도시 과루자의 호텔에서 엘리베이터 보이로 일했다. 산투스두몽의 마지막을 본 문호스 씨는 그가 세상을 떠날 때의 뒤숭숭한 상황과 정부가 사망증명서를 조작했다는 사실을 증언해줬다.

산투스두몽의 가족은 한때 그의 친구들과 브라질 군부와 공모해, 그의 삶과 죽음에서 영웅적인 면모를 손상시킬 부분은 철저히 은폐했다. 그러나 오늘날 그의 친척들은 진실을 찾고 있고 내게도 큰 도움을 주었다. 리우데자네이루에서 사는 종손녀 소피아 헬레나 도즈워스 원덜리는 용감한 비행사 산투스두몽에 얽힌 추억을 말해주었고, 한때 그를 곤경에 빠뜨렸던 독일제 자이스 망원경도 보여주었다. 그 망원경은 그녀의 거실에서 가장 눈에 띄는 물건이었다. 그녀의 호의로 일주일간 그 아파트에서 먹고 자며 19~20세기 전환기의 대형 신문스크랩북 여섯 권을 복사할 수 있었다. 창공과 지상에서 산투스두몽의 일거수일투족을 담은 기사들이었다. 스크랩북은 원래 산투스두몽의 것으로, 지금은 고인이 된 소피아의 남편 넬슨 원덜리 장군이 지하실 침수 때 큰 트렁크에서 발견했다 한다. 과거 산투스두몽은 파리, 런던, 뉴욕 세 곳의 클리핑 서비스에 가입해 전 세계 신문에 실린 자신의 기사를 찾아 보내도록 했다. 그 스크랩북에 보존된 수백 건의 기사 덕에 몇 달간 온갖 신문을 일일이 뒤져야 하는 수고를 덜 수 있었다. 이 자리를 빌려 성심껏 도와준 소피아와 그 아들 아우베르투 도즈워스 원덜리에게 감사드린다. 이 책의 브라질판 발행자인 에디토라 오브젝티바 출판사의 알레산드라 블로커 선생에게도 고마움을 표한다. 선생은 사무용품점과 접촉했지만 번번이 복사기를 구하지 못해 애간장을 태울 때 소피아의 아파트로 복사기를 보내주었다.

역시 산투스두몽의 친척인 상파울루의 스텔라 빌라레스 기마랑이스는 할아버지가 아우베르투 삼촌에 대해 해준 얘기를 전해주었다. 그래픽 디자이너인 스텔라는 대형 광스캐너를 상파울루에서 리우데자네이루까지 가져왔다. 그 덕분에 우리는 소피아가 소장한 스크랩북에 들어 있는 옛날 사진들을 맘껏 복사할 수 있었다. 이 책에 여러 컷의 사진을 실을 수 있었던 것은 모두 스텔라의 배려 덕분이라고 할 수 있다.

산투스두몽의 증종손자 마르쿠스 빌라레스는 1973년 산투스두몽 탄생 100주년 때 브리태니커백과사전 브라질 지국에서 개최한 행사가 있었다고 알려주었다. 산투스두몽 관련 물품을 브라질 지국 정보센터로 보내면 상품을 주는 행사였다. 그 행사의 조직자였던 마리우 랑글리 씨는 당시 문건 수백 건의 사본을 제공해주었다.

나 역시 여러 신문을 샅샅이 뒤졌다. 『뉴욕 헤럴드』를 비롯해 19~20세기 전환기에 발행된 유명 정기간행물들을 열람하느라 마이크로필름 판독기에서 눈을 떼지 못한 채 일 년을 보냈다. 대부분 간행물은 색인이 없었다. 『뉴욕 헤럴드』 같은 신문은 지역마다 발행되는 판이 많이 달라서 한 면씩 일일이 들여다보아야 했다. 그런 식으로 해서 스크랩북에 없는 신문기사 오백 건을 추가로 찾아냈다. 일차자료를 구한 곳은 리우데자네이루 역사지리연구소, 리우네자네이루국립도서관, 캄푸도스아폰소스항공박물관, 페트로폴리스산투스두몽박물관, 산투스두몽시시립도서관, 카방구생가재단, 런던영국도서관, 런던왕립항공협회, 영국왕립학회, 미국의회도서관, 파리포르네도서관, 워싱턴DC국립항공우주박물관, 뉴욕공립도서관, 시카고대학도서관, 시카고뉴베리도서관 등이다.

브리태니커백과사전 시카고 지국 수석 사서 산테 우돈 씨는 희귀한 문건을 추적하는 데 도움을 주었다. 미국 미주리주역사학회는 산투스두몽의 세인트루이스 방문 관련 자료를 제공해주었다. 카르티에인터내셔널은 문서고를 개방해서 손목시계의 기원에 관한 자료를 살펴볼 수 있게 배려해주었다. 또 파리에 있는 (조르주 구르사를 기리는) 상협회는 베네르빌에 있던 산투스두몽 집에 관한 자세한 내력을 제공해주었다.

나는 조사원 두 명, 리우데자네이루의 주앙 마르쿠스 베겔린과 파리의 마리나 쥘리앵을 채용해 포르투갈어와 프랑스어로 된 자료를 찾도록 했다. 주앙과 마리나는 추가 자료를 발굴해 번역해주었다. 주앙은 브라질 벨루오리존치와 산투스두몽시의 카방구에 갈 때도 동행해주었다. 그의 헌신적인 기여는 참으로 값진 것이었다. 여기 미국에서는 세르지우 알메이다와 에벌린 펠스텐이 번역과 관련해 도움을 주었다.

산투스두몽이 증조부 아제노르 바르보사에게 쓴 편지 사십 통을 제공해준 세르지우 바르보사 선생에게도 감사의 뜻을 표하고자 한다. 리우데자네이루의 천문학박물관 관장 엔히크 린스 지 바로스 선생은 연구의 출발점에 관해 중요한 조언을 해주었다. 카방구생가재단 사무국장 모니카 카스텔로 브랑코 엔히크 씨는 산투스두몽의 어린 시절 집 관련 자료를 알려주었다. 워싱턴DC국립항공우주박물관의 톰 크라우치 선생은 라이트 형제에 관한 서술을 읽고 도움말을 주었다. 같은 박물관의 댄 하게도른 선생은 남미 쪽 자료에 대해 중요한 정보를 주었다. 베이츠칼리지의 레베카 허직, 하버드대 피터 갤리슨, 스탠퍼드대 조지프 콘 선생은 19세기 말의 기술 낙관주의 에토스를 이해할 수 있는 자료를 권해주었다. 원고를 담당한 히페리온 출판사 편집자 윌 슈월브, 포스에스테이트 출판사의 캐서린 블리스는 내게 격려와 지원을 아끼지 않았다. 피터 맷슨은 산더미 같은 산투스두몽 관련 기사에 파묻혀 헤맬 때 많은 격려를 해주었다. 캐롤린 월드론은 '과묵하지만' 노련한 솜씨로 교열을 봐주었다. 동생 토니는 나를 위해 클립으로 카토르즈 비스호와 드무아젤호의 모형을 정교하게 만들어주었다. 아내 앤은 내가 밤늦게까지 원고와 씨름하다가 새벽에 잠이 들 때까지 어린 알렉산더를 잘 돌봐주었다. 마지막으로 아들 알렉산더에게도 인사를 보낸다. '아빠 책이 나오면 사람들이 많이 봐야 할 텐데……' 하고 걱정해주던 그 녀석은 〈멋진 비행사들Those Magnificent Men in their Flying Machines〉이란 영화를 벌써 몇 번이나 봤는지 모른다.

후주

내가 이 책에서 인용한 자료들은 애당초의 원문을 그대로 따른 것임을 밝혀둔다. 가장 빈번히 인용한 자료는 『뉴욕 헤럴드』 신문과 자서전 『나의 비행선*My Air-Ships*』이다. 『뉴욕 헤럴드』는 NYH로, 『나의 비행선』은 SD로 약칭한다. 『뉴욕 헤럴드』 자매지 『파리 헤럴드』는 산투스두몽이 비행하던 시절 파리 유일의 영자신문이었다. 발행인 제임스 고든 베넷은 산투스두몽의 친구였고, 초기 항공술 발전을 열렬히 후원한 인물이었다. 그 덕분에 『뉴욕 헤럴드』와 『파리 헤럴드』에는 산투스두몽 관련 기사가 유독 많다. 나는 관련 기사를 『뉴욕 헤럴드』에서 주로 인용했다. 그러나 거의 대부분의 기사가 당일이나 전날 『파리 헤럴드』에도 똑같이 실렸다.

산투스두몽이 자서전을 쓴 것은 서른 살 때였다. 따라서 비행기록은 1903년 산투스두몽 9호 '발라되즈호'까지만 남아 있다. 이후 펼쳐졌던 중항공기 비행을 기록한 것은 남아 있지 않다. 프랑스어로 집필된 산투스두몽의 회고록은 원래 1904년 파리 샤르팡티에-파스켈Charpentier et Fasquelle 출판사에서 『창공에서*Dans l'airs*』라는 제목으로 처음 나왔다. 그리고 이후 런던 그랜트리처즈Grant Richards 출판사와 뉴욕 센추리컴퍼니Century Company 출판사에서 『나의 비행선』이라는 제목으로 출간됐다. 포르투갈어판 『나의 기구들*Os Meus Balões*』은 이보다 조금 뒤에 나왔다. 내가 이 책에서 인용한 자서전 출처(쪽수)는 센추리컴퍼니 판본을 따랐다. 센추리컴퍼니 초판본은 구하기가 어렵다. 하지만 도버 출판사Dover Publications에서 1973년 복간본이 나온 바 있다.

다른 자료는 대부분 당시 신문, 잡지에 실린 기사로, 여러 박물관과 도서관 마이크로피시 기사철, 산투스두몽의 두꺼운 스크랩북에서 찾아낸 것들이다. 그중 기사 일부가 찢겨 나간 것도 있다. 날짜가 불명확하거나 제목이 허술한 것은 그 때문이다. 또한 한 신문에는 15미터를 날았다고 된 것이 다른 신문에는 150미터라고 된 것도 있고, 한 기사에서는 3마력짜리 엔진으로 돼 있는데 다른 기사에서는 300마력짜리 엔진으로 된 것도 있다. 이러한 차이는 인쇄상 오류일 수도 있고, 제삼자의 증언을 전해 듣고 쓰느라 그런 것일 수도 있고, 내용을 잘 모르는 목격자의 말에 의존해 그런 것일 수도 있다. 산투스두몽이 비행 기록을 잘못 기억했거나 엉터리로 꾸며낸 것도 있다. 그런 만큼 진실에 더 가까운 그림을 그리려면 다종다양한 자료를 철저히 비교하고 검토해야 한다.

프롤로그

1 (London) Times, Nov. 26, 1901.

1장

1 SD, 18쪽.

2 같은 책, 19~20쪽.

3 같은 책, 23~24쪽.

4 같은 책, 24~25쪽.

5 Encyclopaedia Britannica, vol. 1, ninth edition, Scribner, 1875, 189쪽.

6 같은 책, 185쪽.

7 L. T. C. Rolt, *The Aeronauts: A History of Ballooning 1783~1903* (Walker, 1966), 25쪽.

8 같은 책, 34쪽.

9 Encyclopaedia Britannica, 189쪽.

10 Rolt, *The Aeronauts*, 26~59쪽.

11 M. C. Flammarion, *Travels in the Air*, 159쪽; Rolt, 28~29쪽 재인용.

12 Lee Kennett, *A History of Strategic Bombing*, Scribner, 1982, 1쪽.

13 SD, 27쪽.

14 같은 책, 33쪽.

2장

1 SD, 34쪽.

2 Joseph Harris, *The Tallest Tower*, Regnery Gateway, 1979, 28쪽.

3 같은 책, 28쪽.

4 같은 책, 22쪽.

5 같은 책, 122쪽.

6 같은 책, 144쪽.

7 Burton Holmes, *Paris*, Chelsea House Publishers, 1998, 90~93쪽.

8 Eugen Weber, *France, Fin de Siècle*, Harvard Univ. Pr., 1986, 74쪽. 이 책은 세기 전환기 파리의 일상을 다각도로 분석한 역작이다.

9 같은 책, 74쪽.

10 같은 책, 76쪽.

11 전기의자는 같은 책, 73~74쪽 참조.

12 SD, 35~37쪽.

13 Santos-Dumont, *O Que eu Vi, O Que nós Veremos*, Peter Wykeham, Santos-Dumont, Harcourt, 1962, 28~29쪽 재인용.

14 같은 책, 32쪽.

15 SD, 38쪽.

16 Weber, 같은 책, 63~64쪽. 이런 풍습은 21세기에 되살아났다. 미국 롱아일랜드에서 열리는 호화 가든파티에서는 음식을 먹고 마시는 동안 성형외과의들이 손님들에게 보톡스 주사를 놓아준다.

17 같은 책, 37쪽.

18 SD, 39쪽.

19 Henri Lachambre and Alexis Machuron, *Andrée's Balloon Expedition*, Frederick A. Stokes, 1898, 2쪽.

20 SD, 40쪽.

21 editors of the Swedish Society of Anthropology and Geography, *Andree's Story*, Viking, 1930, 10쪽.

3장

1 SD, 40~41쪽.

2 같은 책, 42~43쪽.

3 Santos-Dumont, "The Pleasures of Ballooning," *The Independent*, June 1, 1905, 1226쪽.

4 SD, 44쪽.

5 같은 책, 45쪽.

6 같은 책, 46쪽.

7 같은 책, 48쪽.

8 같은 책, 73쪽.

9 같은 책, 49쪽.

10 같은 책, 53쪽.

11 같은 책, 54쪽.

12 같은 책, 55쪽.

13 같은 책, 59쪽.

14 같은 책, 68~70쪽.

15 같은 책, 71~72쪽.

16 Sterling Heilig, "The Dirigible Balloon of M. Santos-Dumont," The *Century Magazine*, November 1901, no. 1. 68쪽.

17 Albert Santos-Dumont, "How I Became an Aëronaut and My Experience with Air-Ships," Part I, *McClure's Magazine*, vol. XIX, Aug. 1902, 314쪽.

18 같은 책, 314쪽.

19 같은 책, 314쪽.

20 같은 책, 314쪽.

21 Heilig, *The Century Magazine*, 68쪽.

22 Santos-Dumont, *McClure's Magazine*, Part I, 315쪽.

23 Heilig, *The Century Magazine*, 68쪽.

24 Santos-Dumont, *McClure's Magazine*, 같은 곳.

25 Heilig, *The Century Magazine*, 69쪽.

26 (Chicago) *Inter Ocean*, "Why I Believe the Airship Is a Commercial Certainty," April 20, 1902.

27 Wykeham, 67쪽.

28 *McClure's Magazine*, Part I, 16쪽.

29 SD, 102~103쪽.

30 Heilig, *The Century Magazine*, 70쪽.

31 SD, 93~94쪽.

32 Heilig, *The Century Magazine*, 70쪽.

33 Santos-Dumont, *McClure's Magazine*, Part I, 316쪽.

34 SD, 109쪽.

35 같은 책, 97~98쪽.

36 H. J. Greenwall, *I'm Going to Maxim's*, Allan Wingate, 1958.

37 같은 책, 105쪽.

4장

1 (London) *Evening News*, 1898.

2 "The Attempted Voyage to Paris," *Aeronautical Journal*, January 1899, 19쪽.

3 "The Attempted Voyage to Paris," *Aeronautical Journal*, October 1899.

4 NYH, "Wife Saw Severo's Balloon Explode," May 13, 1902.

5 "The Future of American Science," 1 (Feb. 1883), Rebecca Herzig, "In the Name of Science: Suffering, Sacrifice, and the Formation of American Roentgenology," *American Quarterly*, December 2001, 562-581쪽 재인용.

6 Lawrence Altman, *Who Goes First?*, University of California Press, 1987, 23~26쪽, 107~113쪽.

7 같은 책, 108쪽 참조.

8 같은 책, 111쪽.

9 같은 책, 25쪽.

10 뢴트겐의 엑스선 발견은 Nancy Knight, "'The New Light' X Rays and Medical Futurism," in Joseph Corn, ed., *Imaging Tomorrow*, MIT Press, 1986, 13~34쪽 을 보라.

11 같은 책, 14쪽.

12 *Punch* 110(1896), 117쪽; 같은 책, 15쪽에서 재인용.

13 엑스선학에 관한 논의는 ―Herzig, 같은 글, 562-581쪽.

14 *New York Times*, "Operated on 72 Times: Roentgenologist Has Lost Eight Fingers and an Eye for Science," March 12, 1926, 22쪽; Herzig, 같은 글, 563쪽 재인용.

15 같은 글, 565쪽.

16 같은 글, 578쪽.

17 Albert Santos-Dumont, "How I Became an Aëronaut and My Experience with Airships," Part Ⅱ, *McClure's Magazine*, vol. XIX, Sept. 1902, 454쪽.

18 SD, 127~128쪽.

19 같은 책, 128~129쪽.

20 같은 책, 30쪽.

21 *Jornal do Brasil*, April, 25, 1976.

22 Wykeham, 84쪽.

23 Santos-Dumont, *McClure's*, Part Ⅱ, 454쪽.

24 SD, 137쪽.

25 같은 책, 138쪽.

26 같은 책, 같은 곳.

27 Heilig, *The Century Magazine*, 70쪽.

28 SD, 139쪽.

29 NYH, "Steerable Balloon Manoeuvres," Nov. 24, 1899.

30 SD, 156~157쪽.

31 SD, 139쪽.

32 *New York Times*, "M. Santos Dumont Ready to Test His Balloon," July 10, 1900.

33 *Daily Graphic*, "Aerial Navigation," Oct. 20, 1900.

34 Sterling Heilig, "New Flying Machine," *Washington Star*, June 20, 1900.

35 Santos-Dumont, McClure's, Part Ⅱ, 455쪽.

36 *Daily Graphic*, "Aerial Navigation," Oct. 20, 1900.

37 NYH, "Aerial Navigation," July 30, 1900.

38 Heilig, *The Century Magazine*, 71쪽.

39 NYH, "M. Santos-Dumont's Air-Ship Moves Against the Wind," Sept. 20. 1900.

40 (London) *Daily Express*, "Perilous Ballooning," Sept. 19, 1900.

41 NYH, Sept. 20, 1900.

5장

1 샤누트와 랭커스터 관련 논의는 Tom Crouch, *A Dream of Wings*, Norton, 1989, 20~41쪽 참조.

2 Tom Crouch, 같은 책, 40쪽.

3 Carl Snyder, "The Aerodrome and the Warfare of the Future," *Leslie's Weekly*, July 28, 1896, 51쪽.

4 Ray Coffman, "Prof. Langley First to Make Steady Power Flight Plane," *Smithsonian Collection*.

5 SD, 146쪽.

6 같은 곳.

7 Santos-Dumont, *McClure's*, Part Ⅱ, 455쪽. 이 기사에서 4호를 5호로 표기했는데, 이는 잘못된 것이다.

6장

1 SD, 150쪽.

2 세관원의 반응에 관해서는 Wykeham, 108쪽.

3 NYH, "President's First Automobile Ride," July 14, 1901.

4 NYH, "Royal Automobile Upsets the Palace," July 31, 1901.

5 NYH, "Will Open Park to Automobile," Nov. 19, 1899.

6 NYH, "Automobile for War," Oct. 15, 1900.

7 SD, 159~161쪽.

8 SD, 154~155쪽.

9 NYH, "M. Santos-Dumont Solves the Problem of Aerial Navigation," July 13, 1901.

10 NYH, "Paris Has a Hot Spell of Its Own, with Many Fatalities," July 14, 1901.

11 NYH, "Belgium's Queen Overcome by Heat," July 13, 1901.

12 NYH, "Paris Has a Hot Spell of Its Own, with Many Fatalities," July 14, 1901.

13 NYH, "Airship Under Control," July 14, 1901.

14 (Philadelphia) *American*, "Dumont's Paris Airship Makes a Great Stride in Aeronautics by Sailing Against a Strong Wind," July 15, 1901.

15 SD, 170~171쪽.

16 NYH, "M. Santos-Dumont Hero of the Hour," July 18, 1901.

17 *Chester Democrat*, "Balloon Navigation Impracticable," July 17, 1901.

18 같은 기사.

19 NYH, "France Celebrates National Fête," July 15, 1901.

20 같은 기사.

21 같은 기사.

22 사망사고 통계는 NYH, "Horse Accidents by Far Most Numerous," June 16, 1901.

23 NYH, "Alienist Doctor Goes Mad," July 21, 1901.

24 NYH, "Many Persons in Europe Killed by Lightning," July 22, 1901.

25 NYH, "Parisians Out to See Airship," July 22, 1901.

26 W. L. McAlpin, "Santos Dumont and His Air Ship," *Munsey's Magazine*, 1902.(월호 미상)

27 NYH, "Santos-Dumont Tries Again," July 30, 1901.

28 *New York Times*, "Dirigible Balloon Fails," Aug. 5, 1901.

29 NYH, "Like Another Dreyfus Affair," Aug. 2, 1902.

30 '제2의 드레퓌스 사건' ―같은 기사.

31 NYH, "Parisians Out to See Airship," July 22, 1901.

32 SD, 173쪽.

33 (London) *Daily Express*, Aug. 9, 1901.

34 SD, 177쪽.

35 (London) *Daily Express*, Aug. 9, 1901.

36 SD, 178쪽.

37 (London) *Daily Express*, Aug. 9, 1901.

38 SD, 181쪽.

39 같은 책, 182쪽.

40 같은 책, 185쪽.

41 NYH, "Santos-Dumont's Escape," Aug. 9, 1901.

42 같은 기사.

43 *Daily Telegraph*, Aug. 9. 1901.

44 NYH, "Santos-Dumont's Escape," Aug. 9, 1901.

7장

1 NYH, "M. Santos-Dumont Plans New Airship," Aug. 10, 1901.

2 NYH, "Price of Absinthe Raised in Paris," Aug. 18, 1901.

3 NYH, "Dr. Koch's Theory Discredited," Aug. 18, 1901.

4 양대 동물애호단체 간의 다툼은 NYH, "Parasols for Horses," Aug. 18, 1901.

5 우물에 갇힌 노동자 시몽에 대해서는 NYH, "Four Days in Well and Found Alive," Aug. 11, 1901.

6 판아메리카 박람회 조직위원회는 *Buffalo Courier*, "M. Dumont's Airship Expected," Aug. 23, 1901.

7 *New York Journal*, "Around the World in an Airship," Oct. 13, 1901.

8 NYH, "Actresses Beset Paris Aeronauts," Sept. 3, 1901.

9 NYH, "M. Santos-Dumont Sued for Damages to Tiled Roof," Aug. 27, 1901.

10 SD, 225쪽.

11 NYH, "M. Santos-Dumont Makes a Protest," Sept. 11, 1901.

12 NYH, Sept. 21, 1901.

13 NYH, "How Airship Was Wrecked," Sept. 23, 1901.

14 SD, 201쪽.

15 *Rangoon Gazette*, "Ballooning," Oct. 9, 1901.

16 NYH, "M. Santos-Dumont Successful," Oct. 11, 1901.

17 같은 기사.

18 (Boston) *Post*, "Santos-Dumont Describes His Journey through the Air on Saturday," Oct. 21, 1901.

19 NYH, "M. Santos-Dumont Rounds the Eiffel Tower," Oct. 20, 1901.

20 *Westminster Gazette*, "The Great Airship Triumph," Oct. 21, 1901.

21 (Boston) *Post*, Oct. 21, 1901.

22 *Philadelphia Inquirer*, "Santos-Dumont King of the Air," Oct. 20, 1901.

23 *Daily Messenger*, "The Santos-Dumont Balloon," Oct. 20, 1901.

24 *Philadelphia Inquirer*, Oct. 20, 1901.

25 (Boston) *Post*, Oct. 21, 1901.

26 NYH, "M. Santos-Dumont Rounds the Eiffel Tower," Oct. 20, 1901.

27 같은 기사.

28 *Philadelphia Inquirer*, Oct. 20, 1901.

29 NYH, "Public Favors M. Santos-Dumont," Oct. 21, 1901.

30 NYH, "Ballooning: Mr. Santos-Dumont About to Be Immortalized by the Tailors and Toymakers," Oct. 15, 1901.

31 *Dry Goods Economist*, New York, Dec. 21, 1901.

32 NYH, "M. Santos-Dumont Very Popular," Nov. 7, 1901.

33 NYH, Oct. 28, 1901.

34 *Denver Times*, "Toy Flying Machines," Jan. 6, 1902.

35 *Le Vélo*, Nov. 9, 1901.

36 *Dispatch*, "Paris Idolatry Now Rests Upon Hero of Airship," Nov. 6, 1901.

37 *Daily Telegraph*, "A Glória de Santos-Dumont," Nov. 11, 1901.

38 *Daily Messenger*, "Santos-Dumont in London," Nov. 26, 1901.

39 *Sketch*, "The Aerial Navigator," Nov. 12, 1901.

40 (London) *Daily News*, Nov. 23, 1901.

41 *Brighton Standard*, Jan. 4, 1902.

42 (London) *Daily News*, Nov. 23, 1901.

43 같은 기사.

8장

1 *Westminster Gazette*, "The Great Airship Triumph," Oct. 21, 1901.

2 James J. Horgan, *City of Flight: The History of Aviation in St. Louis*, The Patrice

Press, Gerald, Mossouri, 1984, 44쪽.

3 Maj. Charles B. van Pelt, "The Aerodrome That Almost Flew," *American History Illustrated*, Dec. 1966. 46쪽.

4 Carl Snyder, "The Aerodrome and the Warfare of the Future," *Leslie's Weekly*, July 28, 1896, 55쪽.

5 같은 기사.

6 개틀링의 발명은 John Ellis, *The Social History of the Machine Gun*, Croom Helm, 1975. 참조.

7 같은 책, 26쪽.

8 같은 책, 16쪽.

9 같은 책, 17쪽.

10 같은 책, 18쪽.

11 알프레드 노벨은 Nicholas Halasz, *Nobel: A Biography*, Robert Hale Limited, 1960 참조.

12 같은 책, 154쪽.

13 같은 책, 158~159쪽.

14 같은 책, 159쪽.

15 같은 책, 173쪽.

16 같은 책, 180쪽, 183~184쪽.

17 같은 책, 185쪽.

18 Luis Alvarez, *Alvarez: Adventures of a Physicist*, Basic Books, 1987, 7쪽.

19 같은 책, 8쪽.

9장

1 SD, 28~29쪽.

2 같은 책, 226쪽.

3 같은 책, 218~221쪽.

4 같은 책, 229쪽.

5 같은 책, 222쪽.

6 NYH, "M. Santos-Dumont on Mediterranean," Nov. 3, 1901.

7 SD, 236쪽.

8 같은 책, 233쪽.

9 같은 책, 234쪽.

10 NYH, "M. Santos-Dumont's Flight Checked. Riviera Official Thought He Was Turning Blue Mediterranean into Red Sea," Jan. 26, 1901.

11 (New York) *Journal*, "Hey, for a Flight to Africa! Is Santos-Dumont's Cry To-Day," Jan. 26, 1902.

12 SD, 241쪽.

13 같은 책, 242쪽.

14 같은 책, 245쪽.

15 같은 책, 246쪽.

16 같은 책, 246쪽.

17 Santos-Dumont, *Baltimore American*, "Travel by Balloon," Jan. 5, 1902.

18 *Daily Express*, "Remarkable Meeting," Feb. 8, 1902.

19 NYH, "M. Santos-Dumont Out for a Fly," Feb. 11, 1902.

20 SD, 248~252쪽.

21 같은 책, 252~253쪽.

22 같은 책, 263쪽.

23 (London) *Daily Mail*, "Airship Wrecked," Feb. 15, 1902.

24 SD, 284~285쪽.

25 같은 책, 293쪽.

26 (London) *Times*, Feb. 23, 1902.

10장

1 *Daily Chronicle*, "M. Santos-Dumont Moves His Headquarters to London," March 5, 1902.

2 NYH, "Aeronaut's Farewell," March 5, 1902.

3 *Philadelphia Record*, "Dumont Longs for America," March 9, 1902.

4 같은 기사.

5 NYH, "To Fly Over the Brooklyn Bridge," March 5, 1902.

6 *Philadelphia Record*, "Dumont Longs for America," March 9, 1902.

7 *Daily Express*, "Dumont Wants Rivals," March 6, 1902.

8 Senhor Santos Dumont's Reception in London, 1901: The Aero Club Banquet, private minutes, British Library.

9 NYH, "London to Have Ambulances," March 9, 1902.

10 (Pittsburgh) *Dispatch*, "Santos-Dumont Never Heard of Tariff," April 12, 1902.

후주

375

11 같은 기사.

12 보도 신문 미상.

13 보도 신문 미상.

14 Pittsburgh Press, "Santos-Dumont Forecasts Days of Aerial Navigation," April 12, 1902.

15 *New-York Mail and Express*, "Santos-Dumont Knits and Sews," April 19, 1902.

16 *New-York Mail and Express*, April 14, 1902.

17 *Brooklyn Daily Express*, March 5, 1902.

18 *Brooklyn Daily Express*, March 18, 1902.

19 보도 신문 미상.

20 *Philadelphia Telegraph*, "Tom Edison's Airship Talk with Santos-Dumont," May 2, 1902. 두 사람의 대화는 모두 이 기사를 인용했다.

21 NYH, "President Would Take Trip in Air," April 17, 1902.

22 '미래의 용사들' 만평은 *Brooklyn Eagle*, April 17, 1902.

23 NYH, "President Would Take Trip in Air," April 17, 1902.

24 *Pall Mall Gazette*, "M. Santos-Dumont," March 4, 1902.

25 *New York Journal*, "Edison Would Join Aerial Club," April 14, 1902.

26 *New York Journal*, "Airship Is Useless, Says Lord Kelvin," April 20, 1902.

27 *New York Times*, "Santos-Dumont Sails Away," May 2, 1902.

28 NYH, "Amateur Aeronautics," May [날짜 미상], 1902.

29 NYH, "Looks to America to Perfect Airship," May 1, 1902.

30 *New York Times*, May 2, 1902.

31 (Philadelphia) *Telegraph*, "Can Build an Airship to Cross the Ocean," May [날짜 미상], 1902.

32 (London) *Sun*, "Santos-Dumont's Loss," May 28, 1901.

33 (Philadelphia) *Evening Standard*, "Balloon Cut into Ribbons," May 28, 1902.

34 (London) *Daily Express*, "Airship Mystery," May 28, 1902.

35 (London) *Morning Leader*, May 21, 1902.

36 (London) *Daily Express*, "Airship Mystery," May 28, 1902.

37 (Brooklyn) *Standard Herald*, "Santos-Dumont's Airship Will Be Tested as Brighton Beach," July 12, 1902.

38 NYH, "Will Fly Only for Definite Object," July 5, 1902.

39 *Brooklyn Daily Eagle*, "Santos-Dumont Is Coming," July 13, 1902.

40 NYH, "Santos-Dumont's Air Ship Inflated, Ready to Fly When Owner Arrives," July 20, 1902.

41 NYH, "M. Santos-Dumont Inspects His Air Ship No. 6," July 24, 1902.

42 NYH, "M. Santos-Dumont Flies to Rescue," Aug. 1(또는 11?), 1902.

43 NYH, "Airship Propeller Frightens Crowd," Aug. 11, 1902.

44 (Rochester) *Herald*, "Dumont's Airship Damaged," Aug. 12, 1902.

45 NYH, "Santos-Dumont Hurriedly Sails," Aug. 15, 1902.

46 (Lafayette) *Mall*, Aug. 16, 1902.

47 NYH, "M. Santos-Dumont Is Disappointed," Aug. 26, 1902.

11장

1 SD, 313쪽.

2 Helen Waterhouse, "La premiere aero-chauffeuse," *Sportsman Pilot*, July 1933.

3 L'Illustration, July 4, 1903.

4 SD, 319~327쪽.

5 같은 책, 327쪽.

6 같은 책, 328-331쪽.

7 Helen Waterhouse.

8 (Washington) *Sunday Star*, "The First Woman to Fly a Dirigible," June 25, 1933.

9 *Milwaukee Journal*, "Society Girl Flew Before the Wrights," Aug. 20, 1933.

10 *Christian Science Monitor*, "Only Woman to Fly Dirigible Eligible for Early Bird Honor," July 10, 1933.

11 Helen Waterhouse.

12 *Milwaukee Journal*, "Society Girl Flew Before the Wrights," Aug. 20, 1933.

13 *Christian Science Monitor*, "Only Woman to Fly Dirigible Eligible for Early Bird Honor," July 10, 1933.

14 같은 기사.

15 William Sanson, *Proust and His World, Charles Scribner's Sons*, 1973, 75쪽.

16 Remembrance of Things Past, Stephen Kern, *The Culture of Time and Space 1880~1918*, Harvard Univ. Pr., 1983, 245쪽 재인용.

17 Amália Dumont, "Reminiscence," *O Globo*.

18 NYH, "Santos-Dumont Named in a Divorce Suit," Jan. 16, 1903.

19 NYH, Jan. 18, 1903.

20 필자가 Sophia Helena Dodsworth Wanderley와 직접 대화한 내용 중에서.

21 Henrique Dumont Villares, *Santos-Dumont "The Father of Aviation,"* [출판사 미상], 1956, 28쪽.

22 Walter T. Bonney, "Prelude to Kitty Hawk Part IV", *Pegasus*, Aug. 1953, p. 12.

23 John M. Taylor, "The Man Who Didn't Invent the Airplane," *Yankee*, Nov. 1981, 223쪽.

24 Stephen Kirk, *First in Flight: The Wright Brothers in North Carolina*, John F. Blair, 1995, 174쪽.

25 같은 책, 192쪽.

26 Bonney, 14쪽.

27 Kirk, 192쪽.

28 같은 책, 193쪽.

29 John Tierney, "Langley's Aerodrome," *Science '82*, March 1982, 82쪽.

30 같은 책, 같은 곳.

31 *American History Illustrated*, [출간연도 미상], 53쪽.

32 Taylor, 224쪽.

33 같은 책, 227쪽.

34 Tierney, 82쪽.

35 Tierney, 83쪽.

36 Kirk, 190쪽.

37 같은 곳.

12장

1 *New York Times*, "Air Sailing," Jan. 14, 1904.

2 John Wise에 관해서는 James Horgan, *City of Flight: The History of Aviation in St. Louis*, 42~53쪽 참조.

3 같은 책, 42쪽.

4 같은 책, 46쪽.

5 같은 책, 52쪽.

6 James Horgan, "Aeronautics at the World's Fair of 1904," *Bulletin, Missouri Historical Society*, April 1968.

7 "A Letter from Leo Stevens," *Scientific American*, March 26, 1904.

8 NYH, "M. Santos-Dumont Is Confident of Winning Prize Airship Race,"

January 1904.

9 NYH, "Santos-Dumont to Enter Contest," March 3, 1904.

10 James Horgan, "The Strange Death of Santos-Dumont Number 7," *AAHS Journal*, Sept. 1968.

11 *New York Times*, "Santos-Dumont Here to Fly for Airship Prize," June 18, 1904.

12 *New York Times*, "Dumont's Big Airship Slashed by a Vandal," June 29, 1904.

13 NYH, "Santos-Dumont Airship Slashed," June 29, 1904.

14 NYH, "M. Dumont Orders New Airship Bag," June 30, 1904.

15 NYH, June 29, 1904.

16 *New York Times*, "Accuses Santos-Dumont," June 30, 1904.

17 같은 기사.

18 NYH, "'I Cut It? Absurd!' M. Santos-Dumont," July 1, 1904.

19 *St. Louis Post-Dispatch*, "Russia Figures in Cutting of Airship Here," Oct. 22, 1907.

13장

1 SD, 353쪽.

2 Lecture pour Tous, Jan. 1, 1914.

3 *Je sais tout*, Feb. 15, 1905.

4 (London) Times, [날짜 미상], 1905.

5 NYH, "Aeroplane Raised by Small Motor," Aug. 23, 1906.

6 NYH, "Santos-Dumont Flies 37 Feet," Sept. 14, 1906.

7 NYH, "Aeronauts of Seven Nations Contest for International Cup," Oct. 1, 1906.

8 (London) *Times*, NYH, "Aero Club Busy on Balloon Race," Sept. 29, 1906에서 재인용.

9 *Pelican*, NYH, Sept. 29, 1906에서 재인용.

10 NYH, "Santos-Dumont Wins $10,000 Aerial Prize," Oct. 24, 1906.

11 같은 기사.

12 같은 기사.

13 NYH, "Dayton Aeronauts Are Not Surprised," Nov. 13, 1906.

14 Crouch, *The Bishop's Boys*, 317쪽.

15 NYH, "Santos-Dumont Aeroplane Simple," Oct. 25, 1906.

16 Crouch, *The Bishop's Boys*, 317쪽.

17 같은 책, 301쪽.

18 같은 책, 301~302쪽.

19 *Scientific American*, "The Wright Aeroplane and Its Fabled Performances," Jan. 13, 1906, 40쪽.

20 NYH, "Fliers or Liars," Feb. 10, 1906.

21 Nancy Winters, *Man Flies*, The Ecco Press, 1997, 128쪽.

22 Crouch, *The Bishop's Boys*, 382~383쪽.

23 같은 책, 387쪽.

24 *L'homme Mecanique*, 1929. Nelson Wanderley 장군 소장품 중 미출간 원고.

25 Henry P. Palmer Jr., "The Birdcage Parasol," *Flying*, Oct. 1960.

26 John Underwood, "The Gift of Alberto Santos-Dumont," 출처 미상.

27 Henrique Lins de Barros, *Alberto Santos-Dumont*, Editora Index, 1986, 115~118 쪽. 두 개 국어(영어와 포르투갈어)로 쓴 대단한 책이다. 산투스두몽 및 그가 만든 비행기에 관한 훌륭한 사진과 삽화 또한 많이 실려 있다.

28 Underwood, 같은 글.

29 Underwood, 같은 글.

30 Underwood, 같은 글.

14장

1 Michael Adas, *Machines as the Measure of Men*, Cornell University Press, 1989, 366쪽.

2 출처 미상 신문기사에서.

3 Adas, 235쪽.

4 같은 책, 367쪽.

5 같은 곳.

6 David Wragg, *The Offensive Weapon*, Robert Hale, 1986, 1쪽.

7 Adas, 367쪽.

8 헤이그만국평화회의에 대해서는 Barbara Tuchman, *The Proud Tower*, Macmillan, 1966, 229~288쪽을 보라.

9 같은 책, 240쪽.

10 같은 곳.

11 같은 책, 262쪽.

12 Wykeham, 234쪽.

13 같은 곳.

14 Curtis Prendergast, *The First Aviators*, Time-Life Books, 1981, 49쪽.

15 Crouch, *The Bishop's Boys*, 404쪽.

16 Roger Bilstein, *Flight in America*, The Johns Hopkins Univ. Pr., 1984, 17쪽.

17 같은 책, 26쪽.

18 Joseph Corn, *The Winged Gospel*, Oxford Univ. Pr., 1983, 4쪽.

19 같은 책, 4쪽.

20 *Bilstein*, 20~21쪽.

21 출처 미상 신문기사에서.

22 Bilstein, 25쪽.

23 같은 곳.

15장

1 Adas, 370~371쪽.

2 Edgar Middletown, *Glorious Exploits of the Air*, D. Appleton & Company, 1918, 14~15쪽.

3 같은 책, 189~190쪽.

4 Floyd Gibbons, *The Red Knight of Germany*, The Sun Dial Press, 1927, 2쪽.

5 같은 곳.

6 같은 책, 3쪽.

7 전시 조종사의 사상자 통계 수치에 대해서는 John H. Morrow Jr., *The Great War in the Air*, Smithsonian Institution Press, 1993, 367쪽. 조종사 관련 통계 수치에 있어서 이 책은 결정판이다.

8 같은 책, 365쪽.

9 Lee Kennett, *The History of Strategic Bombing*, 20쪽.

10 같은 책, 25쪽.

11 Bilstein, 39쪽.

16장

1 Wykeham, 247쪽.

2 Henrique Dumont Villares, 43~44쪽.

3 A. Camillo de Oliveira의 일기에서. Nelson Wanderley 장군 소장품 254.

4 같은 문건.

5 Barros, 131쪽.

6 포드와 자가용 비행기에 관한 논의는 Corn, *The Winged Gospel*, 91~111쪽을 보라.

7 같은 책, 95쪽.

8 L'homme Mecanique, Nelson Wanderley 장군 소장품에서.

9 같은 원고.

10 2000년 6월 필자가 Olympio Peres Munhóz와 직접 나눈 대화에서.

A Conquista do Ar Spelo Aeroanuta Brasiliero Santos-Dumont("브라질 비행사 산투스두몽의 하늘 정복기"), 1901. 포르투갈어로 쓴 소책자로 영역본은 없음.

"Travel by Balloon,"*Baltimore American*, Jan. 5, 1902.

"How I Became an Aëonaut and My Experience with Air-Ships," Part I, *McClure's Magazine*, vol. XIX Aug. 1902.

"How I Became an Aëonaut and My Experience with Air-Ships," Part II, *McClure's Magazine*, vol. XIX Sept. 1902.

My Air-Ships, The Century Company, New York, 1904.

"The Sensations and Emotions of Aerial Navigation,"*The Pall Mall Magazine*, 1904.

"Ce Que Je Ferai, Ce Que L'on Fera"("내가 할 것, 그들이 할 것"), *Je sais tout*, Feb. 15, 1905.

"The Pleasures of Ballooning,"*The Independent*, June 1, 1905.

O Que eu Vi, O Que nó Veremos ("내가 본 것, 우리가 보게 될 것"), 1918. 영역본 없음.

L'homme Mecanique ("기계와 나"), 1929. 프랑스어로 쓴 미출간 원고.

Octave Chanute, *Progress in Flying Machine*, New York, 1894.

Victor Hugo, *Les miséables*(빅토르 위고,『레미제라블』, 타계 후 페트로폴리스에 있는 산투스두몽의 집에서 발견됨).

Henri Lachambre and Alexis Machuron, *André's Balloon Expedition*, Frederick A. Stokes, 1898.

Adolfo Venturi, *Botticelli, A Zwemmer*, 1927(스위스의 한 요양원에 있을 때 직접 제본한 책 가운데 하나임).

쥘 베른의 소설

『5주간의 기구 여행』, 1863.

『지구 속 여행』, 1864.

『지구에서 달까지』, 1866.

『해저 2만 리』, 1870.

『80일간의 세계 일주』, 1873.

『신비의 섬』, 1874.

『세계의 지배자』, 1904.

H. G. 웰스의 소설

『우주 전쟁』, 1898.

『공중 전쟁』, 1908.

1883   박엽지로 열기구 미니어처를 만듦.

1883   고무줄 동력을 사용한 나무 장난감 비행기를 만듦.

1897   처음으로 기구 비행을 함(알렉시 마쉬롱과 함께).

1898   「브라질호」, 수소가스 기구
         외형: 배 모양의 작은 가스주머니, 긴 밧줄
         크기: 직경 6미터
         가스 용량: 11만 3,000리터
         특징: 초경량 일본산 실크 사용
         실적: 200회 이상 비행.

1898   「산투스두몽 1호」, 1인승 비행선
         외형: 양쪽 끝이 뾰족한 원통형
         크기: 길이 25미터, 최대 직경 3.5미터
         가스 용량: 18만 3,000리터
         엔진: 3.5마력, 삼륜차 엔진 개조
         특징: 곤돌라를 엔진에 연결, 망사 없음. 무게중심 이동용 밸러스트, 공기펌프,
         실크 방향타, 가이드로프, 추진 프로펠러 사용
         실적: 나무에 충돌(9월 18일), 대기압 이상으로 추락(9월 20일).

1899   「2호」, 1인승 비행선
         외형: 「1호」와 유사함

크기: 길이 25미터

가스 용량: 20만 리터

엔진: 3.5마력

특징: 공기펌프 보조용 소형 회전팬 설치하여 별도의 작은 공기주머니에 공기 주입, 추진 프로펠러 사용

실적: 나무 위로 상승하기도 전에 추락(5월 11일).

1899 「3호」, 1인승 비행선

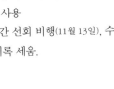

외형: 통통한 럭비공 모양

크기: 길이 20미터, 최대 직경 7.6미터

가스 용량: 50만 리터

엔진: 3.5마력

특징: 작은 공기주머니나 공기펌프 없음, 일반 램프용 가스 사용, 길이 10미터 짜리 대나무 장대 사용해 강도 확보, 추진 프로펠러 사용

실적: 시속 19.3킬로미터 달성, 에펠탑 주위를 20분간 선회 비행(11월 13일), 수십 차례 비행, 23시간 비행이라는 최장 시간 체공 기록 세움.

1900 「4호」, 1인승 비행선

외형: "거대한 노란색 애벌레"같은 타원형

크기: 길이 29미터, 최대 직경 5미터

가스 용량: 41만 9,000리터

엔진: 7마력

특징: 기구용 곤돌라 없음. 알루미늄 회전식 송풍기, 노출형 자전거 안장, 최초의 흡인 프로펠러, 6각형 모양의 대형 방향타 사용

실적: 국제항공대회 이전 바람이 심한 날(9월 19일)에 시범비행.

1900 「4호」 개조, 1인승 비행선

외형: 타원형

크기: 길이 33미터

가스 용량: 미상

특징: "확장형 테이블에 판 하나를 덧붙이듯이"가스주머니에 실크를 덧댐

실적: 안정성 떨어져 시험비행 못함.

1901 「5호」, 1인승 비행선

외형: 타원형

크기: 길이 36미터

가스 용량: 55만 리터

특징: 18미터짜리 용골을 피아노선으로 단단히 죔. 추
진 프로펠러 사용. 파리 세관원들이 용골을 고급 진열
장으로 보고 세금 부과. 로얼드 저택 정원 밤나무에
추락(7월 13일), 트로카데로 호텔에 충돌(8월 8일).

1901 「6호」, 1인승 비행선

외형: 뚱뚱한 시가 모양(기다란 타원체 형)

크기: 길이 33미터

가스 용량: 63만 리터

엔진: 12마력

특징: 엔진이 어떤 각도에서도 잘 작동하도록 기화기와 윤활유 시스템 도입.
수랭식 엔진, 추진 프로펠러 사용

실적: 에펠탑 선회 비행으로 도이치상 수상. 지중해 상공에서 장거리 비행, 모
나코만에 빠짐(1902년 2월 13일). 런던의 크리스털팰리스에서 칼로 찢기는 사고
를 당함(1902년 5월 27일). 수리를 거쳐 배편으로 브루클린으로 이송하고(1902년
7월) 가스주머니는 길이 35미터짜리 새것으로 교체.

1902 「7호」, 경주용 비행선

외형: 뚱뚱한 시가 모양

크기: 길이 40미터, 최대 직경 7미터

가스 용량: 127만 4,000리터

엔진: 45마력

특징: 선수와 선미에 한 개씩 프로펠러 2개, 단발 엔진

실적: 경주 실적 없음. 세인트루이스만국박람회 박람회장에 보관 도중 칼로
찢기는 사고를 당함(1904년 6월).

1903 「9호」(발라되즈호), 세계 최초의 자가용 비행선

외형: 통통한 기구 모양으로 「6호」의 3분의 1 크기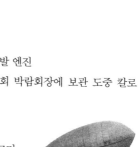

가스 용량: 21만 8,000리터

엔진: 3마력

실적: 시속 19~24킬로미터. 처음으로 비행선에 아이를 태워줌(6월 26일). 처음
으로 여성이 혼자서 「9호」를 조종함(6월 말).

산투스두몽이 만든 발명품

387

1904 「10호」, 10인승 비행선

가스 용량: 226만 5,000리터

크기: 48미터, 최대 직경 8.5미터

실적: 시험비행 거의 못함. 2명 이상 탑승한 적 없음.

1905 「11호」, 무인 단엽식 글라이더

실적: 쾌속정이 밧줄로 매고 끌었지만 물 위로 뜨지 못함.

1905 「12호」, 프로펠러 2개 장착한 헬리콥터형

실적: 완성하지 못함.

1905 「13호」, 비행선

특징: 수소가스 주머니와 열기 발생기(히터)를 결합한 형태

실적: 완성하지 못함.

1905 「14호」, 비행선

엔진: 14마력

실적: 중항공기 예인선으로 활용됨(1906년 7월 19일).

1906 「카토르즈 비스호」(No. 14-bis), 비행기

외형: 카나르 스타일의 복엽기

크기: 길이 12미터

엔진: 50마력

실적: 11미터 비행(9월 13일), 21.2초 동안 220미터 비행(11월 12일). 유럽 최초의 중항공기 비행, 세계 최초의 공개 비행.

1907 「15호」, 복엽기

실적: 이륙 직전 기체가 주저앉음.

1907 「16호」, 비행선과 비행기의 결합형

실적: 지상에서 파손됨.

1907 「17호」, 복엽기

실적: 완성하지 못함.

1907 「18호」, 수상비행기

실적: 수면을 벗어난 적 없음.

1907   「19호」, 스포츠 항공기 「드무아젤호」의 원형

         외형: 대나무로 만든 단엽기

         크기: 길이 8미터, 날개폭 5.5미터

         엔진: 18마력

         특징: 엔진이 조종사 머리 위에 위치해 윗부분이 무거운 구조.

1909   「20호」(드무아젤호), 세계 최초의 스포츠 항공기

         외형: 날개 부위를 실크로 덮은 잠자리 모양

         크기: 「19호」와 비슷함

         엔진: 18마력

         실적: 시속 89.8킬로미터 기록(9월), 미국과 유럽에서 같은 모델이 많이 제조됨.

1920년대 모터를 활용한 스키 이동 장치

1920년대 새총 형태의 구명대 투척 장치

1920년대 개들이 한눈팔지 않고 트랙을 돌게 하는 그레이하운드 경주 촉진 장치

산투스두몽이 만든 발명품

산투스두몽과 비행기의 발명
광기의 날개

초판 인쇄 2019년 7월 29일
초판 발행 2019년 8월 5일

지은이 ——— 폴 호프먼
옮긴이 ——— 이광일
펴낸이 ——— 염현숙

책임편집 ——— 고원효
편 집 ——— 김영옥
디자인 ——— 장원석
마케팅 ——— 정민호 이숙재 양서연 안남영
홍 보 ——— 김희숙 김상만 오혜림
제 작 ——— 강신은 김동욱 임현식
제작처 ——— 한영문화사

펴낸곳 ——— (주)문학동네
          1993년 10월 22일 제406-2003-000045호
          주소 10881 경기도 파주시 회동길 210
          전자우편 editor@munhak.com
          대표전화 031)955-8888   팩스 031)955-8855
          문의전화 031)955-1933(마케팅), 031)955-2685(편집)
          문학동네 카페 http://cafe.naver.com/mhdn
          문학동네 트위터 @munhakdongne
          북클럽문학동네 http://bookclubmunhak.com

ISBN 978-89-546-5719-8 03550

이 도서의 국립중앙도서관 출판예정도서목록(CIP)은 서지정보유통지원시스템
홈페이지(http://seoji.nl.go.kr)와 국가자료공동목록시스템(http://www.nl.go.kr/kolisnet)에서
이용하실 수 있습니다.(CIP제어번호: CIP2019027047)

www.munhak.com